普通高等教育"十四五"系列教材

灌溉排水工程学

主　编　迟道才　蔡守华
副主编　王振华　李　茉　夏桂敏
主　审　黄冠华

·北京·

内 容 提 要

本书是普通高等教育水利类统编教材，是根据国家建设一流专业、培养"五育"全面发展人才的需要组织编写的。全书共十一章，系统介绍了农田水分状况，作物需水量与灌溉制度及灌溉用水量，渠首工程规划，灌排渠系及田间工程规划，灌溉渠道设计，排水沟道设计，地面灌溉，有压管道灌溉，暗管、鼠道及竖井排水和灌溉排水管理等。

本书为农业水利工程、水利水电工程、水文及水资源和土地整治工程等本科专业的通用教材，也可供水利和农业部门从事农业水利工程的技术人员参考。

图书在版编目（CIP）数据

灌溉排水工程学 / 迟道才，蔡守华主编. -- 北京：中国水利水电出版社，2024.1
普通高等教育"十四五"系列教材
ISBN 978-7-5226-2122-7

Ⅰ．①灌… Ⅱ．①迟… ②蔡… Ⅲ．①灌溉系统－高等学校－教材②排灌工程－高等学校－教材 Ⅳ．①S274.2②S277

中国国家版本馆CIP数据核字(2024)第003707号

书　　名	普通高等教育"十四五"系列教材 **灌溉排水工程学** GUANGAI PAISHUI GONGCHENGXUE
作　　者	主　编　迟道才　蔡守华 副主编　王振华　李茉　夏桂敏 主　审　黄冠华
出版发行	中国水利水电出版社 （北京市海淀区玉渊潭南路1号D座　100038） 网址：www.waterpub.com.cn E - mail：sales@mwr.gov.cn 电话：（010）68545888（营销中心）
经　　售	北京科水图书销售有限公司 电话：（010）68545874、63202643 全国各地新华书店和相关出版物销售网点
排　　版	中国水利水电出版社微机排版中心
印　　刷	天津嘉恒印务有限公司
规　　格	184mm×260mm　16开本　20.25印张　493千字
版　　次	2024年1月第1版　2024年1月第1次印刷
印　　数	0001—2000册
定　　价	**56.00元**

凡购买我社图书，如有缺页、倒页、脱页的，本社营销中心负责调换

版权所有·侵权必究

前　言

灌溉排水既是一门很古老的技术，同时又是一门更新发展很快、内容极为丰富的科学。这一特点决定了本书编写既要传承有益的传统技术，又要及时更新教学内容，同时也要重视优化章节体系，使教学内容更为适用、章节体系更为合理，使老师更容易施教、学生更容易学习，从而获得更好的教学效果。基于这一指导思想，在教学内容上，本书充分吸收了有益的传统技术，体现了现有教学大纲、国家标准和行业规范的基本要求，同时也充分吸取了国内外同类教材的长处，更新了教学内容，增加了相关新理论、新技术。在章节体系上，本书做了较大的优化调整，打破了国内外同类教材习惯上将灌溉原理与排水原理分章编写、灌溉渠系规划与排水沟系规划分章编写及田间工程规划与田间排水沟规划分章编写的传统，将灌排原理与灌排规划有机结合。这种调整减少了前后教学内容不必要的重复，节省了教学课时，提高了教学效率；更重要的是使知识体系更为科学，真正实现灌溉与排水的"统一规划"与"统筹兼顾"。

本书紧扣当前一流本科人才培养需要，坚持"以本为本"，充分体现培养创新型人才理念。教材编写不仅要有一定的理论高度，还要紧扣国家标准和行业规范，既要充分体现一定的知识创新性，又要体现面向经济主战场的实践性，为建设具有高阶性、创新性和挑战度的"一流课程"提供支撑。本书的特色表现在以下几方面：一是传承经典，本书参考了20世纪50年代以来出版的"灌溉排水工程学"主要教材，尽可能吸收其精华；二是依据标准，各章节内容凡是有国家标准和行业规范规定的尽可能依据其进行编写；三是体现灌排并重，本书打破了50年来灌溉渠系与排水沟系分章编写的传统，将其统一于第四章之中——灌排渠系及田间工程规划；四是注重以学生为主体，力求图文并茂，详略得当，表达精练，例题丰富，便于学生预习和复习以及在以后实际工作中继续参考使用。

全书共十一章：绪论主要介绍了我国的灌溉排水事业、世界灌溉排水发展概况和灌溉排水工程学的研究对象和基本内容；第一章和第二章主要介绍农田水分状况，包括农田适宜水分状况及灌溉排水标准、作物需水量和灌溉用水量的计算；第三章介绍渠首工程规划，包括灌溉水源与水质、地表水取水方式及引水工程水利计算、地下水取水方式；第四章首先介绍了灌排渠系组成及规划布置原则，在此基础上分别介绍了山丘区、平原区和圩区灌排渠系规划，以及渠系建筑物规划和田间工程规划；第五章为灌溉渠道设计，介绍了渠道输水损失和设计流量计算、渠道纵横断面设计和渠道防渗衬砌及生态护坡；第六章为排水沟道设计，介绍了排水设计流量、末级固定排水沟间距和沟深设计、排水沟的设计水位和纵横断面设计及排水沟（河）生态修复技术；第七章为地面灌溉，包括地面灌溉理论简介、传统地面灌溉技术和节水型地面灌溉技术；第八章为有压管道灌溉，介绍了喷灌、微灌和管道输水灌溉；第九章介绍了暗管排水、鼠道排水和竖井排水；第十章为灌溉排水管理，介绍了灌区量水技术、排水及水环境管理、灌溉排水试验、灌溉工程管理、灌溉组织管理和智慧灌区建设。全书以培养学生工程规划设计能力为主线，系统介绍了灌排工程规划设计方法与技术。

本书编写人员有：沈阳农业大学迟道才（绪论，第三章，第五章第一节，第六章第五节，第七章第一节，第八章第一、二、三节的一、二部分，第九章第二节，第十章第一节）；扬州大学蔡守华（第一章、第四章、第六章第一节）；东北农业大学李茉（第二章、第九章第一节和第三节）；石河子大学王振华（第五章第二节和第三节，第六章第二节、第三节、第四节）；沈阳农业大学夏桂敏（第八章）；沈阳农业大学孙仕军（第十章第二节、第五节、第六节、第七节）；西安理工大学吴军虎（第七章第二节和第三节）；沈阳农业大学郑俊林（第三章第三节、第十章第三节和第四节）。本书由迟道才和蔡守华担任主编并负责全书统稿，由王振华、李茉和夏桂敏担任副主编。中国农业大学黄冠华教授在百忙之中承担了本书的主审工作，提出了许多宝贵的修改意见，对提高本教材质量具有重要作用。

本书编写参考了国内外已出版的诸多教材，也借鉴了有关专著、论文、标准等文献，引用了其中的新成果、新方法和新技术。在此对本书所参考引用文献的作者和单位一并表示衷心的感谢！

由于编者水平所限，书中错误和不妥之处在所难免，恳请广大师生和读者批评指正，以便再版时予以改正。

编者
2023 年 4 月

目 录

前言

绪论 …………………………………………………………………………………………… 1

第一章　农田水分状况 …………………………………………………………………… 12
第一节　土壤质地及主要物理参数 ……………………………………………………… 12
第二节　土壤水分及其有效性 …………………………………………………………… 14
第三节　土壤水分运动及土壤-植物-大气连续系统 …………………………………… 22
第四节　农田水分状况与调节措施及灌排标准 ………………………………………… 31

第二章　作物需水量与灌溉制度及灌溉用水量 ………………………………………… 38
第一节　作物需水量 ……………………………………………………………………… 38
第二节　作物灌溉制度 …………………………………………………………………… 50
第三节　灌水率与灌溉用水量 …………………………………………………………… 71

第三章　渠首工程规划 …………………………………………………………………… 78
第一节　灌溉水源与水质 ………………………………………………………………… 78
第二节　地表水取水方式及引水工程水利计算 ………………………………………… 83
第三节　地下水取水方式 ………………………………………………………………… 98

第四章　灌排渠系及田间工程规划 ……………………………………………………… 102
第一节　灌排渠系组成与规划布置原则 ………………………………………………… 102
第二节　山丘区灌排渠系规划 …………………………………………………………… 103
第三节　平原区灌排渠系规划 …………………………………………………………… 106
第四节　圩区灌排渠系规划 ……………………………………………………………… 113
第五节　渠系建筑物规划 ………………………………………………………………… 117
第六节　田间工程规划 …………………………………………………………………… 119

第五章　灌溉渠道设计 …………………………………………………………………… 131
第一节　渠道输水损失和设计流量计算 ………………………………………………… 131
第二节　灌溉渠道纵横断面设计 ………………………………………………………… 143
第三节　渠道防渗衬砌及生态护坡 ……………………………………………………… 158

第六章　排水沟道设计 ·170
第一节　排水设计流量 ·170
第二节　末级固定排水沟间距和沟深设计 ·178
第三节　排水沟的设计水位 ·187
第四节　排水沟纵横断面设计 ·190
第五节　排水沟（河）生态修复技术 ·196

第七章　地面灌溉 ·198
第一节　地面灌溉理论简介 ·198
第二节　传统地面灌溉技术 ·202
第三节　节水型地面灌溉技术 ·208

第八章　有压管道灌溉 ·215
第一节　喷灌 ·215
第二节　微灌 ·238
第三节　管道输水灌溉 ·254

第九章　暗管、鼠道及竖井排水 ·264
第一节　暗管排水 ·264
第二节　鼠道排水 ·271
第三节　竖井排水 ·276

第十章　灌溉排水管理 ·283
第一节　灌区量水技术 ·283
第二节　用水计划编制与执行 ·290
第三节　排水及水环境管理 ·295
第四节　灌溉排水试验 ·300
第五节　灌溉工程管理 ·306
第六节　灌溉组织管理 ·308
第七节　智慧灌区建设 ·311

参考文献 ·316

绪 论

一、我国的灌溉排水事业

灌溉排水是为防止农田干旱、渍、涝和盐碱等灾害所采取的人工措施。其基本任务是通过各种工程技术措施，调节和改善农田水分状况和有关地区的水利条件，改善农村生态环境和农民生产生活条件，提高农业综合生产能力，为乡村振兴奠定坚实的基础。

农业是国民经济的基础，水利是农业的命脉。实践证明，只有重视灌溉排水工程的建设与灌溉排水事业的发展，才能加快提高农业的综合生产能力，确保粮食安全、水安全和生态安全，为国民经济其他部门高质量发展创造良好的条件。

我国的自然资源禀赋决定了必须大力发展灌溉排水事业。

(一) 我国农业自然资源条件

我国幅员辽阔，各地自然条件特点各异，发展灌溉排水等农业水利的基础也千差万别。秦岭-淮河一线以南的广大地区，通称南方，年降水量为800~2000mm，是水分充足地区，亦称湿润地区，该区无霜期长，一般可达220~300d，作物以稻、麦为主，一年至少两熟。其中南岭山脉以南的华南地区，年降水量为1400~2000mm，终年几乎无霜，一年可三熟。南方雨量虽较丰沛，但由于降雨的时程分配与作物的生长需水要求不完全匹配，也时常出现不同程度的春旱或秋旱，也需要灌溉，属于补充灌溉地带。南方地区农业面临的主要灾害是洪水和渍涝，解决好排水问题是保证该地区农作物高产稳产的前提。其中长江中下游地区多年平均降水量为800~1800mm，降水主要集中在4—10月，洪涝、渍害威胁严重，伏旱和秋旱也时有发生，搞好灌溉排水工程才能保证该区水稻高产稳产；珠闽江地区多年平均降水量为1000~2000mm，平原地区应以修建防洪除涝工程为主，丘陵坡地应以发展节水灌溉工程为主；西南地区虽然多年降水在1000~1500mm，由于复杂的地形地貌条件和不均匀的降水时空分布，只有加强节水灌溉工程建设，才能确保该区作物高产稳产。

秦岭-淮河一线以北，通称北方，年降水量一般少于800mm，属于干旱、半干旱和半湿润易旱地区。其中以新疆、青海、甘肃河西走廊和内蒙古阿拉善盟高原为代表的西北内陆干旱地区，降水稀少（年降水量200mm以下），蒸发强烈（年蒸发量2000mm以上），主要作物有棉花、小麦和杂粮等，干旱、盐碱威胁严重，没有灌溉几乎就没有农牧业，属于常年灌溉地带；以陕西、甘肃、宁夏、山西及内蒙古的大部分地区为代表的黄河中上游半干旱地区，年降水量由西部的200mm向东南逐渐增至400mm，降水主要集中在8—9月，且降水强度大，水土流失严重，充分利用天然降水、发展节水灌溉和加强水土流失治理是该地区农业水利工作的重点，亦属于常年灌溉地带；以黄淮海地区和东北地区为代表的半湿润易旱地区，年降水量一般为400~900mm，除黄淮海地区北部和东北地区西部外，其余地区旱作物以雨养农业为主，由于降水年内和年际变化的不均匀性，加强排涝设施建设，适当发展节水灌溉工程，实行旱、涝、渍、碱综合治理，才能保证作物的高产稳产，该区属于不稳定灌溉地带。

我国是世界第一人口大国，约占世界人口的 1/5，且还没有达到人口峰值。我国又是一个耕地资源有限和水资源相对不足的国家。我国人均占有耕地面积只有 $0.1hm^2$，为世界人均占有耕地的 1/3，且有继续减少的趋势；人均占有水资源量不足 $2000m^3$，只相当于世界人均占有水资源量的 1/4。随着人口的不断增长，粮食需求势必不断增加。因此，用有限的耕地和可利用的灌溉水资源，生产出满足不断增长的众多人口需要的粮食，就必须大力发展灌溉排水事业，不断增强农业抗御自然灾害的能力，改善农业生产的不利自然条件，为"确保中国人的饭碗牢牢端在自己手中"、实现农业的高质量发展奠定坚实基础。

（二）我国灌溉排水事业发展简史

我国的灌溉排水事业具有悠久的历史。大禹治水的传说反映了我国人民四千多年以前与水涝灾害做斗争的智慧和力量；夏、商、周就有井田"沟洫"之制；春秋时期楚修芍陂防旱；魏辟引漳十二渠放淤改碱；秦修郑国渠引用水沙资源发展灌溉；举世闻名的都江堰使成都成为"天府之国"。秦汉以后，新疆一带开挖的坎儿井、黄河流域的引黄渠灌和提水天车，南方河口的河网、海塘，丘陵地区的塘坝等，都是我国古代灌溉排水工程的精华。灌溉排水事业的大发展，使我国成为农业大国。我国灌溉排水发展的历史大致可划分为以下几个阶段。

1. 北方灌溉兴起期（春秋战国至两汉时期）

公元前 605 年，楚国人孙叔敖在河南固始一带主持兴建了我国最早的大型引水灌溉工程——期思雩娄灌区。经过后世不断续建、扩建，灌区内有渠有陂，引水入渠，由渠入陂，开陂灌田，形成了一个"长藤结瓜"式灌溉系统。公元前 597 年左右，孙叔敖又在安徽寿县主持修建了我国最早的蓄水灌溉工程——芍陂，利用洼地构筑长约 50km 的水库，采用了"土垄""水门"这样的低坝（闸）引水建筑物，引蓄淠河的水进行灌溉，沿用至今，已成为淠史杭灌区的重要组成部分，灌田 60 余万亩❶。公元前 422 年，魏国人西门豹发民凿"引漳十二渠"，利用漳河水淤灌改良盐碱地，这是我国最早的多渠首引水灌溉工程。秦汉时代中国灌溉事业有了巨大发展，公元前 256 年，战国时秦昭襄王令蜀守李冰在四川灌县岷江上兴建了我国古代最大的灌溉工程——都江堰，这项工程科学利用了山前洪积冲积扇的地形水文地质条件，不仅具有完善的渠首枢纽，且开辟了许多灌溉渠道，设计之巧，世所罕见，成为古今中外无坝取水枢纽的典范，都江堰的建成使成都平原从此"水旱从人，不知饥馑。时无荒年，天下谓之天府"，为秦始皇统一中国奠定了物质基础。两千多年来，都江堰始终在农业生产中发挥着巨大的作用，经多次改建、扩建，目前可灌田 1100 多万亩，这一工程充分显示了我国劳动人民的无穷智慧和创造伟力。公元前 246 年，战国时期韩国著名水利专家郑国主持修建了引泾灌溉工程，渠长 150 多千米，使干旱多碱的渭北大地从此得到了自流灌溉，灌溉陕西关中良田近 300 万亩，并改良了大片盐碱地，对增强秦国实力起到了促进作用。后人为纪念郑国的功绩，把该渠称为"郑国渠"。

---

❶ 1 亩 $\approx 666.67m^2$。

秦代开通了灵渠，沟通湘（江）水和漓（江）水。灵渠，古称秦凿渠、零渠、陡河、兴安运河、湘桂运河，位于广西壮族自治区兴安县境内，秦始皇征伐南越时，由史禄负责兴修，于公元前214年凿成通航。灵渠的凿通，打通了南北水上通道，为秦王朝统一岭南提供了重要的保证。灵渠连接了长江和珠江两大水系，构成了遍布华东、华南的水运网。自秦以来，对巩固国家的统一，加强南北政治、经济、文化的交流，密切各族人民的往来，都起到了积极作用。灵渠经历代修整，依然发挥着重要作用。

汉代，灌溉排水工程的地区特色明显。黄河流域以营建灌溉渠系为主，在关中地区的洛河上修建了龙首渠，在郑国渠上游修建了六辅渠，下游修建了白渠（郑国渠与白渠合称为郑白渠），在眉县境内渭河上修建了成国渠；在宁夏境内则修建了汉渠和汉延渠，已沿用至今。江淮、江汉之间以修治天然陂池为主，著名工程有六门陂。东南以排水筑堤、变湿淤之地为良田为主，著名工程有鉴湖等。西北主要利用雪水或地下水，修筑特殊的农业水利工程——坎儿井（新疆）。在防洪除涝方面，西汉贾让"治河三策"中即记载有豫北黄河沿岸人民"排水泽而居之"的事实。淮河流域自古以来经常发生洪涝灾害，汉武帝时曾在河南正阳、息县间修建了鸿隙陂进行蓄水灌溉及排水垦殖。东汉时曾在河南汲县一带开沟排水，治碱种稻数顷。王景用堰流法治理黄河，使黄河安澜800年。

2. 南方灌溉的兴起与发展（两晋至元、明、清时期）

两晋、南北朝的三百多年间，北方多战乱，社会动荡，人口大举南迁，淮河以南农业经济因而兴旺起来，水利在前朝留下来的基础上迅速发展，取代了北方。淮河地区陂塘灌溉发达，太湖地区利用湖泊水网开通水运，三国时东吴在这里修建了一些小型灌溉工程。到唐宋时期，这里出现了大型圩田工程。北宋范仲淹在《厚农桑》中指出："江南旧有圩田，每一圩方数十里，如大城，中有河渠，外有门闸，旱则开闸，引江水之利；潦则闭闸，拒江水之害，旱涝不及，为农美利。"他在唐朝工程的基础上，修建了沿用至今的串场河防潮堤，俗称范公堤。范公堤本名捍海堤，1024年，范仲淹主持修建了从楚州盐城经泰州海陵、如皋至通州海门的捍海堰，它是一条重要的地貌界线，标志着当时苏中、苏北海岸的所在。后世屡圮屡筑，并续有增展，北起今江苏省阜宁县，南抵今启东市的吕四港镇，长291km。浙江沿海岸边在东晋南北朝时已开始筑有海塘工程以防潮浸，到唐朝时出现了石塘，后代不断改进加固，已成为重要的海防工程。在农田排水方面，唐代曾在河北任丘、河北沧州、山东无棣一带修建了大规模的排水工程，排泄海河南系的夏涝。北宋时在开封颍河、涡河流域也修建了不少排水工程。两晋至宋代，都比较重视修建灌溉工程。曹魏兴复了芍陂、茹陂等许多渠堰堤塘。北魏孝文帝下令有水田之处，都要通渠灌溉。隋代，开通的大运河有利于农田灌溉。隋朝大运河开挖于605年，分为永济渠、通济渠、邗沟和江南河4段，全长四五千里，以东都洛阳为中心，东北通到涿郡，东南到余杭，成为南北交通的大动脉。唐朝著名的灌溉工程当属833年由县令王元暐创建的它山堰，它位于浙江省宁波市海曙区的它山，樟溪的出口处，属于甬江支流鄞江上修建的御咸蓄淡引水灌溉枢纽工程，是中国水利史上首次出现的块石砌筑的重力型拦河滚水坝，具有阻咸、灌溉、泄洪等功能。在水利管理方面，唐代继承了前代的水利管理经验，设置了专门机构和专职官吏，还制定了著名的《水部式》，它是由中央政府作为法律正式颁布的我国第一部系统的水利法典，是唐代水利管理的一项重要创举。宋朝王安石于1069年主持制定了我国第一部比较完整的农田水利法规——《农田水利约束》，又称《农田利害条约》。

金、明两代，黄河先（1194年）后（1494年）分别在延津、兰考决口，南迁夺淮入海，淮北地区水害日益加重；而中南地区的两湖和珠江下游，由于水源充足，得到新的发展。汉水流域的汉中、南阳盆地上承两汉时水利建设余泽，得有渠灌之利，始兴于唐宋的江汉平原沿江滨湖地区的防洪、除涝、排渍、灌溉得到发展。明代张居正以洞庭湖分泄荆江洪水，保北岸的安全，无形中在湖区放淤，为后来围湖发展圩田提供了条件。珠江下游也在宋代出现了大型基围，北江自清远以下，西江自高要以下，发展到基围连片，并建成有如江南圩田的农田水利系统。潮区内的基围，涨潮时或启闸以引江水内灌，或以拒盐潮内侵；落潮时闭闸，或保蓄内水备用，或排内涝出江，水网纵横交错，因潮利用，独创一格。元、明两代虽然也修建了一些新的灌溉工程，但规模均不很大，各地皆以维修、恢复为主。元朝开凿会通河（山东东平到临清）、通惠河（通州到大都）。明朝徐光启的《农政全书》，综合介绍我国传统农学成就，建立了比较完整的农学体系，介绍了欧洲先进的水利技术和工具。

清王朝开国以后至道光年间黄河流域农田水利事业在恢复中有所发展，主要集中在青海、甘肃、宁夏、河南境内。在我国东南地区，由于受到潮水威胁，古代劳动人民修筑了著名的江海堤防工程——海塘。它与长城、运河一起被誉为我国古代的三大工程。在海塘修筑史上，清代是集大成时期。为防御海潮危害，江苏、浙江沿海地区修建了土塘、柴塘、石塘等工程，分为江南海塘、浙西海塘和浙东海塘三部分，其中以钱塘江海塘最为著名。

3. 我国现代灌溉排水概况

19世纪末，随着欧美近代水利工程技术传入中国以后，在灌溉排水工程方面也逐渐引入了近代科学技术，如土地测量技术、水文测验与水情电讯传报技术、水工建筑物分析计算技术和施工技术等。

自20世纪20年代起，我国进入了现代水利阶段。首先在黄河两岸出现了抽水机（水泵）抽水灌田，使用了虹吸管、水闸、渡槽等新式水工建筑物。大规模地和系统地采用近代灌溉排水工程技术则从20世纪30年代开始，以中国近代水利先驱、著名水利专家、教育家李仪祉（1882—1938）自1931年起主持修建的泾惠渠、渭惠渠、洛惠渠、梅惠渠4个大型灌溉工程为代表，经历年不断扩建、改建，灌溉面积目前已分别达到135万亩、300万亩、78万亩和15万亩，使关中平原12县（区）大片农田得到灌溉。由原来的自流引水逐渐发展为引、蓄、提相结合的灌区。

1920—1930年在台湾台南修建的"嘉南大圳"（圳即渠道）大型灌溉渠系，灌田60万亩，与此同时在台湾新竹县还修建了桃园大圳，可灌田33万亩，逐渐发展成为台湾地区最大的灌区，灌溉台西南225万亩农田。

综上所述，我国的灌溉排水事业有悠久的历史，我国劳动人民具有无穷的智慧和伟大的创造力，他们创造了很多宝贵的治水用水经验，在我国农业水利史上放射着灿烂光辉。但是漫长的封建社会压抑着劳动人民的积极性和创造性，严重阻碍了我国农业生产的发展，灌溉排水工程建设进展缓慢。到解放时全国只有灌溉面积2.4亿亩。社会主义新中国的建立，为我国灌溉排水事业的发展开创了无限广阔的前景。

4. 新中国灌溉排水事业的发展

新中国成立以后，我国十分重视灌溉排水事业的发展。早在1934年毛泽东就提出了"水利是农业的命脉"的科学论断。党带领人民大力发展灌溉排水事业并取得了巨大成就。特别是党的十八大以来，灌溉排水事业进入了高质量发展的新时代。截至2020年年底，全国已建成各类水库98566座（1949年全国只有23座水库），水库总库容9306亿 m^3，其中，大型水库774座，总库容7410亿 m^3；中型水库4098座，总库容1179亿 m^3；全国灌溉面积11.35亿亩，其中，耕地灌溉面积10.37亿亩（1949年为2.4亿亩），占全国耕地面积的51.3%，全国设计灌溉面积2000亩及以上的灌区共22822处，其中1万亩以上大中型灌区7330处，30万~50万亩大型灌区282处，50万亩及以上灌区172处，1000万亩以上宏伟灌溉工程有3处（都江堰灌区、淠史杭灌区和河套灌区）；全国节水灌溉工程面积5.67亿亩，其中，喷灌、微灌面积1.77亿亩，占31.26%，低压管灌面积1.71亿亩，占30.1%，灌溉水利用系数平均达到0.568；全国共有固定灌溉排水泵站43.4万座（以灌溉为主的规模以上泵站9.5万座），其中江苏省江都排灌站装机超过4万kW（图0-1），甘肃省景泰川二期抽灌站总扬程超过700m，湖北省青山水轮泵站流量超过 $15m^3/s$，净扬程达50m；全国有灌溉机电井517万眼，除涝面积3.68亿亩，改良盐碱地8800万亩；全国水土流失综合治理面积达143.1万 km^2，累计封禁治理保有面积达21.4万 km^2；各级水利部门积极践行以人民为中心的农业水利发展思路，大力发展民生水利，已建成比较完整的农村供水体系，可服务9.4亿农村人口，全国共建成农村供水工程1100多万处，农村集中供水率达到86%，自来水普及率达到81%，位于发展中国家前列；全国已建成农村水电站43957座，装机容量8133.8万kW，占全国水电装机容量的22.0%；全国农村水电年发电量2423.7亿 kW·h，占全国水电发电量的17.9%；全国灌排管理体系基本建立，管理能力与水平大幅提高，大中型灌区形成了专管机构和群管组织

图0-1 江苏江都排灌站

相结合的灌排工程管理体系，小型灌溉工程推行产权制度改革和用水户参与管理，强化了工程管护和用水管理能力，管理手段与信息化水平不断提升，管理效率与服务能力明显增长；形成了灌排工程建设由政府投入、受益户投入和社会力量投入相结合的投资体系，大型灌排工程由国家投资为主，小型灌排工程采取地方和受益户投资为主，鼓励引导社会资本参与灌排工程建设；构建了基本完善的灌排事业政策法规体系，先后出台了《农田水利条例》等有关水利工程和农田水利改革、农业水价综合改革、农田水利设施建设补助资金管理等指导意见，为灌排事业健康发展提供了重要保障。

党的十八大以来，灌排事业坚持以"节水优先、空间均衡、系统治理、两手发力"治水思路为根本遵循，以支撑国家粮食安全、农业农村现代化、生态健康为目标，以高效、绿色、低碳发展为主线，加快灌区续建配套和现代化改造，分区域规模化推进高效节水灌溉。结合高标准农田建设，加大田间节水设施建设力度，大力发展高水效农业，在占全国耕地54%的灌溉面积上，生产了全国75%的粮食和90%以上的经济作物，为"确保中国人的饭碗牢牢端在自己手中"奠定了坚实基础，充分显示了中国特色社会主义制度的先进性。

(三) 我国灌溉排水事业存在的问题

新中国成立以来，尽管我国灌溉排水事业取得了举世瞩目的成就，但与经济社会发展的要求和人民群众的期待相比，还存在差距，面临许多困难和问题。一是灌排工程老化失修。现有的灌溉排水工程大多建于20世纪50—70年代，虽然自20世纪90年代启动了大型灌区续建配套与节水改造，但目前全国仍有40%的大型灌区、50%~60%的中小型灌区工程设施不配套、老化失修，大型灌排泵站设备完好率不足60%，灌排标准不高，全国10%以上低洼易涝地区排涝标准不足3年一遇。特别是田间灌排设施毁坏严重，田间排水和灌溉"最后一公里"问题凸显。二是灌排管理较为薄弱。多年形成的重建设、轻管理局面未得到根本扭转。灌溉排水工程管理人员中专业技术人员比例低，创新驱动发展能力不足，依靠科技进步支持发展的贡献率低。农村水利法规制度、配套政策和标准规范不够完善，管理信息化建设较为滞后，基层水利服务体系亟待加强。三是农业高效用水发展不充分。单方水粮食产出只有发达国家的一半，很多地方仍存在大水漫灌现象。农业灌溉用水效率较低，与建设资源节约型社会及加快转变农业发展方式要求差距较大。节水灌溉工程面积仅占有效灌溉面积的55%，其中喷灌、微灌面积仅占有效灌溉面积的17%左右。四是灌排工程可持续发展投入机制尚未完全建立。农村"两工"取消以后，全国每年农田水利减少投入约80亿个工日，按每个工日100元估计，每年减少投入约8000亿元。"两工"取消后新的投入保障机制尚未形成，现有投资规模难以弥补资金缺口，地方配套资金不能及时足额到位。五是灌排管理体制改革相对滞后。县级以下国有灌排工程管理体制改革政策尚未完全兑现，农业用水合理水价机制尚未形成，农民用水户协会发展尚不均衡，农民用水户参与建设和管理不充分。六是灌溉挤占生态用水和忽视田间排水后果严重。西北内陆干旱区上中游灌溉用水过多导致下游生态环境严重退化，华北平原灌溉用水增加导致地下水大幅度下降，东北地区盲目扩大水稻种植面积导致地下水位下降和湿地萎缩。灌区农田灌排不配套，导致土壤次生盐碱化严重；灌溉引发的化肥农药流失和面源污染、土壤侵蚀和板结加重，致使环境污染难以控制，灌区生态环境堪忧。

(四) 我国灌溉排水发展方向

党的二十大提出了全面推进乡村振兴,坚持农业农村优先发展,加快建设农业强国,全方位夯实粮食安全根基等一系列重大战略举措,要推进美丽中国建设,推进生态优先、节约集约、绿色低碳发展。新时代灌溉排水事业的发展,必须坚持以"节水优先、空间均衡、系统治理、两手发力""农业要节水"作为根本遵循,以水资源可利用量和可消耗量为刚性约束,加强灌溉排水工程建设,为"确保中国人的饭碗牢牢端在自己手中"提供可靠保障。

(1) 以贯彻新发展理念促进灌溉排水事业发展壮大。一是要树立灌溉排水为生产、生活、生态服务理念,全面提升旱涝灾害防治能力和水生态建设水平。二是要加快推进大中型灌区续建配套与现代化改造,提高农业生产效益和灌溉用水效率。三是要以灌区为载体,坚持山水林田湖草沙一体化保护和系统治理,实现农业水利绿色、高效、低碳发展。四是要采用新技术、新材料、新工艺,加快推进灌排设施现代化。五是要加快推进灌排管理信息化自动化建设,大力提升灌排管理数字化、网络化和智能化水平。

(2) 以水资源为刚性约束,优化灌溉发展布局与规模。在水资源条件良好区域,合理发展灌溉面积;对因灌溉引水引起下游河流断流、湖泊湿地萎缩等生态环境问题的区域,以灌溉用水总量和水资源消耗总量双控制,压缩灌溉规模,着力推广高效节水灌溉,发展适水农业;对于地下水超采灌区,以地下水采补平衡为目标,发展高效节水灌溉,合理调减灌溉规模。

(3) 建立产学研用融合发展机制,坚持科技引领、创新驱动。建立高校、科研院(所)与生产企业和灌区等产学研用一体化攻关机制,持续提升节水、高效、绿色灌溉关键技术与设备、智慧灌排管理技术与设备研发能力与水平,及时推广转化最新研发成果。

(4) 加大投入力度,推进灌溉事业可持续发展。一是各级政府在持续加大对灌排事业的资金投入和政策支持的同时,积极引导社会资本投入到灌区现代化改造中来。二是在利用好水利专项资金和政策支持的同时,要积极整合乡村振兴和农业农村现代化等相关资金和政策支持,形成合力,加快推进灌区现代化建设步伐。

(5) 加快推进农村供水条件建设和农村环境整治。以人与自然和谐共生现代理念为指导,积极推进城乡供水管网向农村延伸,大力开展农村水环境综合整治工程建设,切实加强水源保护和水质保障工作,力争到2025年,全国农村自来水普及率达到88%,到2035年,基本实现农村供水现代化、乡村环境优美化。

(6) 加强牧区和山丘区水利建设。以发展节水灌溉饲草料地为重点,优先抓好内蒙古东中部、新疆北部、青海三江源、环青海湖、四川西北部、甘肃南部等重点地区的牧区水利建设,促进天然草原生态保护和恢复。实施山丘区小型灌排设施恢复抢救工程,加快山丘区雨水集蓄利用工程建设,大力发展集雨节灌。

二、世界灌溉排水发展概况

灌溉排水工程技术可以远溯至新石器时代。从世界范围而言,有文字记载的最早的灌溉工程,是公元前3400年左右美尼斯王朝修建在古埃及孟菲斯城附近截引尼罗河洪水的淤灌工程。约公元前2200年古巴伦在底格里斯河和幼发拉底河河谷建造了当时世界上规模最大的奈赫赖万灌溉渠道。古印度、古罗马、古波斯等国的灌溉，起源也都很早。公元前 2500 年左右，古印度就有引洪淤灌，到 20 世纪 30 年代，印度开始应用现代工程技术修建大型自流灌溉工程，同时发展小型提水灌溉与井灌。伊朗、叙利亚、意大利等国的灌溉，也有几千年的历史，其中伊朗和亚美尼亚等国，以坎儿井众多而闻名。19 世纪中叶，在美国西部大盐湖河谷地带，开始了移民垦殖，发展灌溉。20 世纪初，美国联邦政府开始在西部 17 个州进行以灌溉为主的水利综合开发，1985 年全美喷灌面积达 1.34 亿亩，约占其总灌溉面积（3.64 亿亩）的 37%。苏联的灌溉农业也有较长的历史，公元前 6 世纪阿姆河流域就开始了灌溉。十月革命后，灌溉事业有了较大的发展，主要灌区集中在中亚细亚。全世界的灌溉事业，从早期的发源地尼罗河流域、美索不达米亚平原、印度河流域和黄河流域各自逐渐向西方和东方发展，经历了在技术上从原始到现代化，在规模上从小型到大型，在地域上从干旱地区到湿润地区，在经营上从单一到集约化，在效果上从低下到高效的发展，对人类社会的发展起到了不可磨灭的作用。

全世界灌溉面积 1950 年为 0.96 亿 hm^2，1985 年为 2.2 亿 hm^2，2002 年达到 2.77 亿 hm^2，2020 年增加到 3.42 亿 hm^2。灌溉面积占耕地面积的比例由 1950 年的 7% 增加到 1985 年 16%，2020 年超过了 24%；灌溉农田的农产品产值约占全部农产值的一半。世界上灌溉面积最多的国家为中国，其次为印度、美国和巴基斯坦（表 0-1）。欧洲西部一些

表 0-1　世界部分国家灌溉面积统计表（引自 FAO AQUASTAT 2020 年数据）

国家和地区	灌溉面积 /$10^4 hm^2$	国家和地区	灌溉面积 /$10^4 hm^2$	国家和地区	灌溉面积 /$10^4 hm^2$
中国	7569	沙特阿拉伯	328	阿塞拜疆	145
印度	7040	阿富汗	321	阿尔及利亚	137
美国	2671	日本	289	叙利亚	134
巴基斯坦	2124	法国	284	加拿大	122
印度尼西亚	986	秘鲁	258	尼泊尔	113
伊朗	871	乌克兰	217	马达加斯加	113
墨西哥	730	南非	213	智利	111
孟加拉国	660	缅甸	211	阿根廷	110
泰国	642	菲律宾	199	委内瑞拉	106
巴西	555	埃塞俄比亚	196	吉尔吉斯斯坦	102
土耳其	535	哈萨克斯坦	190	尼日利亚	101
越南	459	苏丹	185	韩国	89
乌兹别克斯坦	428	土库曼斯坦	180	德国	77
俄罗斯	383	厄瓜多尔	171	塔吉克斯坦	74
意大利	383	澳大利亚	152		
埃及	382	摩洛哥	152		
西班牙	376	希腊	152	前 50 位国家合计	32521
伊拉克	353	朝鲜	146	全世界合计	34248

国家，因雨量较丰沛，且分布较均匀，灌溉设施一般较少。据预测，全世界人口到21世纪中叶，将增加47%，而耕地只能增加4%，为满足未来对粮食的需求，主要靠提高单位面积产量，因此，发展灌溉仍将是今后发展农业的重要措施之一。今后世界灌溉发展的趋势是：①灌溉方法仍将以地面灌溉为主，喷、微灌面积会有较大的发展；②为提高灌溉水的利用系数，缓解水资源紧缺程度，渠道防渗、管道输水和非充分灌溉等节水灌溉技术将日益发展；③改进灌溉管理，提高灌溉自动化程度。计算机、人工智能和大数据等新技术将得到广泛应用。

关于国外排水事业，公元前5世纪中叶，希腊历史学家希罗多德（Herodotus）曾记载了尼罗河谷的排水工程。罗马的瓦罗（Varro）在《论农业》一书中提到了修建排水工程的规范。荷兰的农田排水历史悠久，在世界上享有盛名，它是与围海造地联系在一起的，10世纪左右已有海堤，1400年左右开始使用风车排水，目前暗管排水技术在世界上处于领先地位。英国的排水事业始于13世纪，把大量低洼地改变成农田，1531年制定法律，国家直接干预排水事业，17世纪初首先使用鼠道式暗管，19世纪中叶发明了挖沟机等。法国在1602年首先使用瓦管排水。近一百年来，世界上不少国家由于灌区急剧发生土壤次生盐碱化问题，进一步推动了排水事业的发展。埃及于1909年后，大力发展深沟排水，解决了棉田的盐碱化问题。美国于1849—1850年建立了沼泽地法案，广泛开展了农田排水，到2010年，排水面积达4750万hm^2。日本大规模地发展排水事业，起始于20世纪50年代初期；到80年代中期，暗管排水面积已达水田排水面积的1/3，农田排水工程施工基本上实现了机械化，大部分排水系统的闸、站建筑物，都实现了管理自动化，做到了雨量、水位、流量和水质等遥测和遥控。在其他工业发达的国家里，目前也多实现了排水工程的施工和管理的现代化。截至2010年，世界农田排水面积为2.03亿hm^2，约占可耕地面积的13.2%。其中排水面积前十位的国家分别是美国（4750万hm^2）、中国（2110万hm^2）、加拿大（946万hm^2）、巴基斯坦（786万hm^2）、印度（580万hm^2）、意大利（530万hm^2）、墨西哥（520万hm^2）、德国（490万hm^2）、俄罗斯（480万hm^2）和英国（470万hm^2）。

灌溉与排水各有不同的功能，但在很多国家和地区，灌溉和排水往往同时存在于同一工程中，相辅相成，达到保证农业增产稳定的目的。现在全世界灌排结合使用的国家日益增多。实施灌溉和排水，会对环境产生正面和负面影响。世界各国都已程度不同地重视灌溉与排水的环境问题，充分发扬其正面影响，尽力克服其负面影响。

三、灌溉排水工程学的研究对象和基本内容

灌溉排水工程学是一门研究农田水分状况和有关地区水情的变化规律及其调节措施，防治旱、涝、渍、盐碱等灾害，并利用水利资源为保障粮食安全、饮用水安全和生态环境友好而服务的科学。

灌溉排水工程学我国从20世纪50年代起称为农田水利学，英、美等国称为灌溉排水，苏联称为水利土壤改良。灌溉排水工程学主要研究对象和基本内容如下。

（一）调节农田水分状况

农田水分状况一般是指农田地表水、土壤水和地下水的状态、变化规律及对作物生长影响的总称。农田水分不足或过多，都会影响作物的正常生长、最终产量和品质。

1. 调节农田水分状况的水利措施

(1) 灌溉。人工补充土壤水分以改善作物或植物生长条件的技术措施。

(2) 排水。将农田中过多的地表水、土壤水和地下水排除，改善土壤的水、肥、气、热关系，以利于作物生长的人工措施。

2. 调节农田水分状况需要研究的问题

(1) 研究农田水、盐运动规律。把土壤-植物-大气作为一个连续体（soil - plant - atmosphere continuum，SPAC），研究农田水分的微循环过程和水、盐运动规律，探求土壤、作物和水分、盐分之间的内在联系，以指导灌排和中、低产田改造，并为作物绿色高效用水提供理论依据。

(2) 研究节水灌溉的理论与技术。节水灌溉是指在作物生育期，为提高灌溉水利用率和灌水效益采取工程、技术和管理等综合措施的灌溉方式。节水灌溉对提高灌溉水利用效率、确保粮食安全和水安全具有重要意义。因此，要针对不同地区和不同作物继续深入研究节水灌溉的理论与技术，从而使节水灌溉的理论和技术与时俱进。

(3) 研究灌排系统的优化布置。做到山水林田湖草沙系统治理，使田成方、林成网、机能耕、旱能灌、涝能排、易管理。要加快推进山丘区灌溉喷滴灌化，平原地区灌排管道化，灌排工程施工机械化，灌排管理智慧化。

(4) 研究灌排工程施工机械化。灌排工程量大、面广，机械化施工能加速施工进度，降低劳动强度，提高工程质量。我国大型灌排工程施工机械化程度较高，亟须研究小型灌排工程施工机械，以全面实现灌排工程施工机械化。

(5) 研究灌排系统的科学管理。管理的好坏直接影响灌排工程效益的发挥，必须针对当前灌排管理存在的问题，改革管理体制，研究行之有效的管理措施和管理模式，加强对现代信息技术在灌区管理中的应用研究，努力实现灌排系统运行自动化、管理现代化。

(6) 研究灌排工程对生态环境的影响。合理的灌排能够改变水土平衡、水热平衡，有利于生态平衡，能使沙漠变绿洲、沼泽变良田。不合理的灌排反而会使生态环境恶化。要加强灌排工程对区域生态环境影响的研究，提出科学有效的灌排工程对生态环境负效应的防治措施。

(7) 研究牧区和山丘区水利问题。加强牧区和山丘区节水灌溉试验研究，长期系统研究牧草需水规律，制定适宜的灌溉制度、节水灌溉模式与机械化施工技术，提出具有牧区和山丘区特色的灌排系统布置形式、管理机制与灌溉排水发展模式。

(二) 改变和调节地区水情

地区水情主要指地区水资源的数量、分布情况及其动态。由于灌溉水资源空间分布和时间分配的不均衡和不均匀性，导致供水与需水在空间和时间上也常不一致，时旱时涝或旱涝交替出现，干旱和渍涝是影响农业高产稳产的重要自然灾害之一。因此，必须大力发展农业水利，科学合理地运用工程措施，改变和调节地区水情。

1. 改变和调节地区水情的水利措施

(1) 蓄水、保水措施。蓄水措施，即调蓄河水及地面径流，为农业灌溉、城乡生活、生态环境及其他有关部门供水和满足防洪、发电、航运等要求的水利工程设施。一般包括拦河引水工程、塘坝工程、方塘工程和大口井工程等。保水措施，即通常所谓的水土保持工程措施,是指通过改变一定范围内(有限尺度)小地形(如坡改梯等平整土地)的措施,拦蓄地表径流,增加土壤降雨入渗,改善农业生产条件,充分利用光、温、水土资源,建立良性生态环境,减少或防止土壤侵蚀,合理开发、利用水土资源而采取的措施。一般包括山坡防护工程、山沟治理工程、山洪排导工程等。

(2)调水、排水措施。调水措施是指修建跨越两个或两个以上流域的引水(调水)工程,将水资源较丰富流域的水调到水资源紧缺的流域,以达到地区间调剂水量盈亏,解决缺水地区水资源需求的一种重要措施。我国的南水北调工程即是从长江流域向黄河、海河两个流域调水。此外还有引滦入津、引黄济青、东深供水等工程。这里的排水措施与调节农田水分状况的排水措施有所不同,是指汛期某一流域(地区)水量过多时,通过排水骨干沟道将多余的水量调送至流域(地区)内部的蓄水设施储存或调送至水量较少的其他地区。

2. 改变和调节地区水情需要研究的主要问题

(1)研究水资源可持续利用的政策和措施。根据国民经济发展规划,通过科学预测本地区水量供需状况,研究制定地区长远的水资源规划和行之有效的水资源开发、利用和保护的政策和措施。

(2)研究多种水资源优化利用的理论与技术。根据当地大气水、地表水、土壤水、地下水和外来水状况,研究多种水资源统一开发和联合运用的理论与技术,寻求科学合理的水资源系统最优规划、扩建和运行方案。

(3)研究洪涝灾害发生规律及预测技术。通过对历史洪涝灾害的科学分析,利用本地区多年气象资料,科学分析洪涝灾害发生的规律,研究科学的灾害预测技术,进而采取有效的防范措施,减少或解除洪涝威胁,并同水资源开发利用结合起来统一规划,做到洪、涝、旱、渍、碱综合治理。

(4)研究关于水资源开发利用和保护的经济论证和环境评价方法。水资源开发利用、保护与经济发展和社会进步息息相关,水资源开发利用和保护工程对生态环境都会产生一定的影响,要努力做到趋利避害,探求既要符合社会主义市场经济原则又有利于生态环境保护的水资源系统规划、管理的经济论证方法和环境评价方法。

总之,无论是调节农田水分状况还是改变和调节地区水情,都要认识和重视自然规律,分析总结中外灌溉排水工程建设经验,坚持科学态度,讲究经济效益、环境生态效益和社会效益,从理论和技术上解决农业农村水利现代化中出现的新情况和新问题,把灌溉排水科学技术不断推向新高度。

第一章 农田水分状况

土壤是指地球陆地上能够生长绿色植物的疏松表面。土壤的本质特征是具有肥力，土壤肥力即土壤提供植物生长发育所需要的水分、养分、空气和热量的能力。水既可独立发挥作用，也可协调影响肥、气、热等因素；水既是肥力因素，也是环境因子，科学用水对调节田间小气候有重要作用。本章首先简要介绍土壤的质地与结构，然后介绍农田土壤水分、土壤水分运动、农田水分状况及其调节措施和灌溉排水设计标准等。

第一节 土壤质地及主要物理参数

土壤是由固相、液相、气相3种物质组成的。固相物质包括矿物质和有机质，体积约占50%，是由粗细不一、形状和组成各异的颗粒（通常称土粒）所组成。液相（土壤水分及可溶性物质）和气相物质（土壤空气）分布在固相物质所构成的孔隙中。

一、土壤质地的概念与分类

1. 土壤质地的概念

土壤质地指土壤中不同直径的土粒的组合状况，是土壤物理性质之一。不同质地的土壤，其水、肥、气、热状况及物理化学性质都有很大差别，对作物生长发育影响甚大。

2. 土壤质地分类

根据粗细不同的土粒所占百分比，土壤质地一般可分为砂土、壤土、黏土3大类。土壤质地分类制，各国的标准并不统一。常用的有国际制、美国制、苏联卡庆斯基制和中国制等。目前美国制应用较多，但在农业生产中仍主要应用苏联卡庆斯基制。中国制土壤质地分类标准实际应用较少。

苏联卡庆斯基制把土壤颗粒划分为物理性黏粒（粒径小于0.01mm）和物理性砂粒（不含粒径大于1mm的石砾）两部分，按物理性砂粒和物理性黏粒的含量划分土壤质地，并考虑到土壤类型不同，对灰化土、草原土与红黄壤、碱化土与碱土有不同质地分组标准，具体划分标准见表1-1。对于一般的土壤可以采用草原土、红黄壤类的分类标准。

表1-1 土壤质地划分标准

土壤质地		物理性黏粒（粒径小于0.01mm）含量/%		
		灰化土	草原土、红黄壤	碱化土、碱土
砂土	松砂土	0～5	0～5	0～5
	紧砂土	5～10	5～10	5～10
壤土	砂壤土	10～20	10～20	10～15
	轻壤土	20～30	20～30	15～20

续表

土 壤 质 地		物理性黏粒（粒径小于0.01mm）含量/%		
		灰化土	草原土、红黄壤	碱化土、碱土
壤土	中壤土	30～40	30～45	20～30
	重壤土	40～50	45～60	30～40
黏土	轻黏土	50～65	60～75	40～50
	中黏土	65～80	75～85	50～65
	重黏土	>80	>85	>65

砂土中砂粒多而黏粒少，质地疏松，含有机质少，保水保肥差，容易漏水漏肥，难以满足作物生长对水、肥、气、热的需要。

黏土中黏粒多而砂粒少，不易漏水漏肥，保水保肥能力较强，但因透水通气能力差，土壤中往往是水多空气少，土温不易升高。又因为黏粒多，土粒容易黏结成块，干时易板结龟裂，遇水时又容易泥泞，不利于耕种。

壤土又称为两合土，含有适量的砂粒、粉粒和黏粒。其性质兼有砂土和黏土的优点，通气性及持水性都较好，抗旱、耐涝性较强，同时养分含量丰富，为农业生产上最理想的土质，适宜种植各种作物。

二、土壤质地确定方法

土壤质地可以通过以下途径确定：①采集土样，在实验室通过一定的测试方法确定颗粒组成，进而确定土壤质地；②向当地农业、水利部门调查，收集土壤质地资料；③通过现场简易方法大致判断确定土壤质地。现场判断主要有干测和湿测两种指测法。干测是指观察干燥状态下土壤的状态或根据手掌中研磨的感觉来测定土质；湿测是指用土壤试样在潮湿状态下搓土条的方法来测定土壤质地。干测和湿测可相互补充，但以湿测为主。

三、土壤主要物理参数

1. 土粒容重 γ_s 和土壤容重 γ

土粒容重是指单位体积（不包括土壤中孔隙体积）干土土粒重量，其大小决定于矿物质组成与有机质的含量。我国绝大多数土壤的土粒容重为 $2.6\sim2.7\text{g/cm}^3$，实际应用中多取其平均值 2.65g/cm^3 作为耕作土壤的土粒容重。

土壤容重是指在未破坏自然结构的情况下，单位体积（包括土壤中孔隙体积）的干土重量。干土重量是指 $105\sim110℃$ 条件下的烘干土重。土壤容重的大小随土壤质地、结构和土壤中有机质含量的不同而异。一般砂性土颗粒大，孔隙所占体积较小，因而土壤容重较大，约为 $1.4\sim1.6\text{g/cm}^3$；黏性土颗粒小，则容重小，约为 $1.2\sim1.5\text{g/cm}^3$；腐殖质含量较多的团粒结构土壤，由于孔隙所占容积大，容重小，约为 $1.0\sim1.2\text{g/cm}^3$。在同一剖面中，由于土壤的层次不同其容重有很大差异，越向下层容重越大。有条件时土壤容重应实测确定，测定土壤容重一般采用环刀法。

2. 土壤孔隙率 n

土壤是个多孔体，土粒与土粒之间或土粒与土壤团聚体之间的空隙，称为土壤孔隙。土壤孔隙的多少以孔隙率表示，即在一定体积的土壤内，孔隙体积占土壤总体积的百分

数。土壤孔隙率一般不直接测定，可用土粒容重 γ_s 和土壤容重 γ 计算得出，即

$$n = \left(1 - \frac{\gamma}{\gamma_s}\right) \times 100\% \tag{1-1}$$

土壤孔隙状况（包括孔隙的大小、多少和大小孔隙配合比例）主要与土壤质地、结构和有机质含量有关。土壤质地越细，虽然孔隙小但数量多，故孔隙率大而容重小；相反，土质粗，孔隙大，以非毛管孔隙（即大孔隙，不具毛管作用）为主，但数量少，故孔隙率低而土壤容重大。团粒结构良好的土壤，大小孔隙同时存在且比例适当，孔隙率也较大。有机质含量较高的土壤孔隙率较高，大孔隙也较多。另外土壤孔隙状况还受外部因素诸如降雨、灌溉、耕作、施肥等的影响。

一般土壤孔隙率多为 30%～60%（表1-2）。结构良好的表土层的孔隙率约为 55%～60%，而紧实的底土可低至 25%～30%，有机质多的土壤孔隙率大，如泥炭土孔隙率可高达 80%。

表 1-2 不同质地的土壤孔隙状况

土壤质地	孔隙率/%	大孔隙的相对比率（总孔隙计为100）	
		小孔隙	大孔隙（非毛管孔隙）
黏土	50～60	85～90	15～10
重壤土	45～50	70～80	30～20
中壤土	45～50	60～70	40～30
轻壤土	45～50	50～60	50～40
砂壤土	45～50	40～50	60～50
砂土	30～35	25～30	75～60

第二节 土壤水分及其有效性

农田水分形态包括农田地面水、土壤水和地下水 3 种类型，其中土壤水是水文循环中的一个组成环节和降水形成径流的一个组成部分，在陆地水循环及水平衡中占据重要位置。同时，土壤水又是土壤肥力的重要组成部分，是植物根系吸水的水源基地，它直接影响作物生长的水、气、热、养分等状况。土壤水与作物生长关系最为密切，其物理特性制约着植物对水分的有效利用。地面水和地下水只有通过一定的转化关系变为土壤水，才能为作物直接吸收利用。因此，研究土壤水的存在形式与运动规律，对实现农业水资源绿色高效利用具有十分重要的意义。

一、土壤水的形态、有效性及土壤含水率的测定

（一）土壤水的形态

土壤水在物理形态上有固态、气态和液态 3 种类型。固态水只有在土壤冻结时才存在；气态水存在于未被水分占据的土壤孔隙中，数量很少，计算时常忽略不计；液态水是土壤水分的主要形态，又可分为吸着水、毛管水和重力水 3 类。

（1）吸着水。包括吸湿水和薄膜水两种形式。依靠土粒分子引力而紧紧吸附于土粒表

面的水汽分子即为吸湿水。吸湿水不能自由移动，不能被作物吸收利用，是土壤中的无效含水量；吸湿水达到最大时的土壤含水量（也称含水率）称为吸湿系数，此时土壤水吸力约为 3.14×10^6 Pa。吸湿水达到最大以后，土粒表面依靠分子引力，还可吸附周围环境中一定数量的液态水分，在吸湿水外形成一层液态水膜，这层水膜即薄膜水。薄膜水达到最大时的土壤含水量，称为土壤的最大分子持水量，此时土壤水吸着力约为 6.31×10^5 Pa。薄膜水较难被作物吸收利用，只有与植物根毛接触时，才能被作物吸收利用。

（2）毛管水。毛管水是在毛管力作用下土壤中所能保持的那部分水分，即在重力作用下不易排除的水分中超出吸着水的部分，分为上升毛管水及悬着毛管水。上升毛管水是指地下水沿土壤毛细管上升的水分；悬着毛管水是指不受地下水补给时，上层土壤由于毛细管作用所能保持的地面渗入的水分（来自降雨或灌水）。悬着毛管水达到最大时的土壤含水量称为田间持水量，此时的土壤水吸力约为 3.03×10^4 Pa。在生产实践中，常把在灌水或降雨两天后测得的土壤含水量作为田间持水量。

（3）重力水。当土壤的含水量超过了田间持水量，多余的水分不能为毛管力所吸持，在重力作用下将沿非毛管孔隙下渗，这部分土壤水称为重力水。重力水在无地下水顶托的情况下，很快排出根系层；在地下水位高的地区，重力水停留在根系层内时，会影响土壤正常的通气状况，因此重力水也称为过剩水。当土壤中的孔隙全部为水所充满时的土壤含水量，成为饱和含水量，此时重力水所受土粒分子的吸持力为0。

上述吸湿系数、最大分子持水量、田间持水量和饱和含水量，是将土壤水的数量与形态联系起来的特征含水量，称为土壤水分常数，即土壤水分类型和性质的数量特征。

（二）土壤水分的有效性

土壤水分的有效性是指土壤水分能否被作物利用及其被利用的难易程度。土壤水分有效性的大小，主要决定于它存在的形态、性质和数量，以及作物根系吸水力与土壤持水力的差值。

当土壤中的水分不足以满足作物需要时，作物便会出现凋萎状态。当作物呈现凋萎后，即使灌水也不能使其恢复生命，这种凋萎成为永久凋萎，作物产生永久凋萎时的土壤含水量称为凋萎系数，此时土壤的吸持力与作物的吸水力基本相等，均约为 1.52×10^6 Pa。作物吸收不到水分，因此凋萎系数是土壤有效水分的下限。约相当于吸湿系数的 $1.5\sim2.0$ 倍。

作物的吸水力因作物的种类、品种和年龄而异，大体在 $0.7\sim3$ MPa 之间，一般约为 1.5MPa。因此，土壤吸力小于 1.5MPa 的那部分水量，可被作物吸收利用，称为有效水；土壤吸力大于或等于 1.5MPa 那部分水量不能被作物吸收利用，称为无效水。土粒对吸湿水的吸附力高达 $3.1\sim1000$ MPa，所以吸湿水全部为无效水。土粒对薄膜水的吸附力为 $0.625\sim3.1$ MPa，所以薄膜水中一部分为有效水，一部分为无效水，即水膜外层受土粒吸力小于 1.5MPa 的那部分水量能被作物吸收利用，而水膜内层靠近土粒，受土粒吸力大于或等于 1.5MPa 那部分水量则不能被作物吸收利用。毛管水所受吸力为 $0.03\sim0.625$ MPa，远比作物吸力小，都可被作物吸收利用。重力水所受吸力很小，但不能稳定储存在土壤中，不能被作物吸收利用，不能算是有效水。各种土壤水分形态及其有效性如图 1-1 所示。

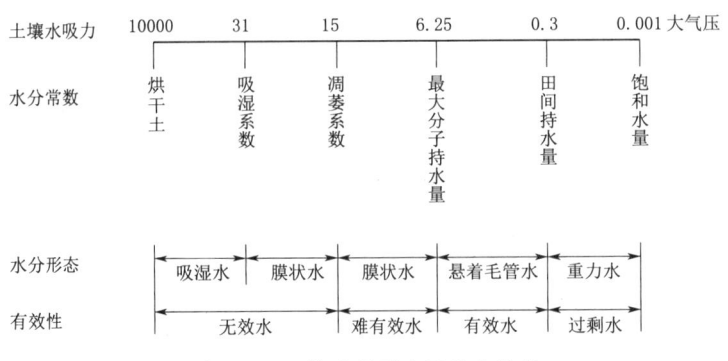

图 1-1 土壤水分形态及其有效性

从以上分析可知，土壤有效水量的下限是凋萎系数，有效水量的上限是田间持水量。各种质地土壤的凋萎系数、田间持水量与有效水量见表1-3。

表1-3　　　　　各种质地土壤的凋萎系数、田间持水量与有效水量　　　　　　%

土壤质地	凋萎系数	田间持水量	有效水量
砂土	3～5	8～16	5～11
砂壤土、轻壤土	5～7	12～22	7～15
中壤土	8～9	20～28	12～19
重壤土	9～12	22～28	13～15
黏土	12～17	23～30	11～13

注　表中数据为重量含水率。

在生产实践中，不能等到作物凋萎而不能复活的时候才补充土壤水分，要保证作物正常生长，通常以毛管断裂含水量作为控制下限。毛管断裂含水量是指土壤中的毛管悬着水因作物吸收和土壤蒸发而发生断裂时的土壤含水量，一般为田间持水量的60%～70%。此时，虽然还存在毛管水，但因为流通性急剧降低，作物根系已经不能正常吸收水分，作物生长开始受到影响。因此，毛管断裂含水量也称植物生长阻滞含水量或初期凋萎点。尽管毛管断裂含水量与凋萎系数之间的水分仍属有效水，但为减少作物受旱风险，实际灌溉时宜以毛管断裂含水量为控制下限，即土壤含水量降至毛管断裂含水量时，就需要进行灌溉。

（三）土壤含水率

土壤含水率也称土壤湿度，是指自然条件下土壤中所含水分的多少。土壤含水率表示方法有以下几种。

1. 重量含水率 θ_w

重量含水率 θ_w 是土壤中的水重 W_w 占干土重 W_s 的百分比，即

$$\theta_w = \frac{W_w}{W_s} \times 100\% \tag{1-2}$$

2. 体积含水率 θ_v

体积含水率是土壤中水的体积 V_w 占土壤总体积 V 的百分比，即

$$\theta_v = \frac{V_w}{V} \times 100\% \tag{1-3}$$

3. 孔隙含水率 θ_h

孔隙含水率是土壤中水的体积 V_w 占土壤孔隙体积 V_h 的百分比，也称饱和度，即

$$\theta_h = \frac{V_w}{V_h} \times 100\% \tag{1-4}$$

已知土壤容重为 γ，水的容重为 γ_w（一般取 1），土壤孔隙率为 n，则重量含水率、体积含水率和孔隙含水率三者可以进行换算：

$$\theta_v = \theta_w \frac{\gamma}{\gamma_w} = \theta_w \gamma$$

$$\theta_h = \frac{\theta_v}{n} \tag{1-5}$$

除以上 3 种方法外，在实际应用中，有时也采用土壤的相对含水率或相对湿度，也就是以土壤的绝对含水率占田间持水率或饱和含水率（土壤孔隙都充满水时的土壤体积含水率，其值等于孔隙率）的百分数来表示。

在计算农田土壤含水量时，面积一般以亩或公顷（hm^2）为单位，其换算关系为：1 亩 $=666.7m^2$，$1hm^2=10000m^2$，$1hm^2=15$ 亩。土层深度一般采用作物主要根系活动层深度。该深度也是农田计划调节、控制土壤含水量的土层深度，一般称为计划湿润层。农作物计划湿润层深一般取 0.3~0.6m，在作物生长初期取较小值，随作物生长，计划湿润层逐渐增加。

【例 1-1】 已知某玉米地，田间持水率为 25%（重量含水率），土壤干容重为 $1.25g/cm^3$，当前土壤含水率为 13%（重量含水率），已接近土壤适宜含水率下限，若计划湿润层深度取 0.5m，试计算：(1) 当前单位面积（每亩或每公顷）计划湿润层含水量；(2) 单位面积（每亩或每公顷）灌水量。

解：(1) 每亩计划湿润层含水量 W_1：

$$W_1 = 666.7 \times 0.5 \times 1.25 \times 13\% = 54.17(m^3)$$

每公顷计划湿润层含水量 W_2：

$$W_2 = 10000 \times 0.5 \times 1.25 \times 13\% = 812.50(m^3)$$

(2) 每亩地灌水量 M_1：

$$M_1 = 666.7 \times 0.5 \times 1.25 \times (25\% - 13\%) = 50.00(m^3)$$

每公顷灌水量 M_2：

$$M_2 = 10000 \times 0.5 \times 1.25 \times (25\% - 13\%) = 750.00(m^3)$$

(四) 土壤含水率测定方法

土壤水分状况直接影响到作物的生长与产量，因此土壤含水率测定是农田灌溉管理的一项基础工作。土壤含水率的测定方法有很多种，本节主要介绍比较常用的烘干称重法、张力计法和时域反射仪法。

1. 烘干称重法

烘干称重法是测定土壤含水率的最基本方法。在野外取样点用土钻取土样并称重（铝

盒+湿土重）W_1后，将其放入105~110℃烘箱中（注：无烘箱时，若对观测精度无很高要求，可利用微波炉烘干土壤），持续6~8h。取出冷却后称重，再放入烘箱中烘2~3h，取出称重，直至前后两次重量相差不超过0.01g为止，记为W_2（铝盒+干土重），W_1与W_2之差即为水重W_w，W_2减去盒重即为干土重，代入式（1-2）即可算出土壤含水率θ_w。

烘干法称重法所需设备简单，方法易行，并有较高的精度，故常作为评价其他各种方法的标准。然而，由于烘干法有测定时间长、自动化程度低、劳动强度大、破坏地面等缺点，在实际墒情监测应用中受到限制。

2. 张力计（负压计）法

张力计法是先用负压计测定土壤对水分的吸力，然后通过土壤水分特征曲线（即土壤吸力与土壤含水率的关系曲线，可通过同时测定负压计读数和用烘干法测定土壤含水率来建立）间接求出土壤含水率的一种方法。张力计由陶土头、集水管和负压计3部分组成（图1-2）。陶土头上端接集水管，开始测定时应充满水分。集水管上部再接负压计，负压计可采用机械式负压计（真空表）、装有水银的U形管或数字式负压计。陶土头安装在被测土壤中之后，在土壤吸力作用下，张力计中的水分通过陶土头外渗，这时集水管里会产生一定的负压。在灌溉或降水后，土壤含水量增加，土壤中的水分又能回渗到集水管。当张力计内外水分达到平衡时，读取负压计显示的负压，再根据土壤水分特征曲线（图1-2）求出土壤含水率。

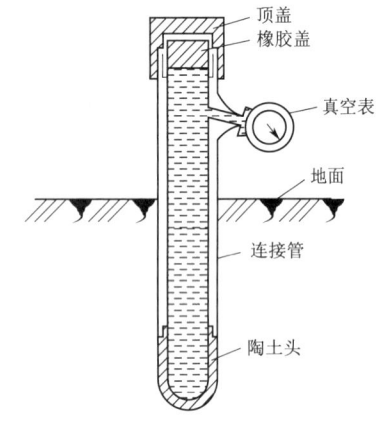

图1-2 张力计结构示意图

张力计法的优点是设备易于设计、制造、安装和维修，价格便宜，对土壤扰动较小，并能定点长期监测水分状况。缺点是事先必须精确测定土壤水分特征曲线，易受环境温度影响，读数存在滞后现象，另外土壤与张力计间的良好接触不易保证，操作不慎时仪器易损坏，使用时还需经常作校正。

张力计测量范围一般为0~85kPa。负压为0~10kPa表示土壤比较潮湿，对多数作物湿度过高；负压为10~30kPa表示土壤湿润，适宜多数作物生长；负压为30~50kPa表示土壤干爽，喜湿作物已需灌水；负压大于50kPa表示土壤干燥，多数作物需要灌水。

3. 时域反射仪法（TDR法）

时域反射仪（time-domain reflectometry, TDR）法是指通过测定土壤的介电常数，进而计算土壤含水率的方法。由于土壤中水的介电常数远大于土壤中的固体颗粒和空气的介电常数，因此随土壤水分含量升高，介电常数值增大，而电磁波在介质中传播的速度与介电常数的平方根成反比，因此沿波导棒的电磁波传播时间也随之延长。通过测定土壤中高频电磁脉冲沿波导棒的传播速度，就可以确定土壤含水率。

如果进行表层测量，临时将探针插入土壤指定位置即可。如果是进行土壤剖面水分定位监测，需事先将探针按要求深度埋入土壤。探针安置方式比较灵活，可以是横埋式、竖埋式、斜埋式或任意放置。因该方法获得的含水量是整个探针长度范围内的平均值，而且测量范围比较小，所以同一土体中埋置方式不同可能会得到不同的结果。所以，在使用

TDR 时，应根据实验要求选择适宜的探针埋置方式。

用 TDR 测定土壤表层的含水量比中子仪精度高，且有快速、准确、安全无辐射、便于自动控制等特点。适于原位连续测量，且测量范围广；既可做成便携式仪器进行田间实时测量，又可通过导线与计算机相连，进行远距离多点自动监测。TDR 法操作简单，无需标定，不受土壤结构和质地的影响，可直接读出土壤体积含水率，且精度较高；可在土壤剖面上各点（包括地表附近）长期监测；数据收集的自动化程度高。缺点是仪器及探头价格昂贵，且不适宜于盐碱土进行水分测量。

【例 1-2】 从田间取得直径为 10cm、高 10cm 的柱状土样，湿土重 W 为 1284g，烘干后称重 W_s 为 1151g，试确定土壤容重、重量含水率、体积含水率；若将土样（从烘干状态）再湿润至饱和点，用水 W_b 为 314g，试确定土壤孔隙率、原土样孔隙含水率、土粒容重。

解：(1) 土壤容重 γ：

$$\gamma = \frac{W_s}{V} = \frac{1151}{3.14 \times (10^2/4) \times 10} = 1.466 (\text{g/cm}^3)$$

(2) 重量含水率 θ_w：

$$\theta_w = \frac{W - W_s}{W_s} \times 100\% = \frac{1284 - 1151}{1151} \times 100\% = 11.6\%$$

(3) 体积含水率 θ_v：

$$\theta_v = \frac{\theta_w \times \gamma}{\gamma_w} = \frac{11.6\% \times 1.466}{1} = 17.0\%$$

(4) 土壤孔隙率 n：

$$n = \frac{W_b \times \gamma_w}{V} \times 100\% = \frac{314 \times 1}{3.14 \times (10^2/4) \times 10} \times 100\% = 40\%$$

(5) 原土样孔隙含水率 θ_h：

$$\theta_h = \frac{\theta_v}{n} \times 100\% = \frac{17\%}{40\%} \times 100\% = 42.5\%$$

(6) 土粒容重 γ_s：

$$\gamma_s = \frac{\gamma}{1-n} \times 100\% = \frac{1.466}{1-40\%} \times 100\% = 2.44 (\text{g/cm}^3)$$

二、土壤水的能态

1. 土水势及其分势

土壤中水分的保持和运动，被植物根系吸收、转移以及在大气中散发都是与能量有关的现象。像自然界其他物体一样，土壤水分具有不同数量和形式的能量。单位数量土壤水具有的势能与静止的自由纯水势能（假定其势能为 0）的差值称为土壤水势，简称土水势。由于土壤中水的运动速度很慢，它的动能一般忽略不计。在非饱和土壤中，由于受土壤分子吸力、毛管力等作用，土壤水自由能降低，因此土水势一般表现为负值。

由于引起土水势变化的原因或动力不同，土水势包括若干分势，如基质势、压力势、溶质势、重力势等。

(1) 基质势 ϕ_m。受土粒分子引力和土壤毛管力制约而产生的土水势称为基质势

（ϕ_m）。在非饱和情况下，土壤水明显受到土粒分子引力和土壤毛管力的束缚，其水势自然低于自由纯水的水势。自由纯水的基质势等于0，因此非饱和土壤的基质势必定小于0，为负值。土壤含水量越低，基质势也就越低；反之，土壤含水量越高，则基质势越高。至土壤水完全饱和时基质势达最大值，接近于自由纯水，即等于0。

（2）压力势 ϕ_p。在饱和状态下，土壤水呈连续水体，某一深度的土壤水除承受大气压外，还要承受其上部水体的静水压力。以自由纯水水面大气压作参比标准（压力势为0），其水势与此之差，即为压力势 ϕ_p。由于压力势大于参照标准，故为正值。在非饱和土壤中，土壤水的压力势一般与参照标准相同，等于0。在饱和土壤中，位置越深，土壤水所受的压力越高，压力势越大。

（3）溶质势 ϕ_s。溶质势也称渗透势，是指由土壤水中溶解的溶质吸引力而引起土水势的变化，为负值。土壤水中溶解的溶质越多，溶质势越低。在饱和及不饱和情况下，土壤水都有溶质势存在，但其中的溶质极易随水运动而呈均匀状态分布，所以溶质势对土壤水运动影响不大。但溶质势过低，会引起作物根系吸水困难，甚至引起作物体内水分的倒流。

（4）重力势 ϕ_g。重力势的大小与参照的基准面有关，某点土壤重力势由该点相对于基准面的高度所决定。为方便起见，习惯的做法是在土壤的剖面上，或在其下选择一个适当位置作为参照的基准面，以使重力势等于0或为正值。若把基准面选在土壤表面，则表面下各点的重力势都是负的。

（5）温度势 ϕ_t。由温度场的温差引起。土壤中任一点土壤水分的温度势由该点的温度与标准参照状态的温度之差所决定。

（6）总水势 ϕ。土壤水势是以上各分势之和，又称总水势 ϕ，数学表达式为

$$\phi = \phi_m + \phi_p + \phi_s + \phi_g + \phi_t \tag{1-6}$$

在不同的土壤水分状况下，决定土壤总水势大小的分势不同。在考察根系吸水时，一般可忽略 ϕ_g。则在饱和状态下，ϕ 等于 ϕ_g 与 ϕ_p 之和；在非饱和情况下，ϕ 等于 ϕ_m 与 ϕ_s 之和。若同时忽略 ϕ_g 和 ϕ_s，则在饱和状态下，ϕ 等于0；在非饱和情况下，ϕ 等于 ϕ_m。

前面介绍的各种土壤水分形态之间并没有严格的分界线，不同质地土壤的凋萎系数、毛管断裂含水率和田间持水率也有较大差异，土水势则为判断土壤水分亏缺状况提供了统一的标准和尺度，有利于准确判断凋萎点或初期凋萎点，合理指导灌溉。

土水势的缺点是，土水势大小受温度影响，另外与基准面高程有关。尽管可根据土水势判断土壤水分亏缺情况，但不能直接根据土水势计算出作物根系层储存水量或需要的灌溉水量，实际计算时，仍需要确定当前的土壤含水率及土壤适宜含水率上限。

2. 土水势的定量表示

土水势的定量表示是以单位数量土壤水的势能值为准（最常用的是单位容积和单位重量）。单位容积土壤水的势能值用压力单位帕（Pa）或千帕（kPa）和兆帕（MPa）表示，过去曾用巴（bar）和大气压（atm）表示；单位重量土壤水的势能值用静水压力或相当于一定压力水柱高度的厘米数（cmH_2O）表示。它们之间转换关系为

$$1Pa = 0.0102 cmH_2O; \quad 1bar = 10^5 Pa = 0.9896 atm = 1020 cmH_2O$$

3. 土壤水吸力

土壤水吸力也常用来表示土壤水的能态。上面讨论的基质势 ϕ_m 和溶质势 ϕ_s 一般为负值，在使用中不太方便，所以将 ϕ_m 和 ϕ_s 的正数（绝对值）定义为土壤水吸力，也可分别称之为基质吸力和溶质吸力。由于在土壤水的保持和运动中，往往不考虑 ϕ_s，所以一般谈及的土壤水吸力是指基质吸力，其值与 ϕ_m 相等，但符号相反。

土壤水吸力同样可用于判明土壤水的流向，土壤水是由自吸力低处流向高处。例如，在某一时间土壤水吸力为 1kPa，如果我们对土壤施加大于 1kPa 的吸力，水就会从土壤中流出来，如外部施加的吸力小于 1kPa，吸出的水会被吸进土壤。

从物理含义上看，土壤水吸力不如土水势严格，但其比较形象易懂，可以避免使用土水势负值的麻烦，也易于测定，因此实际应用较多。

三、土壤水分特征曲线

降雨或灌溉进入土壤后，水就受到各种吸力的作用。土壤水吸力随土壤含水量而变化，其关系曲线称为土壤水分特征曲线。图 1-3 含有 3 种不同土壤的水分特征曲线，这些曲线可以通过试验进行测定。利用土壤水分特征曲线，可以进行土壤水吸力与土壤含水量之间的转换。若通过某种方法测得土壤水吸力，可利用该土壤特征曲线求得相应的土壤含水量。

从图 1-3 可以看出，土壤水分特征曲线受土壤质地的影响相当明显。一定含水量情况下，对于不同土壤，土壤水吸力有很大差异，黏粒含量越高，土壤水吸力越大。虽然土壤含水量相同，但很有可能砂质土的土壤水分尚属有效水，而黏质土中的水分已都属无效水了。

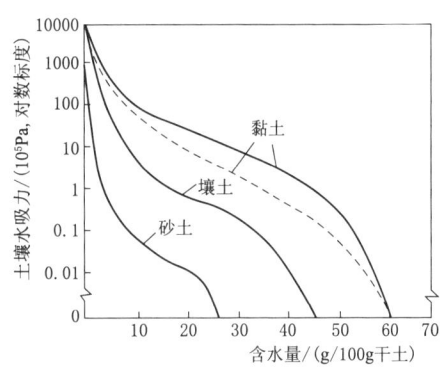

图 1-3 3 种不同土壤的水分特征曲线

可见对于不同质地的土壤，不能简单地用统一的含水量范围来表示土壤水分的有效性，这也反映了用土壤含水量范围来表示土壤水分有效性的不足之处。

我们知道，作物凋萎点对应的土壤水吸力一般约为 1.5MPa，田间持水率对应的土壤水吸力为 0.001~0.0625MPa。用土壤水吸力就会更容易判断土壤水分的有效性，只要土壤水吸力在 0.03~1.5MPa，土壤含水率即在田间持水率与凋萎点范围内（图 1-1），不必判断其属何种土质。

需要注意的是，土壤水吸力与土壤含水率的关系不是单值对应的关系，它因水分变化过程的方向——吸水过程和脱水过程而不同，即在同一土壤水吸力下，脱水过程的含水率总比吸水过程的含水率高，这种现象称为滞后现象，如图 1-4 所示。当土壤从饱和 A 点开始脱水时，曲线沿箭头所指的轨迹达到最高点 C，再由 C 点开始使土壤重新吸水，

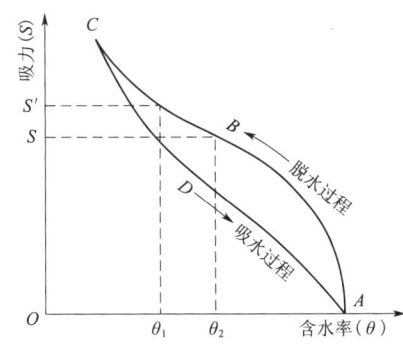

图 1-4 土壤水分特征曲线的滞后现象

曲线又沿着另一轨迹回到 A 点附近。这便可得到两条不同的水分特征曲线，前一条为脱水曲线，后一条为吸水曲线。一般砂质土的滞后效应较黏质土表现得更为明显，主要是由于砂质土孔隙大小的不均匀程度比黏质土更显著。

产生滞后效应的原因较多，目前对滞后效应的解释存在三种理论：瓶颈理论、接触角理论和弯月面延迟形成理论。这些理论仅能做定性解释，无法对其进行定量描述。

在确定田间灌水时间时，一般采用脱水过程曲线，即根据观测的土壤水吸力，确定是否需要进行灌溉。若需要灌溉，则根据相应的土壤含水率及适宜土壤含水率上限，计算需要的灌溉水量。

第三节　土壤水分运动及土壤-植物-大气连续系统

一、土壤水分运动

（一）非饱和土壤水运动基本方程

1. 达西定律

水力学已经介绍了饱和水流达西（Darcy，1856）定律，而在一定条件下，即假设土壤是不可压缩的均质连续体，土壤水分运动不会导致土壤骨架变形，不考虑温度和电化学的影响，达西定律同样适用于非饱和土壤水分运动。在直角坐标系中，沿 x、y、z 的土壤水流通量（v_x，v_y，v_z，量纲为 $[LT^{-1}]$）为

$$\left. \begin{array}{l} v_x = -K(\theta)\dfrac{\partial \varphi}{\partial x} = -K(h)\dfrac{\partial h}{\partial x} \\[2mm] v_y = -K(\theta)\dfrac{\partial \varphi}{\partial y} = -K(h)\dfrac{\partial h}{\partial y} \\[2mm] v_z = -K(\theta)\dfrac{\partial \varphi}{\partial z} = -K(h)\left(\dfrac{\partial h}{\partial z}+1\right) \end{array} \right\} \quad (1-7)$$

$$\left. \begin{array}{l} K(\theta) = K_s \left(\dfrac{\theta - \theta_0}{\theta_s - \theta_0} \right)^n \\[2mm] K(h) = \dfrac{a}{|h|^n + b} \\[2mm] \text{或} \ K(h) = K_s e^{ch} \end{array} \right\} \quad (1-8)$$

式中：φ 为土壤水总势能，$\varphi = h + z$（以总水头表示），L；h 为压力水头，在非饱和土壤中 h 为毛管势（基质势）水头，为负值，在饱和土壤（地下水）情况下压力水头为正值，L；z 为位置水头（重力势水头），坐标 z 向上为正时取正值，坐标 z 向下为正时取负值，L；K 为导水率（或水力传导度），为土壤体积含水率 θ 的函数 $K(\theta)$ 或土壤负压水头 h 的函数 $K(h)$，LT^{-1}；K_s 为 $\theta = \theta_s$（饱和含水率）时的导水率，LT^{-1}；n 为经验指数，$n = 3.5 \sim 4.0$；θ_0 为不易移动的土壤含水率，其值可取最大分子持水率；a、b、c 均为经验常数。

2. 连续性方程

在直角坐标系中非饱和土壤水流空间内任取一点（x，y，z），以该点为中心取无限小的一个单元体 $dxdydz$，如图 1-5 所示。假设水的密度为常数，则在 x、y、z 方向流

入和流出此体积的质量差值为

$$-\left(\frac{\partial v_x}{\partial x}+\frac{\partial v_y}{\partial y}+\frac{\partial v_z}{\partial z}\right)\mathrm{d}x\mathrm{d}y\mathrm{d}z\mathrm{d}t$$

$\mathrm{d}t$ 时间内单元体土壤水分质量的变化量为

$$\frac{\partial \theta}{\partial t}\mathrm{d}x\mathrm{d}y\mathrm{d}z\mathrm{d}t$$

式中：θ 为体积含水率。

根据质量守恒原理，流入和流出单元体的土壤水分差值应等于单元体内土壤水分质量的变化量，即

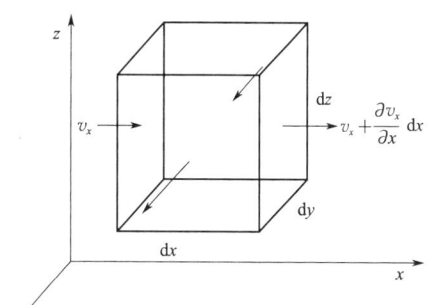

图 1-5　直角坐标系中的单元体

$$\frac{\partial \theta}{\partial t}=-\left(\frac{\partial v_x}{\partial x}+\frac{\partial v_y}{\partial y}+\frac{\partial v_z}{\partial z}\right) \qquad (1-9)$$

3. 非饱和土壤水运动基本方程

将式（1-7）代入式（1-9）即可得非饱和土壤水运动基本方程，即

$$\frac{\partial \theta}{\partial t}=\frac{\partial}{\partial x}\left[K(\theta)\frac{\partial \varphi}{\partial x}\right]+\frac{\partial}{\partial y}\left[K(\theta)\frac{\partial \varphi}{\partial y}\right]+\frac{\partial}{\partial z}\left[K(\theta)\frac{\partial \varphi}{\partial z}\right] \qquad (1-10)$$

因 $\varphi=h+z$，$\frac{\partial \varphi}{\partial x}=\frac{\partial h}{\partial x}, \frac{\partial \varphi}{\partial y}=\frac{\partial h}{\partial y}, \frac{\partial \varphi}{\partial z}=\frac{\partial h}{\partial z}+1$，代入式（1-10），得

$$\frac{\partial \theta}{\partial t}=\frac{\partial}{\partial x}\left[K(\theta)\frac{\partial h}{\partial x}\right]+\frac{\partial}{\partial y}\left[K(\theta)\frac{\partial y}{\partial y}\right]+\frac{\partial}{\partial z}\left[K(\theta)\frac{\partial h}{\partial z}\right]+\frac{\partial K(\theta)}{\partial z} \qquad (1-11)$$

考虑到

$$\frac{\partial h}{\partial x}=\frac{\partial h}{\partial \theta}\cdot\frac{\partial \theta}{\partial x},\frac{\partial h}{\partial y}=\frac{\partial h}{\partial \theta}\cdot\frac{\partial \theta}{\partial y},\frac{\partial h}{\partial z}=\frac{\partial h}{\partial \theta}\cdot\frac{\partial \theta}{\partial z}$$

并令

$$D(\theta)=K(\theta)\frac{\partial h}{\partial \theta}$$

代入式（1-11）得

$$\frac{\partial \theta}{\partial t}=\frac{\partial}{\partial x}\left[D(\theta)\frac{\partial \theta}{\partial x}\right]+\frac{\partial}{\partial y}\left[D(\theta)\frac{\partial \theta}{\partial y}\right]+\frac{\partial}{\partial z}\left[D(\theta)\frac{\partial \theta}{\partial z}\right]+\frac{\partial K(\theta)}{\partial z} \qquad (1-12)$$

式中：$D(\theta)$ 为扩散度，表示单位含水率梯度下通过单位面积的土壤水流量，其量纲是 $[L^2T^{-1}]$，其值为土壤含水率的函数。

由式（1-7）、式（1-8）可知，由于土壤含水率与土壤压力水头之间存在着函数关系，因此，土壤水分运动方程也可以写成以 h 为变量的函数形式，即

$$\frac{\partial \theta}{\partial t}=\frac{\partial}{\partial x}\left[K(h)\frac{\partial h}{\partial x}\right]+\frac{\partial}{\partial y}\left[K(h)\frac{\partial h}{\partial y}\right]+\frac{\partial}{\partial z}\left[K(h)\frac{\partial h}{\partial z}\right]+\frac{\partial K(h)}{\partial z} \qquad (1-13)$$

考虑到 $\frac{\partial \theta}{\partial t}=\frac{\partial \theta}{\partial h}\cdot\frac{\partial h}{\partial t}=C(h)\frac{\partial h}{\partial t}$，则

$$C(h)\frac{\partial h}{\partial t}=\frac{\partial}{\partial x}\left[K(h)\frac{\partial h}{\partial x}\right]+\frac{\partial}{\partial y}\left[K(h)\frac{\partial h}{\partial y}\right]+\frac{\partial}{\partial z}\left[K(h)\frac{\partial h}{\partial z}\right]+\frac{\partial K(h)}{\partial z} \qquad (1-14)$$

式中：$C(h)$ 为土壤的容水度，$C(h)=\mathrm{d}\theta/\mathrm{d}h$ 表示压力水头减小一个单位时，自单位体积土壤中所能释放出来的水体积，其量纲是 $[L^{-1}]$。

上述基本方程式（1-12）仅适用于全剖面为均质土壤的非饱和土壤水分运动。对于

层状土壤，由于层间界面处含水率是不连续的，以及在求解饱和-非饱和流动问题时，均需要应用式（1-14）。

（二）入渗条件下的土壤水分运动

土壤入渗是指水分从土壤表面渗入土壤内部的现象。入渗是灌溉过程中非常重要的一个环节，因为灌溉水正是通过入渗被转化为土壤水从而被作物吸收利用的。土壤入渗分为饱和土壤入渗和非饱和土壤入渗两种情况，饱和土壤入渗遵循达西定律，在土力学、水力学等课程中已有介绍，本节主要介绍非饱和土壤入渗规律。了解和掌握非饱和土壤入渗规律，对合理确定灌水技术参数、提高灌溉质量具有重要的意义。

1. 入渗规律及土壤入渗量的计算

在某一时段内，通过单位面积土壤表面入渗的水量，称为累计入渗量，单位一般用 mm。累计入渗量与入渗时间的关系，如图1-6所示，通常用考斯加可夫（Kostiakov）于1932年提出的经验性公式来表示，其表达式为

$$Z = kt^{\alpha} \tag{1-15}$$

式中：Z 为 t 时间内累计入渗量，mm；t 为入渗历时，h 或 min；k 为入渗系数（第一个单位时间内的平均入渗速度），mm/h 或 mm/min；α 为入渗指数，无因次。

α、k 统称为土壤入渗参数，可由田间试验实测获得。应该注意的是，本教材中土壤入渗指数 α 相当于国内部分文献中的 $1-\alpha$（其中 α 也称入渗指数）。这种表示方式与当前国外主流表示方式一致，也与国外一些地面灌溉设计软件中入渗指数含义一致。

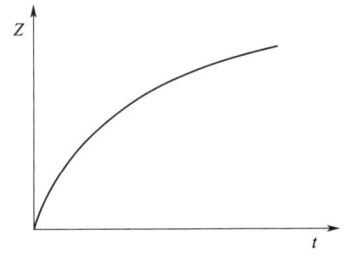

图1-6 累计入渗过程示意图

单位时间内通过单位面积的入渗水量，称为入渗速度，也称入渗速率或渗吸速度，其单位一般用 mm/h 或 mm/min。

在入渗过程中，土壤的入渗能力是随着入渗历时而变化的。观察充分供水条件下的垂直入渗过程可以发现，入渗开始时，入渗速度较大，随着入渗历时的延长，入渗速度逐渐减小，最后趋近于一个较稳定的数值 f_0（称为稳定入渗速度），不再继续下降，如图1-7所示。一般，将达到稳定入渗速度以前的阶段称为初始入渗阶段，达到稳定入渗速度以后的阶段称为稳定入渗阶段。稳定入渗速度主要决定于土壤质地，不同土壤的稳定入渗速度见表1-4。

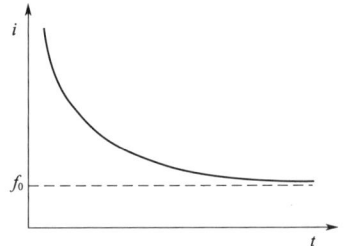

图1-7 入渗速度随入渗历时变化示意图

表1-4 各种土壤稳定入渗速度

土壤类型	稳定入渗速度/(mm/h)	土壤类型	稳定入渗速度/(mm/h)
砂土	30	黏壤土	5~10
砂壤土	20~30	黏土	1~5
轻壤土、中壤土	10~20		

显然,累计入渗量的变化率即为入渗速度,因此可通过对式(1-15)求导,得到考斯加可夫入渗速度公式:

$$i = \alpha k t^{\alpha-1} \quad (1-16)$$

式中:i 为入渗速度,mm/h 或 mm/min;其余符号意义同前。

考斯加可夫入渗系数和入渗指数,大小与土壤质地、土壤容重、初始含水率等因素有关。入渗指数 α 的值一般为 0.3~0.8,轻质土壤的 α 值较大,重质土壤的 α 值较小,一般情况下可取 0.5;入渗系数 k 的值一般为 30~160mm/h。

根据大量试验结果,总结了不同情况下入渗时间与入渗参数的关系(表 1-5)。应用时,可根据入渗 100mm(相当于 66.7m³/亩)水量所需的时间,按表 1-5 估计 α 和 k。

表 1-5 考斯加可夫土壤入渗参数

入渗 100mm 所需的时间/h	入渗指数 α①	入渗系数 k/(mm/h)
0.5	0.739	167.0
1	0.675	100.0
2	0.611	65.5
4	0.547	46.8
8	0.483	36.6
16	0.419	31.3
32	0.355	29.2

① $\alpha = 0.675 - 0.2125 \lg t_{100}$,其中 t_{100} 是入渗 100mm 的时间。

一般地,砂土的入渗能力较高,黏土的入渗能力较低,壤土的入渗能力居中;对于同一种质地的土壤来讲,容重越小,入渗能力越高,反之亦然;在土壤质地和容重相同的情况下,土壤的入渗能力与初始含水率呈反比变化的关系。

根据式(1-16),入渗时间达无限大时,入渗速度趋于 0,这与实际不符,因此式(1-15)及式(1-16)在理论上并不严密,但是以上两个公式简单、实用,所以应用非常广泛。

式(1-15)可扩展得到一个更为合理的入渗公式,称为修正的考斯加可夫公式(也称考斯加可夫-列维斯公式):

$$Z = kt^{\alpha} + bt + c \quad (1-17)$$

式中:b 为入渗系数,mm/h;c 为入渗常数,mm。

式(1-17)中,c 一般可忽略不计,因此式(1-17)可转变为

$$Z = kt^{\alpha} + bt \quad (1-18)$$

对式(1-18)求导,得相应的入渗速度公式

$$i = \alpha k t^{\alpha-1} + b \quad (1-19)$$

显然,式(1-19)中 b 应等于稳定入渗速度 f_0。事实上,也可直接根据累计入渗曲线获得 b。达到稳定入渗后,累计入渗过程曲线趋近于一条直线,该直线的斜率即为 b。

在应用时,宜实测参数 α、k、b。由于这些参数对于地面灌溉设计和地面灌溉管理都非常重要,因此通过实测确定这些参数是很有必要的。

一般情况下，如果土壤的稳定入渗速度很小，或者灌水时间比达到稳定入渗的时间要短，那么还是适宜采用式（1-15）和式（1-16）；如果灌水时间较长，已超过了达到稳定入渗的时间，且稳定入渗速度较大，这时宜采用式（1-18）和式（1-19）。

若对式（1-15）两边取对数，得

$$\lg Z = \alpha \lg t + \lg k$$

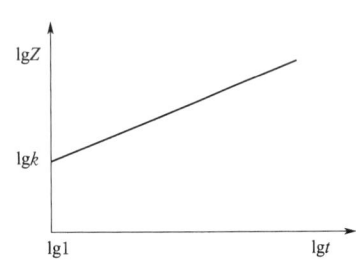

图1-8 $\lg Z$ 与 $\lg t$ 关系曲线

由此可见，测得一组 t、Z 值，取对数后，则成为一条直线（图1-8）。通过线性回归，该直线的截距为 $\lg k$，斜率为入渗指数 α。

采用修正的考斯加可夫公式，首先求出稳定入渗速度 f_0（即 b），并令 $Z' = Z - bt$，则有

$$\lg Z' = \alpha \lg t + \lg k$$

可见，也可以通过线性回归，求出 α 和 k。

【例1-3】 试验获得表1-6所列一组数据。（1）确定考斯加可夫累计入渗量公式；（2）确定修正的考斯加可夫累计入渗量公式；（3）根据已求得的两种入渗公式，分别计算入渗时间至 0.5h、2h、5h 和 10h 时的累计入渗量。

表1-6   土壤入渗试验数据表

累计时间/h	0.1	0.5	1	2	3	4	6	8	10
累计入渗量/mm	7	11	14	18	21	24	29	34	38

解：（1）试验数据在直角坐标系中分布情况如图1-9所示。由图1-9可见，1～4h为初始入渗阶段，之后各点基本在一直线上，已达到稳定入渗阶段。

根据试验数据可知，$k = 14\text{mm/h}$。根据入渗时间至1h和3h的累计入渗量，计算入渗指数 α：

$$\alpha = \frac{\lg 21 - \lg 14}{\lg 3 - \lg 1} = 0.369$$

因此，考斯加可夫累计入渗量公式为 $Z = 14t^{0.369}$。

（2）入渗过程后期已达稳定入渗阶段，因此可根据8～10h之间的入渗量，估算稳定入渗率 b：

$$b = \frac{38 - 34}{10 - 8} = 2 (\text{mm/h})$$

根据入渗时间至1h和3h的累计入渗量及稳定入渗速度 b，计算入渗指数 α：

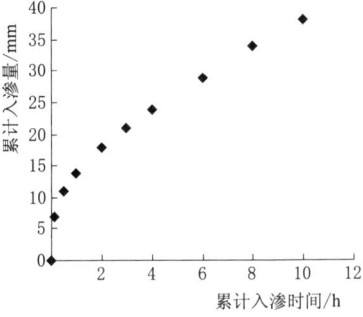

图1-9 累计入渗时间与累计入渗量散点图

$$\alpha = \frac{\lg(21 - 2 \times 3) - \lg(14 - 2 \times 1)}{\lg 3 - \lg 1} = 0.203$$

另外，当 $t=1\text{h}$ 时，$\lg k = \lg Z' = \lg(14 - 2 \times 1) = \lg 12$，因此，$k = 12\text{mm/h}$。

因此，修正的考斯加可夫累计入渗量公式为 $Z = 12t^{0.203} + 2t$。

（3）由 $Z = 14t^{0.369}$，计算得 0.5h、2h、5h、10h、15h 入渗量分别为 10.8mm、18.1mm、25.4mm、32.7mm、38.0mm。

由 $Z=12t^{0.203}+2t$，计算得 0.5h、2h、5h、10h 入渗量分别为 11.4mm、17.8mm、26.6mm、39.2mm、50.8mm。

计算结果表明，在入渗时间较短时，计算结果相近，如果入渗时间较长，计算结果有较大差异。在入渗时间较长时（或灌水定额较大时），宜采用修正的考斯加可夫公式。

2. 土壤入渗水再分布

当供水停止，即降雨或地面灌溉终了，地表水层随之消失后，入渗过程便告结束。但是在地表以下的土壤剖面上，土内的水分在重力、吸力梯度和温度梯度的作用下仍在继续运动。由于入渗终了之后，上部土层水分接近饱和，下部土层仍是原来的状况，水分必然要由上面水势高的土层继续向下边水势较低的土层运动。在上层水分有所减少的同时，下层水分得到提高，于是接着又可能向更深土层内迁移。水在土壤剖面上不停地运动和重新分配的过程，称为土壤水的再分布。

土壤水的再分布实质上是水在土壤剖面上的非饱和流动过程。其推动力仍然是土水势梯度。这时土壤水的流动速率决定于再分布开始时上层土壤的湿润程度和下层土壤的干燥程度以及它们的导水性质。当开始时湿润深度浅而下层土壤又相当干燥，吸力梯度必然大，土壤水的再分布就快。反之，若开始时湿润深度大而下层又较湿润，吸力梯度小，再分布主要受重力的影响，进行得就慢。不管在哪种情况下，再分布的速度也和入渗速率的变化一样，通常是随时间而减慢。这是因为湿土层不断失水后导水率也必然相应减低，湿润锋向下移动的速度也随之降低，湿润锋在渗吸水过程中原来可能是较为明显的，但在再分布中就逐渐消失了。质地中等的土壤剖面在一次灌水后，土壤水的再分布情况如图 1-10 所示。

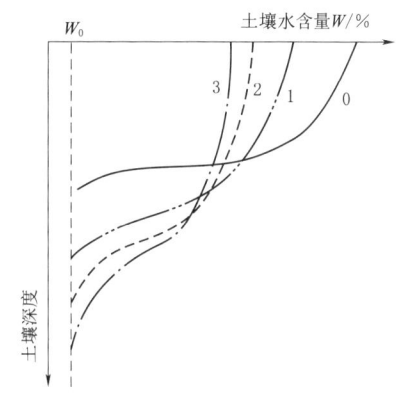

图 1-10 中等质地土壤在灌水后再分布过程中水分剖面的变化

土壤水再分布的存在，对于研究植物从不同深度土层吸水有较大意义，因为某一土层中水分的损失，不全是为植物所吸收利用，而是上层来水与本层向下再分布以及植物吸水三者共同作用的结果。

W_0 是灌前土壤含水量，0、1、2、3 代表刚灌完水时、1d、4d、14d 后的土壤水分剖面。

3. 入渗条件下土壤剖面含水率计算

理查兹（L. A. Richards）研究表明，在灌溉和降水过程中，地表若形成薄水层，在假定地下水埋深较大，且剖面土壤含水率均匀分布时，土壤的入渗可视为垂直一维入渗问题，其定解条件为

$$\frac{\partial \theta}{\partial t}=\frac{\partial}{\partial z}\left[D(\theta)\frac{\partial \theta}{\partial z}\right]-\frac{\partial k(\theta)}{\partial z} \tag{1-20}$$

初始条件，土壤剖面初始含水率为 θ_0 $\theta(z,0)=\theta_0$
上边界条件，θ_s 为饱和含水率 $\theta(0,t)=\theta_s$ (1-21)
下边界条件 $\theta(\infty,t)=\theta_0$

式（1-20）为非线性偏微分方程，求解比较困难。为简化计算，近似地以平均扩散度 $\overline{D}$ 代替 $D(\theta)$，以 $N=\dfrac{K(\theta_s)-K(\theta_0)}{\theta_s-\theta_0}$ 代替 $\dfrac{\mathrm{d}K}{\mathrm{d}\theta}$，则式（1-20）变为常系数的线性方程：

$$\frac{\partial \theta}{\partial t}=\overline{D}\frac{\partial^2 \theta}{\partial z^2}-N\frac{\partial \theta}{\partial z} \qquad (1-22)$$

式（1-22）和初始条件和边界一起，运用拉氏变换求得解析解为

$$\theta(z,t)=\theta_0+\frac{\theta_s-\theta_0}{2}\left\{\mathrm{erfc}\left(\frac{z-Nt}{2\sqrt{\overline{D}t}}\right)+\mathrm{e}^{\frac{Nz}{\overline{D}}}\mathrm{erfc}\left(\frac{z+Nt}{2\sqrt{\overline{D}t}}\right)\right\} \qquad (1-23)$$

$$\overline{D}=\frac{5}{3(\theta_s-\theta_0)^{5/3}}\int_{\theta_0}^{\theta_s}D(\theta)(\theta-\theta_0)^{2/3}\mathrm{d}\theta \qquad (1-24)$$

式中：$\mathrm{erfc}=\dfrac{2}{\sqrt{\pi}}\displaystyle\int_{\theta_0}^{\theta_s}\mathrm{e}^{-u^2}\mathrm{d}u$ 为补余误差函数，可利用误差函数表求得；$K(\theta_s)$、$K(\theta_0)$ 分别为饱和含水率与初始含水率时的导水率。

当事先测得某种土壤的 $K(\theta_s)$、$K(\theta_0)$ 时，利用以上各式可以近似地计算剖面含水率变化过程。由式（1-20）和式（1-21）构成的模型也可采用差分法求解。

（三）蒸发条件下的土壤水运动

1. 蒸发的一般规律

土壤蒸发是指土壤水分从土壤表面以水汽的形式向大气中散失的现象，亦称土面蒸发或跑墒。土壤蒸发是土壤水分损失的重要途径。研究土壤水分蒸发，对准确推求作物需水量和制定灌溉制度有实际意义。田间土壤水分持续蒸发要具备 3 个基本条件：①必须有不断的热能补给，来满足汽化热的需要；②土壤表面水汽压应高于土壤表面以上的大气水汽压，即必须存在水汽压梯度；③土壤表面必须经常得到土体内部水分的供应。土壤蒸发的形成及蒸发强度的大小主要取决于两方面：①外界蒸发能力，即气象条件所限定的最大可能蒸发强度；②土壤自下部土层向上的输水能力，数值随含水率的降低而减小。表土蒸发强度取决于两者的较小值。在外界蒸发能力小于土壤输水能力时，表土蒸发强度等于外界蒸发能力（近似于水面蒸发量）；在外界蒸发能力大于土壤的输水能力时，表土蒸发强度以土壤的输水能力为限。

降雨或灌水后土壤蒸发一般可分为 3 个阶段，如图 1-11 所示。

第 1 阶段：大气蒸发能力控制阶段（稳定蒸发阶段）。当灌水或降雨停止后初期，土壤中一定深度的水分基本达到饱和状态，土壤含水率大于大气蒸发能力，蒸发强度的大小主要由大气蒸发能力决定，所以蒸发强度 E_0（单位时间内由地表散失到大气的水量，mm/h 或 mm/d）不变，与自由水面的蒸发相似，属稳定蒸发阶段。稳定蒸发阶段含水率的下限称为临界含水率（θ_c），临界含水率的大小和土壤性质有关，一般认为该值相当于毛管断裂含水量，或田间持水量的 50%～70%。稳定蒸发阶段维持时间不长，

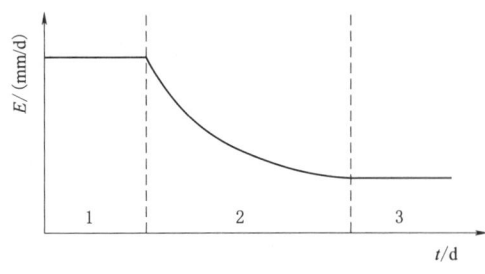

图 1-11 蒸发 3 个阶段的示意图

一般持续很少几天,但丢失的水量较大。所以雨后或灌水后及时中耕或地面覆盖,是减少此阶段土壤水损失的重要措施。

第2阶段:土壤输水能力控制阶段(蒸发强度降低阶段)。经过第1阶段的蒸发,土壤水分逐渐减少,当土壤含水率降至临界含水率 θ_c 时,土壤输水能力已小于大气蒸发能力,蒸发强度取决于土壤输水能力。随着土壤含水率的降低,土壤输水能力逐渐减少,蒸发强度随之逐渐减小,直到输水中止、土壤表面成为风干状态的干土层为止。这个阶段维持的时间较长,除地面覆盖外,中耕结合镇压具有良好的保墒效果。

第3阶段:扩散控制阶段。此阶段土壤已没有液态水输水能力(导水率等于0),即液态水已不能输送至地表,下层稍湿润土层的水分汽化,只能以水汽分子的形态通过风干土层孔隙扩散到大气中去。在这一阶段,压实表层,减少大孔隙是防止水汽向大气中扩散的有力措施。

2. 土壤蒸发量的计算

关于土壤蒸发量的计算,第1阶段由大气蒸发力控制,可近似的采用自由水面的数值,可从当地气象部门获得水面蒸发观测资料。对于第2、3阶段的蒸发量可采用式(1-25)~式(1-27)进行计算。

(1)经验公式。

$$E=\frac{E_w}{\sqrt{t+1}} \quad (1-25)$$

式中:E 为土壤表面蒸发速率,mm/s;E_w 为第1阶段中稳定蒸发速率,mm/d;t 为第2阶段开始后的天数,d。

(2)加德纳(Gardner,1959)公式。加德纳通过对半无限长土柱试验,在不记重力梯度的作用下,得出蒸发量累计值 E 与蒸发历时 t 的平方根成线性关系,蒸发通量 q 与蒸发历时的平方根则呈反比例的关系,即

$$E=2(\theta_i-\theta_0)\sqrt{\frac{Dt}{\pi}}$$

$$q=(\theta_i-\theta_0)\sqrt{\frac{\overline{D}}{\pi t}} \quad (1-26)$$

式中:θ_i、θ_0 分别为土壤剖面的起始湿度和最终(地表)湿度,%(体积含水率);$\overline{D}$ 为加权平均后的水分扩散率。

(3)罗斯(Rose,1966)公式。罗斯采用了菲利普(Philip,1957)的吸水率概念,得出可用于说明蒸发过程的计算方程:

$$E=st^{1/2}+bt \quad (1-27)$$

式中:s 为释水率(将蒸发看作脱水过程,是正数),mm/d;b 为系数,蒸发计算是负数;t 为蒸发时间,d。

3. 蒸发条件下土壤水分运动的定解问题

地表土壤蒸发属于垂直一维土壤水分运动,可用式(1-28)描述:

$$\frac{\partial \theta}{\partial t}=\frac{\partial}{\partial z}\left[D(\theta)\frac{\partial \theta}{\partial z}\right]+\frac{\partial k(\theta)}{\partial z} \quad (1-28)$$

式（1-28）与不同的初始条件和边界条件一起构成了定解问题。常见的初始条件有两种，土壤含水率沿剖面均匀分布和土壤含水率沿剖面非均匀分布。常见的上边界条件有四种，表土蒸发强度已知且为常数，表土蒸发强度考虑日变化（如按正弦周期变化），表土蒸发强度随表土含水率而变化，表土含水率一定（如风干土含水率）。常见的下边界条件有两种：半无限长蒸发土柱，其下边界含水率不变，始终为初始含水率；有限长土柱，如底部不透水，其下边界水分通量为0，如底部为浅层地下水，则下边界土壤基质势为0。

以上定解问题可以用解析法或数值法求解，由于土壤水分运动的复杂性，实用中常采用数值法进行求解。

二、土壤-植物-大气连续系统

土壤中的水分运动并不是一种简单的独立的物理过程，它与植物根系吸水、叶面的蒸腾、大气的水汽压都有密切的关系。因此在研究土壤水分时就要把水分从土壤经过植物到大气的流动过程，作为一个物理的统一的动态连续系统来看待。在这个连续系统中，水流依次经历3个过程（路径）：土壤中的水分向根表皮流动；水分由作物体内送到叶；水分通过叶面蒸腾扩散到外部大气。上述这个过程就好像是链条中的各个环节一样相互连接相互依赖，形成一个统一的系统，称为土壤-植物-大气连续系统（SPAC）。SPAC系统是一个物质和能量连续的系统。在这个系统中，不论在土壤还是在植物体中水分的运动，都受到水势的支配，水分运行总是从水势高的地方向水势低的地方移动，如图1-12所示。

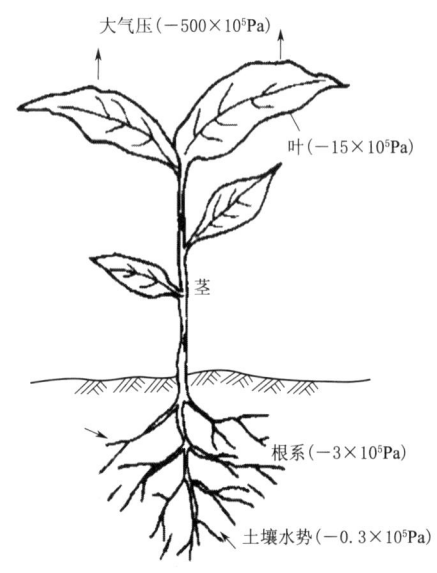

图1-12 土壤和植物体中各部分水势及水分运动示意图

只要没有萎蔫，只要射入植物冠层的辐射与热量仅仅导致水从液态转化为气态，就可以假定流经植物体内的是稳定流。因此，水分流经各部分的流量，即水流通量是相等的，且该水流通量的大小与各过程的水势差成正比，与该过程的阻力成反比：

$$q = -\frac{\Delta\phi_1}{R_1} = -\frac{\Delta\phi_2}{R_2} = -\frac{\Delta\phi_3}{R_3} \quad (1-29)$$

式中：q 为水流通量；$\Delta\phi_1$、$\Delta\phi_2$、$\Delta\phi_3$ 分别为土壤到作物根部、植物体内到叶、叶与大气间的水势差，$\Delta\phi_1$、$\Delta\phi_2$、$\Delta\phi_3$ 数量级范围分别约为 5×10^5 Pa、10×10^5 Pa、500×10^5 Pa；R_1、R_2、R_3 分别为水分流经上述各路径的阻力。

由此可知，叶部与大气间的阻力 R_3 远大于在土壤与根系之间的阻力，以及植物体内传输的阻力。

图1-13为SPAC中的水势分布。该图未按比例绘制，仅是用以反映一般的关系。曲线1是在土壤含水率较大，同时蒸腾速度较低情况下SPAC中各部分水势分布，作物能正

常从土壤吸取水分,并向大气输送水分;曲线2是在土壤含水率较大,同时蒸腾速率较大情况下SPAC中各部分水势分布,此时因蒸腾速度较大,叶水势已降低至叶片即将丧失膨压(即发生萎蔫)的临界值(一般为$-15\times10^5\sim20\times10^5$Pa,此处假定为$20\times10^5$Pa),因而作物接近于凋萎;曲线3是在土壤含水率较小,同时蒸腾速度较小情况下SPAC中各部分水势分布,此时因土水势较低,叶水势也接近于萎蔫的临界值;曲线4是在土壤含水率较小,同时蒸腾速度较大情况下SPAC中各部分水势分布,此时,叶水势已低于丧失膨压的临界值,叶片丧失膨压,作物发生凋萎。

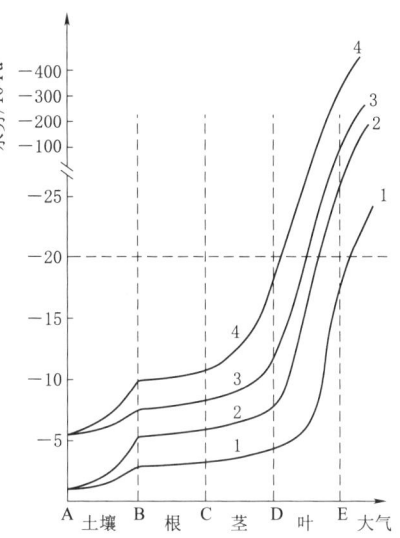

图1-13 SPAC中水势分布

图1-13表明,土壤含水率越小、蒸发强度越大,叶水势越低,当叶水势低于某一临界值时,作物将会因为失水过多导致萎蔫。另外,在天气炎热时,叶部气孔关闭,进一步增大阻力,蒸腾速率减弱,有助于防止作物蒸腾过快,以维持作物正常的生理过程。

叶水势在指导灌溉方面有重要的应用价值。叶水势快速降低,表明作物面临缺水。因此,可将不同作物、不同生育阶段植株某一叶位的叶片细胞水势,作为指导合理灌溉的一种生理指标。多数旱作物受旱产生萎蔫时的叶水势在-15×10^5Pa左右,盐生植物和北方耐旱植物可以经受-30×10^5Pa以下的低水势而不死亡。水生植物比旱作物耐旱性要差,如水稻叶水势在-10×10^5Pa时就呈现萎蔫现象。叶水势还可反映作物受渍情况,一般旱作物的叶水势在高达-2×10^5Pa时就有受渍的可能。

叶水势测定方法有小液流法、折射仪法、压力室法等,具体测定方法可参考植物生理学实验相关文献。

第四节 农田水分状况与调节措施及灌排标准

天然条件下农田水分状况往往和作物要求的农田水分适宜范围是不相适应的,水分过多和水分不足的现象经常出现,这就需要采取一定的措施对其进行调节,为作物生长发育创造良好的条件。调节土壤水分状况的根本措施是灌溉与排水,遇旱能灌,遇涝能排,这也是建设高标准农田的基本要求。在农艺措施方面,增加土壤中的有机质、塑膜覆盖等可以增加土壤的保墒(墒情是指作物根层土壤中含水量的多寡情况,保墒即保水)性能,其他如耕作、除草等对土壤保墒都有重要作用,应因地制宜地进行选择。

一、适宜农田水分状况

适宜农田水分状况是指适于作物正常生长和田间作业要求的农田土壤含水率、地下水埋深或田面水层深度(水田)。

1. 旱作区适宜农田水分状况

旱作区的地面水和地下水必须转化成作物根系吸水层中的土壤水，才能被作物吸收利用。作物根系吸水层中的土壤水，以毛管水最易被作物吸收，超过田间持水量的重力水很少能被旱作物利用，即使重力水能长时间保存在土壤中，但也会使土壤通气状况变坏，对作物生长不利。前已述及，当土壤含水量降到毛管断裂含水量时，作物吸水开始受到阻滞，作物生长开始受到抑制。因此，对于旱作物来说，适宜土壤含水量的上限是田间持水量，下限是毛管断裂含水量。

一般情况下，地面不允许积水，地下水位不允许上升到根系层以内，以免造成涝灾或渍害。因此，田面积水必须及时排除，地下水只允许由毛细管作用上升到根系吸水层以供作物利用，故地下水位就必须控制在根系吸水层以下一定距离处。

在盐渍土地区，土壤水允许的含盐溶液浓度的最高值视盐分种类及作物种类而定。根系吸水层内土壤含水率应不小于最小含水率：

$$\theta_{\min} = \frac{S}{C} \times 100\% \qquad (1-30)$$

式中：$\theta_{\min}$ 为按盐类溶液浓度要求所允许的最小含水率（占干土重的百分数）；S 为根系吸水土层中易溶于水的盐类数量（占干土重的百分数）；C 为允许的盐类溶液浓度（占水重的百分数）。

研究旱作区农田水分状况，就是为了使农田水分有利于作物生长发育，如果某时期的农田水分状况不符合作物生长发育要求，则应采取灌溉、排水及有关农业措施进行调节，以便及时改变农田水分状况。

2. 稻作区适宜农田水分状况

水稻是一种喜水作物，除烤田期外，田面需要经常维持一定深度的水层，以满足水稻的生理要求，调节稻田温度，减少昼夜温差，防止过冷或过热对水稻生长的不利影响，使土壤中有较多的营养物质处于有效状态，便于水稻根系吸收，还可抑制某些杂草的滋生。但是稻田淹水也不宜过深和时间过长，否则会使土壤空气缺乏，微生物活动减弱，有机质分解缓慢，有毒物质增多，根系发育不良，吸收能力衰减，且易造成发病条件。目前各地较普遍采用"浅灌深蓄"的灌水方式，即实行浅水灌溉，遇雨深蓄（深蓄以不影响水稻生长为限）。这样既能满足水稻生长的最适条件，又充分利用了天然降雨。另外，在水稻分蘖末期一般需要进行晒田5~8d，以控制无效分蘖和基部节间伸长，促使茎秆粗壮，巩固有效分蘖，改善土壤环境，增强根系活力，达到增强抗倒伏能力。其他生育期也不宜长期淹水，也应根据天气状况、土壤状况和水稻长势适当晾田，以改善土壤通气状况，防止倒伏和病虫害。

水稻地区的地下水状况，因地形、土壤等条件而不同，地势低平、出流条件差的地区，地下水可与地面水连为一体；地势较高、出流条件好的地区，地下水与地面保持一定的距离。水稻地区地下水位过高或过低，对水稻生长都不利。地下水位过高，土壤长期处于淹水状态，水、肥、气、热失调，有毒物质积累，早期由于地温低而生长缓慢，中期因晒田不好而造成根系早衰，后期茎叶枯死，造成减产。地下水位过低，抗旱能力差，灌溉用水多，对水稻生长也不利。据广东省农业科学院调查，高产稻田的地下水埋深宜为 0.5~0.7m。

二、农田水分不足或过多的原因、危害及调节措施

1. 农田水分不足的原因、危害及调节措施

农田水分不足的原因有：①降雨量不足；②降雨入渗水量很少，径流损失量大；③土壤保水能力差，渗漏损失水量过多；④蒸发量过大等。农田水分不足的现象，可能是长期的也可能是短暂的，而且可能是前后交替的。同时，造成水分不足的上述原因，在不同情况下可能单独存在，也可能同时产生影响。

农田水分不足会导致干旱的发生。干旱是指因大气、土壤、生理等原因导致作物体内水分亏缺的现象。根据干旱产生的原因，可分为大气干旱、土壤干旱和生理干旱3种。

大气干旱是指气温过高、相对湿度过低（一般为10%~20%）以及干热风等特殊气象原因造成植物缺水的现象。这时即使农田土壤中尚有可供利用的水分，但因植物蒸腾耗水过大，根系吸水速度满足不了蒸发需要，而引起大气干旱。我国华北、西北均有大气干旱。一般大气干旱还不致引起植株死亡，但会抑制作物生长发育，降低产量。

土壤干旱是指土壤水分不能满足植物根系吸收和正常蒸腾所需而造成的干旱。短期土壤干旱，会使作物产量明显降低，干旱时间过长会造成植株叶黄、萎蔫，直至枯死。

生理干旱是指植物因水分生理方面的原因不能吸收土壤中水分而造成的干旱。例如，在盐渍土地区或一次施用肥料过多，使土壤溶液浓度过大，渗透压力大于根细胞吸水力，致使根系不但吸不到水分，反而使植株体内水分外渗，形成倒流，造成作物的生理干旱。

以上3种干旱中，最为常见的是因农田水分不足而发生的土壤干旱。

前已述及，当农田水分不足时，灌溉是补水的主要水利措施。灌溉按时间不同，可分为播前灌溉、生育期灌溉和为了充分利用水资源提前在农田进行储水的储水灌溉。此外，还有为其他目的而进行的灌溉，例如培肥灌溉（借以施肥）、调湿灌溉（借以调节气温、土温或水温）及冲洗灌溉（借以冲洗土壤中有害盐分）等。

除此之外，还应做好蓄水、保墒工作。在水稻田中，一般可采取浅灌深蓄的办法，以便充分利用降雨。对于旱地，亦可尽量利用田间工程进行蓄水或实行深翻改土、中耕松土（可以切断上下土层间的毛管联系，减少蒸发）、增施有机肥（改善土壤结构，增强土壤蓄水能力）、塑膜覆盖及秸秆覆盖等措施，增加土壤蓄水能力、减少株间蒸发。另外，应注意改进灌溉技术和方法，以减少农田水分蒸发和渗漏损失。

2. 农田水分过多的原因、危害及调节措施

农田水分过多的原因有：①大气降水补给农田水分过多或灌水过量；②洪水泛滥、湖泊漫溢、海潮侵袭或坡地地面径流汇集等使低洼地积水成灾；③地下水位过高，毛管上升水不断向上补给；④地势低洼，出流条件不好。

农田水分过多的原因不同，可能产生的灾害类型也不相同。因河、湖泛滥而形成的灾害称为洪灾；因降雨过多形成田面积水并危害作物正常生长的灾害，称为"涝"；因地下水位过高、土壤过湿而危害作物正常生长的灾害，称为"渍"。这3种灾害有时单独发生，有时同时出现。在很多地区，这几种灾害紧密相连，互相助长，而且有一定

的规律性。例如江浙一带的平原地区，春季多雨，土壤质地黏重，地下水位较高，土壤过湿、作物受渍的现象经常发生；黄淮海平原由于降雨集中在 6—9 月，且多暴雨，上游山区的洪水直泄平原，平原地区地势平缓，防洪排涝条件较差，所以洪、涝、渍三害并存。

水分过多对作物生长是不利的。水分过多对作物的危害，除水分中含盐分较高或带有毒质外，不在于水分本身，而主要是由于水分过多，土壤孔隙充满了水分，土壤氧气不足引起作物和土壤产生不良变化。因为氧气不足，作物根系呼吸困难，根压减小，影响对水分和养分的吸收，使作物根系生长不良，叶片变黄脱落，以及落花落果。同时，由于氧气不足，好气性细菌活动受抑制，有机质和矿质养分分解慢，养分供应困难；而嫌气性细菌活动加强，产生还原物质，如硫化氢、甲烷等，毒害作物的根系。这样，作物的生命活动便受到抑制或破坏，在极度缺氧的情况下，作物被迫进行无氧呼吸，体内积累酒精和有机酸，引起植株中毒死亡。"白根有劲，黄根有病，黑根送命。"黑根主要就是由于积水缺氧，根系中毒引起的。此外，长期积水，作物根系生长差，容易遭受病菌侵入，导致根系腐烂死苗。土壤长期含水过多，还会破坏土壤结构，降低土壤肥力，容易导致土壤沼泽化和盐碱化，更不利于种植作物和作物生长发育。

对农田水分过多的灾害，要分析成灾原因，采取适当的调节措施。兴建排水系统，快速排除多余的地面积水，降低地下水水位，是解决农田水分过多的主要措施。在低洼易涝地区，还应考虑利用沟塘及洼地滞洪、滞涝，减轻排涝压力。此外，还应注意与农业技术措施相结合，共同解决农田水分过多的问题，可改善土壤结构，提高土壤的通气、透水性能，加速土壤水的下渗和排出，防止发生渍害。

三、灌溉排水设计标准

为调节农田水分状况，需要采用一定的工程措施，兴建一些灌溉与排水工程。兴建灌溉排水工程涉及工程建设设计标准。设计标准越高，作物对灌溉与排水要求的满足程度越高，越有利于作物的正常生长。但是设计标准过高，会导致工程建设规模过大，工程利用率不高，投资费用过高，在经济上不一定合理。因此，在建设灌溉排水工程时需要根据具体情况统筹考虑，选择一个合理的设计标准。

（一）灌溉标准

设计灌溉工程时应首先确定灌溉设计保证率。灌溉设计保证率是指灌区按设计灌溉用水量供水的年数占总年数的百分数。例如设计保证率 $P=75\%$ 表示灌溉设施在长期运用过程中，平均每 100 年可保证 75 年正常供水。常用下式表示：

$$P=\frac{m}{n+1}\times 100\% \tag{1-31}$$

式中：P 为灌溉设计保证率，%；m 为按设计灌溉用水量供水的年数，a；n 为计算总年数，要求 $n\geqslant 30$a。

灌溉设计保证率可根据水文气象、水土资源、作物组成、灌区规模、灌溉方式及经济效益等因素，按表 1-7 确定。作物经济效益较高或灌区规模较小的地区，宜选用表中较大值；作物经济效益较低或灌区规模较大的地区，宜选用表中的较小值。引洪淤灌系统的灌溉设计保证率可取 30%~50%。

第四节 农田水分状况与调节措施及灌排标准

表 1-7　灌溉设计保证率（引自 GB 50288—2018《灌溉与排水工程设计标准》）

灌溉方式	地区	作物种类	灌溉设计保证率/%
地面灌溉	干旱地区或水资源紧缺地区	以旱作为主	50～75
		以水稻为主	70～80
	半干旱、半湿润地区或水资源不稳定地区	以旱作为主	70～80
		以水稻为主	75～85
	湿润地区或水资源丰富地区	以旱作为主	75～85
		以水稻为主	80～95
	各类地区	牧草和林地	50～75
喷灌、微灌	各类地区	各类作物	85～95

（二）排水标准

农田排水标准可分为排涝、治渍和防治盐碱化 3 类，应根据当地或临近类似地区排水试验资料或实践经验，按照治理区的作物种类、土壤特性、水文地质和气象条件等因素，并结合社会经济条件和农业发展水平，统筹协调排水与灌溉、区域防洪、环境保护，以及局部与整体、当前与长远的关系，通过技术经济分析与综合论证确定。在排水工程规划时，若资料不足，也可根据相关技术规范或技术标准确定排水工程设计标准。

1. 排涝标准

以治理区发生一定重现期的暴雨，作物不受涝为标准。即治理区实际发生暴雨不超过设计暴雨时，农田的淹水深度、历时应不超过农作物正常生长所允许的耐淹水深和历时。

设计暴雨重现期应根据排水区的自然条件、涝灾的严重程度及影响大小等因素确定，可采用 5～10a。有特殊要求的地区，经技术经济论证，可适当提高标准。

设计暴雨历时和排除时间应根据排涝面积、地面坡度、排水面积、植被条件、暴雨特性和暴雨量、河网和湖泊的调蓄情况，以及农作物耐淹水深和耐淹历时等条件，经论证确定。旱作区可采用 1～3d 暴雨从作物受淹起 1～3d 排至田面无积水，经济作物种植区可采用 1d 暴雨从作物受淹起 1d 排至田面无积水，稻作区可采用 1～3d 暴雨 3～5d 排至耐淹水深，牧草区可采用 1～3d 暴雨 5～7d 排至耐淹水深。

对于有特殊要求的作物，根据作物耐淹能力，可适当调整设计暴雨历时和涝水排除时间。种植有多种不同作物的涝区，应根据作物种植结构和特点，综合分析后确定耐淹水深和涝水排除时间。

具有调蓄容积的排水系统，可根据调蓄容积的大小采用较长历时的设计暴雨或一定间歇期的前后两次暴雨作为设计标准；排空调蓄容积的时间可根据当地暴雨特性，统计分析两次暴雨的间歇天数确定，可采用 7～15d。

农作物的耐淹水深和耐淹历时应根据当地或邻近地区有关试验，或调查资料分析确定。无调查和试验资料的可参照表 1-8 选取。

2. 治渍排水标准

保证涝区不发生渍害的设计排渍深度、耐渍深度、耐渍时间和水稻田适宜日渗漏量，称为治渍标准。农作物设计排渍深度是指控制农作物不受渍害的农田地下水排降深度。农

表 1-8 农作物的耐淹水深和耐淹历时
（引自 GB 50288—2018《灌溉与排水工程设计标准》）

农作物	生育阶段	耐淹水深/cm	耐淹历时/d
小麦	拔节～成熟	5～10	1～2
棉花	开花、结铃期	5～10	1～2
玉米	抽穗	8～12	1～1.5
玉米	灌浆	8～12	1.5～2
玉米	成熟	10～15	2～3
甘薯	—	7～10	2～3
春谷	孕穗	5～10	1～2
春谷	成熟	10～15	2～3
大豆	开花	7～10	2～3
水稻	返青	3～5	1～2
水稻	分蘖	6～10	2～3
水稻	拔节	15～25	4～6
水稻	孕穗	20～25	4～6
水稻	成熟	30～35	4～6
高粱	孕穗	10～15	5～7
高粱	灌浆	15～20	6～10
高粱	成熟	15～20	10～20
林地	成熟	15～20	2～3
牧草	拔节、成熟	8～15	3～10

作物的耐渍深度是指农作物在不同生育阶段要求保持的地下水适宜埋藏深度。各种作物的耐渍深度和耐渍时间应根据当地或邻近地区作物试验资料，或种植经验调查资料分析确定。无试验资料或调查资料时，旱田设计排渍深度可取 0.8～1.3m，水稻田设计排渍深度可取 0.4～0.6m；旱作物耐渍深度可取 0.3～0.6m，耐渍时间可取 3～4d。水稻田适宜日渗漏量可取 2～8mm/d，黏性土宜取较小值，砂性土宜取较大值。表 1-9 列出的几种主要农作物排渍标准，供无试验或调查资料时参考选用。

表 1-9 几种主要农作物的排渍标准

农作物	生育阶段	设计排渍深度/m	耐渍深度/m	耐渍时间/d
棉花	开花、结铃	1.0～1.3	0.4～0.5	3～4
玉米	抽穗、灌浆	1.0～1.2	0.4～0.5	3～4
甘薯	生长前期、后期	0.9～1.1	0.5～0.6	7～8
小麦	生长前期、后期	0.8～1.1	0.5～0.6	3～4
大豆	开花	0.8～1.0	0.3～0.4	10～12
高粱	开花	0.8～1.0	0.3～0.4	12～15
水稻	晒田	0.4～0.6	—	—

有渍害的旱作区，农作物生长期地下水位应以设计排渍深度作为控制标准，但在设计暴雨形成的地面水排除后，应在旱作物耐渍时间内将地下水位降至耐渍深度。水稻区应能在晒田期内3～5d将地下水位降至设计排渍深度。土壤渗漏量过小的水稻田，应采取地下水排水措施。

适于使用农业机械作业的设计排渍深度应根据各地区农业机械耕作的具体要求确定，可采用0.6～0.8m，排渍时间可根据耕作要求确定。

3. 防治盐碱化排水标准

改良盐碱土或防治土壤次生盐碱化的地区，其排水标准除满足上述排涝降渍标准外，还应满足防治盐碱化排水标准。防治盐碱化排水标准宜以地下水临界深度为排水工程设计标准，当采用小于地下水临界深度设计时，应通过水盐平衡分析论证其合理性。所谓地下水临界深度，是指在一定的自然条件和农业技术措施条件下，为了保证土壤不产生盐碱化和作物不受盐害所要求保持的地下水最小埋藏深度。地下水临界深度应根据各地区试验或调查资料确定，无试验或调查资料时，可按表1-10所列数值选用。当采用小于地下水临界深度设计时，应通过水盐平衡分析论证其合理性，并通过加大灌溉淋洗等措施，保持水盐平衡。为防治土壤盐碱化，一般应在返盐季节前将地下水位控制到临界深度以下。对预防盐碱化地区，应保证农作物生育期的根层土壤含盐量不超过耐盐能力，作物耐盐能力应通过试验确定，缺乏试验资料时应参照农田排水工程技术规范分析确定。对冲洗改良盐碱土地区，应使设计土层深度内达到脱盐要求。

表1-10　　　　　　　　　地下水临界深度（GB 50288—2018）　　　　　　　　　单位：m

土　质	地下水矿化度/(g/L)			
	<2	2～5	5～10	>10
砂壤土、轻壤土	1.8～2.1	2.1～2.3	2.3～2.6	2.6～2.8
中壤土	1.5～1.7	1.7～1.9	1.8～2.0	2.0～2.2
重壤土、黏土	1.0～1.2	1.1～1.3	1.2～1.4	1.3～1.5

注　蒸发强烈地区宜取较大值，反之宜取较小值。

第二章 作物需水量与灌溉制度及灌溉用水量

第一节 作物需水量

作物需水量是农业用水的主要组成部分,也是灌排工程规划、设计、管理的最基本依据。因此,研究作物需水量的变化规律和计算方法,对于合理灌排、科学调节农田水分状况具有十分重要的意义。

一、作物需水量及其相关概念

农田水分消耗的途径主要有植株蒸腾、株间蒸发、深层渗漏(或田间渗漏)。

植株需要水分以维持生长和降低温度。植株从土壤中吸取水分,然后传输至叶片。位于叶片上表面和下表面的小气孔可使光合作用和植株生长所需的二氧化碳进入叶片。通过气孔腔中的蒸发过程及水汽流经气孔进入大气的过程,水汽从叶片上散失,这一过程称为植株蒸腾。简言之,植株蒸腾就是指作物根系将从土壤中吸入体内的水分通过叶片气孔扩散到大气中去的现象。植株蒸腾属于作物生理需水,可为植株生命过程各种生理活动(如蒸腾作用、光合作用)提供所需要的水分。在气孔腔中,水分蒸发需要大量的能量。如果水分未曾蒸发,这些能量就可能用于加热植株,植株温度就会升高到致死的程度。研究表明,作物根系吸入体内的水分有99%以上消耗于蒸腾,只有不足1%的水量留在植物体内,成为植物体的组成部分。

土壤水分从植株间土壤表面或水面(仅指水田有水层时)蒸散到大气中的现象称为株间蒸发。株间蒸发属于作物生态需水,可为作物正常生长发育创造良好的生长环境,但株间蒸发中大部分的水分消耗和作物的生长发育并没有直接关系,因此应采取措施以减少株间蒸发。

深层渗漏是指旱田中由于降雨量或灌溉水量太多,使土壤水分超过了田间持水量,向根系活动层以下的土层产生渗漏的现象。深层渗漏一般是无益的,且会造成水分和养分的流失。因水稻除分蘖末期需要烤田外,其余生育期一般均有水层,所以水稻田经常产生渗漏,且数量较大。在丘陵地区的梯田,稻田的日平均渗漏量一般为2~6mm,冲田0~1mm,畈田0.5~2.0mm。平原圩区稻田多为轻黏土,但地下水位高,日平均渗漏量一般为2~4mm。为与旱田深层渗漏相区别,把水稻田的渗漏称为田间渗漏。稻田保持适当的渗漏量,可以促进土壤通气,改善还原条件,消除有毒物质,有利于作物生长。但是渗漏量过大,会造成水量和肥料的流失,与节水减肥和绿色环保有一定矛盾。

对大多数作物种类而言,植株蒸腾和株间蒸发散失的水分占作物耗水总量的98%以上。由于水汽从若干个表面运移到动力环境中的速率是随时间而变化的，所以蒸发和蒸腾的测定非常困难。因而对大多数灌水过程而言，蒸发和蒸腾两个通量是联合在一起的，称为蒸发蒸腾量，也称腾发量、蒸散量。其计量单位以某一时段内消耗的总水量深度，或单位时间消耗的水深表示，单位为mm或mm/d。

作物需水量是指作物正常生长时的蒸发蒸腾量与构成植株体的水量之和。由于后者与前者相比甚小，实际应用中常以正常生长的作物蒸发蒸腾量代替作物需水量。对于水田，将正常田间渗漏量与需水量之和称为田间耗水量。

由上述分析可知，作物需水量包含生理需水和生态需水两个方面，植株蒸腾和株间蒸发则分别是作物生理需水和生态需水的重要组成部分。在整个生育期内，植株蒸腾与株间蒸发二者互为消长，一般在作物生育初期，植株小，地面（水稻水面）裸露大，以株间蒸发为主；随着植株增长，植株蒸腾逐渐大于株间蒸发，到作物生育后期，作物生理活动持续减弱，蒸腾耗水又逐渐减小。

作物整个生育期的需水量称为该种作物的需水量或总需水量。各生育阶段需水量或每日的需水量称为某生育阶段需水量或日需水量，日需水量也叫需水强度。任一生育阶段需水量占作物总需水量的百分数称为需水模系数，也称模比系数。

作物生产单位产量（如1kg谷子）的需水量称为作物需水系数。反之，在一定的作物品质和耕作栽培条件下，单位水量消耗所获得的产量（一般指经济产量），其值为作物产量与作物生产过程中净消耗的水量或蒸发蒸腾量之比值，称为作物水分生产率，又可称为作物水分利用效率（Water Use Efficiency，WUE），其单位为kg/m^3。

二、作物需水量的影响因素

气象条件、土壤状况、作物特性、农业技术措施和灌溉排水措施等是影响作物需水量大小的主要因素。

1. 气象因素对作物需水量的影响

日照、气温、湿度、风速等是影响作物需水量的主要气象因素。

（1）日照。日照时间越长，到达地面的辐射热就越多；太阳辐射能越高，作物蒸发蒸腾速率就越快。

（2）气温。辐射能的大小及其变化，可用气温来衡量。在一定范围内，如果天气晴朗，只要温度升高，就会加速株间蒸发，作物叶子内气孔腔蒸气压的增加大于外界蒸气压的增加，进而植株蒸腾强度也会加大。

（3）湿度。空气饱和差即空气中饱和水汽压与实际水汽压之差，是反映空气干湿程度的重要指标。研究表明，作物需水量与空气饱和差呈线性正相关关系。

（4）风速。微风能将叶子表面和地表水蒸汽带走，同时带来相对湿度低的空气，使外部扩散阻力减少，使作物冠层之上水汽梯度增大，同时会使作物叶温和气温的温度梯度加大，进而提高了蒸腾速率；但风速过大（干热风）会导致气孔关闭，降低叶面和地面温度，降低蒸腾速度。

气象条件对作物需水量的影响，往往是几个因素同时作用，各个因素对作物需水量的影响程度很难分开。太阳辐射越强，气温越高，日照时间越长，空气湿度越低，风速越大，气压越低，则作物需水量越大；反之，则越小。

2. 土壤状况对作物需水量的影响

影响作物需水量的土壤因素主要有土壤质地、颜色、含水量、有机质含量及养分状况等。砂土持水力弱，蒸发较快，因此砂土上的农作物比黏土上的农作物需水量大。就土壤颜色而言，种植在黑褐色等深色土壤上的作物比种植在颜色较浅土壤上的作物需水量要大一些。耕层土壤含水量的大小一般与作物需水量呈正相关关系。但当土壤含水量较长时期接近或超过田间持水量时，作物需水量会随土壤含水量的增加而减小。土壤有机质、全氮均与土壤含水量呈显著正相关关系，因此土壤有机质含量高、养分状况好，作物需水量较高。

3. 作物生物学特性对作物需水量的影响

不同种类作物其需水量差异较大。有关研究表明，无论是干燥还是湿润条件下，C_3（如小麦、大豆）植物全生育期的平均日需水量（mm/d）比C_4（如玉米、谷子）植物大1倍左右，最大日需水量也存在类似情况。C_3植物的蒸腾系数也比C_4植物大1倍左右。不同种类作物的生理需水曲线需水系数有很大差异。作物生物学特性导致同一种作物不同品种其需水量有较大的差异，同一品种的作物在不同的生育阶段其需水量也不同。

4. 农业技术措施对作物需水量的影响

农业技术措施间接影响作物需水量的变化。播种密度大，施肥多，会影响作物叶面积的大小和株高的变化，从而间接影响需水量的大小。中耕也会对作物需水量产生影响。灌水或降雨后及时通过耕、耙、锄、压等一整套松土保墒技术，将使土壤表面快速由蒸发递减阶段进入水汽扩散阶段，这样就会减少株间蒸发，从而使作物需水量相应降低。秸秆或薄膜覆盖等措施也会因减少株间蒸发而降低作物需水量。

5. 灌溉排水措施对作物需水量的影响

农田水分不足，土壤含水率低，作物的蒸发蒸腾量就小，运用灌溉措施就会改变这一状况；农田水分过多，即旱作物地表积水或土壤含水率长期超过田间持水率或水稻长期处于淹水状态，作物的蒸腾强度就会减弱甚至停止，及时排水就可以改变农田的渍涝状况。节水灌溉就是通过调节土壤含水率来减少株间蒸发和抑制作物奢侈蒸腾来实现节水的。

三、作物需水基本规律

作物需水规律是指不同区域、不同作物、不同生育阶段满足作物正常生长发育达到或接近该作物品种的最高产量水平所消耗水量的时间分配特征，即作物生育期内各生育阶段需水量的变化规律。

由前述分析可知，作物需水量的大小及其变化规律，决定于气象条件、土壤状况、作物生物学特性、农业技术措施和灌溉排水措施等。这些因素对作物需水量的影响是相互联系、错综复杂的，不同作物的需水量不同，同一作物在不同地区、不同水文年份、不同栽培措施下的需水量都有差异。

1. 作物在整个生育期需水量的变化规律

作物在不同生育阶段需水的一般规律是：生育前期（苗期）和后期需水较少，生育中期需水较多。这是由于作物在生长初期，植株小，叶面积小，水分消耗主要产生于株间蒸发，作物需水量较小；生长中期，植株增大，营养生长和生殖生长同时进行，生长速度快，蒸腾的耗水量逐渐增多，尤其是达到生殖生长阶段，蒸腾量将超过同期株间蒸发量，蒸腾蒸发量迅速增多；到了作物生长后期，生理机能逐渐衰退，叶面积减少，耗水量又逐渐减少。所以，作物全生育期的需水量是由低到高再逐渐降低的变化过程。

2. 作物需水临界期（也称需水关键期）

作物从种子发芽到开花结实，各生育阶段对水分的要求不同，对水分多少的敏感程度也不一样。通常把对缺水最敏感、影响产量最大的时期叫做需水临界期或需水关键期。作物不同需水临界期也不同，以生产种子或果实为目的的作物，其需水临界期大多出现在从营养生长向生殖生长过渡的时期，例如禾谷类作物多为穗器官形成时期，棉花在开花至棉蕾形成期，大豆则在花芽分化至开花期。以生长块茎为目的的甜菜，以生产蔗秆为目的的甘蔗，以生产烟叶为目的的烟草，它们的需水临界期都在营养生长期。

作物需水临界期是灌溉工程规划设计和制定合理用水计划的重要依据，根据各种作物需水临界期不同的特点，可以合理选择作物种类和种植比例，使用水不至于过分集中，充分发挥灌溉效益。

3. 作物需水量的昼夜变化规律

气象因素如气温、空气湿度、蒸发力等与植物生理活动如气孔开度、光合强度、呼吸强度、叶水势等在一昼夜内呈规律性变化，故研究作物需水量的昼夜变化规律有助于探究其与气象因素、作物生理活动的关系。一般，在正常灌溉条件下，作物需水量和植株蒸腾强度在一个昼夜内基本上随气象因素同步变化。晴天，蒸发蒸腾强度夜间低，凌晨（4—6时）最低，随后上升，至中午最高，下午至晚上不断下降。不同的天气类型（晴、少云、多云、阴、雨），其气象因素在昼夜间的变化过程不同，作物需水量与植株蒸腾强度的昼夜变化过程亦不同，且均与当天气象因素变化过程相吻合。掌握作物需水量和植株蒸腾强度的昼夜变化规律，对于选择恰当时间指导灌水具有实际意义。

四、作物需水量的计算方法

影响作物需水量的因素很多，这些因素对需水量的影响是互相联系的，也是错综复杂的，目前尚难从理论上对作物需水量进行精确的计算。在生产实践中，一方面是通过田间试验的方法直接测定作物需水量，一般采用蒸渗仪直接观测作物的蒸发蒸腾量，参见有关作物需水量试验的书籍；另一方面常采用某些计算方法估算作物需水量。

现有计算作物需水量的方法，大致可归纳为两类，一类是直接计算出作物需水量，另一类是通过计算参照作物需水量来计算实际作物需水量。

（一）直接计算法

一般是先从影响作物需水量的诸因素中，选择几个主要因素（例如水面蒸发、气温、湿度、日照等），再根据试验观测资料分析这些主要因素与作物需水量之间存在的数量关系，最后归纳成某种形式的经验公式。这类经验公式有很多，如以水面蒸发为参数的需水系数法（简称 α 值法或蒸发皿法），认为气象因素是影响水面蒸发量的主要因素，作物需水量与水面蒸发量之间存在着密切的相关关系，从而提出可以用水面蒸发量这一参数来估算作物需水量；还有以产量为参数的需水系数法（简称 K 值法），认为在一定的气象条件下和一定范围内，作物需水量随产量的提高而增加，提出了以产量为参数的需水量计算经验公式。这些公式在以往的作物需水量计算中被广泛应用，发挥了重要作用。但随着科学技术的发展，这些经验性公式的缺陷也日益显现，联合国粮食及农业组织（Food and Agriculture Organization of the United Nations，FAO；简称联合国粮农组织）不再推荐使用这些公式，因此本书不再赘述。

（二）间接计算法

在土壤-植物-大气连续系统中，所有与土壤、植物、大气有关的因素都影响作物需水量的大小。在土壤水分充足的条件下，气象因素是影响作物需水量的主要因素；在土壤水分不足的条件下，气象因素和非气象因素对需水量都有重要影响。由于对土壤水分充足条件下的各气象因素与需水量之间的关系研究得已经比较透彻，理论上已经比较完善，因此通过计算参照作物需水量来计算实际需水量已经成为国际上通行的做法。

参照作物需水量 ET_0 是指土壤水分充足、地面完全覆盖、生长正常、高矮整齐的开阔（地块的长度和宽度都大于 200m）矮草地（草高 8～15cm）上的蒸发蒸腾量，一般是指在这种条件下的苜蓿草的需水量。此概念是由英国气象学家彭曼于 1946 年最早提出来的。因为这种参照作物需水量主要受气象条件的影响，所以都是根据当地的气象条件分阶段（月和旬）计算。有了参照作物需水量，然后再根据作物系数 K_c、土壤水分修正系数 K_w 对 ET_0 进行修正，即可求出作物的实际需水量 ET。

1. 参照作物需水量的计算

在国外，对于这一方法的研究较多，有多种理论和计算公式，如布莱尼-克雷多法、辐射法、Hargreaves 方法、彭曼（Penman）法、彭曼-蒙蒂斯（Penman - Monteith）法等。其中以能量平衡原理比较成熟、完整。其基本思想是：将作物蒸发蒸腾看作为能量消耗的过程，通过平衡计算求出蒸发蒸腾所消耗的能量，然后再将能量折算为水量，即作物需水量。作物蒸发蒸腾消耗的能量，主要来自太阳辐射。所以能量平衡原理，实质上是计算 SPAC 连续系统中的热量平衡。

能量平衡法公式中，彭曼公式是以能量平衡原理、水汽扩散原理和空气导热定律为基础提出的，曾在国际上得到了广泛应用。蒙蒂斯（Monteith）在彭曼公式的基础上既考虑了作物的生理特征，又考虑了空气动力学参数的变化，提出了彭曼-蒙蒂斯公式。1990年，联合国粮农组织（FAO）在对参照作物蒸发蒸腾量重新定义的基础上，推荐采用彭曼-蒙蒂斯公式估算参照作物蒸发蒸腾量（FAO-56）。1998 年，联合国粮农组织（FAO）正式提出用彭曼-蒙蒂斯公式作为计算 ET_0 的唯一标准方法。

大量研究证明，彭曼-蒙蒂斯公式适用于不同地区估算参考作物需水量，与 20 世纪 70 年代应用的彭曼公式比较，该公式统一了计算标准，无需进行地区率定和使用当地的风速函数，同时也不用改变任何参数即可适用于世界各地和各种气候，估算精度高且具有良好的可比性。公式（2-1）如下：

$$ET_0 = \frac{0.408\Delta(R_n - G) + \gamma \dfrac{900}{T+273} u_2 (e_s - e_a)}{\Delta + \gamma(1 + 0.34 u_2)} \qquad (2-1)$$

式中：ET_0 为参照作物需水量，mm/d；Δ 为饱和水汽压与温度关系曲线在某处的斜率，kPa/℃；R_n 为作物表面的净辐射，MJ/(m²·d)；G 为土壤热通量密度，MJ/(m²·d)；γ 为湿度计量常数，kPa/℃；T 为地面以上 2m 处的日平均温度，℃；u_2 为地面以上 2m 处的风速，m/s；e_s 为饱和水汽压，kPa；e_a 为实际水汽压，kPa；$e_s - e_a$ 为饱和气压亏缺量，kPa。

(1) 确定 Δ。

$$\Delta=\frac{4098\left(0.6108\exp\dfrac{17.27T}{T+237.3}\right)}{(T+237.3)^2} \tag{2-2}$$

(2) 确定 e_s、e_a。

$$e^0(T)=0.6108\exp\left(\frac{17.27T}{T+237.3}\right) \tag{2-3}$$

$$e_s=\frac{e^0(T_{\max})+e^0(T_{\min})}{2} \tag{2-4}$$

$$e_a=\frac{e^0(T_{\max})\dfrac{RH_{\min}}{100}+e^0(T_{\min})\dfrac{RH_{\max}}{100}}{2} \tag{2-5}$$

式中：$e^0(T)$ 为气温为 T 时的饱和水汽压，kPa；$T_{\max}$、$T_{\min}$ 为地面以上 2m 处最高、最低气温，℃；$RH_{\max}$、$RH_{\min}$ 为最大、最小相对湿度，%。

若缺乏 $RH_{\max}$、$RH_{\min}$，可用 RH_{mean} 值按式 (2-6) 计算：

$$e_a=\frac{RH_{\text{mean}}}{100}\left[\frac{e^0(T_{\max})+e^0(T_{\min})}{2}\right] \tag{2-6}$$

式中：RH_{mean} 为平均相对湿度，%。

(3) 确定 R_n。

$$R_n=0.77R_s-4.903\times10^{-9}\left(\frac{T_{\max,K}^4+T_{\min,K}^4}{2}\right)(0.34-0.14\sqrt{e_a})\left(1.35\frac{R_s}{R_{so}}-0.35\right) \tag{2-7}$$

$$R_s=\left(a_s+b_s\frac{n}{N}\right)R_a \tag{2-8}$$

$$R_{so}=(a_s+b_s)R_a \tag{2-9}$$

$$R_a=\frac{1440}{\pi}G_{SC}d_r(\omega_s\sin\varphi\sin\delta+\cos\varphi\cos\delta\sin\omega_s) \tag{2-10}$$

式中：R_s 为太阳短波辐射，MJ/(m²·d)；R_{so} 为晴空时太阳辐射，MJ/(m²·d)；$T_{\max,K}$、$T_{\min,K}$ 分别为 24h 内最高、最低绝对温度，$T_{\max,K}=T_{\max}+237.16$，$T_{\min,K}=T_{\min}+237.16$，K；$a_s$、$b_s$ 为短波辐射比例系数，我国一些地点的 a_s、b_s 值，可从表 2-1 查得，若无实际数据，可取 $a_s=0.25$、$b_s=0.50$；R_a 为地球大气圈外的太阳辐射，MJ/(m²·d)，也可用以 mm/d 为单位的等效蒸发量表示，单位换算关系为 1MJ/(m²·d)=0.408mm/d，以 mm/d 为单位的等效蒸发量可参考表 2-2；G_{SC} 为太阳辐射常数，为 0.082MJ/(m²·min)；d_r 为日相对距离，$d_r=1+0.033\cos\left(\dfrac{2\pi}{365}J\right)$，$J$ 为在年内的日序数，介于 1 和 365（366）之间；φ 为纬度，北半球为正值，南半球为负值；ω_s 为日落时的相位角，$\omega_s=\arccos(-\tan\varphi\tan\delta)$；$\delta$ 为太阳磁偏角，$\delta=0.409\sin\left(\dfrac{2\pi}{365}J-1.39\right)$；$n$、

N 分别为实际日照时数与最大可能日照时数，h，$N=\dfrac{24}{\pi}\omega_s$。

（4）确定 G。对于按月计算：

$$G_{m,i}=0.07(T_{m,i+1}-T_{m,i-1}) \tag{2-11}$$

式中：$G_{m,i}$ 为第 i 月（计算月）土壤热通量密度，$MJ/(m^2 \cdot d)$；$T_{m,i+1}$、$T_{m,i-1}$ 为计算月下一个月和前一个月的月平均气温，℃。

如果 $T_{m,i+1}$ 未知，则可按式（2-12）计算：

$$G_{m,i}=0.14(T_{m,i}-T_{m,i-1}) \tag{2-12}$$

对于按时计算或者更短的时间，则以式（2-13）、式（2-14）估算。

白天 $\qquad\qquad G_h=0.1R_n \tag{2-13}$

夜晚 $\qquad\qquad G_h=0.5R_n \tag{2-14}$

（5）确定 γ。

$$\gamma=0.665\times 10^{-3}P \tag{2-15}$$

$$P=101.3\left(\dfrac{293-0.0065Z}{293}\right)^{5.26} \tag{2-16}$$

式中：P 为大气压强，kPa；Z 为海拔高度，m。

（6）确定 u_2。当实测风速距地面不是 2m 时，用式（2-17）进行调整：

$$u_2=u_z\dfrac{4.87}{\ln(67.8z-5.42)} \tag{2-17}$$

式中：u_2 为实测地面以上 2m 处的风速，m/s；z 为风速测定实际高度，m。

表 2-1　　　　　　　　　　我国一些地区的 a_s、b_s 值

地区	夏半年（4—9月）		冬半年（10月至次年3月）	
	a_s	b_s	a_s	b_s
乌鲁木齐	0.15	0.60	0.23	0.48
西宁	0.26	0.48	0.26	0.52
银川	0.28	0.41	0.21	0.55
西安	0.12	0.60	0.14	0.60
成都	0.20	0.45	0.17	0.55
宜昌	0.13	0.54	0.14	0.54
长沙	0.14	0.59	0.13	0.62
南京	0.15	0.54	0.01	0.65
济南	0.05	0.67	0.07	0.67
太原	0.16	0.59	0.25	0.49
呼和浩特	0.13	0.65	0.19	0.60
北京	0.19	0.54	0.21	0.56
哈尔滨	0.13	0.60	0.20	0.52
长春	0.06	0.71	0.28	0.44
沈阳	0.05	0.73	0.22	0.47
郑州	0.17	0.45	0.14	0.45

第一节 作物需水量

表 2-2　　　　　不同纬度的地球大气圈外的太阳辐射　　　　单位：MJ/(m²·d)

月份	纬度				
	10°	20°	30°	40°	50°
1	31.9	26.8	21.1	15.0	8.9
2	34.5	30.6	25.8	20.4	14.4
3	36.9	34.7	31.4	27.2	22.2
4	37.9	37.9	36.8	34.7	31.5
5	37.6	39.3	40.0	39.7	38.5
6	37.0	29.5	41.2	41.9	41.7
7	37.1	39.3	40.6	40.8	40.2
8	37.5	38.3	38.0	36.7	34.4
9	37.1	35.5	33.4	30.0	25.7
10	35.1	31.8	27.6	22.5	16.9
11	32.4	27.7	22.2	16.3	10.2
12	31.0	25.6	19.8	13.6	7.5

利用彭曼-蒙蒂斯公式，根据气象资料（湿度、风速、温度和实际日照时数等）和计算地点实际情况（纬度、海拔等）即可计算日、旬、月的参照作物需水量。

【例 2-1】 计算地点（北纬 13.73°，海拔 2m）4 月 15 日气象资料如下：日最高气温 T_{max} 为 34.8℃，日最低气温 T_{min} 为 25.6℃，实际日照时数为 8.5h，平均相对湿度为 64.48%，4 月平均温度为 30.2℃，3 月平均温度为 29.2℃，10m 高处的平均风速为 2.67m/s，试采用彭曼-蒙蒂斯公式估算该日参考作物需水量。

解：(1) 计算 Δ。已知日平均温度为 30.2℃，根据式（2-2）有

$$\Delta = \frac{4098\left[0.6108\exp\left(\dfrac{17.27T}{T+237.3}\right)\right]}{(T+237.3)^2}$$

$$= \frac{4098\left[0.6108\exp\left(\dfrac{17.27\times 30.2}{30.2+237.3}\right)\right]}{(30.2+237.3)^2} = 0.246(\text{kPa}/℃)$$

(2) 计算 e_s、e_a。已知最高气温为 34.8℃，最低气温为 25.6℃，根据式（2-3）、式（2-4）、式（2-5）有

$$e^0(T_{max}) = 0.6108\exp\left(\frac{17.27\times T_{max}}{34.8+237.3}\right) = 0.6108\exp\left(\frac{17.27\times 34.8}{34.8+237.3}\right) = 5.56(\text{kPa})$$

$$e^0(T_{min}) = 0.6108\exp\left(\frac{17.27\times T_{min}}{25.6+237.3}\right) = 0.6108\exp\left(\frac{17.27\times 25.6}{25.6+237.3}\right) = 3.28(\text{kPa})$$

$$e_s = \frac{e^0(T_{max})+e^0(T_{min})}{2} = \frac{e^0(34.8)+e^0(25.6)}{2} = 4.42(\text{kPa})$$

$$e_a = \frac{RH_{\text{mean}}}{100}\left[\frac{e^0(T_{\max})+e^0(T_{\min})}{2}\right] = \frac{64.48}{100}\left(\frac{5.56+3.28}{2}\right) = 2.85(\text{kPa})$$

(3) 计算 R_n。已知该地位于北纬 $13.73°$，即 $\varphi = 13.73 \times \frac{\pi}{180} = 0.24\text{rad}$，4月15日在年内的日序数为105，即 $J=105$，则

$$d_r = 1 + 0.033\cos\left(\frac{2\pi}{365}J\right) = 1 + 0.033\cos\left(\frac{2\pi}{365}\times 105\right) = 1(\text{rad})$$

$$\delta = 0.409\sin\left(\frac{2\pi}{365}J - 1.39\right) = 0.409\times\sin\left(\frac{2\pi}{365}\times 105 - 1.39\right) = 0.17(\text{rad})$$

$$\omega_s = \arccos(-\tan\varphi\tan\delta) = \arccos[-\tan(13.73°)\tan(0.17)] = 1.61(\text{rad})$$

已知太阳辐射常数为 $0.0820\text{MJ}/(\text{m}^2\cdot\text{d})$，根据式（2-10）有

$$R_a = \frac{1440}{\pi}G_{SC}d_r(\omega_s\sin\varphi\sin\delta + \cos\varphi\cos\delta\sin\omega_s)$$

$$= \frac{1440}{\pi}\times 0.0820\times 1\times[1.61\times\sin(0.24)\sin(0.17)+\cos(0.24)\cos(0.17)\sin(1.61)]$$

$$= 38.39[\text{MJ}/(\text{m}^2\cdot\text{d})]$$

$N = \frac{24}{\pi}\omega_s = \frac{24}{\pi}\times 1.61 = 12.31\text{h}$（$\pi$ 取3.14），实际日照时数 n 为8.5h，取 $a_s = 0.25$、$b_s = 0.50$，则根据式（2-8）、式（2-9）有

$$R_s = \left(a_s + b_s\frac{n}{N}\right)R_a = \left(0.25 + 0.50\times\frac{8.5}{12.31}\right)\times 38.39 = 22.85[\text{MJ}/(\text{m}^2\cdot\text{d})]$$

$$R_{so} = (a_s + b_s)R_a = (0.25 + 0.50)\times 38.39 = 28.79[\text{MJ}/(\text{m}^2\cdot\text{d})]$$

又因 $\quad T_{\max,k} = T_{\max} + 273.16 = 34.8 + 273.16 = 307.96(\text{K})$

$$T_{\min,k} = T_{\min} + 273.16 = 25.6 + 273.16 = 298.76(\text{K})$$

根据式（2-7）有

$$R_n = 0.77R_s - 4.903\times 10^{-9}\left(\frac{T_{\max,k}^4 + T_{\min,k}^4}{2}\right)(0.34 - 0.14\sqrt{e_a})\left(1.35\frac{R_s}{R_{so}} - 0.35\right)$$

$$= 0.77\times 22.85 - 4.903\times 10^{-9}\left(\frac{307.96^4 + 298.76^4}{2}\right)\times(0.34 - 0.14\sqrt{2.85})$$

$$\times\left(1.35\times\frac{22.65}{28.54} - 0.35\right)$$

$$= 14.48[\text{MJ}/(\text{m}^2\cdot\text{d})]$$

(4) 计算 G。已知3月和4月的月平均温度分别为 $29.2℃$ 和 $30.2℃$，根据式（2-12）有

$$G = 0.14(T_m - T_{m,i-1}) = 0.14\times(30.2 - 29.2) = 0.14[\text{MJ}/(\text{m}^2\cdot\text{d})]$$

(5) 计算 γ。已知该地海拔为2m，根据式（2-15）、式（2-16）有

$$P = 101.3\left(\frac{293 - 0.0065Z}{293}\right)^{5.26} = 101.3\left(\frac{293 - 0.0065\times 2}{293}\right)^{5.26} = 101.3(\text{kPa})$$

$$\gamma = 0.665\times 10^{-3}P = 0.665\times 10^{-3}\times 101.3 = 0.0674(\text{kPa}/℃)$$

(6) 计算 u_2。已知10m处风速为2.67m/s，该地海拔为2m，则根据式（2-17）有

$$u_2 = u_z \frac{4.87}{\ln(67.8z - 5.42)} = 2.67 \times \frac{4.87}{\ln(67.8 \times 10 - 5.42)} = 2 \text{(m/s)}$$

(7) 计算 ET_0。根据上述计算及式（2-1）有

$$ET_0 = \frac{0.408\Delta(R_n - G) + \gamma \frac{900}{T+273} u_2(e_s - e_a)}{\Delta + \gamma(1 + 0.34u_2)}$$

$$= \frac{0.408 \times 0.246 \times (14.48 - 0.14) + 0.0674 \frac{900}{30.2+273} \times 2 \times (4.42 - 2.85)}{0.246 + 0.0674 \times (1 + 0.34 \times 2)}$$

$$= 5.75 \text{(mm/d)}$$

因此，该地 4 月 15 日的参照作物需水量为 5.75mm。

2. 实际需水量的计算

参照作物需水量 ET_0 确定后，则可通过作物系数法对 ET_0 进行修正，即得作物实际需水量。作物系数法分为单作物系数法和双作物系数法。前者把作物蒸腾和土壤蒸发的综合影响结合到单作物系数（K_{cS}）中，后者则用表征作物蒸腾的基础作物系数（K_{cb}）和表征土壤蒸发的系数（K_e）来表示双作物系数（K_{cD}），故而将土壤蒸发和作物蒸腾分开。

(1) 单作物系数法。已知参照作物需水量 ET_0 后，采用作物系数 K_c、土壤水分修正系数 K_ω 对 ET_0 进行修正，即得作物实际需水量 ET：

$$ET = K_{cS} ET_0 \tag{2-18}$$

$$K_{cS} = K_c K_\omega \tag{2-19}$$

式中的 ET 与 ET_0 应取相同单位。

1) 作物系数 K_c。作物系数 K_c 是计算作物需水量的重要参数。它反映了作物本身的生物学特性、产量水平、土壤耕作条件等对作物需水量的影响。K_c 值根据各月田间实测需水量和相同阶段的气象因素计算出的参考作物需水量求得，即

$$K_{ci} = \frac{ET_{ai}}{ET_{0i}} \tag{2-20}$$

式中：K_{ci} 为某种作物第 i 月的作物系数；ET_{ai} 为相应月份的实测需水量；ET_{0i} 为由彭曼-蒙蒂斯公式计算的相应月份的参考作物需水量。

由此亦可由全生育期 ET_a 与 ET_0 确定全生育期的作物系数 K_c。

从以上过程可知，作物系数 K_c 的准确性在很大程度上取决于实测作物需水量的精度。为了提供各地较准确的作物系数 K_c 值，至少应该有 3 年以上的实测资料。

作物系数在全生育期的变化与作物种类、品种、生育期、生长状况有关。对于同类作物，且品种相同时，K_c 在一定程度上能用作物的群体动态指标表示。据分析 K_{ci} 与叶面积指数 L_{ALi} 具有密切的线性关系，即

$$K_{ci} = a_1 L_{ALi} + b_1 \tag{2-21}$$

式中：L_{ALi} 为第 i 月叶面积指数；a_1、b_1 为实测资料回归求得的经验系数值。

由我国五站的试验资料分析得到的 a_1、b_1 值见表 2-3。

表2-3　　　　　　　　我国五站作物生育期内的 a_1 与 b_1 值

站名	K_c 经验公式中的系数		相关系数 R	显著水平 α	备注
	a_1	b_1			
西北农大	0.22	0.18	0.9129	0.01	冬小麦
武威	0.19	0.14	0.9421	0.01	春小麦
新乡	0.05	0.24	0.9553	0.01	冬小麦
扶风	0.21	0.19	0.9238	0.01	冬小麦
福建	1.00	0.15	0.9200	0.01	水稻

根据各地的试验，作物系数 K_c 不仅随作物而变化，更主要的是随作物的生育阶段而异。生育初期和末期的 K_c 较小，而中期的 K_c 较大。表2-4、表2-5分别列出了山西省冬小麦、湖北省中稻作物需水系数的 K_c 值。

表2-4　　　　　　　　山西省冬小麦作物系数 K_c 值

生育阶段	播种～越冬	越冬～返青	返青～拔节	拔节～抽穗	抽穗～灌浆	灌浆～收割	全生育期
K_c	0.86	0.48	0.82	1.00	1.16	0.87	0.87

表2-5　　　　　　　　湖北省中稻作物系数 K_c 值

月份	5	6	7	8	9
K_c	1.03	1.35	1.50	1.40	0.94

此外，FAO-56推荐采用分段单值平均法确定作物系数 K_c。把作物全生育期的作物系数变化过程概化成4个阶段。生长初期：从播种到地表作物覆盖率接近10%，相应的作物系数为 $K_{c,ini}$；冠层发育期：从地表作物覆盖率10%到70%～80%，相应的作物系数从 $K_{c,ini}$ 线性上升至 $K_{c,mid}$；生育中期：从充分覆盖到成熟期开始，叶片开始变黄，相应的作物系数为 $K_{c,mid}$；成熟期：从叶片变黄到生理成熟或收获，相应的作物系数从 $K_{c,mid}$ 线性下降至 $K_{c,end}$。FAO推荐了相对湿度 $RH_{min}=45\%$，2m高处风速 $u_2=2m/s$ 条件下的 $K_{cb,ini}$、$K_{cb,mid}$、$K_{cb,end}$ 的取值，对于相对湿度最小值不同于45%或风速大于或小于2m/s的气候条件，作物系数（$K_{c,mid}$ 和 $K_{c,end}$）需要根据湿度、风速及作物高度进行一定的调整，公式如下：

$$K_c = K_{c(Tab)} + [0.04(u_2-2) - 0.004(RH_{min}-45)]\left(\frac{h}{3}\right)^{0.3} \quad (2-22)$$

式中：$K_{c(Tab)}$ 为适中条件下、相对湿度最小值大于0.45的中期或后期的标准基础作物系数；u_2 为相应阶段内2m高处的日平均风速，m/s；RH_{min} 为对应生长阶段内日平均最小相对湿度，%；h 为对应生长阶段内作物平均高度，m。以上参数中，$K_{c(Tab)}$ 可通过FAO-56推荐值获得；u_2 和 RH_{min} 均可从试验站的气象站数据中获得；h 则通过试验过程中的株高测量获得。

2）土壤水分修正系数 K_ω。通常情况下，土壤水分不足时的作物需水量可由土壤水分充足时的作物需水量乘以土壤水分修正系数而得到，见式（2-18）、式（2-19）。

土壤水分修正数随土壤含水率而变化，K_ω 的确定方法有很多，如Jensen（1970）认

为 K_ω 随土壤含水率而变化,可由下式来确定 K_ω:

$$K_\omega = \frac{\ln(AW+1)}{\ln(101)} \tag{2-23}$$

式中:AW 为相对有效含水率,$AW = \dfrac{\theta - \theta_\text{凋}}{\theta_\text{田} - \theta_\text{凋}}$;$\theta$ 为土壤含水率,$\theta_\text{凋}$、$\theta_\text{田}$ 分别为凋萎系数和田间持水率。

Hands(1974)和 Retchie(1973)提出的 K_ω 的线性函数形式可表示如下:

$$K_\omega = \begin{cases} \dfrac{\lambda_a}{\lambda_c} & \lambda_a < \lambda_c \\ 1 & \lambda_a \geq \lambda_c \end{cases} \tag{2-24}$$

式中:λ_a 为根区土壤有效百分比,$\lambda_a = \dfrac{\theta - \theta_\text{凋}}{\theta_\text{田} - \theta_\text{凋}}$;$\lambda_c$ 为根区土壤有效百分比的临界值。根据作物耐旱性的不同而变化,在干旱条件下仍能维持 ET_0 的作物称为耐旱作物,对于耐旱作物 λ_c 取 25%,对于干旱敏感的作物 λ_c 取 50%。

(2)双作物系数法。双作物系数法能划分作物蒸腾量和土壤蒸发量,通过基础作物系数(K_{cb})描述植物蒸腾作用,土壤蒸发系数(K_e)描述土壤表面的蒸发作用,通过双作物系数法计算作物需水量的公式为

$$ET_c = K_{cD} ET_0 \tag{2-25}$$

$$K_{cD} = K_{cb} K_\omega + K_e \tag{2-26}$$

式中:K_{cb} 为基础作物系数,表示作物蒸腾情况;K_e 为土壤蒸发系数,表示土壤表面蒸发情况。

1)确定 K_{cb}。基础作物系数(K_{cb})指土壤表面干燥、长势良好且供水充足时作物需水量与 ET_0 的比值,表示 ET 的蒸腾情况。K_{cb} 的确定方法与单作物系数法中 K_c 的确定方法一致。将作物生长过程分为生长初期、冠层发育期、生育中期和成熟期。计算初期、中期和后期 3 个时期的 K_{cb} 单点值,分别为初期作物系数 $K_{cb,ini}$、中期作物系数 $K_{cb,mid}$ 和后期作物系数 $K_{cb,end}$,各时期的作物系数修正公式可见公式(2-22)。

2)确定 K_e。土壤蒸发系数 K_e 描述了 ET 的蒸发成分。在表层土壤潮湿的情况下(在降雨或灌溉后,通常土壤表层较湿),K_e 达到最大值。随着土壤表面水分逐渐减少,可用于蒸发的水减少,K_e 也会逐渐减小,甚至为 0,K_e 可由下式计算:

$$K_e = \min[K_r(K_{cmax} - K_{cb}), f_{ew} K_{cmax}] \tag{2-27}$$

式中:K_{cmax} 为作物系数上限;K_r 为土壤蒸发衰减系数,下雨或灌溉后,K_r 为 1,当土壤表面不断干燥时,K_r 小于 1,当上层土壤层中没有水分可蒸发时,K_r 为 0;f_{ew} 为裸露和湿润土壤表面的比值。

K_{cmax} 可由下式确定:

$$K_{cmax} = \max\left\{\left[1.2 + [0.04(u_2 - 2) - 0.004(RH_{min} - 45)]\left(\frac{h}{3}\right)^{0.3}\right], (k_{cb} + 0.05)\right\} \tag{2-28}$$

式中:h 为作物不同生长阶段平均最大株高,m。

第二节 作物灌溉制度

一、概述

农作物的灌溉制度是指作物播种前（或水稻栽秧前）及全生育期内的灌水次数、每次的灌水日期和灌水定额以及灌溉定额。灌水定额是指一次灌水单位灌溉面积上的灌水量，各次灌水定额之和，称为灌溉定额。灌水定额和灌溉定额常以 $m^3/$ 亩或 mm 表示，它是灌区规划及管理的重要依据。常采用以下 3 种方法来确定灌溉制度。

1. 总结群众丰产灌水经验

多年来进行灌水的实践经验是制定灌溉制度的重要依据。灌溉制度调查应根据设计要求的干旱年份，调查这些年份不同生育期的作物田间耗水强度（mm/d）及灌水次数、灌水时间间距、灌水定额及灌溉定额。根据调查资料，可以分析确定这些年份的灌溉制度。一些实际调查的灌溉制度举例见表 2-6。

表 2-6　湖北省水稻泡田定额及生育期灌溉定额调查成果表（灌溉保证率 $P=75\%$）

单位：$m^3/$亩

项　目	早稻	中稻	一季晚稻	双季晚稻
泡田定额	70～80	80～100	70～80	30～60
灌溉定额	200～250	250～350	350～500	240～300
总灌溉定额	270～330	330～450	450～580	270～360

对于旱作物，湿润年份及南方地区的灌水次数少，灌溉定额小；干旱年份及北方地区的灌水次数多，灌溉定额大。我国北方地区几种主要旱作物的灌溉制度见表 2-7。

表 2-7　我国北方地区几种主要旱作物灌溉制度调查成果表（灌溉保证率 $P=75\%$）

作物	生育期灌溉制度		
	灌水次数/次	灌水定额/($m^3/$亩)	灌溉定额/($m^3/$亩)
小麦	3～6	40～80	200～300
棉花	2～4	30～40	80～150
玉米	3～4	40～60	150～250

2. 根据灌溉试验资料制定作物灌溉制度

我国许多灌区设置了灌溉试验站，试验项目一般包括作物需水量、灌溉制度、灌水技术等。试验站积累的试验资料，是制定灌溉制度的主要依据。但是，在选用试验资料时，必须注意原试验的条件，不能一概照搬。

3. 按水量平衡原理分析制定作物灌溉制度

根据农田水量平衡原理分析制定作物灌溉制度时，一定要参考群众丰产灌水经验和田间试验资料。这 3 种方法结合起来，所制定的灌溉制度才比较完善。水稻的耕作栽培方法和旱作物完全不同，但按水量平衡原理确定灌溉制度的方法与旱作物基本类似。下面分别就旱作物和水稻介绍这一方法。

二、旱作物灌溉制度

用水量平衡分析法制定旱作物的灌溉制度时，通常以作物主要根系吸水层作为灌水时的土壤计划湿润层，并要求该土层内的储水量能保持在作物所要求的范围内。

1. 旱作物播前灌水定额（M_1）的确定

播前灌水的目的在于保证作物种子发芽和出苗所必需的土壤含水量或储水于土壤中以供作物生育后期之用。播前灌水往往只进行一次，一般可按下式计算：

$$M_1 = 667H\gamma(\theta_{\max} - \theta_0) \tag{2-29}$$

式中：M_1 为播前灌水定额，$m^3/亩$；H 为土壤计划湿润层深度，m，应根据播前灌水要求决定；γ 为土壤干容重，t/m^3；$\theta_{\max}$ 一般为田间持水率，以占干土重的百分数计；θ_0 为播前土壤计划湿润层内的平均含水率，以占干土重的百分数计。

式（2-29）中应除以水的容重，因常温下水的容重等于 1，故省略，下同。不省略就应写成：

$$M_1 = 667H \frac{\gamma}{\gamma_w}(\theta_{\max} - \theta_0)$$

式（2-33）、式（2-36）、式（2-41）均属于此类情况。

式（2-29）中的土壤含水率若以占土壤体积的百分数表示时，则 $M_1 = 667H(\theta'_{\max} - \theta'_0)$，其中 $\theta'_{\max}$ 与 θ'_0 为按体积比计的田间持水率和计划湿润层内的平均含水率；若土壤含水率为以占孔隙体积的百分数表示时，则 $M_1 = 667Hn(\theta''_{\max} - \theta''_0)$，其中 n 为土壤孔隙率，以占土壤体积的百分数计，$\theta''_{\max}$ 与 θ''_0 为以占孔隙百分数计的田间持水率和计划湿润层内的平均含水率。

2. 水量平衡方程

对于旱作物，在整个生育期中任何一个时段 t，土壤计划湿润层（H）内储水量的变化可以用下列水量平衡方程表示（图 2-1）：

$$W_t - W_0 = W_T + P_0 + K + M - ET \tag{2-30}$$

式中：W_0、W_t 分别为时段初和任一时间 t 时的土壤计划湿润层内的储水量；W_T 为由于计划湿润层增加而增加的水量，如计划湿润层在时段内无变化则无此项；P_0 为保存在土壤计划湿润层内的有效雨量；K 为时段 t 内的地下水补给量，$K = kt$，k 为时段 t 内平均每昼夜地下水补给量；M 为时段 t 内的灌溉水量；ET 为时段 t 内的作物田间需水量，$ET = et$，e 为时段 t 内平均每昼夜的作物田间需水量。以上各值可以用 mm 或 $m^3/亩$计。

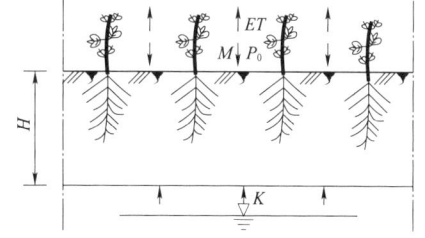

图 2-1 土壤计划湿润层水量平衡示意图

为了满足农作物正常生长的需要，任一时段内土壤计划湿润层内的储水量必须经常保持在一定的适宜范围，即通常要求不小于作物允许的最小储水量（$W_{\min}$）和不大于作物允许的最大储水量（$W_{\max}$）。在天然情况下，由于各时段内需水量是一种经常的消耗，而降雨则是间断的补给，因此，当在某些时段内降雨量很小或没有降雨量时，往往使土壤计划湿润层内的储水量很快降低到或接近于作物允许的最小储水量，此时即需进行灌溉，补充土层中消耗掉的水量。

例如,某时段内没有降雨,那么作为同一时段 $P_0=0$,$W_T=0$,$M=0$,根据式(2-30),这一时段的水量平衡方程可写为

$$W_{min}-W_0=K-ET \tag{2-31}$$

式中:W_{min} 为土壤计划湿润层内允许最小储水量,mm 或 m³/亩;其余符号意义同前。

则由式(2-32)可推算出开始进行灌水时的时间间距为

$$t=\frac{W_0-W_{min}}{e-k} \tag{2-32}$$

而这一时段末灌水定额 m 为

$$m=W_{max}-W_{min}=667H\gamma(\theta_{max}-\theta_{min}) \tag{2-33}$$

式中:m 为灌水定额,m³/亩;θ_{max}、θ_{min} 分别为该时段内允许的土壤最大含水率和最小含水率(以占干土重百分数计),其余符号意义同前。

同理,可以求出其他时段在不同情况下的灌水时距与灌水定额,从而确定出作物全生育期内的灌溉制度。

3. 基本资料的收集

拟定的灌溉制度是否正确,关键在于方程中各项数据如土壤计划湿润层深度、作物允许的土壤含水量变化范围以及有效降雨量等选用是否合理。

(1)土壤计划湿润层深度(H)。土壤计划湿润层深度是指在旱田进行灌溉时,计划调节、控制土壤水分状况的土层深度。它随作物根系活动层深度、土壤性质、地下水埋深等因素而变。在作物生长初期,根系虽然很浅,但为了维持土壤微生物活动,并为以后根系生长创造条件,需要在一定土层深度内有适当的含水量,一般采用 30~40cm;随着作物的生长和根系的发育,需水量增多,计划湿润层也应逐渐增加,至生长末期,由于作物根系停止发育,需水量减少,计划层深度不宜继续加大,一般不超过 0.8~1.0m。在地下水位较高的盐碱化地区,计划湿润层深度不宜大于 0.6m。计划湿润层深度应通过试验来确定,下面给出冬小麦、棉花不同生育阶段的计划湿润层深度,见表 2-8、表 2-9。

表 2-8　　　　　　　冬小麦土壤计划湿润层深度和适宜含水率表

生育阶段	土壤计划湿润层深度/cm	土壤适宜含水率(以田间持水率的百分数计)
出苗	30~40	45%~60%
三叶	30~40	45%~60%
分蘖	40~50	45%~60%
拔节	50~60	45%~60%
抽穗	50~80	60%~75%
开花	60~100	60%~75%
成熟	60~100	60%~75%

表 2-9　　　　　　　棉花土壤计划湿润层深度和适宜含水率表

生育阶段	土壤计划湿润层深度/cm	土壤适宜含水率(以田间持水率的百分数计)
幼苗	30~40	55%~70%
现蕾	40~60	60%~70%
开花	60~80	70%~80%
吐絮	60~80	50%~70%

(2) 土壤最适宜含水率及允许的最大、最小含水率。土壤最适宜含水率（$\theta_{适}$）因作物种类、生育阶段的需水特点、施肥情况和土壤性质（包括含盐状况）等因素而异，一般应通过试验或调查总结群众经验确定。表 2-8、表 2-9 中数据可供参考。

由于作物需水的持续性与农田灌溉或降雨的间歇性、土壤计划湿润层的含水率不可能经常保持最适宜含水率数值而不变。为了保证作物正常生长，土壤含水率应控制在允许最大和允许最小含水率之间。允许最大含水率（$\theta_{\max}$）一般以不致造成深层渗漏为原则，所以采用 $\theta_{\max}=\theta_{田}$，$\theta_{田}$ 为土壤田间持水率，见表 2-10。作物允许最小含水率（$\theta_{\min}$）应大于凋萎系数。具体数值可根据试验确定，缺乏试验资料时，可参考表 2-8 和表 2-9 中的下限值。

在土壤盐碱化较严重的地区，往往由于土壤溶液浓度过高，而妨碍作物吸取正常生长所需的水分，因此还要以作物不同生育阶段允许的土壤溶液浓度作为控制条件来确定允许最小含水率（$\theta_{\min}$）。

表 2-10　　　　　　　　　　各种土壤的田间持水率

土壤类别	孔隙率（占土体）/%	田间持水率/%	
		占土体	占孔隙
砂土	30～40	12～20	35～50
砂壤土	40～45	17～30	40～65
壤土	45～50	24～35	50～70
黏土	50～55	35～45	65～80
重黏土	55～65	45～55	75～85

(3) 降雨入渗量（P_0）。指降雨量（P）减去地面径流损失（$P_{地}$）后的水量，即

$$P_0 = P - P_{地} \tag{2-34}$$

P_0 一般用以代表有效降雨量。

降雨入渗量也可用降雨入渗系数来表示：

$$P_0 = \alpha P \tag{2-35}$$

式中：α 为降雨入渗系数，其值与一次降雨量、降雨强度、降雨延续时间、土壤性质、地面覆盖及地形等因素有关。一般认为当一次降雨量小于 5mm 时，α 为 0；当一次降雨量为 5～50mm 时，α 为 0.8～1.0；当一次降雨量大于 50mm 时，α 为 0.7～0.8。

(4) 地下水补给量（K）。地下水补给量是指地下水借土壤毛细管作用上升至作物根系吸水层而被作物利用的水量，其大小与地下水埋藏深度、土壤性质、作物种类、作物需水强度、计划湿润土层含水量等有关。地下水补给量（K）应随灌区地下水动态和各阶段计划湿润层深度不同而变化。目前由于试验资料较少，只能确定总量大小，如内蒙古灌区春小麦地下水利用量，当地下水埋深为 1.5～2.5m 时，利用量为 40～80m³/亩；1957 年、1958 年对河南省人民胜利渠的观测资料证明，冬小麦生长期内地下水埋深为 1.0～2.0m 时，地下水补给量可占需水量的 20%（中壤土）。由此可见，地下水补给量是很可观的，在设计灌溉制度时，必须根据当地或条件类似地区的试验、调查资料估算。

(5) 由于计划湿润层增加而增加的水量（W_T）。在作物生育期内计划湿润层是变化

的，由于计划湿润层增加，可利用一部分深层土壤的原有储水量，W_T 可按下式计算：

$$W_T = 667(H_2 - H_1)\gamma\bar{\theta} \tag{2-36}$$

式中：W_T 为由于计划湿润层增加而增加的水量，$m^3/$亩；H_1 为计划时段初计划湿润层深度，m；H_2 为计划时段末计划湿润层深度，m；$\bar{\theta}$ 为 H_2-H_1 深度的土层中的平均含水率，以占干重的百分数计，一般 $\bar{\theta}<\theta_\text{田}$。

当确定了以上各项设计依据后，即可分别计算旱作物的播前灌水定额和生育期的灌溉制度。

4. 旱作物生育期灌溉定额（M_2）的确定

根据水量平衡原理，可通过列表法制定旱作物灌溉制度。列表法步骤如下：

(1) 收集基本资料。

(2) 计算生育期计划湿润层内储水量。

(3) 计算各次降雨的有效雨量及各时段有效雨量。

(4) 计算因计划湿润层增加而增加的水量。

(5) 计算各时段地下水补给量。

(6) 计算各时段田间需水量。

(7) 汇总。

把播前灌水定额加上生育期灌溉定额，即得旱作物的总灌溉定额 M，即

$$M = M_1 + M_2 \tag{2-37}$$

按水量平衡方法估算灌溉制度，如果作物需水量和降雨量资料比较精确，其计算结果比较接近实际情况。对于比较大的灌区，由于自然地理条件差别较大，应分区制定灌溉制度，并与前面调查和试验结果相互核对，以求计算结果比较切合实际。

【例 2-2】 以某灌区棉花灌溉制度为例，基本资料如下。

棉花种植面积 $A=5000$ 亩，棉花需水量为 $510 m^3/$亩，棉花各个生育阶段计划湿润层深度 H 及需水模比系数见表 2-11 第（4）栏、第（5）栏和第（6）栏。设计年为中等干旱年，棉花生长期的有效降雨量见表 2-11 第（12）栏。

表层土壤为黏壤土，土壤肥力一般，经测定 0~80cm 土层内平均土壤密度为 $1.45 g/cm^3$，孔隙率为 44.5%（占土壤体积百分比），田间持水率占孔隙体积的 70%，田间适宜含水率以田间持水率为上限，以田间持水率的 60% 为下限。播前土壤天然含水率约为孔隙体积的 50%，播前灌溉使土壤含水率达到田间持水率，至播种时土壤含水率已降到田间持水率的 90%。因计划湿润层增加所增加的水量，按田间持水率的 90% 计算土壤含水量。

灌区内有排除地下水的排水沟，在棉花生育期内地下水面在地面以下 4.0m 处，故地下水补给量较小，可忽略不计。

(1) 计算播前灌水定额。根据已知数据，由下式计算播前灌水定额为

$$M_1 = 667Hn(\theta_\text{max} - \theta_0) = 667 \times 0.8 \times 44.5\% \times (70\% - 50\%) = 47.49 (m^3/亩)$$

(2) 根据基本资料，运用水量平衡原理逐旬推求棉花灌溉制度过程见表 2-11。

1) 计算各生育阶段土壤计划湿润层深度 H 内允许储水量上限 W_max、下限 W_min 及时段初 H 层内储水量 W_0。以棉花幼苗期为例，根据幼苗期计划湿润层深度 H 和作物所要

求的计划湿润层内土壤含水率的上限 θ_{max}、下限 θ_{min} 及播种时土壤含水率，分别求出 W_{max}、W_{min} 及首个旬的 W_0。

$$W_{max} = 667Hn\theta_{max} = 667 \times 0.5 \times 44.5\% \times 70\% = 103.89 (m^3/亩)$$

$$W_{min} = 667Hn\theta_{min} = 667 \times 0.5 \times 44.5\% \times 60\% \times 70\% = 62.33 (m^3/亩)$$

$$W_0 = 667Hn\theta_田 \times 90\% = 667 \times 0.5 \times 44.5\% \times 70\% \times 90\% = 93.50 (m^3/亩)$$

以此类推，棉花各生育阶段 W_{min}、W_{max} 及 W_0 见表 2-11 第（7）栏、第（8）栏和第（9）栏；某余各旬的 W_0 等于上一旬时段末计划湿润层内的储水量 W_t，见表 2-11 第（9）栏和第（17）栏。

2）根据 ET 和棉花需水模比系数各时段值 [表 2-11 第（5）栏] 计算出各旬 $ET_旬$ [表 2-11 第（10）栏] 及累积 ET [表 2-11 第（11）栏]。

3）确定各时段各次降雨的有效降雨量 P_0，见表 2-11 第（12）栏。

4）计算各时段因计划湿润层增加而增加的水量 W_T。以棉花现蕾期为例，由下式计算出 W_T：

$$W_T = 667(H_2 - H_1)n\bar{\theta} = 667(H_2 - H_1)n\theta_田 \times 90\%$$
$$= 667 \times (0.55 - 0.5) \times 44.5\% \times 70\% \times 90\% = 9.35 (m^3/亩)$$

以此类推，棉花各时段 W_T 见表 2-11 第（13）栏。

5）计算各个生育阶段地下水补给量 K。本例由于地下水补给量较小，可忽略不计。

6）计算灌水量。根据水量平衡方程，计算计划湿润层土壤储水量来去水量平衡差 W，当 W 接近 W_{min} 时即进行灌水，灌水定额为 m。灌水定额的大小要适当，不应使灌水后土壤储水量超过 W_{max}，也不宜给灌水技术的实施造成困难，实际灌溉时，宜对计算的灌水定额适当取整。

本例题中棉花各个生育阶段 W、m 及时段末计划湿润层内储水量 W_t 见表 2-11 第（15）栏、第（16）栏和第（17）栏。

7）汇总。逐旬进行水量平衡过程计算，即可得到全生育期的各次灌水定额、灌水时间和灌水次数。生育期灌溉定额 $M_2 = \sum m$，m 为各次灌水定额。

8）校核。根据水量平衡公式：

$$W_0 + \sum W_T + \sum P_0 + \sum K + \sum m - \sum ET = W_t$$
$$93.50 + 56.10 + 230.00 + 0 + 260.0 - 510.0 = 129.60 (m^3/亩)$$

与 10 月下旬时段末计划湿润层内储水量 W_t 相符，计算无误。

例如，4 月下旬时段初计划湿润层内储水量 $W_0 = 93.50 m^3/亩$。则有：4 月下旬时段末计划湿润层内储水量 $W_t = 93.50 + 0 + 0 + 0 + 0 - 10.71 = 82.79 (m^3/亩)$。

又如 5 月下旬，$W_t = 69.37 + 0 + 0 + 0 + 0 - 10.71 = 58.66 (m^3/亩)$，低于 W_{min}，需进行灌水。灌水上限按 $W_{max} = 103.89 m^3/亩$ 控制，计算得 $m = 41.56 m^3/亩$，则宜取 $m = 40 m^3/亩$。

如此进行逐旬计算，全生育期灌溉定额为

$$M_2 = m_1 + m_2 + m_3 + m_4 + m_5 = 40 + 45 + 55 + 60 + 60 = 260 (m^3/亩)$$

（3）全灌区总灌溉用水量为

$$W_总 = (M_1 + M_2)A = (47.49 + 260) \times 5000 = 153.75 (万\ m^3)$$

表 2-11　棉花灌溉制度推求

单位：m³/亩

生育阶段	月份	旬	计划湿润层深度 H/m	需水模比系数时段值 /%	需水模比系数累计值 /%	W_{min}	W_{max}	时段初计划湿润层内储水量 W_0	$ET_旬$	ΣET	生育期内天然来水量 有效降雨量 P_0	W_T	合计	来去水量平衡差 W	灌水定额 m	时段末计划湿润层内储水量 W_t
(1)	(2)	(3)	(4)	(5)	(6)	(7)	(8)	(9)	(10)	(11)	(12)	(13)	(14)	(15)	(16)	(17)
幼苗期	4	下	0.50	2.10	2.10	62.33	103.89	93.50	10.71	10.71	0.00	0.00	0.00	82.79		82.79
	5	上		2.10	4.20	62.33	103.89	82.79	10.71	21.42	6.00	0.00	6.00	78.08		78.08
	5	中		2.10	6.30	62.33	103.89	78.08	10.71	32.13	2.00	0.00	2.00	69.37		69.37
现蕾期	5	下	0.50~0.60，取0.55	2.10	8.40	62.33	103.89	69.37	10.71	42.84	0.00	0.00	0.00	58.66	40.00	98.66
	6	上		2.10	10.50	62.33	103.89	98.66	10.71	53.55	5.00	0.00	5.00	92.95		92.95
	6	中		8.70	19.20	68.56	114.27	92.95	44.37	97.92	20.00	9.35	29.35	77.93		77.93
开花期	6	下	0.60~0.70，取0.65	8.60	27.80	68.56	114.27	77.93	43.86	141.78	20.00	0.00	20.00	54.07	45.00	99.07
	7	上		8.70	36.50	68.56	114.27	99.07	44.37	186.15	23.00	0.00	23.00	77.70		77.70
	7	中		5.00	41.50	81.03	135.05	77.70	25.50	211.65	25.00	18.70	43.70	95.90		95.90
结铃期	7	下	0.70~0.80，取0.75	5.00	46.50	81.03	135.05	95.90	25.50	237.15	10.00	0.00	10.00	80.40	55.00	135.40
	8	上		5.00	51.50	81.03	135.05	135.40	25.50	262.65	25.00	0.00	25.00	134.90		134.90
	8	中		9.30	60.80	93.50	155.83	134.90	47.43	310.08	23.00	18.70	41.70	129.17		129.17
	8	下	0.80	9.20	70.00	93.50	155.83	129.17	46.92	357.00	33.00	0.00	33.00	115.25		115.25
	9	上		9.30	79.30	93.50	155.83	115.25	47.43	404.43	25.00	0.00	25.00	92.82	60.00	152.82
	9	中		9.20	88.50	99.73	166.22	152.82	46.92	451.35	13.00	0.00	13.00	118.90		118.90
吐絮期	9	下		2.90	91.40	99.73	166.22	118.90	14.79	466.14	0.00	9.35	9.35	113.46		113.46
	10	上		2.90	94.30	99.73	166.22	113.46	14.79	480.93	0.00	0.00	0.00	98.67	60.00	158.67
	10	中		2.80	97.10	99.73	166.22	158.67	14.28	495.21	0.00	0.00	0.00	144.39		144.39
	10	下		2.90	100.00	99.73	166.22	144.39	14.79	510.00	0.00	0.00	0.00	129.60		129.60

三、水稻灌溉制度

在制定水稻灌溉制度时，应注意：①水稻不同生育阶段需在田面维持一定深度的水层，淹灌条件下水稻田根系层土壤多数时间处于饱和状态，应考虑稻田的田间渗漏问题；②确定水稻灌溉制度时，应以综合考虑淹灌水层深度和土壤含水量的变化为依据；③我国水稻栽培主要采用育秧移栽方式，对于水稻本田的灌溉制度，分为泡田期及插秧以后的生育期进行设计。

1. 泡田定额的确定

泡田期的灌溉用水量（泡田定额）是指水稻在插秧前，必须对本田块进行灌水，使田块的土壤在一定深度的土层达到饱和并在田面建立水层的水量。可用下式确定：

$$M_1 = 0.667(h_0 + S_1 + e_1 t_1 - P_1) \qquad (2-38)$$

式中：M_1 为泡田期灌溉用水量，$m^3/$亩；h_0 为插秧时田面所需的水层深度，mm；S_1 为泡田期的渗漏量，即开始泡田到插秧期间的总渗漏量，mm；t_1 为泡田期的日数，d；e_1 为 t_1 时期内水田田面平均蒸发强度，mm/d，可用水面蒸发强度代替；P_1 为 t_1 时期内的降雨量，mm。

通常，泡田定额按土壤、地势、地下水埋深和耕犁深度相类似田块上的实测资料决定，一般在 $h_0 = 30 \sim 50$ mm 条件下，泡田定额的数值参见表 2-12。

表 2-12　　　　　不同土壤及地下水埋深的水稻泡田定额　　　　　单位：mm

地下水埋深	黏土和黏壤土	中壤土和砂壤土	轻砂壤土
≥2m	75～120	120～180	150～240
<2m		105～150	120～215

2. 淹灌条件下水稻生育期内灌溉制度的确定

在水稻生育期中任何一个时段（t）内，农田水分的变化，取决于该时段内的来水和耗水之间的消长，它们之间的关系，可以用下列水量平衡方程表示：

$$h_1 + P + m - C - d = h_2 \qquad (2-39)$$

式中：h_1 为时段初田面水层深度，mm；h_2 为时段末田面水层深度，mm；P 为时段内降雨量，mm；d 为时段内排水量，mm；m 为时段内的灌水量，mm；C 为时段内稻田耗水量，等于时段内水稻需水量与田间渗漏量之和，mm。

如果时段初的农田水分处于适宜水层（水田）上限（h_{max}），经过一个时段的消耗，田面水层降到适宜水层的下限（h_{min}），这时如果没有降雨，则需进行灌溉，灌水定额即为

$$m = h_{max} - h_{min} \qquad (2-40)$$

这一过程可用图 2-2 所示的图解法表示。如在时段初 A 点，水田应按 1 线耗水，至 B 点田面水层降至适宜水层下限，即需灌水，灌水定额为 m_1；如果时段内有降雨 P，则在降雨后，田面水层回升降雨深 P，再按 2 线耗水至 C 点时进行灌溉；如降雨 P' 很大，超过允许最大蓄水深度，多余的部分需要排除，排水量为 d，然后按 3 线耗水至 D 点时进行灌溉。表 2-13 中列出的各种水层深度可供参考。以早稻返青期为例，说明表 2-13 中各数据的含义，5～30～50：5 为适宜水层下限（h_{min}）；30 为适宜水层上限（h_{max}）；50 为降雨后允许最大蓄水深度（H_p）。

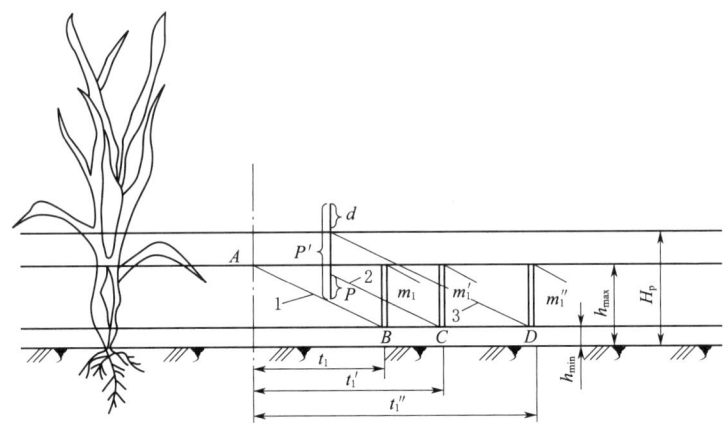

图 2-2 水稻生育期中任一时段水田水分变化图解法

表 2-13　　　　　　　　各生育阶段淹灌水层深度　　　　　　　　单位：mm

生育阶段	早　稻	中　稻	双季晚稻
返青	5～30～50	10～30～50	20～40～70
分蘖前	20～50～70	20～50～70	10～30～70
分蘖末	20～50～80	30～60～90	10～30～80
拔节孕穗	30～60～90	30～60～120	20～50～90
抽穗开花	10～30～80	10～30～100	10～30～50
乳熟	10～30～60	10～20～60	10～20～60
黄熟	10～20	落干	落干

根据上述原理可知，当确定了各生育阶段的适宜水层 h_{max}、h_{min} 以及阶段需水强度 e_i，便可用图解法或列表法推求水稻灌溉制度。

【例 2-3】 现以某灌区某设计年早稻为例，说明列表法推求水稻灌溉制度的具体步骤。其基本资料如下：（1）早稻生育期各生育阶段耗水强度，见表 2-14；（2）生育期逐日降雨量，见表 2-15 第（5）栏；（3）各生育阶段适宜水层深度，采用浅灌深蓄方式，参照灌溉试验站资料，选取表 2-13 所列早稻数值，列入表 2-15 第（3）栏，黄熟期自然落干。

解： 计算过程列于表 2-15。

表 2-14　　　　　　　　　　逐　日　耗　水　量　计　算　表

生育期	返青	分蘖前	分蘖末	拔节孕穗	抽穗开花	乳熟	黄熟	全生育期
起止日期	4月25日—5月2日	5月3日—10日	5月11日—26日	5月27日—6月12日	6月13日—27日	6月28日—7月6日	7月7日—14日	4月25日—7月14日
天数	8	8	16	17	15	9	8	81
阶段水面蒸发量/mm	30	56.5	104.3	102	81.1	19	20	412.9
阶段需水系数 α	0.8	0.85	0.92	1.25	1.48	1.42	1.2	
阶段需水量/mm	24	48	96	127.5	120	27	24	466.5
阶段渗漏量/mm	8	8	16	17	15	9	8	81
阶段耗水量/mm	32	56	112	144.5	135	36	32	547.5
逐日耗水量/mm	4	7	7	8.5	9	4	4	

注　稻田渗漏量为 1mm/d。

第二节 作物灌溉制度

表 2-15　　　　　　　　某灌区某年早稻生育期灌溉制度计算表　　　　　　　单位：mm

日期		生育期	设计淹灌水层	逐日耗水量	逐日降雨	淹灌水层变化	灌水量	排水量
月	日							
(1)		(2)	(3)	(4)	(5)	(6)	(7)	(8)
4	24	返青期	5～30～50	4.0		10		
	25					6		
	26				7.7	9.7		
	27					5.7		
	28				7.4	9.1		
	29					5.1		
	30				61.0	50.0		12.1
5	1	分蘖前	20～50～70	7.0		46.0		
	2					42.0		
	3					35.0		
	4				16.0	44.0		
	5				12.9	49.9		
	6					42.9		
	7					35.9		
	8					28.9		
	9					21.9		
	10					44.9	30	
	11	分蘖末	20～50～80	7.0	6.7	44.6		
	12					37.6		
	13				24.3	54.9		
	14				5.3	53.2		
	15					46.2		
	16					39.2		
	17				21.5	53.7		
	18					46.7		
	19					39.7		
	20				1.9	34.6		
	21					27.6		
	22					20.6		
	23					43.6	30	
	24					36.6		
	25					29.6		
	26					22.6		

续表

日期		生育期	设计淹灌水层	逐日耗水量	逐日降雨	淹灌水层变化	灌水量	排水量
月	日							
(1)		(2)	(3)	(4)	(5)	(6)	(7)	(8)
5	27					54.1	40	
	28					45.6		
	29					37.1		
	30					28.6		
	31					60.1	40	
6	1					51.6		
	2					43.1		
	3					34.6		
	4	拔节孕穗	30~60~90	8.5		26.1		
	5					57.6	40	
	6					49.1		
	7					40.6		
	8					32.1		
	9				2.3	25.9		
	10				5.3	22.7		
	11					54.2	40	
	12					45.7		
	13					36.7		
	14					27.7		
	15					18.7		
	16					9.7		
	17					30.7	30	
	18					21.7		
	19					12.7		
	20	抽穗开花	10~30~80	9.0	2.5	36.2	30	
	21				2.1	29.3		
	22					20.3		
	23					11.3		
	24					32.3	30	
	25					23.3		
	26				10.0	24.3		
	27					15.3		
	28					11.3		
	29	乳熟	10~30~60	4.0		37.3	30	
	30					33.3		

续表

日期		生育期	设计淹灌水层	逐日耗水量	逐日降雨	淹灌水层变化	灌水量	排水量
月	日							
(1)		(2)	(3)	(4)	(5)	(6)	(7)	(8)
7	1	乳熟	10～30～60	4.0		29.3		
	2					25.3		
	3					21.3		
	4					17.3		
	5					13.3		
	6				4.6	13.9		
	7…14	黄熟	落干	4.0				
∑	82			515.5	191.5		340	12.1

注 1. ∑未包括黄熟期耗水。
2. (3)项三个数依次为适宜水层下限、适宜水层上限和允许最大蓄水深度。

校核：$$h_{始}+\sum P-\sum d+\sum m-\sum C=h_{末}$$
$$10+191.5-12.1+340-515.5=13.9(mm)$$

与7月6日淹灌水层相符，计算无误。

说明：在插秧后的3～5d，允许田面水层略低于适宜水层下限，避免过早灌水引起漂秧。

例如，起始日4月24日末水层深 $h_1=10mm$（泡田后建立的田面水层）。则25日末水深为
$$h_2=10+0+0-4=6(mm)$$

26日 $h_2=6+7.7+0-4=9.7(mm)$

30日 $h_2=5.1+61.0-4=62.1(mm)$，超过蓄水上限，应排水12.1mm，使水层保持在50mm。

又如5月10日，$h_2=21.9+0+0-7=14.9mm$，低于淹水层下限，需进行灌水。灌水量按灌水上限50mm进行控制，在5月10日灌水30mm，水层为44.9mm。

如此进行逐日计算，即可求得生育期设计灌溉制度，成果见表2-16。

表2-16　　　　　　　　某灌区某年早稻生育期设计灌溉制度表

灌水次数	灌水日期	灌水定额		灌水次数	灌水日期	灌水定额	
		mm	m³/亩			mm	m³/亩
1	5月10日	30	20	7	6月17日	30	20
2	5月23日	30	20	8	6月20日	30	20
3	5月27日	40	26.7	9	6月24日	30	20
4	5月31日	40	26.7	10	6月29日	30	20
5	6月5日	40	26.7	合计		340	227
6	6月11日	40	26.7				

若泡田定额为 $80\mathrm{m}^3/$亩,则总灌溉定额为 $M=M_1+M_2=227+80=307$ ($\mathrm{m}^3/$亩)。

3. 淹灌与湿润灌相结合条件下的水稻灌溉制度

上面介绍了水稻传统淹灌,即自插秧到黄熟落干前始终维持一定水层(除晒田外)情况下灌溉制度的计算方法。由于水资源短缺问题愈加突出,许多水稻种植区正在推广节水灌溉技术。常用的有4种方法:

(1) 控制灌溉法。水稻控制灌溉是指秧苗移栽至本田后的各个生育阶段,田面不再长时间保留水层,而是通过观测稻田土壤含水量多少判断灌溉与否的一种水稻节水灌溉新技术。这种灌溉新技术能使水稻在生长发育过程中,得到适度的干旱锻炼,产生一定的耐旱性,不但不会导致减产,还能起到节水、优质、高效的作用。

(2) "薄露"灌溉法。水稻"薄露"灌溉法即薄水灌溉与适时露田相结合的灌溉方法。在整个水稻生长期间,除水分敏感期和用药施肥时采用浅水灌溉外,一般以无水层或湿润灌溉为主,使土壤处于富氧状态,促进根系生长,增强根系活力,水稻"薄露"灌溉可以提高水稻产量和品质,还可以减少温室气体 CH_4 和 N_2O 的排放。

(3) "薄、浅、湿、晒"法。具体为"浅水返青、薄水分蘖、分蘖后期晒田、拔节至抽穗期浅水促发、成熟期湿润落干"的水分管理模式,以最大限度地抑制棵间水分消耗,提高水分利用率。

(4) "水稻旱种"法。水稻旱种是旱田足墒播种出苗,苗期一般不灌水,中后期根据情况采取灌溉的一种水稻种植方法。优点是改水整地为旱整地或免耕,节约了大量的耕、整地用水;改育秧移栽为旱地直播,简化田间操作工序;改水田种稻为旱地种稻;改水层管理为无水层管理,使水的利用率明显提高。

总而言之,水稻节水灌溉的主要特征是淹灌与湿润灌溉相结合,称为浅湿灌溉(或间歇灌溉)。在采用浅湿灌溉时,田间时有水层、时无水层,水分状况深、浅、湿、干变化频繁。一般在返青期和孕穗抽穗期需维持一定深度的水层,其他阶段不必维持水层,只需保持一定的土壤含水率即可。在实际应用时,可根据土壤质地、地下水位高低、土壤肥力、作物生育阶段等情况,采取重度间断灌水或轻度间断灌水(图2-3)。

浅湿灌溉过程可分解为若干个灌水周期,每个灌水周期都包括一个浅水层阶段和一个无水层的湿润阶段,灌溉时间取决于土壤所允许的最小含水率指标,即土壤水分控制指标。从浅水层耗尽到土壤水分继续减少到预定指标时则需灌水,灌水定额可按式(2-41)表示。

$$m=0.667H\gamma(\theta_s-\theta_{\min})+0.667h \tag{2-41}$$

式中:m 为灌水定额,$\mathrm{m}^3/$亩;h 为计划建立水层深,mm;H 为计划湿润层深度,一般为水稻主要根系分布层厚度,为 $200\sim400\mathrm{mm}$;γ 为土壤干密度,$\mathrm{t/m}^3$;θ_s 为土壤饱和含水率,以占土重的百分比计;$\theta_{\min}$ 为稻田允许的土壤含水率下限值,以占干土重的百分比表示。

式(2-41)中第一项表示饱和土壤所需的水量,第二项表示建立规定的水层所需水量。

设有水层阶段平均耗水强度(包括腾发和渗漏)为 $e_1(\mathrm{mm/d})$,无水层阶段平均耗水

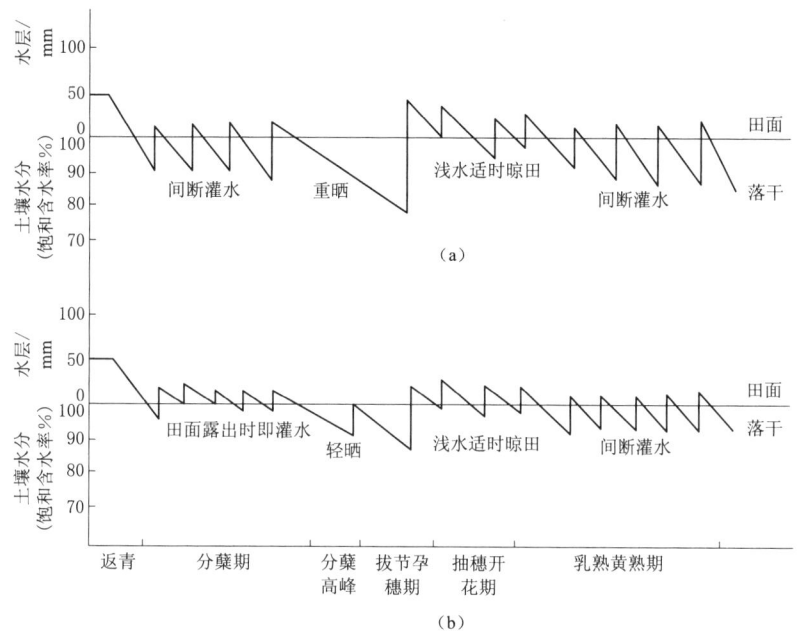

图 2-3 浅湿灌溉田间水分状况控制模式示意图
(a) 重度间断灌水；(b) 轻度间断灌水

强度为 e_2（mm/d），则理论上一个灌水周期（两次灌水间隔时间）为

$$t = \frac{h + \alpha_1 P_1}{e_1} + \frac{H(\theta_s - \theta_{\min}) + \alpha_2 P_2}{e_2} \qquad (2-42)$$

式中：α_1、α_2 分别为有水层期间和无水层期间的降雨有效利用系数；P_1、P_2 分别为有水层期间和无水层期间的降雨量，mm。

浅湿灌溉明显不同于传统的淹灌，因此，上述适于淹灌的计算灌溉制度的方法已经不能完全适用于水稻浅湿灌溉制度。针对水稻节水灌溉模式的主要特征，可分别用有水层时水量平衡方程和无水层时水量平衡方程共同确定各时段的灌溉制度。

（1）有水层时水量平衡方程。有水层时的水量平衡方程可用式（2-39）进行计算。

（2）无水层时水量平衡方程。随着水稻的生长，水分不断消耗，降雨不能满足水稻需水，水层深度不断减小，直到进入无水层状态，因为这个过程是缓慢进行的，可认为在稻田无水层时，此时的土壤含水量为饱和含水量。该阶段开始时，计划湿润层的储水量可以用下式计算：

$$W_1 = 1000 H \theta_s \qquad (2-43)$$

式中：W_1 为无水层开始阶段，计划湿润层内的初始储水量，mm；H 为土壤计划湿润层深度，m；θ_s 为土壤饱和含水率，按体积比计。

计算水量平衡时，可以参考旱作物水量平衡方程，但是对于水田无水层时，渗漏量会随着土壤含水率降低而逐渐减小，当土壤含水率达到田间持水率时，深层渗漏为 0，计算

公式如下:
$$W_t - W_0 = W_T + P_0 + K + M - ET - f \quad (2-44)$$

式中: f 为深层渗漏量, mm。

W_t 对应的土壤含水率的计算公式为
$$\theta_t = \frac{W_t}{1000H} \times 100\% \quad (2-45)$$

式中: θ_t 为时段末计划湿润层内的平均含水率,按体积比计。

当 θ_t 低于灌水指标后,要进行灌水,计算公式为
$$M = 1000H(\theta_s - \theta_t) + h_{\max} \quad (2-46)$$

式中: M 为生育期内灌水定额, mm; $h_{\max}$ 为适宜水层上限, mm。

深层渗漏量 f 可按下式计算:
$$f = \begin{cases} \dfrac{\theta - \theta_f}{\theta_s - \theta_f} f_{\max} & \theta_f < \theta \leqslant \theta_s \\ 0 & \theta \leqslant \theta_f \end{cases} \quad (2-47)$$

式中: θ 为现状土壤含水率; θ_f 为田间持水率; $f_{\max}$ 为最大渗漏量, mm。

基于上述原理,可用列表法拟定节水灌溉情况下水稻的灌溉制度。

【例 2-4】 现以某灌区某设计年水稻节水控制灌溉为例,说明列表法推求水稻节水灌溉制度的具体步骤。其基本资料如下:(1)各生育阶段适宜水层深度,见表 2-17。(2)水稻各生育阶段需水量,见表 2-18;(3)生育期降雨量,见表 2-19 第(5)栏。

解: 计算过程列于表 2-19。

表 2-17　　　　　　　　水稻节水控制灌溉田间水分调控指标

控制指标	返青期	分蘖期		拔节孕穗期	抽穗开花期	乳熟期	黄熟期
		前期	末期				
蓄雨上限/mm	50	50	0	50	50	30	落干
灌水上限/mm	30	30	0	30	30	30	落干
灌水下限/%	100	95	80	100	100	80	落干

注　整个作物生育期计划湿润层深度不变, H 为 0.4m; 土壤饱和含水率 θ_s 为 55.9%; 表中"%"为占土壤饱和含水率的比例。

表 2-18　　　　　　　　水稻各生育阶段需水量

生育期	返青	分蘖前	分蘖末	拔节孕穗	抽穗开花	乳熟	黄熟	全生育期
起止日期	4月25日—5月2日	5月3日—10日	5月11日—26日	5月27日—6月12日	6月13日—27日	6月28日—7月6日	7月7日—14日	4月25日—7月14日
天数	8	8	16	17	15	9	8	81
阶段水面蒸发量/mm	30	56.5	104.3	102	81.1	19	20	412.9
阶段需水系数 α	0.8	0.85	0.92	1.25	1.48	1.42	1.2	
阶段需水量/mm	24	48	96	127.5	120	27	24	466.5

注　稻田有水层时的深层渗漏量为 1mm/d, 忽略稻田无水层时的深层渗漏量。

第二节 作物灌溉制度

表 2－19　　　　　　　某灌区某年水稻生育期灌溉制度计算表　　　　　单位：mm

日期		生育期	设计淹灌水层	逐日耗水量	逐日降雨量	淹灌水层变化	计划湿润层储水量	灌水量	排水量
月	日								
(1)		(2)	(3)	(4)	(5)	(6)	(7)	(8)	(9)
4	24	返青期	100%～30～50	4		10			
	25					6			
	26				7.7	9.7			
	27					5.7			
	28				7.4	9.1			
	29					5.1			
	30				61	50			12.1
5	1	分蘖前	95%～30～50	稻田有水层时耗水量为7.0，无水层时耗水量为6.0		46			
	2					42			
	3					35			
	4				16	44			
	5				12.9	49.9			
	6					42.9			
	7					35.9			
	8					28.9			
	9					21.9			
	10					14.9			
	11	分蘖末	80%～0～0	稻田有水层时耗水量为7.0，无水层时耗水量为6.0	6.7	14.6			
	12					7.6			
	13				24.3	24.9			
	14				5.3	23.2			
	15					16.2			
	16					9.2			
	17				21.5	23.7			
	18					16.7			
	19					9.7			
	20				1.9	4.6			
	21						223.6		
	22						217.6		
	23						211.6		
	24						205.6		
	25						199.6		
	26						193.6		

第二章 作物需水量与灌溉制度及灌溉用水量

续表

日期		生育期	设计淹灌水层	逐日耗水量	逐日降雨量	淹灌水层变化	计划湿润层储水量	灌水量	排水量
月	日								
(1)		(2)	(3)	(4)	(5)	(6)	(7)	(8)	(9)
5	27					31.6		70	
	28					23.1			
	29					14.6			
	30					6.1			
	31					27.6		30	
6	1					19.1			
	2					10.6			
	3					2.1			
	4	拔节孕穗	100%～30～50	8.5		33.6		40	
	5					25.1			
	6					16.6			
	7					8.1			
	8					29.6		30	
	9				2.3	23.4			
	10				5.3	20.2			
	11					11.7			
	12					3.2			
	13					24.2		30	
	14					15.2			
	15					6.2			
	16					27.2		30	
	17					18.2			
	18					9.2			
	19					0.2			
	20	抽穗开花	100%～30～50	9	2.5	33.7		40	
	21				2.1	26.8			
	22					17.8			
	23					8.8			
	24					29.8		30	
	25					20.8			
	26				10	21.8			
	27					12.8			

第二节 作物灌溉制度

续表

日期		生育期	设计淹灌水层	逐日耗水量	逐日降雨量	淹灌水层变化	计划湿润层储水量	灌水量	排水量
月	日								
(1)		(2)	(3)	(4)	(5)	(6)	(7)	(8)	(9)
6	28					8.8			
	29					4.8			
	30					0.8			
7	1	乳熟	80%～30～30	稻田有水层时耗水量为4.0,无水层时耗水量为3.0			223.6		
	2						220.6		
	3						217.6		
	4						214.6		
	5						211.6		
	6				4.6		213.2		
	7…14	黄熟	落干	3					
Σ	82				191.5		300	12.1	

注 (3) 项三个数依次为适宜水层(饱和含水率)下限、适宜水层上限和允许最大蓄水深度,如分蘖前期95%～30～50分别指水分消耗到土壤含水率占饱和含水率的95%需要灌溉(适宜下限)、可以灌到水层深度达到30mm、遇到降雨田间可以允许蓄水深度达到50mm。

说明:在插秧后的3～5d,允许田面水层略低于适宜水层下限,避免过早灌水引起漂秧。

例如,起始日4月24日末水层深 $h_1=10\text{mm}$(泡田后建立的田面水层)。则

25日末水深为 $h_2=10+0+0-4=6(\text{mm})$

26日末水深为 $h_2=6+7.7+0-4=9.7(\text{mm})$

30日末水深为 $h_2=5.1+61.0-4=62.1(\text{mm})$

超过蓄水上限,应排水12.1mm,使水层保持在50mm。

5月21日,$h_2=4.6+0+0-7=-2.4(\text{mm})$,计算出水层为负数,但是这个负数一般是很小的,在可以接受的精度范围内可认为水层深度为0,认定此时的土壤含水量 W_1 为饱和含水量。

$$W_1=1000H\theta_s=1000\times 0.4\times 55.9\%=223.6(\text{mm})$$

又如5月27日,W_t 对应的土壤含水量为

$$\theta_t=\frac{W_t}{1000H}\times 100\%=\frac{185.1}{1000\times 0.4}\times 100\%=46.3\%$$

θ_t 低于淹水层下限,需进行灌水,灌水量为

$$M=1000H(\theta_s-\theta_t)+h_{\max}=1000\times 0.4\times(55.9\%-46.3\%)+30=68.4(\text{mm})$$

实际灌溉时,宜对计算的灌水定额适当取整,计算得 $M=68.4\text{mm}$,则宜取 $M=70\text{mm}$。

如此进行逐日计算,即可求得生育期灌溉制度成果,见表2-20。

若泡田定额为 80m³/亩，则总灌溉定额为 $M=M_1+M_2=80+200=280(\text{m}^3/\text{亩})$。

表 2-20　　　　　某灌区某年水稻生育期设计灌溉制度表

灌水次数	灌水日期	灌水定额	
		mm	m³/亩
1	5月27日	70	46.7
2	5月31日	30	20
3	6月4日	40	26.7
4	6月8日	30	20
5	6月13日	30	20
6	6月16日	30	20
7	6月20日	40	26.7
8	6月24日	30	20
合计		300	200

综上，不同灌溉方式下水稻的灌溉制度可编制程序利用电子计算机进行计算。

必须强调在本节中所讨论的作物需水量是指在充分供水条件下的作物需水量，一般来说，它是一个固定的常数。如果在非充分供水条件下，则作物的需水量将随供水量的多少而变化。供水多时，需水量大；供水少时，需水量小。需水量将是供水量的函数，而不是一个定值。换言之，在这种情况下的作物需水量是随非充分供水条件下的作物灌溉制度而异，求出灌溉制度即可计算其相应的需水量。应当指出，这里所讲的灌溉制度是指某一具体年份一种作物的灌溉制度，如果需要求出多年的灌溉用水系列，还需求出每年各种作物的灌溉制度。

四、非充分灌溉条件下的优化灌溉制度

在缺水地区或时期，由于可供灌溉的水资源不足，不能充分满足作物各生育阶段的需水量要求，从而只能实施非充分灌溉条件下的灌溉制度，或称非充分灌溉（deficit-irrigation）。非充分灌溉允许作物受一定程度的缺水和减产，但仍可使单位水量获得最大的经济效益。非充分灌溉也称不充足灌溉、部分灌溉、限额灌溉或经济灌溉等。研究非充分灌溉，必须首先研究作物产量与缺水量之间的关系。所谓非充分灌溉制度是在有限灌溉水量条件下，为获取最佳的产量目标，对作物灌水时间和灌水定额进行最优分配的优化灌溉制度。

（一）作物水分生产函数

作物水分生产函数（crop water production function）是指在农业生产水平基本一致的条件下，作物产量与投入水量之间数学关系的表达式，也称作物-水模型。因为水分是作物生长的基本要素，既是作物体内生理生化过程的媒体，也是作物生态环境调节的重要因素，水分过多、过少均会影响作物生长发育及产量形成。因此，作物水分生产函数是确定作物最优灌溉制度和进行灌溉经济分析的基础。

作物水分生产函数的建立基本上是以作物蒸发蒸腾量为变量，寻找不同生育阶段不同程度水分亏缺与产量的关系。根据所研究的生育期长度不同，分为以下两种函数模型：

1. 以全生育期蒸发蒸腾量为变量的作物水分生产函数

该类模型又分为全生育期蒸发蒸腾量绝对值模型（包括线性模型和非线性模型）和全生育期蒸发蒸腾量相对值模型，前者形式简单，使用方便，但对于不同站点和不同年份，经验系数变化较大，难以推广应用；后者在一定程度上消除了气候变化、品种变化对作物产量与水分关系的影响，因而较绝对值模型有更好的时间和空间延伸特性，试验数据的拟合精度也比较高。这类模型主要用于灌溉规划中进行经济分析之用。如合理分配优先水量在不同行业或不同作物之间的分配。

线性模型：
$$Y = a + bET \tag{2-48}$$

非线性模型：
$$Y = a + bET + cET^2 \tag{2-49}$$

相对值模型（Hanks，1974）：
$$\frac{Y_a}{Y_m} = \frac{ET_a}{ET_m} \tag{2-50}$$

式中：Y 为作物产量；ET 为作物蒸发蒸腾量；Y_a、Y_m 分别为作物的实际产量和潜在产量；ET_a、ET_m 分别为作物全生育期实际蒸发蒸腾量和最大蒸发蒸腾量；a、b、c 为回归系数。

2. 以生育阶段蒸发蒸腾量为变量的作物水分生产函数

该类模型种类很多，其中有代表性的是加法模型和乘法模型。该类模型主要用于预测不同阶段水分亏缺对作物产量的影响，适于在用水管理过程中的应用，将优先水量合理分配在作物的每个生育阶段，是制定作物非充分灌溉的主要依据。

加法模型（Blank，1975）：
$$\frac{Y_a}{Y_m} = \sum_{i=1}^{n} K_i \left(\frac{ET_a}{ET_m}\right)_i \tag{2-51}$$

乘法模型（Jensen，1968）：
$$\frac{Y_a}{Y_m} = \prod_{i=1}^{n} \left(\frac{ET_{ai}}{ET_{mi}}\right)^{\lambda_i} \tag{2-52}$$

式中：n 为阶段划分的数目；λ_i 为第 i 阶段缺水敏感指数，此值的大小反映该阶段缺水后引起的减产程度，即 λ_i 值越大，减产率越大；ET_{ai}、ET_{mi} 分别为第 i 阶段的实际蒸发蒸腾量和最大蒸发蒸腾量；其余符号意义同前。

各种作物的敏感指数随地区、年份和作物生育阶段而异，应根据灌溉试验来确定。如根据我国华北、西北地区的试验资料，概括的敏感指数 λ_i 值如下：在划分为 5 个阶段条件下冬小麦的 $\lambda_i = 0.02 \sim 0.48$，即越冬期最小，返青后逐渐增大，拔节至抽穗或抽穗至灌浆阶段最高，以后又降低。对于棉花，$\lambda_i = 0.01 \sim 0.77$，即苗期和吐絮期最小，现蕾期和花铃末期居中，花铃初期和盛期最高。对于夏玉米，$\lambda_i = 0.01 \sim 0.59$，即苗期最小，拔节期增大，抽穗期达到高峰，灌浆期至成熟阶段逐渐减小。

（二）非充分灌溉的基本原理

非充分灌溉的基本原理可用作物产量与全生育期实际蒸发蒸腾量之间的关系——作物

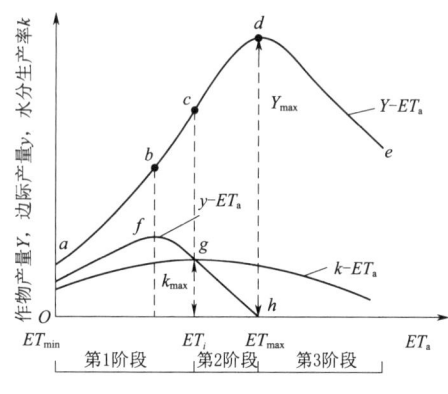

图 2-4 水分生产函数的 3 个阶段

水分生产函数 3 个阶段（图 2-4）的特征来说明。图中，$Y-ET_a$ 曲线为投入水量 ET_a 与产出量 Y（单位面积作物产量）的关系曲线（其他因素不变），$y-ET_a$ 曲线为投入水量 ET_a 与边际产量 $y(=dY/dET_a)$ 的关系曲线，边际产量表示水量的变化引起作物产量的变动率，$k-ET_a$ 曲线为投入水量 ET_a 与单位水量的产量 k（作物水分生产率 $k=Y/ET_a$）的关系曲线。在 $Y-ET_a$ 曲线的起点 a 到作物水分生产率曲线达到最大值 k_{max} 所对应的 c 点（第 1 阶段），随着水量的增加，水分生产率 k 不断增加，水的边际产量 y 始终大于此阶段作物水生产率 k，产量增加幅度大于投入水量增加幅度，为"报酬递增"阶段。但 bc 段，边际产量逐渐下降，直至两者在 g 点相等，此时作物水分生产率达到最大值 k_{max}。第 1 阶段是作物需水量最为敏感的阶段，水量的增值效益也最为明显。从 c 点到作物达到最高产量 Y_{max} 时的 d 点（第 2 阶段），当作物水生产率达到最大值 k_{max} 后，随着水量的增加，作物产量仍将继续增加，但水的边际产量曲线及作物水分生产率曲线不断下降，产量增加幅度小于投入水量增加幅度，出现了"报酬递减"现象，直至边际产量 $y=dY/dET_a=0$，即单位水量的增加引起的产量增值为 0。此时，供水量达到充分灌溉的上限，相应的作物产量达到最大值 Y_{max}。在作物产量达到最大值 c 点以后的持续下降阶段（第 3 阶段），边际产量为负值，作物水分生产率曲线继续下降，为不合理的供水行为。在这种情况下，投入水量的多少应以总效益来确定。

（三）作物非充分灌溉制度

从上述原理可以看出，非充分灌溉的情况要比充分灌溉复杂得多，求解其灌溉制度有相应的独特方法，一般均采用多阶段寻优的动态规划法，而这种方法需要具有动态规划的理论基础，这对于一般的基层工作人员很难学习掌握。其实，作物非充分灌溉制度，只要抓住问题的关键，同样可以应用水量平衡原理来进行制定。这个关键就是要明确实施非充分灌溉作物的需水规律，即这种作物什么时候缺水、缺到什么程度对作物产量产生影响、影响程度如何，也就是寻找实施非充分灌溉作物的需水临界期。而作物的需水规律可以采取到当地调查的方法。另外，以阶段蒸发蒸腾量为变量的作物水分生产函数为寻找作物对水分的敏感生育时期提供了依据，只要求出各生育阶段作物对缺水的敏感系数，就可知道该作物各生育阶段对缺水的敏感次序。由此，充分灌溉条件下灌溉制度的设计方法和原理，就可适用于非充分灌溉条件下的灌溉制度的设计。

例如，可对要实施非充分灌溉的作物先制定充分供水条件下的灌溉制度，对旱作物来说，在充分灌溉制度基础上，根据作物的需水规律，采用减少灌水次数的方法，即减少对作物生长影响不大的灌水，保证关键时期的灌水；或采用减少灌水定额的方法，使灌溉后的土壤含水量达不到田间持水量，而仅达到田间持水量的 80% 左右；或者灌水次数和灌水定额均减少的办法等。对水稻来说，尽量采用浅水、湿润、晒田相结合的灌水方法，并根据当地水稻的需水规律,同样可以减少灌水次数,降低淹灌水层深度(相当于灌水定额),且不总是以控制淹灌水层的上下限来设计灌溉制度,而是以控制稻田水层(需要有水层时)和控制土壤水分能量(无水层时)相结合的办法制定水稻的优化灌溉制度。

第三节 灌水率与灌溉用水量

一、灌水率的概念

灌水率是指灌区单位面积(例如以 10^4 亩计或以 $100hm^2$ 计)上所需灌溉的净流量 q,又称灌水模数。它是根据灌溉制度确定的,利用它可以计算灌区渠首的引水流量和灌溉渠道的设计流量。在全灌区各种作物的灌溉制度及其种植面积比例确定的情况下,某种作物某次灌水率可由式(2-53)进行计算:

$$q_{i,k} = \frac{\alpha_i m_{i,k}}{0.36 t T_{i,k}} \text{ 或 } q_{i,k} = \frac{\alpha_i m_{i,k}}{36 t T_{i,k}} \tag{2-53}$$

式中:$q_{i,k}$ 为第 i 种作物第 k 次灌水的灌水率,$m^3/(s \cdot 10^4$ 亩$)$ 或 $m^3/(s \cdot 100hm^2)$;α_i 为第 i 种作物的种植比例,其值为该种作物的种植面积与灌区总面积之比;$m_{i,k}$ 为第 i 种作物第 k 次灌水的灌水定额,m^3/s 或 m^3/hm^2;$T_{i,k}$ 为第 i 种作物第 k 次灌水的灌水时间,d;t 为每天的灌水时间,h。

由式(2-53)可见,灌水率的大小除与灌溉制度密切相关外,与灌水延续时间 T 的大小也关系密切。由于灌水率的大小直接决定着渠道设计流量的大小,进而直接影响渠道断面的大小和渠系建筑物的尺寸,因此必须科学制定灌溉制度,慎重选定灌水延续时间。尽量做到既不造成灌水出现困难,保证作物关键时期用水,又能使渠道和渠系建筑物造价在合理区间。

作物灌水延续时间应根据当地作物品种、灌水条件、灌区规模与水源条件以及前茬作物收割期等因素确定,万亩以上灌区主要作物可按表 2-21 选用,万亩及万亩以下灌区可按表列数值适当减小。

表 2-21 万亩以上灌区作物灌水延续时间 单位:d

作 物	播 前	生 育 期
水稻	5~15(泡田)	3~5
冬小麦	10~20	7~10
棉花	10~20	5~10
玉米	7~15	5~10

二、灌水率图的绘制与修正

已知某灌区内各种作物的灌溉制度及其灌水延续时间,可依据式(2-53)计算出各种作物的各次灌水率,见表 2-22。根据表 2-22 中的数据,可绘制出全灌区年度初步灌水率图,如图 2-5 所示。从图 2-5 可见,各时期的灌水率大小相差悬殊,渠道输水断断续续,不利于管理。如以其中最大的灌水率计算渠道流量,势必偏大,不经济。因此,必须对初步灌水率图进行必要的修正,尽可能消除灌水率的高低峰和短期停水现象。灌水率图的修正应遵循以下原则:

表 2-22　　　　　　　　　　　灌 水 率 计 算 表

作物	作物所占面积/%	灌水次序	灌水定额/(m³/亩)	灌水时间			灌水延续时间/d	灌水率/[m³/(s·10⁴亩)]
				始	终	中间日		
小麦	50	1	65	9月16日	9月27日	9月22日	12	0.31
		2	50	3月19日	3月28日	3月24日	10	0.29
		3	55	4月16日	4月25日	4月21日	10	0.32
		4	55	5月6日	5月15日	5月11日	10	0.32
棉花	25	1	55	3月27日	4月3日	3月30日	8	0.2
		2	45	5月1日	5月8日	5月5日	8	0.16
		3	45	6月20日	6月27日	6月24日	8	0.16
		4	45	7月26日	8月2日	7月30日	8	0.16
谷子	25	1	60	4月12日	4月21日	4月17日	10	0.17
		2	55	5月3日	5月12日	5月8日	10	0.16
		3	50	6月16日	6月25日	6月21日	10	0.14
		4	50	7月10日	7月19日	7月15日	10	0.14
玉米	50	1	55	6月8日	6月17日	6月13日	10	0.32
		2	50	7月2日	7月11日	7月7日	10	0.29
		3	45	8月1日	8月10日	8月6日	10	0.26

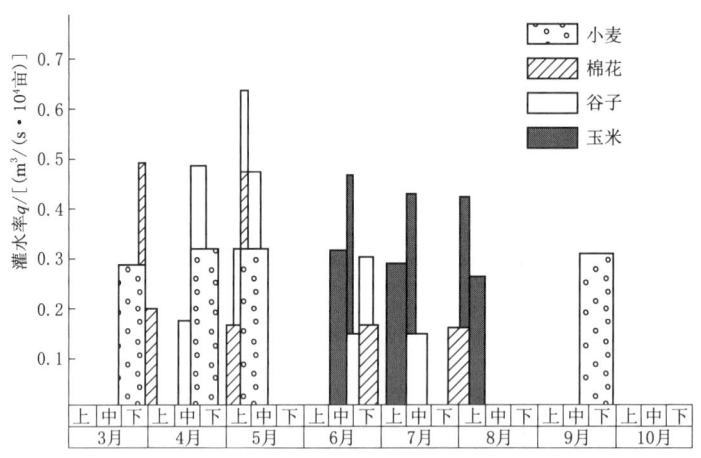

图 2-5　某灌区年度初步灌水率图

（1）修正后的灌水率图应与水源供水条件相适应。

（2）尽量保证作物需水关键期的灌水时间不变，若需要提前或推迟灌水日期，前后不得超过 3d，且以提前为主。若同一种作物连续两次灌水均需变动，灌水日期不应一次提前一次推后。

（3）宜避免经常停水，特别应避免少于 5d 的短期停水，保证渠道安全运行。

（4）修正后的灌水率应当比较均匀，使得渠道水位和流量不发生剧烈变化。宜选取累积 20d 以上的最大灌水率为设计灌水率,而不是短暂的高峰值;短期的峰值不应大于设计灌水率的 120%,最小灌水率不应小于设计灌水率的 40%。

(5) 延长或缩短灌水时间与原定时间相差不应超过 20%;灌水定额的调整值不应超过原定额的 10%,同一种作物不应连续两次减小灌水定额。

当上述要求不能满足时,可适当调整作物组成。按照上述原则,修正后的灌水率图如图 2-6 所示。

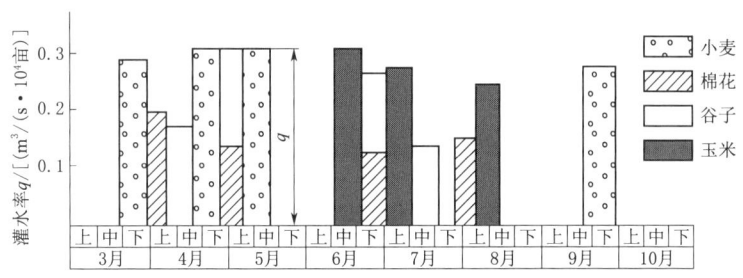

图 2-6 某灌区修正后的灌水率图

三、灌溉用水量

灌溉用水量是指灌溉土地需从水源取用的水量,它是根据灌溉面积、作物种植情况、土壤、水文地质和气象条件等因素而定。灌溉用水量的大小直接影响着灌溉工程的规模。

(一) 灌溉设计标准的选择

长期以来,我国灌溉工程均采用灌溉设计保证率进行设计。灌溉设计保证率的计算见式 (1-31),并按照表 1-7 进行确定。

(二) 设计典型年的选择

从上述灌溉制度的制定可知,作物消耗的水量主要来自灌溉、降雨和地下水补给。对一个灌区来说,地下水补给量是比较稳定的,而降雨量在年际之间变化很大。因此,各年的灌溉用水量有很大的差异。

在规划设计灌溉工程时,首先要确定一个特定的水文年份,作为规划设计的依据。通常把这个特定的水文年份称为"设计典型年"。根据设计典型年的气象资料计算出来的灌溉制度被称为"设计典型年的灌溉制度",简称为"设计灌溉制度",相应的灌溉用水量称为"设计灌溉用水量"。根据历年降雨量资料,可以用频率方法进行统计分析,确定几种不同干旱程度的典型年份,如中等(降雨量频率为 50%)、中等干旱年(降雨量频率为 75%)以及干旱年(降雨量频率为 85%~90%)等,以这些典型年的降雨量资料作为计算设计灌溉制度和灌溉用水量的依据。

(三) 典型年灌溉用水量及用水过程线

灌溉用水量的概念前已述及,而灌溉用水过程线是指以灌溉用水量或灌溉用水流量为纵坐标、以时间为横坐标绘成的柱状图。因为灌溉用水量有净灌溉用水量和毛灌溉用水量,相应的灌溉用水过程线也就有净灌溉用水过程线和毛灌溉用水过程线。而灌溉用水量是根据灌溉制度进行计算的,每次灌水都与时间相对应,所以计算出灌溉用水量,灌溉用水过程线也就计算出来了。灌溉用水量及灌溉用水过程线计算可用下面 3 种方法进行。

1. 用灌水定额和灌溉面积直接计算（直接推算法）

对于任何一种作物的某一次灌水，需供水到田间的灌水量（称净灌溉用水量）$W_净$可用式（2-54）求得

$$W_净 = mA \quad (\text{m}^3) \tag{2-54}$$

式中：m 为该作物某次灌水的灌水定额，$\text{m}^3/$亩；A 为该作物的灌溉面积，亩。

对于任何一种作物，在典型年内灌溉面积、灌溉制度确定后［表 2-23 中第（1）～（4）栏］，可用式（2-54）推算出各次灌水的净灌溉用水量［表 2-23 中第（5）～（7）栏］。因每次灌水都与时间相对应，所以计算各种作物每次灌水净灌溉用水量的同时，也就确定了某年内各种作物的灌溉用水过程线［把表 2-23 中第（1）栏与第（5）～（7）栏联系起来］。

全灌区任何一个时段内的净灌溉用水量是该时段内各种作物净灌溉用水量之和，按此可求得典型年全灌区净灌溉用水量及净灌溉用水过程线，见表 2-23 中的第（8）栏。

灌溉水由水源经各级渠道输送到田间，有部分水量损失掉了。故要求水源供给的灌溉水量（称毛灌溉用水量）为净灌溉用水量与损失水量之和，这样才能满足田间得到净灌溉水量之要求。通常用净灌溉用水量 $W_净$ 与毛灌溉用水量 $W_毛$ 之比值 $\eta_水$ 作为衡量灌溉水量损失情况的指标，$\eta_水 = W_净/W_毛$，称为灌溉水利用系数。已知净灌溉用水量 $W_净$ 后，可用 $W_毛 = W_净/\eta_水$，求得毛灌溉用水量，见表 2-23 中的第（9）栏。

$\eta_水$ 的大小与各级渠道的长度、流量、沿渠土壤、水文地质条件、渠道工程状况和灌溉管理水平等有关。在管理运用过程中，可实测确定。在规划设计中，对于大、中、小型灌区，一般 $\eta_水$ 分别取为 0.55、0.65、0.75 以上。若考虑防渗措施，则 $\eta_水$ 采用比此更大一点的数值。

表 2-23　　　　　某灌区中早年灌溉用水过程推算表（直接推算法）

时间（月、旬）		各种作物各次灌水定额/(m³/亩)			各种作物各次净灌溉用水量/10^4m^3			全灌区净灌溉用水量 /10^4m^3	全灌区毛灌溉用水量 /10^4m^3
		作物及灌溉面积/10^4 亩							
		双季早 $A_1=44$	中稻 $A_2=13$	旱作 $A_3=27$	双季早 A_1	中稻 A_2	旱作 A_3		
(1)		(2)	(3)	(4)	(5)	(6)	(7)	(8)	(9)
4	上	80（泡）			3520			3520	5415
	中								
	下								
5	上	20	90（泡）		880	1170		2050	3154
	中								
	下	73.5	100		3234	1300		4534	6975
6	上	26.7	50		1175	650		1825	2808
	中	66.7	120		2935	1560		4495	6915
	下	40	70		1760	910		2670	4108

第三节 灌水率与灌溉用水量

续表

时间（月、旬）		各种作物各次灌水定额/(m³/亩)			各种作物各次净灌溉用水量/10⁴m³			全灌区净灌溉用水量/10⁴m³	全灌区毛灌溉用水量/10⁴m³
		作物及灌溉面积/10⁴亩							
		双季早 $A_1=44$	中稻 $A_2=13$	旱作 $A_3=27$	双季早 A_1	中稻 A_2	旱作 A_3		
(1)		(2)	(3)	(4)	(5)	(6)	(7)	(8)	(9)
7	上		70			910		910	1400
	中			50		1350		1350	2077
	下								
全年内		307	500	50	13504	6500	1350	21354	32852

注 1. 全灌区面积 $A=84\times10^4$ 亩。
  2. 灌溉水利用系数 $\eta_水=0.65$。
  3. 泡指泡田定额。

2. 用综合灌水定额推算（间接推算法）

全灌区的综合净灌水定额 $m_{综净}$ 是同一时段内各种作物灌水定额的面积加权平均值，即

$$m_{综净}=\sum_{i=1}^{n}\alpha_i m_i \qquad (2-55)$$

式中：$m_{综净}$ 为某时段综合净灌水定额，m³/亩；α_i 为第 i 种作物灌溉面积与灌区总灌溉面积的比值；m_i 为第 i 种作物在该时段的灌水定额，m³/亩；i 为从第 1 种至第 n 种作物的序号。

全灌区某时段净灌溉用水量 $W_净$，可用下式求得

$$W_净=m_{综净}A \qquad (2-56)$$

式中：A 为全灌区灌溉面积，亩。

同理，可用 $W_毛=W_净/\eta_水$，可求得全灌区某时段的毛灌溉用水量。

间接计算法与直接计算法繁简程度类似，但间接计算法有以下优点：①它是衡量全灌区灌溉用水是否合适的一项重要指标，可与自然条件及作物种植面积比例类似的灌区进行对比；②对于一个较大灌区的局部范围（如一些支渠控制范围）内，其各种作物种植面积比例与全灌区的情况类似，可以用其推算全灌区灌溉用水量或推算局部范围内的灌溉用水量；③在灌区作物种植面积比例确定的前提下，可用其推求全灌区应发展的灌溉面积；④对种植结构和管理水平与此相似的新建灌区，已知年供水总量 $W_源$，可用其推求新灌区的灌溉面积 A（$A=W_源/m_{综毛}$，$m_{综毛}$ 为综合毛灌溉定额，m³/亩）。

用间接推算法计算的灌溉用水量及用水过程线见表 2-24。

3. 利用灌水率图推算（灌水率法）

调整后的灌水率图可以作为推算灌溉用水量及用水过程线的依据。通过修正灌区各种作物的灌溉制度绘制的灌水率图，可以避免出现灌水率值分布大小相差悬殊、渠道输水断断续续的现象以及造成的水资源及劳动力资源浪费的问题，有利于灌区水资源的合理分配。

表2-24　　　　　某灌区中旱年灌溉用水过程推算表（间接推算法）

时间 (月、旬)		各种作物各次灌水定额/(m³/亩)			综合净灌水定额/(m³/亩)	综合毛灌水定额/(m³/亩)	全灌区毛灌溉用水量/10⁴m³
		作物及种植比例 α					
		双季早 A_1=52.4%	中稻 A_2=15.5%	旱作 A_3=32.1%			
(1)		(2)	(3)	(4)	(5)	(6)	(7)
4	上						
	中	80（泡）			41.9	64.5	5417
	下						
5	上	20	90（泡）		24.4	37.5	3150
	中						
	下	73.5	100		54	83.1	6980
6	上	26.7	50		21.8	33.5	2814
	中	66.7	120		53.6	82.5	6930
	下	40	70		31.9	49.1	4124
7	上		70		10.9	16.8	1411
	中			50	16.1	24.8	2083
	下						
全年内		307	500	50	254.6	392	32909

注　1. 全灌区面积 $A=84×10^4$ 亩。
　　2. 灌溉水利用系数 $\eta_水=0.65$。
　　3. 泡指泡田定额。

灌水率图中各时段的柱状面积为各时段的净灌溉用水量，其计算式为

$$W_净 = 0.36tqAT \quad (2-57)$$

式中：q 为某时段的灌水率，m³/(s·10⁴亩)；A 为灌区总灌溉面积，10⁴亩；T 为相应的时段，d；t 为每日的灌水时间，h。

各时段毛灌溉用水量用 $W_毛 = W_净/\eta_水$ 计算即可。

各时段毛灌溉用水量之和，即为全灌区各种作物一年内的灌溉用水量。

对于小型灌区或没有以上这些要求的情况，一般可用直接推算法计算。

必须指出，对于一些大型灌区，灌区内不同地区的气候、土壤、作物品种等条件有明显差异，因而同种作物的灌溉制度也有明显的不同，此时，需先分区求出各区的灌溉用水量，而后再汇总成为全灌区的灌溉用水量。

四、乡镇供水量及生态需水量

（一）乡镇供水量

乡镇供水主要包括农村人畜用水、乡镇企业和工业用水等。根据统计，乡镇供水约占农村用水的10%（灌溉用水约占90%）。解决和改善乡镇供水条件是乡村全面振兴的一个重要标志。为此，在新建灌区设计渠道和建筑物时，必须考虑乡镇供水的问题，加大渠道的供水能力。对于已成灌区，为了满足乡镇供水的要求，通常采用两种方式：①在工程许

可条件下，扩大渠道的供水能力；②压缩农业用水的比例，增加乡镇供水量。如有的灌区是开展农业节水灌溉，或是调整作物种植结构，即减少需水量大的作物种植面积，改种需水量少的作物等。

(二) 生态需水量

在进行灌区规划设计时，必须贯彻绿水青山就是金山银山的理念，实行山水林田湖草沙一体化治理，切实把改善和保护生态环境纳入规划范围，为维持地区生态平衡留置足够的水资源量。

生态需水量是指一个特定区域内的生态系统的需水量。广义的生态需水量是指维持全球生物地理生态系统水分平衡所需用的水，包括水热平衡、水沙平衡、水盐平衡等；狭义的生态需水量是指为维护生态环境不再恶化并逐渐改善所需要消耗的水资源总量。对于一个灌区来说，生态需水量主要包括以下几个方面：

(1) 保护水生生物栖息地的生态需水量。河流中的各类生物，特别是稀有物种和濒危物种是河流中的珍贵资源，保护这些水生生物健康栖息条件的生态需水量是至关重要的。

(2) 维持水体自净能力的需水量。河流水质被污染，将使河流的生态环境功能受到直接的破坏，因此，河道内必须留有一定的水量维持水体的自净功能。

(3) 水面蒸发的生态需水量。当水面蒸发量高于降水量时，为维持河流系统的正常生态功能，必须从河道水面系统以外的水体进行弥补。

(4) 维持河流水沙平衡的需水量。对于多泥沙河流，为了输沙排沙，维持冲刷与侵蚀的动态平衡，需要一定的水量与之匹配。输沙水量取决于水流含沙量的大小。

(5) 维持河流水盐平衡的生态需水量。对于沿海地区河流，一方面由于枯水期海水透过海堤渗入地下水层，或者海水从河口沿河道上溯深入陆地；另一方面地表径流汇集了农田来水，使得河流中盐分浓度较高，可能满足不了灌溉用水的水质要求，甚至影响到水生生物的生存。因此，必须通过水资源的合理配置补充一定的淡水资源，以保证河流中具有一定的基流量或水体来维持水盐平衡。

综上所述，无论是正常年份径流量还是枯水年份径流量，都要坚持生态优先理念，确保生态需水量。

第三章 渠首工程规划

第一节 灌溉水源与水质

灌溉水源是指可用于灌溉的地表水、地下水和经过处理并达到灌溉利用标准的污水、海水和高矿化度地下水的总称。地表水包括河川、湖泊径流以及在汇流过程中拦蓄起来的地面径流,是灌溉用水的主要来源。地下水一般是指潜水和层间水,因潜水埋藏较浅、补给容易和便于开采,是用于灌溉的主要地下水源。灌溉回归水和净化处理达标后的城市污水用于灌溉,是水源的重复利用。海水和高矿化度地下水因淡化处理费用昂贵,目前灌溉尚少采用;随着经济和技术的发展,海水和高矿化度地下水用于灌溉也指日可待。

2022年,我国农业用水量达3781.3亿m^3,占全国用水总量的63%。据预测,到2035年,在灌溉水利用系数达到0.625的前提下,农业用水需增加到3875亿m^3。因此,随着水资源供需矛盾日益突出,农业用水将日趋紧张,有必要加强国家农业水网建设,用好现有蓄水设施,协调好区域之间的水量调剂。充分挖掘南水北调东、中线工程为沿线引黄灌区的供水潜力,加快实施南水北调西线工程,科学开发利用松辽分水岭区、西北地区、黄河河套以下至潼关一带的云水资源和新疆内陆等地的咸水资源,合理利用再生水,加速研发核能、太阳能和风能等海水淡化技术,实行地表水、土壤水、地下水多水源联合利用等扩大灌溉水源的措施,对提高灌溉供水保证率和灌溉水源的利用率具有十分重要的意义。

一、灌溉水源的水量及其特点

我国地表水多年平均总量约为27388亿m^3,地下水总补给量约为8220亿m^3,扣除重复部分,全国水资源总量约为28411亿m^3,见表3-1,居于世界第六位;但是每亩耕地平均占有水量仅为$1460m^3$,相当于世界均值的30%左右,而人均占有水量仅为$1983m^3$,约为世界均值的28%,因此,必须强化节水意识,树立节水观点,走节水农业发展之路。

表3-1　　全国各流域片多年平均水资源总量表

流域名称	面积/km^2	地表水/亿m^3	地下水/亿m^3	水资源总量/亿m^3
西北诸河区	3362261	1174	770	1276
黄河区	795043	607	376	719
松花江区	934802	1296	478	1492
海河区	320041	216	235	370

第一节 灌溉水源与水质

续表

流域名称	面积/km²	地表水/亿 m³	地下水/亿 m³	水资源总量/亿 m³
辽河区	314146	408	203	498
淮河区	330009	677	397	911
长江区	1782715	9856	2492	9958
西南诸河区	844114	5775	1440	5775
珠江区	578974	4723	1163	4737
东南诸河区	244574	2656	666	2675
合计	9506679	27388	8220	28411

注　本表引自中国水资源第二次评价结果。

我国地表水资源在时程上的分布很不均匀，年内径流量一般有60%～80%集中在6—9月4个月，其他时期则水量不足；径流量的年际变化也较剧烈，我国代表性河流最大与最小年径流量倍比数为1.8～8.0，长江以南各河流量倍比小于3，长江以北各河流量倍比一般为3～8，且时常出现连续枯水年或连续丰水年的现象。因此，必须加强水利工程建设，调蓄径流，以丰补歉。

因受海陆位置、水汽来源、地形地貌等因素的影响，我国地表水资源在地区上的分布也极不均衡，南方水多，北方水少；沿海地区水多，内陆地区水少，总趋势是从东南沿海向西北内陆递减。此外，水土资源在地区上的分布也很不协调。长江流域及其以南地区，耕地面积只占全国的40%，而水资源却占全国总量的81.5%；淮河流域及其以北地区的耕地面积占全国的60%，其水资源量仅占全国水资源总量的18.5%。我国北方的海河、黄河、西北内陆诸河、西辽河等流域的缺水状况更为严峻。因此，确保粮食安全必须确保水安全，水资源在较小范围内调剂余缺和实行跨地区（跨流域）调水具有重要意义。

我国地下水资源的分布主要受自然地理和人类开发利用活动的影响，其主要特点是：分布极其不均，与降水量和地表水的分布趋势相似，南方多，北方少；平原区地下水资源模数一般大于周边山丘区的地下水资源模数；平原区地下水资源主要分布在北方，山丘区地下水资源主要分布在南方；南方平原区地下水平均资源模数高于北方平原区地下水平均资源模数。南方山丘区地下水资源几乎均为地表水资源的重复量。

二、灌溉水源的水质及污染防治

(一) 灌溉水源的水质及其要求

灌溉水质是指水的化学、物理性状和水中含有固体物质的成分及数量。灌溉水源的水质既要满足作物生长和发育的标准，还要符合人畜食用这种作物无害的要求。对农田灌溉水质要进行布点监测并取样进行理化分析，农田灌溉水质控制项目分为基本控制项目和选择控制项目。基本控制项目为必测项目，应符合表3-2的规定；选择控制项目由地方生态环境主管部门会同农业农村、水利等主管部门根据农田灌溉用水类型和作物种类要求选择执行，应符合表3-3的规定；利用城镇污水处理厂再生水进行农田灌溉，应同时执行GB 20922—2007《城市污水再生利用　农田灌溉用水水质》的规定。

表3-2 农田灌溉水质基本控制项目限值（引自 GB 5084—2021《农田灌溉水质标准》）

序号	项目类别		作物种类		
			水田作物	旱地作物	蔬菜
1	pH 值		5.5～8.5		
2	水温/℃	≤	35		
3	悬浮物/(mg/L)	≤	80	100	60①，15②
4	化学需氧量（COD_{Cr}）/(mg/L)	≤	150	200	100①，60②
5	五日生化需氧量（BOD_5）/(mg/L)	≤	60	100	40①，15②
6	阴离子表面活性剂/(mg/L)	≤	5	8	5
7	氯化物（以 Cl^- 计）/(mg/L)	≤	350		
8	硫化物（以 S^{2-} 计）/(mg/L)	≤	1		
9	全盐量/(mg/L)	≤	1000（非盐碱土地区），2000（盐碱土地区）		
10	总铅/(mg/L)	≤	0.2		
11	总镉/(mg/L)	≤	0.01		
12	铬（六价）/(mg/L)	≤	0.1		
13	总汞/(mg/L)	≤	0.001		
14	总砷/(mg/L)	≤	0.05	0.1	0.05
15	粪大肠菌群数/(MPN/L)	≤	40000	40000	20000①，10000②
16	蛔虫卵数/(个/10L)	≤	20		20①，10②

① 加工、烹调及去皮蔬菜。
② 生食类蔬菜、瓜果和草本水果。

表3-3 农田灌溉水质选择控制项目限值（引自 GB 5084—2021）

序号	项目类别		作物种类		
			水田作物	旱地作物	蔬菜
1	氰化物（以 CN^- 计）/(mg/L)	≤	0.5		
2	氟化物（以 F^- 计）/(mg/L)	≤	2（一般地区），3（高氟区）		
3	石油类/(mg/L)	≤	5	10	1
4	挥发酚/(mg/L)	≤	1		
5	总铜/(mg/L)	≤	0.5	1	
6	总锌/(mg/L)	≤	2		
7	总镍/(mg/L)	≤	0.2		
8	硒/(mg/L)	≤	0.02		
9	硼/(mg/L)	≤	1①，2②，3③		
10	苯/(mg/L)	≤	2.5		
11	甲苯/(mg/L)	≤	0.7		
12	二甲苯/(mg/L)	≤	0.5		
13	异丙苯/(mg/L)	≤	0.25		

第一节 灌溉水源与水质

续表

序号	项 目 类 别		作 物 种 类		
			水田作物	旱地作物	蔬菜
14	苯胺/(mg/L)	≤	0.5		
15	三氯乙醛/(mg/L)	≤	1	0.5	
16	丙烯醛/(mg/L)	≤	0.5		
17	氯苯/(mg/L)	≤	0.3		
18	1,2-二氯苯/(mg/L)	≤	1.0		
19	1,4-二氯苯/(mg/L)	≤	0.4		
20	硝基苯/(mg/L)	≤	2.0		

① 对硼敏感作物,如黄瓜、豆类、马铃薯、笋瓜、韭菜、洋葱、柑橘等。
② 对硼耐受性较强的作物,如小麦、玉米、青椒、小白菜、葱等。
③ 对硼耐受性强的作物,如水稻、萝卜、油菜、甘蓝等。

1. 水温

水温对农作物的生长影响较大,水温偏低,对作物的生长起抑制作用;水温偏高,会降低水中溶解氧的含量并提高水中有毒物质的毒性,妨碍或破坏作物的正常生长,过高还会烫伤作物。因此,灌溉水温要与相应作物要求相适宜。如麦类作物根系适宜生长温度一般为15~20℃,水稻适宜生长的水温一般不低于20℃。对于取自井、泉等水温较低的灌溉水,应采取设晒水池、延长输水路程、迂回灌溉等措施以提高水温;水库取水宜采用分层取水的方式并尽量取表层水用以灌溉。同时灌溉时的灌溉水温与农田地温之差宜小于10℃。

2. 悬浮物

灌溉水中的悬浮物是指悬浮在水中的固体物质,颗粒直径为0.1~100μm,包括不溶于水中的无机物、有机物及泥沙、黏土、微生物等,是造成水浑浊的主要原因。水田作物和旱地作物尚允许灌溉水中含有少量的悬浮物,蔬菜尤其是生食蔬菜灌溉水中则应严格控制悬浮物的含量。因为含有悬浮物的灌溉水进入农田后,由于流速减缓或胶体被破坏而使悬浮物大量沉淀,如果这些沉淀是由金属粉末、泥沙组成,则会覆盖在农田表层而影响农田的肥力;悬浮物还是水中各种重金属污染物的吸附剂,这些重金属污染物随着悬浮物一起沉淀在农田,造成重金属污染物在土壤和作物中的积累。因此,如果悬浮物超标,会降低光的穿透力,减少水生植物的光合作用,阻碍水体自净作用;有机悬浮物的分解耗氧,会降低水体溶解氧的含量;悬浮还会影响水生动物的生命活动;悬浮物可作为污染物的载体,污染下游水体。另外,灌溉水中的悬浮固体含量高对土壤的结构性质和水流运动产生明显影响。悬浮物也是造成喷灌、滴灌堵塞的主要原因。所以,应采取设置拦污栅、沉淀池和过滤设备等,控制悬浮物随灌溉水进入农田。

3. 有机化合物

如果采用再生水作为灌溉水源,一定要确保各项水质指标符合农田灌溉水质要求。因为污水中含有的各种有机化合物,无论是无毒的(如碳水化合物,蛋白质、脂肪等),还是有毒的(如酚、醛、农药等),最终都要在微生物的作用下分解成简单的无机物质,即二氧化碳和水等。这就是水中的生物化学过程，在这一过程中需要消耗大量的氧，其数量称为五日生化需氧量（BOD_5）和化学需氧量（COD_{Cr}）。五日生化需氧量（BOD_5）常作为水体有机物污染程度的指标。化学需氧量（COD_{Cr}）除了包括需氧有机生物氧化所耗之氧外，还包括无机还原性物质化学氧化所耗的氧。水中需氧有机化合物的含量不太高时，对作物生长一般无不良影响，在一定条件下甚至还有改良土壤，促进增产的作用。但是，需氧有机化合物的含量过高时，在其分解过程中就要消耗较多的氧，这势必导致缺氧以致脱氧，如用于灌溉，就会对作物生长、鱼类的正常生活产生不良影响。因此，适宜的灌溉水质对生化需氧量要有一定限制。含有病原体的水不能直接灌入农田，尤其不能用于生食蔬菜的灌溉。

4. 重金属及有毒元素

灌溉水中含有的某些重金属如汞、铬（六价）、铅、镉、铜、锌、镍和非金属砷、氰、氟以及硼、硒等元素，是有毒性的。这些有毒物质，有的可直接使灌溉过的作物、饮用过的人畜或生活在其中的鱼类中毒；有的可在生物体摄取这种水分后经过食物链的放大作用，逐渐在较高级生物体内成千百倍地富集起来，造成慢性累积性中毒。因此，灌溉用水对有毒物质的含量要按照 GB 5084—2021《农田灌溉水质标准》严格限制进入农田。

5. 全盐量及盐类物质

全盐，主要是钙、镁、钠、钾所形成的硫酸盐、盐酸盐和碳酸盐，它们对作物的影响主要是通过离子起作用。对作物危害最大的是钠盐，钙盐和镁盐对作物也有一定的影响。灌溉水的含盐量（或称矿化度），应不超过许可浓度。含盐浓度过高，使作物根系吸水困难，形成枯萎现象，还会抑制作物正常的生理过程，如光合作用等；此外，还会促进土壤盐碱化的发展。土壤透水性能和排水条件好的情况，可允许矿化度略高；反之应降低。含有钙盐的灌溉水，由于危害不大，其矿化度可较高；含有钠盐的，一般要求其允许含盐量是：Na_2CO_3 应小于 1g/L，$NaCl$ 应小于 2g/L，Na_2SO_4 应小于 3g/L。因盐类对离子的拮抗作用和协同作用，在灌溉水中，必须注意多种盐类的存在，以防治单因子盐类对作物的伤害。

（二）灌溉水源的污染及防治

灌溉水源的污染是指灌溉水体受到人类或自然因素的影响，使其感官性状、物理化学性质、生物组成及底层物质性状发生恶化的现象。因此，灌溉水污染来源可分为天然污染与人为污染。

1. 灌溉水源污染的来源

(1) 天然污染。灌溉水天然污染由母岩中盐类溶解、冲蚀及海水入侵等所造成。灌溉水天然污染占比较低，人们通常所说的灌溉水源的污染主要是指人为污染。

(2) 人为污染。人为污染包括点源污染及非点源污染。点源污染主要包括工业废水和城市生活污水污染。点源的污染物多，排放量大，有毒成分十分复杂，变化规律受工业废水和生活污水的排放规律影响，对农业危害最大。面源污染是指溶解态或颗粒态的污染物从非特定的地点，经降水（或融雪）冲刷作用，通过径流过程而汇入受纳水体（包括河流、湖泊、水库和海湾等）并引起水体污染。面源污染又分为农业面源污染和城市面源污染两大类。农业面源污染是最为重要且分布最为广泛的面源污染。面源污染物浓度通常较点源污染低，但污染的总负荷却非常巨大。

2. 灌溉水源污染的防治

为防治灌溉水污染及减轻因灌溉水污染对农业造成的危害，必须强化控制污染源，减少污水排放量；着力推动经济结构转型，促进绿色发展；节约保护水资源，发展高水效工农业；发展节水环保科技，依靠科技治污防污；建立节水防污激励机制，发挥市场牵引作用；严格环境执法监管，依法治污防污；加强水环境管理，严格执行污水排放标准；强化治污防污规划落实，保障水生态环境安全；加强污染防治目标管理，落实各级政府主体责任；鼓励公众参与，发挥社会监督优势。

第二节 地表水取水方式及引水工程水利计算

一、地表水取水方式

地表水取水可分为无坝引水、有坝引水、抽水引水、水库引水和窖（窑）池取水5种形式。

(一) 无坝引水

灌区附近河、湖枯水期水位和流量均能满足自流灌溉要求时可采用无坝引水的方式取水。无坝引水具有工程简单、投资较少、施工容易、工期较短等优点，但不能控制河流的水位和流量，枯水期引水保证率低，且取水口往往距灌区较远，需要修建较长的干渠和较多的渠系建筑物，还可能引入大量泥沙，淤积取水口的渠道，影响正常引水。

1. 取水口位置

无坝引水引水口位置应避免靠近支流汇流处，宜选在河岸较坚实、河槽较稳定、断面较匀称的顺直河段，或位于主流靠岸、河道冲淤变化幅度较小的弯道段凹岸顶点下游处，其距弯道段凹岸顶点的距离可按下式计算：

$$L = KB\sqrt{4\frac{R}{B}+1} \qquad (3-1)$$

式中：L 为引水口至弯道段凹岸起点的弧长，m；K 为系数，其值为 0.6～1.0，可取 0.8；B 为弯道段水的宽度，m；R 为弯道段河槽中心线的弯曲半径，m。

在弯道段河势不稳定的情况下，可根据高、中、低水位时不同弯曲半径所形成的弯道形态，采取防洪护岸措施。

无坝引水按渠首平面布置形式划分为岸边式渠首、导流堤式渠首和引渠式渠首。

(1) 岸边式渠首。当河（湖）岸地形较陡、岸坡稳定时，渠首工程宜采用岸边式布置，如图 3-1 所示。岸边式渠首引渠较短，一般要求进水闸应尽量靠近河岸，力求减小闸前引渠的长度，以减少泥沙在引渠中的淤积，并便于冲沙。多沙河流的无坝渠首多采用这种布置形式。

(2) 导流堤式渠首。无坝引水渠首引水口位于水面宽阔或坡降较陡的不稳定河段时，可顺水流方向修建能控制入渠流量的导流堤，如图 3-2 所示。导流堤与水流之间的夹角宜取 10°～20°，对 2 级以上引水建筑物也可经水工模型试验确定。在导流堤根部设冲沙闸，用以平时冲沙和汛期辅助泄洪。导流堤的布置，一般是从冲沙闸向上游方向延伸，使其接近主流。导流堤长度视引水流量的大小及引水高程而定。

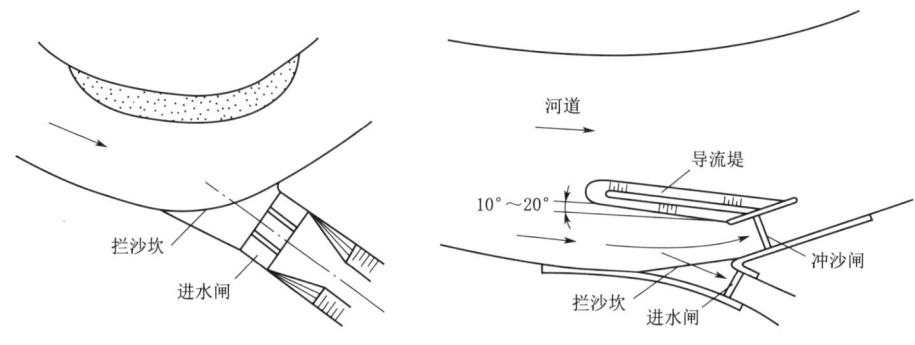

图 3-1　无坝引水岸边式渠首　　　　图 3-2　无坝引水导流堤式渠首

(3) 引渠式渠首。当河（湖）岸地形较缓或岸坡不稳定时，渠首工程可采用引渠式布置，如图 3-3 所示。引渠按沉沙及冲沙要求设计，横断面和长度可参考沉沙渠设计方法确定。引渠末端按正面引水、侧面排沙的原则布置进水闸、冲沙闸和泄水渠，通过冲沙闸和泄水渠将泥沙排至下游河道。当引渠淤到一定程度时，则需关闭进水闸，利用引渠进出口之间的水头差进行水力冲沙。

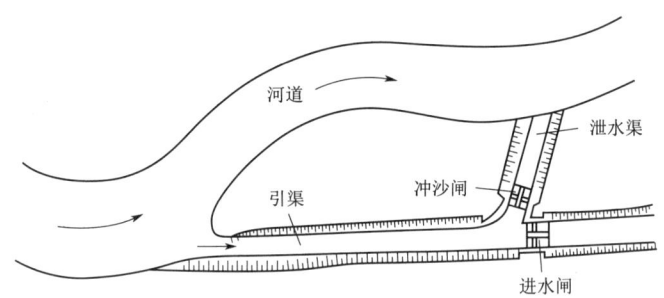

图 3-3　无坝引水引渠式渠首布置图

2. 引水流量要求

无坝引水渠首的引水比宜小于 50%，多泥沙河流上无坝引水的引水比宜小于 30%。经模型试验或其他专门论证后，引水比可适当提高。

3. 引水口角度

无坝引水渠首的引水角度宜取 30°～60°。引水口前沿宽度不宜小于进水口宽度的 2 倍。

(二) 有坝引水

灌区附近河（湖）枯水期流量能满足灌区引水要求，但水位较低不满足要求时，可在河道上修建壅水建筑物（坝或闸），抬高水位，自流引水灌溉，形成有坝引水方式。有坝引水保证率高，在灌区位置已定的情况下，有坝引水与有引渠的无坝引水相比虽然增加了拦河坝，但缩短了干渠线路，减少了工程量。

有坝引水枢纽主要由拦河坝（闸）、进水闸、冲沙闸及防洪堤等建筑物组成，如图 3-4 所示。

目前我国有坝引水枢纽主要有低坝沉沙槽式、拦河闸式、弯道式 3 种常用形式。

第二节 地表水取水方式及引水工程水利计算

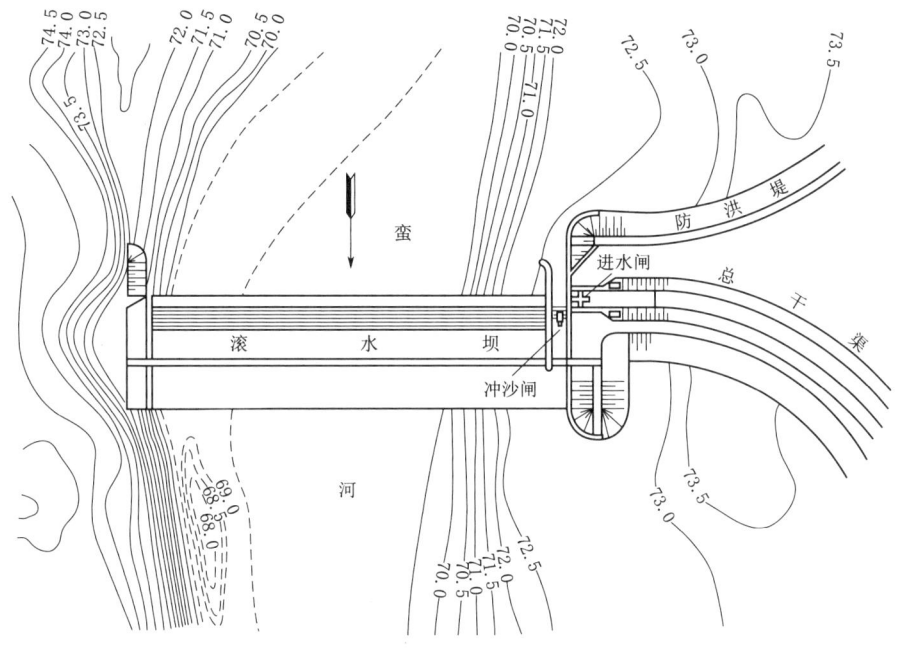

图 3-4 有坝渠首工程平面布置示意图

1. 低坝沉沙槽式引水渠首

低坝沉沙槽式引水渠首一般由拦水低坝、溢流低坝、冲沙闸、沉沙槽及进水闸等组成。用低坝壅高水位是这类渠首的显著标志。它主要适用于平原沙质河床,并且多修建在中小河流上。低坝沉沙槽式引水渠首根据进水闸所在位置又分为侧面引水式和正面引水式两种。

(1) 侧面引水式。进水闸应位于溢流坝一端或两端的河岸上,冲沙闸紧靠进水闸布置,如图 3-5 所示。在多泥沙河流上,应在进水闸前设置拦沙坎;在冲沙闸前应设置有导流墙分隔的沉沙槽,并在闸后设置冲沙槽;进水闸宜采用锐角进水方式,其前缘线宜与

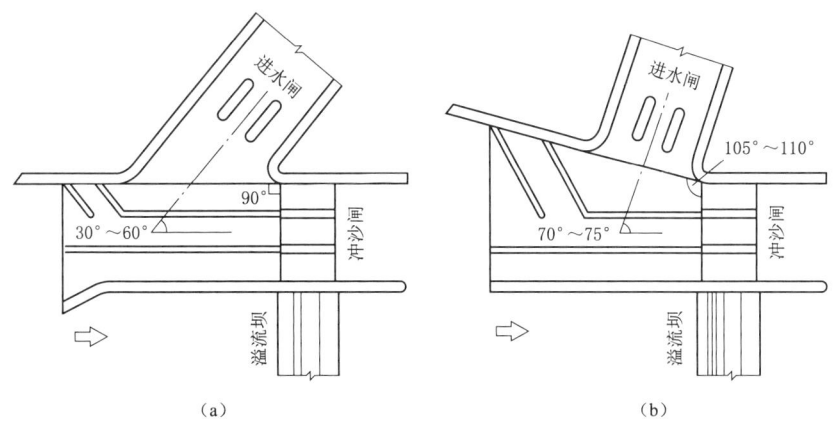

图 3-5 低坝侧面引水式进水闸布置
(a) 进水口前缘线与冲沙闸轴线呈直角;(b) 进水口前缘线与冲沙闸轴线呈钝角

溢流坝轴延长线呈 70°~75°夹角，冲沙闸前缘线宜与河道主流方向垂直，其底板高程低于进水闸闸槛高程，且不宜高于多年平均枯水位时的河床平均高程；进水闸前的拦沙坎断面宜为"Γ"形，坎顶高程宜高于设计水位时的河床平均高程 0.5~1.0m；冲沙闸前的沉沙槽长度宜为进水闸宽度的 1.3 倍或比进水闸宽度长 5~10m，其两侧导流墙的顶部高程宜高出溢流坝坝顶 0.5m，冲沙槽槽底坡降宜大于渠首所在河段河道底部平均坡降。

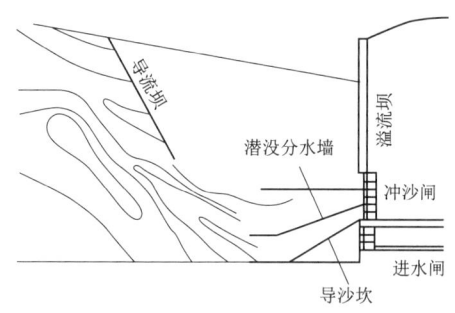

图 3-6　低坝正面引水式引水枢纽工程布置图

（2）正面引水式。侧面引水口在分水时，水流要产生弯曲。由于表层流速大、底层流速小，所以造成大部分底沙进入渠道。为了改变这种不利于引水防沙的水流结构，除了在引水口前设置局部导流设施外，有的工程将进水闸与冲沙闸呈一字形排列布置在河床内，使引水口面对河道水流方向形成正面引水式，如图 3-6 所示。

正面引水式的另一种布置形式如图 3-7 所示。它与上述低坝式渠首主要不同之处是在引水口门后接了一段较长的引渠。引渠的作用如同沉沙槽，由于引渠较长，泥沙淤积容量大，沉沙效果比沉沙槽好。引渠的末端进水设计成弯道，并按正面引水、侧面排沙原则布置进水闸和冲沙闸。这种布置形式在我国青海省应用较多，引水防沙效果较好。

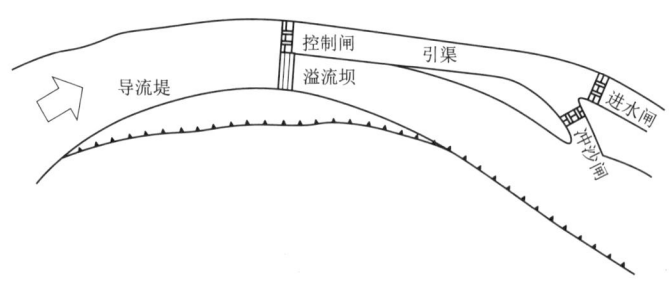

图 3-7　低坝引渠式正面引水枢纽布置图

2. 拦河闸式引水渠首

拦河闸式引水渠首是针对低坝沉沙槽式枢纽溢流坝上游河段容易被泥沙淤平，一旦淤平，进水闸实际上就处于无坝引水状态，引水防沙得不到保证这一缺陷，用拦河闸取代溢流低坝而形成的。拦河闸式渠首以靠近进水闸的几孔拦河闸兼作冲沙闸，并用上、下游导流墙与其他拦河闸孔分开，导流墙与进水闸翼墙构成沉沙槽。拦河闸式渠首增加了冲沙宽度，基本上不改变渠首上、下游河道的形态，既可壅水沉沙，又可以开闸泄水冲沙，与溢流坝相比，除能排除上游壅水段淤积的泥沙外，也能灵活地调节水位和流量，还可借闸门的启闭来调整上游河道主流的方向，使取水口始终保持良好的引水条件。

拦河闸式渠首适用范围较广，既适用于山区卵石河床，更适用于防洪任务较重的平原沙质河床。但其造价较高，多用于引水保证率较高的大中型引水工程。图 3-8 是修建在黄河上游的三盛公枢纽，是一个拦河闸式引水渠首成功运用的实例。

第二节 地表水取水方式及引水工程水利计算

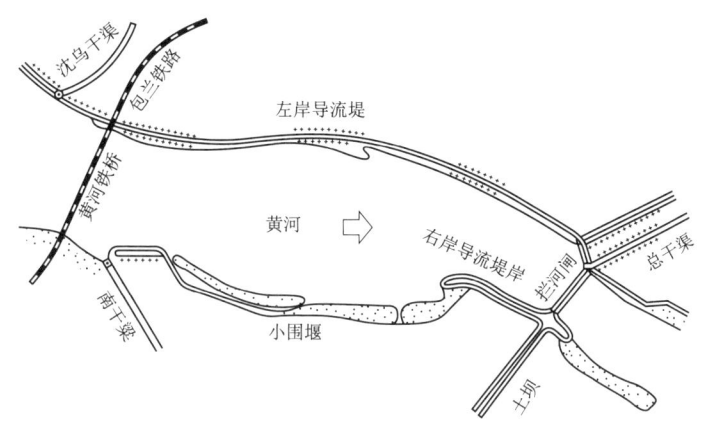

图 3-8 黄河三盛公引水渠首平面布置图

拦河闸最小过水宽度应是在汛期敞开闸门宣泄造床流量时，库区不产生壅水，保持天然流泄水冲沙状态。这样才能有效地将库区淤沙排往下游，恢复主河槽。拦河闸的底板高程视河道比降的陡缓及引水比的大小而定。在比降较陡的山区河流上，当引水比较小时，闸底板高程与河道的平均高程齐平；当引水比较大，超过50%~60%，推移质数量大，河道比降较缓时，闸底板高程应高于河底1~2m，以防闸下淤积。

3. 弯道式引水渠首

弯道式引水渠首适用于山丘区多泥沙河流且要求引水流量较大的情况，可利用河势和有利地形采取人工弯道引水方式。它是利用弯道环流原理，在弯道末端按正面引水、侧面排沙的方式布置进水闸和冲沙闸，达到将水沙分流的目的。这类渠首主要由拦河闸或溢流低坝、人工引水弯道、进水闸和冲沙闸等组成。人工弯道宜布置在引水渠首段，其中心线与河道上泄洪闸的中心线呈35°~45°夹角；弯道的曲率半径可取水面宽度的5~6倍，长度不宜小于弯道曲率半径的1.0~1.4倍，弯道底部坡降宜缓于河道底部平均坡降。图3-9为弯道式引水渠首布置图。该枢纽进水闸前还修建了曲线形导沙坎，进一步加强了闸前横向环流作用，将推移质泥沙导向冲沙闸。进水闸底板高程一般高出冲沙闸底板1.0~1.5m。冲沙闸设在凸岸，为了使冲沙闸各孔尽可能均匀泄流排沙，冲沙闸与进水闸中心线夹角一般为35°~45°。

（三）抽水引水

河流水量比较丰富，但灌区位置较高，修建其他自流引水工程困难或不经济时，可就近修建灌溉泵站抽水引水。抽水取水干渠工程量小，但增加了机电设备及年管理费用。灌溉泵站枢纽主要包括取水口、引渠、前池、进水池、泵房、出水管道和出水池以及变电站、节制闸等。抽水引水枢纽布置由"水泵及水泵站"课专门介绍。

（四）水库引水

河流的流量、水位均不能满足灌溉要求时，必须在河流的适当地点修建水库进行蓄水，以解决来水和用水之间的矛盾。水库取水具有可以调节径流、灌溉水泥沙含量少，并可综合利用河流水源等优点，但水库取水需要修建大坝、溢洪道、进水闸（输水洞）等蓄水引水建筑物，工程投资和库区淹没损失大，选好建库地址十分重要。水库蓄水引水枢纽

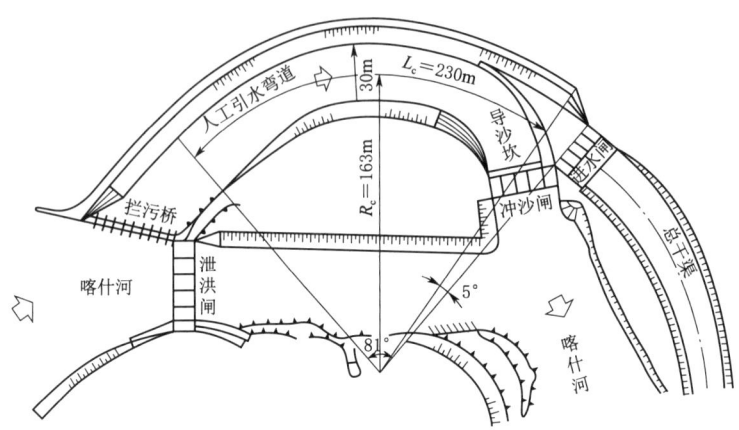

图 3-9 弯道式引水渠首布置图

布置由"水工建筑物"课专门介绍。

(五) 窖 (窑) 池取水

对于地表水和地下水缺乏或开发利用困难,且多年平均降水量大于 250mm 的半干旱地区和经常发生季节性缺水的湿润、半湿润山丘地区,以及海岛和沿海地区可以修建窖 (窑) 池蓄水,再从窖 (窑) 池取水灌溉,形成窖 (窑) 池取水方式。窖 (窑) 池的具体设计应严格按照 GB/T 50596—2010《雨水集蓄利用工程技术规范》要求进行,这里仅介绍几种典型窖 (窑) 池结构型式及适用条件。

1. 水窖

水窖是指地埋式有盖的雨水储存工程。水窖按形状可分为瓶式窖、坛式窖、井式窖、盖碗窖、球形窖等;按采用的防渗材料不同又可分为胶泥窖、砖拱窖、水泥砂浆抹面窖、混凝土和钢筋混凝土窖、土工膜布防渗窖等。目前常将二者结合起来命名,如水泥砂浆薄壁水窖、混凝土盖碗窖、素混凝土肋拱盖碗窖、混凝土顶拱水泥砂浆薄壁水窖等。这里仅介绍国家推荐使用的混凝土拱顶水泥砂浆薄壁水窖和全断面水泥砂浆薄壁水窖,如图 3-10、图 3-11 所示。

(1) 混凝土拱顶水泥砂浆薄壁水窖。主要由混凝土现浇弧形顶盖、水泥砂浆抹面窖壁、三七灰土翻夯窖基、混凝土现浇弧形窖底、混凝土预制圆柱形窖颈和进水管等部分组成,其形状如图 3-10 所示,技术数据见表 3-4。适用于土质稍差的地区。

表 3-4　　　混凝土拱底顶盖圆柱形水窖技术参数

容积 /m³	直径 /m	壁厚 /cm	窖深 /m	挖方 /m³	填方 /m³	混凝土 /m³	砂浆 /m³	水泥 /t	砂 /m³	石子 /m³	水 /m³
15	2.2	3.0	3.90	20.5	3.60	1.12	0.82	0.63	1.60	0.78	0.0
20	2.4	3.0	4.40	26.8	4.60	1.29	1.01	0.75	1.80	0.90	0.9
25	2.6	3.0	4.70	32.9	5.27	1.47	1.16	0.85	2.16	1.03	1.1
30	3.0	3.0	4.20	37.9	5.2	1.70	1.22	0.93	2.27	1.19	1.4

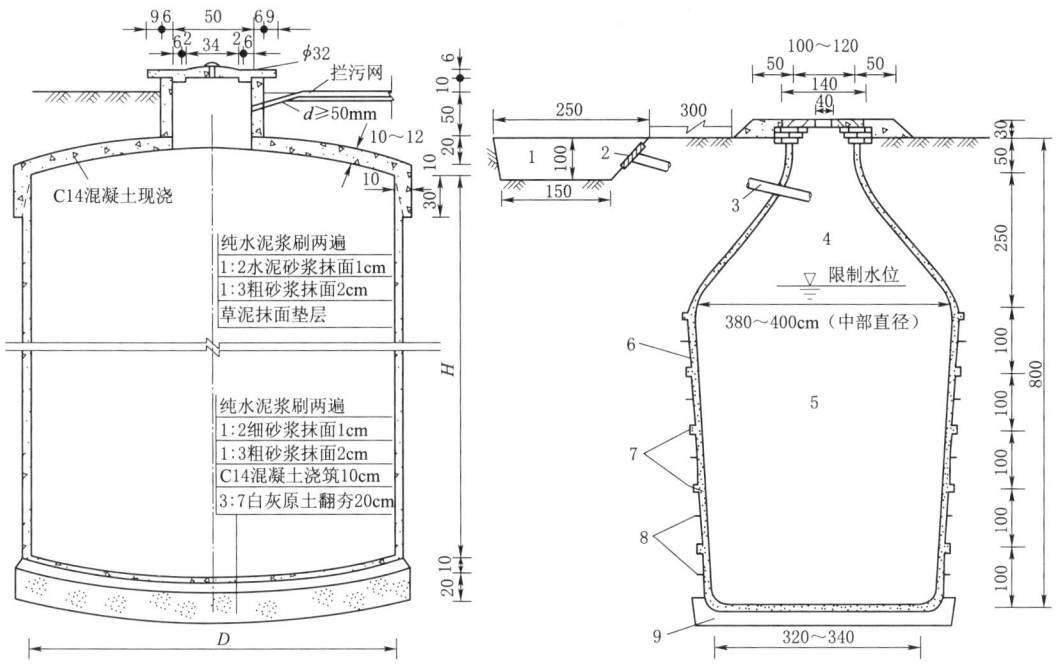

图 3-10 混凝土顶拱水泥砂浆薄壁
水窖剖面（单位：cm）

图 3-11 全断面水泥砂浆薄壁水窖剖面（单位：cm）
1—沉沙池；2—滤网；3—$\phi 8 cm$ 进水口；4—旱窖；5—水窖；
6—水泥砂浆抹面二次厚 3cm；7—圈带；8—混凝土柱（码眼）；
9—30cm 厚红胶泥或 10cm 厚混凝土 3cm 厚砂浆

（2）全断面水泥砂浆薄壁水窖。窖体结构包括水窖、旱窖、窖口和窖盖 3 部分。结构形状如图 3-11 所示。该种型体的水窖部分位于窖体下部，形似水缸；旱窖位于窖体上部，由窖口经窖脖子向下逐渐呈圆弧形扩展，至中部直径（缸口）后与水窖部分接合；窖口和窖盖起稳定上部结构的作用，并防止来水冲刷，同时联结提水灌溉设施。其旱窖部分深度一般不超过 3m，水窖部分 4~5m，中部直径 4m 左右，窖口直径 0.8~1.0m，整体形状近似于"坛式酒瓶"。适用于土质比较密实的红、黄土地区，对于土质疏松的砂壤土地区和土壤含水量过大地区则不宜采用。

2. 水窖

水窖（也称窑窖）是在窑内垂直下挖形成水池，用于储存雨水的窑窖工程。适用于地形有一定落差的台地、陡坡或矮崖且土质较好宜于挖窑洞的干旱半干旱北方山丘区。

为保证水窖安全，延长使用寿命，减小工程量，水窖位置应选择有利于挖掘窑洞的地形，选择可以实现自流灌溉或便于灌溉利用的地方，选择靠近沥青路边、场边等可以扩大集水面的地方。应避免靠近悬崖、沟头、沟边和陷穴等易使窑窖坍塌或产生裂隙渗漏的地方。窖址的土质要坚实、均匀。

水窖包括平窑、窖池两大主体，附属部分有沉沙池、过滤网、进出水管和溢流管等。其结构特点是：充分利用自然崖面土体结构，力学性能稳定可靠；施工条件好，工作面大，有利于采用小型车辆施工；蓄水量大，可根据需要修建较大容量的窑窖；受地形条件限制,只能因地制宜推广。水窖的基本结构如图3-12所示。

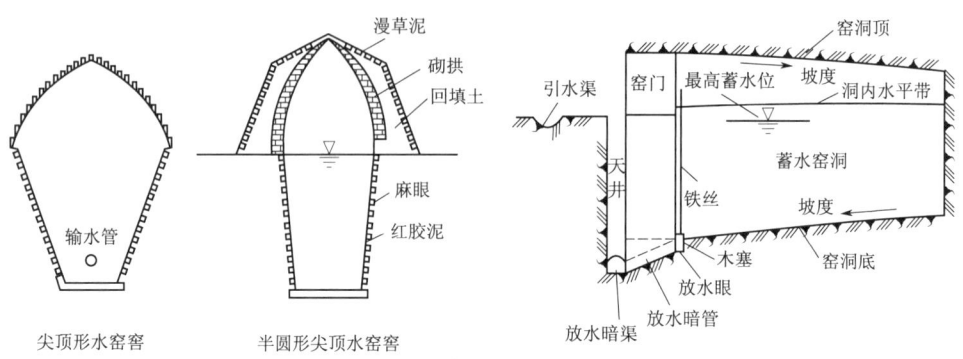

图 3-12 水窖结构示意图

3. 水池

水池是指用于储存雨水径流的地表式蓄水工程。这种工程形式多见于我国半干旱半湿润的中部及南方各省(区)。水池的蓄水容积一般可比水窖大出许多,单个蓄水池的容积可达500m³。GB/T 50596—2010《雨水集蓄利用工程技术规范》规定大于500m³为塘坝等小型蓄水工程。

蓄水池按作用、结构的不同一般分为两大类型,即开敞式和封闭式。开敞式蓄水池属于季节性蓄水池,它不具备防冻、防高温、防蒸发功效,但容量一般可不受结构型式的限制。蓄水池按建筑材料的不同可分别为砌砖、砌石、混凝土或黏土夯实修建。封闭式蓄水池是在池顶增加了封闭设施,使其具有防冻、防高温、防蒸发功效,可常年蓄水,也可季节性蓄水,可用于农田灌溉,也可用于生活用水,但工程造价相对较高,而且单池容量一般比开敞式小得多。封闭式蓄水池常见的结构式样有3种:①梁板式圆形池,这种型式又可进一步细分为拱板式和梁板式,蓄水量一般为 $30\sim50m^3$;②盖板式矩形池,即顶部用混凝土空心板加保温层,蓄水量一般为 $80\sim200m^3$;③盖板式钢筋混凝土矩形池,现场立模浇筑,容积可达 $200m^3$ 以上。

上述几种取水方式除单独使用外,有时还能综合使用,引取多种水源,形成蓄、引、提结合的灌溉系统;即便只是水库取水方式,也可以对水库泄入原河道的发电尾水,在下游适当地点修建壅水坝,引入渠道,以充分利用水库水量及水库与壅水坝间的区间径流,如图3-13所示。

二、地表引水灌溉工程的水利计算

灌溉工程的水利计算,一般有蓄水工程水利计算、引水工程水利计算和提水工程水利计算等。不同情况下的水利计算,虽然目的及要求相同,但计算内容则有差异。本节主要介绍引水灌溉工程的水利计算,蓄水工程和提水工程的水利计算由其他课程讲述。

(一) 无坝引水灌溉工程的水利计算

无坝引水工程水文水利计算包括确定设计引水流量、闸前设计水位、闸后设计水位和进水闸闸孔尺寸等。

1. 设计引水流量的确定

无坝引水枢纽的河流流量和水位都是有保证的,因此,无坝引水枢纽的引水渠首进水

第二节 地表水取水方式及引水工程水利计算

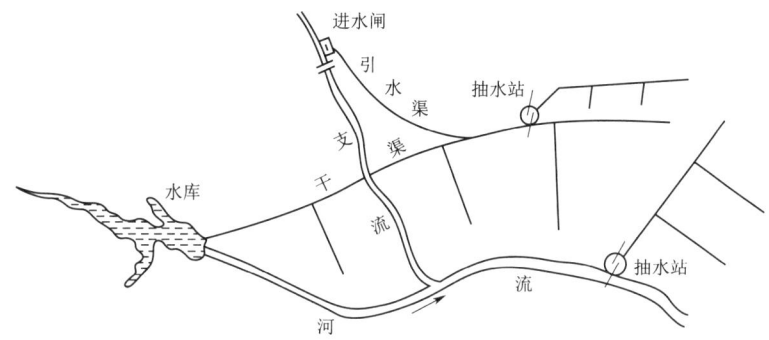

图 3-13 蓄、引、提相结合的灌溉系统

闸设计流量应根据多年来水和需水过程,经过长系列(30a以上资料)的供需平衡计算,选取满足灌溉设计保证率要求的灌溉期最大灌溉流量作为进水闸的设计流量,具体算法介绍如下。

(1) 长系列法。所谓长系列法就是根据灌溉面积、历年的灌水率图以及灌溉水利用系数,求得灌区历年灌溉用水流量过程线,并选择各年灌溉引水和用水紧张时期(即灌溉临界期)内,灌水延续时间大于或等于20d的最大灌水流量,作为该年的灌溉最大引水流量;然后进行频率分析,选取其中符合灌溉设计保证率的流量,作为设计引水流量。

这种方法的优点是考虑了历年灌溉用水流量的实际情况,只要选择的系列年组具有代表性,其成果就可靠;缺点是计算工作量较大。适用于比较重要的大、中型工程。

(2) 设计代表年法。此法系根据灌区历年灌溉定额,或灌溉期降雨量,进行频率分析,选择2~3个相当于灌溉设计保证率的年份作为设计代表年,然后做这2~3个设计代表年的灌溉用水过程线,以确定各设计代表年的灌溉最大引水流量(方法同长系列法),再从中选择一个最大的灌溉引水流量,作为设计引水流量。设计代表年法的优点是计算工作量比长系列小,要求设计代表年具有较好的代表性,才能保证成果的可靠性。

按照前述方法选定的设计引水流量,如河流在灌溉临界期内相应频率的流量能够予以满足,即设计引水流量小于或等于频率与设计保证率相同的河流流量的30%,则原定设计灌溉面积即可落实;如河流流量不能予以满足,则可将历年灌溉临界期河流的最低旬(或月)平均流量进行频率分析,选取相当于灌溉设计保证率流量的1/4~1/3作为设计引水流量,并以此确定设计灌溉面积。

2. 闸前设计水位 (x) 的确定

为了确定闸前设计水位 x(图3-14)首先应确定外河设计水位 x_1。外河水位确定有两种途径:

(1) 对历年灌溉临界期的最枯日或旬外河平均水位进行频率分析,选取相当于灌溉设计保证率的水位作为外河设计水位,并应考虑大量引水后河道内水位下降、上游水库调节、下游湖库顶托、河道外用水、河道冲淤变化等因素对水位的影响。

(2) 在大江大河中,每年枯水位比较稳定,可以选取历年灌溉临界期平均最枯水位作为外河设计水位。此法偏于安全。

外河水位确定后,用外河设计水位 x_1 对应的外河平均流量 Q_1 减去设计引水流量 $Q_引$

得到引水后的河流流量 Q_2。根据 Q_2 查河流水位-流量关系曲线得引水段河流水位 x_2。此外，还应考虑引水时闸前有一定流速引起的水面降落 z（图 3-14），则闸前设计水位为

$$x = x_2 - z \tag{3-2}$$

式中：x 为闸前设计水位，m；x_2 为与 Q_2 相对应的外河水位，m；z 为引水时部分位能转化为动能后所形成的闸前水位降落，可按式（3-3）计算：

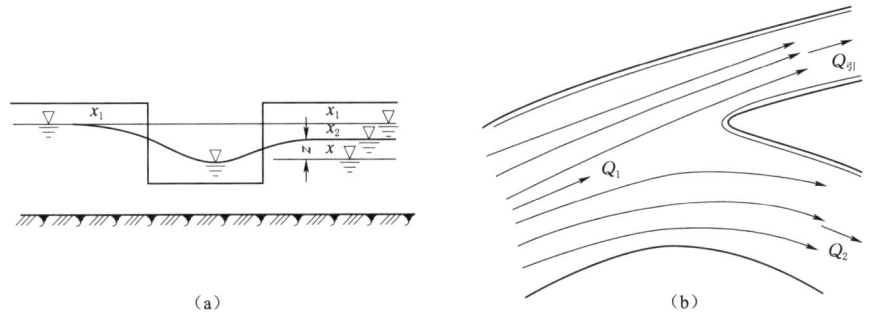

图 3-14 闸前设计水位示意图
(a) 河道取水段纵断面图；(b) 河道取水段平面图

$$z = \frac{3}{2} \times \frac{K}{1-K} \times \frac{v_2^2}{2g} \tag{3-3}$$

$$v_2 = \frac{Q_1 - Q_{引}}{A_2} = \frac{Q_2}{A_2} \tag{3-4}$$

式中：K 为取水系数，$K = Q_{引}/Q_1$；v_2 为与水位 x_2 相应的河流平均流速，m/s；A_2 为水位 x_2 时下游河道的过水断面，m^2。

由式（3-3）可以看出，z 值大小与取水系数 K 直接相关。南方山区丘陵区中，小河流上的无坝引水工程，其取水系数一般在 30% 以下，若取 $K = 0.3$，$v_2 = 1.0 \text{m/s}$，则 $z \approx 0.03 \text{m}$，设计时可取此值进行估算；而自大江大河引水时，取水系数 K 往往很小，由式（3-3）计算的 z 甚微，设计时一般可以忽略不计，即取闸前设计水位为 $x \approx x_2$。

若闸前引水渠较长，则闸前设计水位还应减去引水渠中的水头损失。

3. 闸后设计水位的确定

闸后设计水位一般是根据灌区控制高程要求确定的干渠渠道水位，但这一水位还应根据闸前设计水位扣除过闸损失加以校核。如果不满足要求，则应以闸前水位扣除过闸水头损失作为闸后设计水位，而将灌区范围适当缩小，或者向上游重新选择新的取水地点。

4. 进水闸闸孔尺寸的确定及校核

进水闸闸孔尺寸主要指闸底板高程 $\Delta_{底}$ 和闸孔净宽 B，在确定这些尺寸时，他们之间是互为前提、相互影响的，在满足灌区高程控制要求的前提下，对于同一设计流量 $Q_{引}$，$\Delta_{底}$ 定的低些，B 可小一些；相反，$\Delta_{底}$ 定的高些，B 就要大些。设计时必须根据建闸处地形、地质条件、河流挟沙情况等综合考虑，反复比较，以求得经济合理的闸孔尺寸。

若 $\Delta_{底}$ 已定，根据过闸流量 $Q_{引}$、闸前及闸后设计水位，即可按水力学的方法判别过闸水流状态，并采用相应的计算公式计算闸孔净宽 B，如果过闸水流状态为宽顶堰淹没出

流,则闸孔宽度可按式(3-5)进行计算。

$$B = \frac{Q_{引}}{\sigma_s \varepsilon m \sqrt{2g} H_0^{3/2}} \quad (3-5)$$

式中:B 为闸孔净宽,m,若分孔,则为 nb(n 为孔数,b 为每孔净宽);σ_s 为淹没系数,与闸前、闸后水位有关,可查水力学手册确定;ε 为侧收缩系数,与边墩及中墩形状、个数及闸孔净宽有关,可参阅水力学中有关公式计算或查表确定;m 为宽顶堰流量系数,与进口是否设置底坎的形状有关;H_0 为包括行近流速水头的闸前堰顶总水头,m;$Q_{引}$ 为过闸设计流量,相当于某一灌溉设计保证率的灌溉临界期最大引水流量,m³/s。

在进行闸孔净宽计算时,由于侧收缩与闸孔净宽有关,故存在一个试算过程。可以先不考虑侧收缩影响,计算闸孔总净宽 B,再结合分孔情况,计入侧收缩影响,检验闸孔的过水能力。

大型工程在设计计算后,必要时还应通过模型试验加以验证。

实际工程设计中,设计条件有时比较复杂,灌溉临界期往往不止一个,如有春、夏两个需水临界期,则以其中一个作为标准进行设计,用另一个进行校核。

(二)有坝引水工程水利计算

有坝引水工程的水利计算,包括设计引水流量及保证灌溉面积的确定、拦河坝高度的确定、拦河坝上游防护设施的确定及进水闸尺寸的确定等。

1. 设计引水流量的确定

(1)设计灌水率法。该法的基本思想是根据经验及灌区的具体条件,合理选定设计灌水率并计算引水流量,再按河流来水量的变化与设计引水流量的适应程度确定灌溉设计保证率。若已知灌区水田及旱田面积,可按下式计算渠首引水流量 $Q_{引}$:

$$Q_{引} = qA/\eta_{水} \quad (3-6)$$

式中:q 为设计灌水率,m³/(s·10⁴ 亩);A 为灌溉面积,10⁴ 亩;$\eta_{水}$ 为灌溉水的利用系数。

然后统计历年作物生长期或灌溉临界期中渠首河段最小 5 日(或旬)平均流量,并绘制频率曲线,根据渠首设计引水流量 $Q_{引}$,在频率曲线上查得相应频率 p,此值就是灌溉保证率,如不满足,即 $p < p_{设}$,则应减小灌溉面积,或减少灌溉定额,或改变作物组成,以减小灌水率值。此法适用于初步规划阶段或小型引水工程。

(2)长系列法。所谓长系列法,就是首先计算历年(或历年灌溉临界期)的渠首河流来水过程线和已定灌区的灌溉用水过程线,再逐年比较这两个过程线,统计出河流来水满足灌溉用水过程线的保证年数,如 n 年系列中,保证供水的年数为 m,根据灌溉标准计算灌溉保证率。如果计算得到的灌溉保证率与灌区要求的灌溉设计保证率相一致,则系列年中的最大引水流量即为所求的设计引水流量;如果计算得到的灌溉保证率与灌区要求的保证率不一致,则需调整灌溉面积或改变作物的种植比例,重复以上计算,使两者一致起来,最后定出设计引水流量。其具体步骤如下。

1)选择有代表性的系列年组。

2)计算历年(或历年灌溉临界期)的河流来水和灌区用水过程。在计算河流来水和灌区用水过程中,一般可采用 5 日或旬作为计算时段。

3) 逐年进行引水水量平衡计算（可采用表格形式计算，见表3-5），将表中同一时间段可以引取的河流来水量与灌溉用水量进行比较，取两者中较小的数字作为实际引水流量，填入该表。当同一时段的实际引水量小于灌溉用水量时，即表示该时段的灌溉引水量不能保证需要，就出现灌溉遭到破坏的情况。

表3-5　　　　　　　　某灌区历年引水量平衡计算表

年	月	旬	可以引取的河流来水量 /$10^4 m^3$	毛灌溉用水量 /$10^4 m^3$	实际引水量 /$10^4 m^3$	引水保证情况（+）或（-）
(1)	(2)	(3)	(4)	(5)	(6)	(7)=(6)-(5)
1952	4	中	1000	400	400	+
		下	1200	700	700	+
	5	上	500	800	500	-
		…	…	…	…	…

4) 统计系列年组 n 中河流来水满足灌溉用水的保证年数 m，按公式计算灌溉保证率。

5) 如果计算得到的灌溉保证率与灌区设计所要求的灌溉设计保证率相一致，则可在引水量平衡计算表内实际引水量一栏中，选取其中最大的实际引水量 W（$10^4 m^3$），按式（3-7）计算设计引水流量：

$$Q = \frac{W \times 10^4}{86400 t} \quad (m^3/s) \qquad (3-7)$$

式中：t 为采用的计算时段，d。

长系列法考虑了历年的引水流量与灌溉用水量的实际变化及配合，只要所选取的系列年组有足够的代表性，其成果一般比较可靠，但工作量比较大。此法适用于比较重要的大、中型工程。

(3) 设计代表年法。按渠首河流来水量频率曲线（年的、灌溉期的或临界期的）选取设计代表年，计算设计代表年的旬（或5日）来水过程和灌溉用水过程，比较这两个过程线，确定各旬实际引水流量，取其最大者计算渠首设计引水流量，并进而计算保证灌溉面积。由于仅选择一个年份作为代表，具有很大的偶然性，故用代表年组可提高可信度。

1) 选择设计代表年组。对渠首河流历年（或历年灌溉临界期）的来水量，进行频率分析，按灌区所需要的灌溉设计保证率，选出2~3年，作为设计代表年，并求出相应年份灌溉用水过程；对灌区历年作物生长期降雨量或灌溉定额进行频率分析，选择频率接近灌区所要求的灌溉设计保证率的年份2~3年，作为设计代表年，并根据水文资料，查得相应年份渠首河流来水过程；从上述一种或两种方法所选得的设计代表年中，选出2~6年，组成一个设计代表年组。

2) 对设计代表年组中的每一年，进行引水量平衡计算与分析（具体计算方法同长系列法），如在引、用水量平衡计算中，发生破坏情况，则应采取缩小灌溉面积、改变作物组成或降低设计标准等措施，并重新计算。

3) 选择设计代表年组中实际引水流量最大的年份作为设计代表年，并以该年最大引水流量作为设计流量。

此法适用于来、用水关系较好的中、小型引水灌区。

2. 拦河坝高度的确定

一般,拦河坝高度应该满足以下 3 方面要求:

1) 应满足灌溉所要求的引水高程。

2) 在满足灌溉取水要求的前提下,使筑坝后上游淹没损失尽可能小,也即在宣泄一定设计频率洪水的条件下,使溢流坝(或闸)的壅水高度最小。

3) 适当考虑综合利用的要求,如发电、通航、过鱼等。

上述 3 方面要求既统一又矛盾,如对灌溉和发电而言,拦河坝高些好;但拦河坝越高,上游淹没损失越大,防洪工程造价也越高。因此,必须进行多方面调查研究,反复比较后再确定。

一般,坝顶高程常先根据灌溉引水要求初步拟定,然后结合河床地形地质条件、坝型和建材一级溢流坝段工程量和坝上游防洪工程的大小等进行综合比较确定。

(1) 溢洪坝段的坝顶高程 $z_溢$ 的计算。当溢洪坝段不设闸时,如图 3-15 所示,坝顶高程可按式(3-8)计算:

$$z_溢 = z_{设计} + \Delta z + \Delta D_1 \quad (3-8)$$

式中:$z_溢$ 为拦河坝溢洪坝段坝顶高程,m;$z_{设计}$ 为相应于引水流量的干渠渠首水位,m;Δz 为渠首进水闸过闸

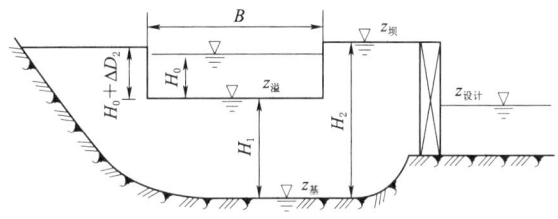

图 3-15 拦河坝坝顶高程计算示意图

水头损失,一般为 0.15~0.3m;ΔD_1 为安全超高,一般中、小型工程取 0.2~0.3m。

由此可推算溢流坝高度 H_1 为

$$H_1 = z_溢 - z_基 \quad (3-9)$$

(2) 非溢流坝段的坝顶高程 $z_坝$ 的计算:

$$z_坝 = z_溢 + H_0 + \Delta D_2 \quad (3-10)$$

$$H_0 = \left(\frac{Q_M}{\varepsilon m B \sqrt{2g}}\right)^{2/3} \quad (3-11)$$

式中:ΔD_2 为安全超高,按坝的级别、坝型及运用情况确定,一般可取 0.4~1.0m;H_0 为溢流坝段溢洪时的壅水高度,m;Q_M 为相应于某一设计标准的洪峰流量,m³/s;B 为拦河坝溢流段宽度,m,若分孔,则为净宽 nb(n 为孔数,b 为每孔净宽);m 为溢流坝流量系数;ε 为侧收缩系数;其余符号意义同前。

此时,非溢流段的坝高 H_2 为

$$H_2 = z_坝 - z_基 \quad (3-12)$$

3. 拦河坝的防洪校核及上游防护设施的确定

进行防洪校核,首先要确定设计标准,中小型引水工程的防洪设计标准,一般采用 10~20 年一遇洪水设计,100~200 年一遇洪水校核。根据一定标准的设计洪水和初步拟定的坝高,便可根据河床情况,选取一个溢流宽度,计算坝上的壅水高度 H_0,如式(3-11)。

此项计算往往与溢流坝高的计算交叉进行。

坝上壅水高度求出后，可按稳定非均匀流推求出上游回水曲线，计算方法详见《水力学》教材，根据回水范围，可调查统计筑坝后的淹没情况（淹没面积及搬迁等）。对于一些重要的城镇和交通要道则应增设防洪堤和抽排涝工程等进行防护。防洪堤的长度按防护范围而定，堤顶高程则根据设计洪水回水水位加超高（一般为 0.5m）来决定。若坝上游的淹没情况严重，且所需防护工程的工程量过大，则必须考虑改变拦河坝的结构型式，如增长溢流坝段宽度，降低固定坝高，加设泄洪闸或活动坝等，以降低回水高度，减少上游回水淹没，如某灌溉引水工程，将 3m 高固定坝改为 2m 高，上设 1m 高的活动坝，设计洪水期的回水长度由 2560m 减小到 1160m，大大减小了上游的淹没损失。

可见，拦河坝的尺寸、形式及上游防护工程受多方面的影响。在规划设计时，应根据具体情况，对各种可能采取的坝高和坝型及其造成的淹没损失和需要的防护工程做多方案比较，从中选取最优方案。

4. 进水闸尺寸的确定

进水闸的尺寸取决于过闸水流状态，设计引水流量、闸前及闸后设计水位等，而闸前设计水位 $z_{前}$ 又与设计时段河流来水流量有关，如图 3-16 所示。

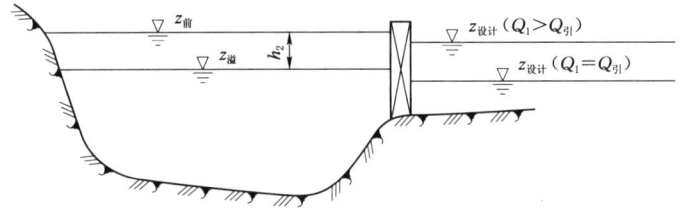

图 3-16 有坝引水闸前设计水位计算示意图

(1) 当设计时段河流来水流量等于引水流量（$Q_1=Q_{引}$）时：

$$z_{前}=z_{溢}-\Delta D_1 \tag{3-13}$$

式中符号意义同前。

(2) 当设计时段河流来水流量大于引水流量（$Q_1>Q_{引}$）时：

$$z_{前}=z_{溢}+h_2-\psi_{引} \tag{3-14}$$

式中：h_2 为相应于设计年份灌溉临界期河流流量 Q_1 减去引水流量 $Q_{引}$ 后的河流流量 Q_2 的溢流水深，可按式（3-13）计算。当 h_2 很小时，可忽略不计。$\psi_{引}$ 为引水水头损失，可按明渠水力学公式计算。如无引水渠，则无此项。

闸后设计水位的确定和闸孔尺寸的具体计算方法，与无坝引水工程中有关部分相同，这里不再赘述。

(三) 窖（窑）池取水灌溉工程的水利计算

窖（窑）池取水灌溉保证率为 50%～75%，其灌溉工程的水利计算主要计算集流面面积、蓄水容积和二者的最优组合。

1. 集流面面积

用于灌溉的雨水集蓄利用工程的集流面面积可按式（3-15）计算：

第二节 地表水取水方式及引水工程水利计算

$$\sum_{i=1}^{n} S_i \cdot k_i \geqslant \frac{1000W}{P_p} \qquad (3-15)$$

式中：W 为设计保证率条件下，单用途雨水集蓄利用工程的年供水量，m^3；S_i 为第 i 种材料的集流面面积，m^2；k_i 为第 i 种材料的集流效率系数，应根据各种材料在不同降水特性的试验观测资料分析确定，缺乏资料时可查 GB/T 50596—2010《雨水集蓄利用工程技术规范》中表 5.3.1-2 取值；P_p 为频率等于设计保证率的年降水量，mm；n 为集流面材料种类数。

集流面面积也可按 GB/T 50596—2010《雨水集蓄利用工程技术规范》附录 A 的规定确定。

2. 蓄水容积

（1）对于缺乏长系列资料的地区，蓄水工程容积可按式（3-16）计算：

$$V = \frac{KW}{1-\alpha} \qquad (3-16)$$

式中：V 为蓄水容积，m^3；W 为设计保证率条件下年供水量，m^3；α 为蓄水工程蒸发、渗漏损失系数，可取 0.05～0.1；K 为容积系数，可按 GB/T 50596—2010《雨水集蓄利用工程技术规范》中表 5.4.1 取值。

当实际集流面面积大于按式（3-15）计算结果的 50% 以上时，蓄水容积系数 K 应按 GB/T 50596—2010《雨水集蓄利用工程技术规范》中表 5.4.2 规定取值。

（2）对于有 30 年以上逐年逐旬降水量资料，且有根据场次、旬降水量计算各种集流面的旬平均集流效率的近似公式，蓄水容积可采用典型年法和长系列法进行计算。近似公式可根据当地试验的降雨-径流资料分析得到，或按临近相似地区的公式。蓄水工程的渗漏蒸发损失可按全年供水量的 10% 计算。

1）典型年法。典型年计算宜采用真实年法，应进行年降水量频率分析，选择年降水量和设计频率降水量接近的 1～2 个年降雨过程计算蓄水容积，并应取其中大值作为设计蓄水容积。频率分析可采用经验频率法。典型年的选择也可按需水临界时段降水量的频率分析，应选择临界时段降水量和设计频率降水量接近的 1～2 个年降雨过程计算蓄水容积，并应取其中大值作为设计蓄水容积。

2）长系列法。长系列法确定蓄水容积时，应同时进行集流面面积计算。集流面面积和蓄水容积计算可按下列步骤进行：

a. 根据系列中各年各旬降水量和旬集流效率公式计算各年单位集流面积上的可集流量。

b. 对各年可集流量进行频率分析，求得设计频率下单位集流面积上的可集流量。

c. 根据设计频率下单位集流面积上的可集流量，计算正常集流面面积。

d. 按照正常集流面面积计算各年、旬雨水集蓄系统的入流量。

e. 假设几个蓄水容积，分别进行水量平衡长系列计算。

f. 计算在各假设的蓄水容积下发生缺水的年数，凡年内有一个计算时段发生缺水的，即应认为该年发生了缺水。

g. 各蓄水容积下的供水保证率可按式（3-17）计算。

$$R = \frac{n-m}{n+1} \times 100\% \tag{3-17}$$

式中：R 为供水保证率，%；n 为系列长度，年；m 为计算得到的在某个蓄水容积下的缺水年度。

h. 与设计保证率相应的蓄水容积为所求的蓄水容积。

无论按长系列法还是典型年法，若计算出的集流面面积和蓄水容积小于按式（3-15）和式（3-16）计算出的集流面面积和蓄水容积，则按最后采用的结果不小于由式（3-15）和式（3-16）计算结果的 0.9 倍。

3. 集流面面积与蓄水工程容积的组合

集流面面积与蓄水工程容积的各组合可按下列步骤进行经济比较：

（1）假设大于正常值的几个集流面面积，按长系列法计算各集流面面积对应的设计频率下的蓄水容积。

（2）对不同集流面面积和蓄水容积组合进行经济比较，求得造价最小的集流面面积和蓄水容积组合。

第三节 地下水取水方式

对地下水进行开发利用，需要取水工程才能实现。由于地下水埋藏条件、补给条件、开采条件和当地的经济技术条件不同，用以集取地下水的工程也就多种多样。根据地下水的埋藏条件和开采方式，一般可分为垂直取水、水平取水、双向取水和引泉取水 4 大工程类型。

一、垂直取水构筑物

1. 管井

通常将井深较深、井径较小，由井口、井壁管、过滤管及沉淀管组成的水井称为管井。由于管井一般采用动力机械驱动水泵连续提水，故通常也称为机井，如图 3-17 所示。管井直径一般为 50～1000mm，井深可达 1000m 以上。管井常用直径多小于 500mm，井深不超过 200m。管井是使用范围最广泛的井型，可适用于开采浅、中、深层地下水，深度可由几十米到几百米，井壁管和滤水管多采用钢管、铸铁管、石棉水泥管、混凝土管和塑料管等。管井采用钻机施工，具有成井快、质量好、出水量大、投资省等优点，在条件允许的情况下宜尽可能采用管井。

2. 大口井

通常将井径大于 2m 的水井称为大口井。常用大口井直径为 5～8m，最大不宜超过 10m，井深一般在 20m 以内。大口井应就地取材，用砖、石头等砌筑，也可采用预制钢筋混凝土井壁沉井法施工。大口井具有构造简单、取材容易、施工方便、使用年限长、容积大且能兼起调节水量作用等优点。大口井主要由井口（井台）、井筒和进水部分组成，如图 3-18 所示。

3. 复合井

复合井是大口井与管井的组合，是非完整式大口井和井底以下设有一根或数根管井过

第三节 地下水取水方式

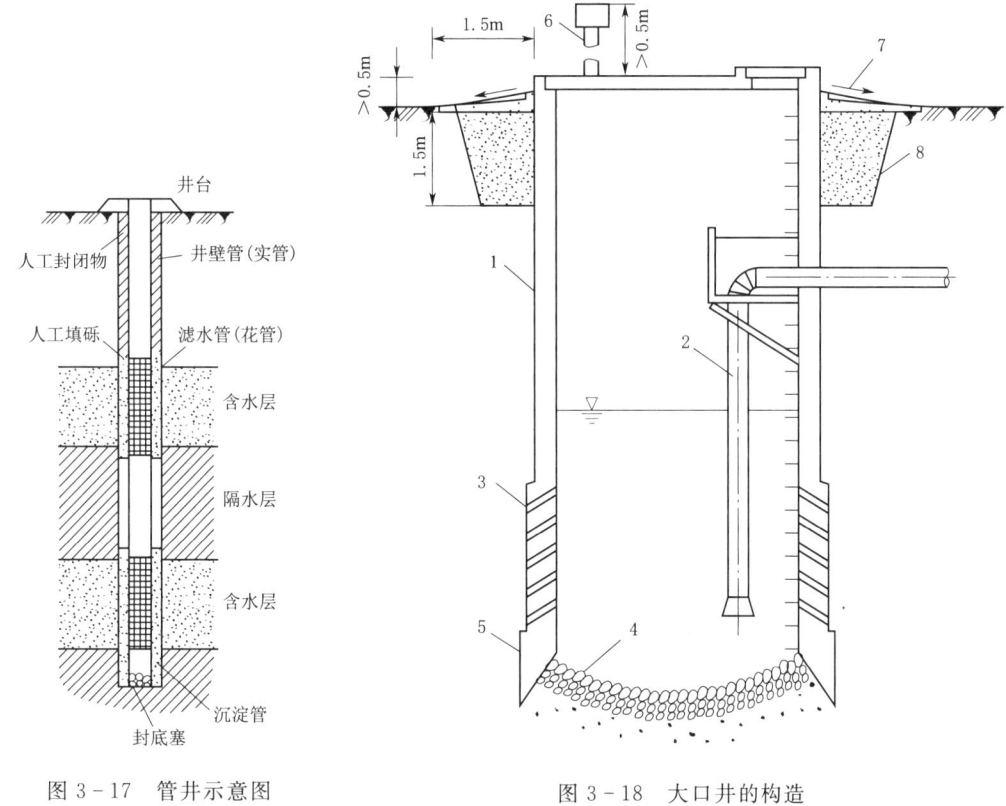

图 3-17 管井示意图

图 3-18 大口井的构造
1—井筒；2—吸水管；3—井壁透水孔；4—井底反滤层；
5—刃脚；6—通风管；7—排水坡；8—黏土层

滤器所组成的分层或分段取水系统。复合井适用于地下水位较高、厚度较大的含水层，相对大口井更能充分利用厚度较大的含水层，增加井的出水量。复合井施工容易、投资少、便于取水。它适用于浅层水贫乏、深层水丰富的地区，在旧大口井地下水下降、出水量减少时也可将其底部打成管井，增加井的出水量，或者在大口井施工继续开挖有困难时，用钻机施工，打成管井。

二、水平取水构筑物

1. 坎儿井

坎儿井是指利用竖井分段开挖的地下暗渠。用以汇集山前冲积扇的地下水，自流引出地面进行灌溉的水利设施。

坎儿井由竖井、地下廊道和明渠3部分组成，如图3-19所示。竖井是廊道开挖的工作井，以用出土和通风，一般直径0.8~1.2m、间距15~30m、深度10~100m，地下廊道是截取地下潜流和输水的通道，比降为0.001~0.008；断面为矩形，高1.4~2.0m、宽0.5~0.8m；拱顶用木料或石块砌护，坎儿井的下游与引水明渠相接，可自流灌溉。

2. 截潜流工程

在山麓地区，有许多中、小河流，由于砂砾、卵石的长期沉积，河床渗漏严重，除洪水季节外，平时河中水量很小，大部分水量经地下沙石层潜伏流走，特别是在干旱季节，

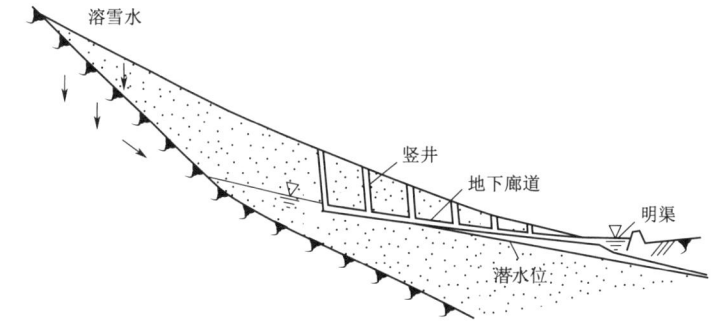

图 3-19 坎儿井示意图

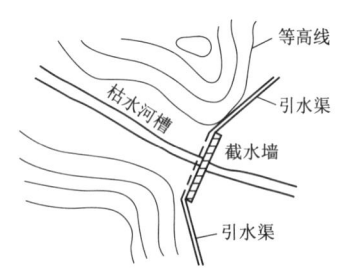

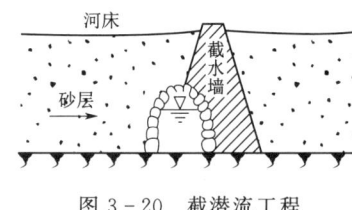

图 3-20 截潜流工程

河床往往处于干涸状态。在这些河床中筑地下坝（截水墙），拦截地下潜流，即称截潜流工程，通常也称"干河取水"或"地下拦河坝"工程，如图 3-20 所示。

三、双向取水构筑物

双向取水构筑物是指从水平和垂直两个方向取水的构筑物。辐射井是在井筒四周含水层内埋设辐射状水平集水管的大口井，由于水平管呈辐射状分布，故称辐射井。地下水经由辐射管汇入井中，如图 3-21 所示。辐射井按集水井是否进水可分为两种形式：一是集水井井底与辐射管同时进水；二是井底封闭，仅由辐射管集水。前者适用于厚度较大（5~10m）的含水层，但集水井井底与辐射管的集水范围在高程上相近，互相干扰较大。后者适用于较薄（≤5m）的含水层，但由于集水井封底，辐射管施工和维修相对较为方便。

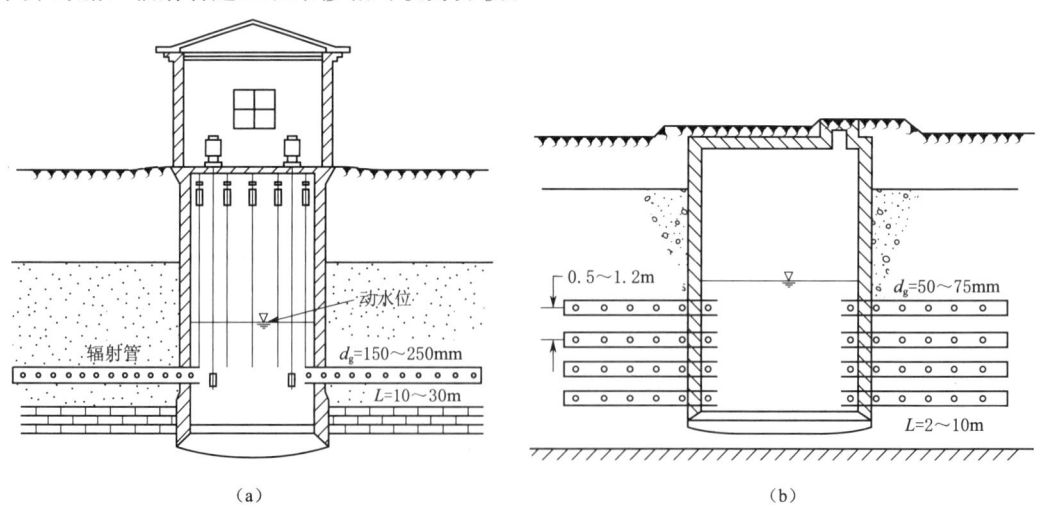

图 3-21 辐射井
(a) 单层辐射管；(b) 多层辐射管

四、引泉取水工程

引泉取水工程主要用于含水层类型为潜水、承压水、裂隙水或岩溶水地区。泉水水质好,集取方便。引泉工程取水可节约设施费用,便于日常运营管理,在水源水位有一定高度的山泉取水,还可实现自流引水,节省电费。

第四章 灌排渠系及田间工程规划

第一节 灌排渠系组成与规划布置原则

一、灌排渠系组成

灌排渠系包括灌溉渠道系统以及对应的排水沟道系统。其中,灌溉渠道系统包括渠首工程(或取水枢纽)、各级灌溉渠道及其配套建筑物;排水沟道系统包括各级排水沟道及其配套建筑物、排涝闸及排涝泵站等。

灌溉渠道一般分为干渠、支渠、斗渠和农渠4级,其中干渠、支渠主要起输水作用,称为输水渠道;斗渠、农渠起配水作用,称为配水渠道。

与灌溉渠道分级相对应,排水沟道分为干沟、支沟、斗沟和农沟4级。其中,斗沟和农沟一般称为田间排水沟,干沟、支沟称为骨干排水沟。

农渠、农沟分别为末级固定渠道和末级固定沟道(可多年使用的永久性渠道)。因此,灌排渠系规划一般仅指干渠、支渠、斗渠、农渠4级沟渠规划。农渠(沟)以下还有毛渠(沟)等田间临时性沟渠,其规划布置将在田间工程规划中介绍。

在我国大部分地区,灌溉和排水缺一不可,既要灌得上,也要排得出。灌溉时,从水源取水,通过各级渠道输、配水,灌入田间。排水时,田间多余的水量逐级排入农沟、斗沟、支沟和干沟,最后排入排水承泄区。灌溉渠道系统和排水沟道系统互相配合,协调运行,共同构成完整的灌溉排水系统,如图4-1所示。

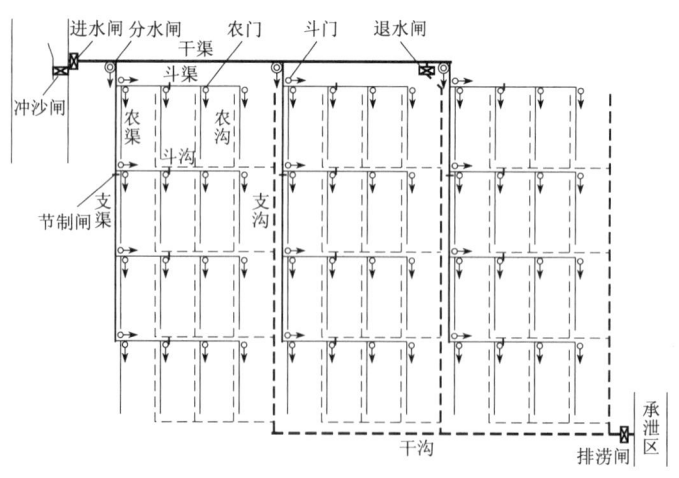

图4-1 灌排渠系组成示意图

不同灌区灌溉面积大小不一，地形条件各异，灌溉渠道分级也不一定相同。较大的灌区可以多于4级，例如可以增设总干渠、分干渠、分支渠等。灌溉面积较小的灌区也可减少渠道级数，例如在南方平原河网地区，小型提水灌区往往干渠、支渠道两级到田，相当于大中型灌区的斗渠、农渠。另外，在以灌溉水稻为主的灌区，一般不设临时毛渠，灌水时直接由农渠灌入田间。

二、灌排渠系规划布置原则

灌排渠系规划布置包括渠首工程、各级渠道、各级排水沟、配套渠系建筑及排涝闸泵站的规划布置。在规划布置时应遵循以下原则：

(1) 满足灌排要求。一般情况下，灌溉渠系与排水沟道系统缺一不可，两者宜统一规划，统筹兼顾。为便于灌排，各级渠道应布置在各自控制范围内地势较高地带，而排水沟应布置在相应控制范围的低处；田间渠道和排水沟长度和间距应适宜，确保灌得上、排得出；灌排渠系建筑物配套齐全，达到灌排控制自如；水旱间作地区，水田与旱田之间宜布置截渗排水沟。自流灌区范围内局部高地，经论证可采用提水灌溉。

(2) 安全可靠。为保证渠道安全稳定，布置渠线时应尽量避免出现深挖、高填的情况，同时应尽可能避开地质条件不良的地段，无法避免时应采取相应的保护措施。在山丘区沿坡布置渠道时，宜在上面一侧修建截洪沟，以防治洪水入渠，毁坏渠道。若有洪水入渠，则需布置泄水闸宣泄入渠洪水。

(3) 经济合理。渠线尽可能短直，以减少占地和工程量；干沟和支沟宜尽量利用天然河道或沟溪；新建沟渠尽量避免穿越城镇、村庄和工矿企业，以减少村镇拆迁费用及相关损失；若存在多种可行方案，应进行方案比较，选择最优方案。

(4) 管理方便。渠系布置宜兼顾行政区划，便于用水管理和工程管护。为方便农机下田，需布置必要的机耕路及机耕桥、路涵等渠系建筑物。能联合布置的渠系建筑物，尽量联合布置，形成枢纽，以节约工程投资，便于管理。

(5) 综合利用。输水渠道若有较大落差，可以布置水电站，利用水能发电。在南方平原地区，排水沟道除了满足基本的排涝和降渍功能，还可以考虑通航、水产养殖、引水及蓄积雨水等综合利用功能。

需要注意的是，在不同地区，自然条件和灾害特点不同，规划布置方法不尽相同。在山丘区和干旱与半干旱地区，以解决干旱问题为重点，一般首先考虑灌溉渠系规划布置，然后布置相应的排水沟系统。在南方平原区及圩区，则首先要考虑如何解决排水问题，在此基础上考虑灌溉渠系的规划布置。因此，在灌排渠系规划布置时，需要明确所在地区自然特点及治理重点，有针对性地进行灌排渠系规划布置。下面分别介绍不同典型类型地区灌排渠系规划方法。

第二节　山丘区灌排渠系规划

一、山丘区的特点与治理原则

山丘区地形比较复杂，地面坡度大，河、溪、沟、谷交错。农田分散、土壤瘠薄，多为坡地与梯田，很少有整片的平坦土地。河流源短流急，丰枯水量变化大。当地山塘蓄水能力低，抗旱能力较差。因此，山丘区干旱问题最为突出，其次是防洪与水土流失问题，排水相对比较容易。但是，南方部分冲田存在冷浸低产问题，需要加以重视。

针对山丘区的特点，规划时宜遵循以下治理原则：

(1) 以发展灌溉为重点，统筹规划洪、旱、涝、渍及水土流失等治理措施。

(2) 以蓄为主，蓄、引、提相结合，建立以小型为基础、大型为骨干、大中小联合运用的"长藤结瓜"式灌溉系统。山丘区地形有利于修建水库、堰塘，拦蓄调节当地径流，发展灌溉。若当地地表径流不足，同时又有外部水源条件时，可以通过引水、提水等方式，补充灌溉水源。

(3) 注意防洪安全。需防止山洪入田，同时也要防止山洪侵入渠道，损毁渠道及其他渠系建筑物。

(4) 防治水土流失。坡度大于25%的坡地，宜退耕还林；坡度小于25%的坡地，可修建梯田，发展农业生产；采取沟道防护措施，控制沟床下切与沟岸崩塌，固定沟道。

二、干支级灌排渠系布置

干支渠布置主要取决于具体的水源位置、水源供水能力、地形条件、规划的灌溉区域、原有水系等因素，一般布置在各自控制区域的高处。其中干渠布置又是整个渠系规划布置的关键，需充分论证，确保合理。

根据地形条件，干渠有以下两种布置形式：

(1) 干渠沿等高线布置。若灌溉区域位于山脉与河流之间，呈狭长形，地面向一面倾斜，等高线大致与河流平行，干渠可沿灌溉区域上部边缘附近的等高线布置（如图4-2中南干渠）。支渠自干渠一侧引出，其间距根据地形条件、天然沟溪（可作为支沟）等情况而定。这种布置，干渠渠线较长，渠底比降较平缓，水头损失较小，控制面积较大，但跨越沟溪多，交叉建筑物多，山洪威胁大。

(2) 干渠垂直等高线布置。若灌溉区域地形中间高两侧低，呈脊背形，耕地分布于分水岭两侧，干渠可沿岗脊线布置，走向大致与等高线垂直（如图4-2中北干渠）。支渠自干渠两侧分出，双向控制灌溉面积。这种布置形式具有渠道断面小、土石方量少、与河沟交叉少和交叉建筑物少等优点，但因干渠比降大、流速大，相应的水头损失较大，控制面积较小，渠道易被冲刷，衔接建筑物也较多。

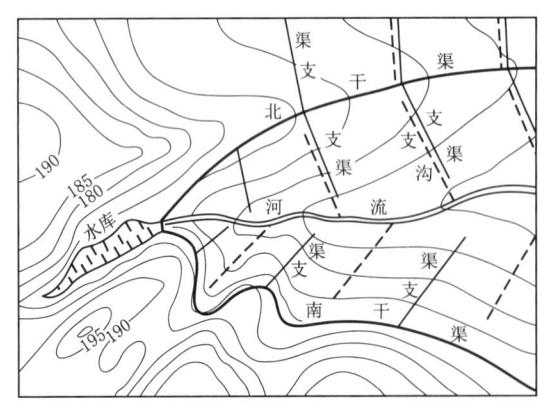

图4-2 山丘区干支渠布置形式

在山丘区，干支级排水沟一般尽量利用灌区内原有的天然河道或溪沟。没有天然河道可以利用时，可开挖人工排水沟。

需要注意的是，沿等高线布置的渠道，切断了坡面径流的去路，需要采取措施防止暴雨期洪水冲毁渠道。一般是在渠道傍山的一侧修建导水堤或截洪沟，将坡面汇集的径流输送到与渠道交叉的沟溪，或通过渠底涵洞将洪水导入灌区内排水沟道。另外，渠道与沟溪相交时，需布置渡槽或倒虹吸，也可修建填方渠道穿过，渠道下面布置排洪涵洞。具体采用哪种方案需要进行防洪安全论证，确保渠道及建筑物安全可靠，沟溪排洪通畅。

三、斗农级灌排渠系布置

山丘区的农田，按其地形部位不同可分为岗地、塝田、冲田、畈田4种类型。岗地位置高，塝田位于山冲两侧的坡地上，冲田在两岗之间地势最低处，冲田下游地形逐渐平坦，常为较开阔的畈田，也称平畈田。

山丘区的斗渠一般沿等高线或沿岗岭脊线布置。农渠垂直于等高线，沿塝田短边布置。塝田地势较高，便于灌溉，所以农渠多为灌排两用。塝田也可灌排分开，即分别布置农渠与农沟，但工程量较大。由于塝田是层层梯田，两田之间有一定高差，农渠或农沟上需修筑跌水衔接。

冲田内渠系布置要因地制宜，通常有以下两种布置形式：

（1）冲田宽度较小时，可在山坡来水面积较大的一侧沿山脚布置排水沟，排泄山坡径流，同时用于冲田排涝降渍。在山坡来水较小、冲田地势较高的一侧，布置以灌溉为主的灌排两用渠，兼排山坡径流。

（2）对于比较开阔的冲田，可以在左右两侧塝脚布置排水沟，冲田的中间布置以灌溉为主的灌排两用渠，成双向控制，灌溉两侧田块。

图4-3为山丘区斗农级沟渠布置示意图。

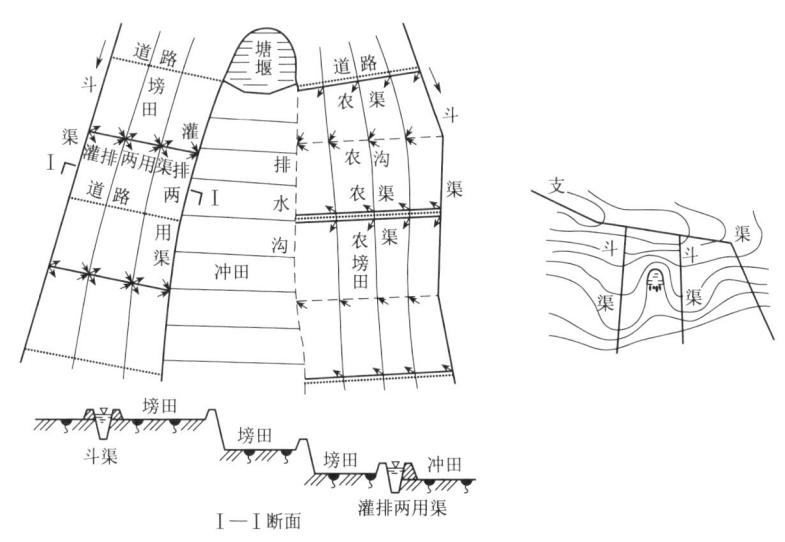

图4-3 山丘区斗农级沟渠布置示意图

四、"长藤结瓜"式灌溉系统

"长藤结瓜"式灌溉系统指在山丘区盘山开渠，与附近的水库、塘坝相连接，组成蓄水、引水紧密结合的灌溉系统，如图4-4所示。一般以河流或大中型水库为主要水源，干渠从其中引水，沿途另开短小支渠与小水库或塘坝相连。在非灌溉季节，可从水源引水囤蓄于小水库或塘坝中备用；在灌溉时期，小水库或塘坝同时放水，借以减轻渠道负担，提高灌溉能力。该系统因渠道如"藤"，塘库如"瓜"，故称为"长藤结瓜"式灌溉系统。

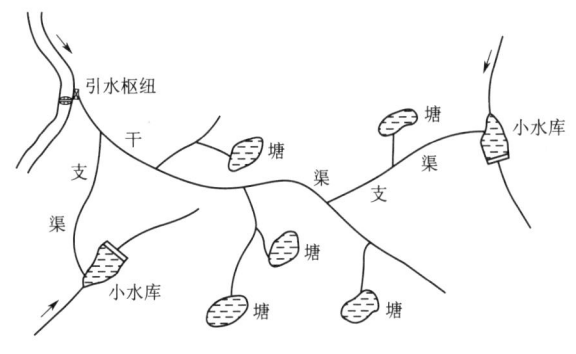

图 4-4 "长藤结瓜"式灌溉系统

"长藤结瓜"式灌溉系统由"瓜根、藤和瓜"3部分组成。

(1)"瓜根":即大中型水库、大中型机电提水站或引水枢纽等水源工程。

(2)"藤":即渠道,自取水枢纽至灌区的总干渠、干渠等主要渠道称为"长藤",灌区内部的引水渠及一般的支渠、斗渠、农渠,称为"短藤"或"支藤"。

(3)"瓜":即灌区内部与"藤"相连的小水库及塘堰等小型蓄水工程。

在"长藤结瓜"式灌溉系统中,"藤"是"瓜根"与"瓜"的联结纽带,起着输水和截水作用(沿途拦截地表径流)。"瓜"可囤蓄水量,起着调节和反调节作用。所谓调节是指主要水源(瓜根)对灌区内小水库或塘坝(瓜)的水量调配,而反调节是指小水库与塘坝对骨干灌溉系统的水量补给。

在规划"长藤结瓜"式灌溉系统时,渠道布置应便于发挥小水库或塘坝的调节与反调节作用,不宜直接穿过库塘;小水库或塘坝的布置一般宜满足自流灌溉的需要,也可设泵站或流动抽水机组向渠道补水。

"长藤结瓜"式灌溉系统具有以下优点:

(1)把非灌溉季节的河川径流引入灌区内部库塘蓄存起来,供灌溉季节农田使用,实行"闲时灌塘,忙时灌田",充分利用了山丘区河川径流,提高了抗旱能力。

(2)利用小水库和塘坝拦蓄当地地面径流、山泉水及灌溉回归水等,充分利用了当地径流,提高了灌溉回归水利用率。

(3)渠道配水以"瓜"为对象,灌溉时由"瓜"直接放水到田,灌水比较及时。

(4)可减少渠首引水设计流量,减小枢纽及骨干工程规模,节省工程投资。

(5)渠道从大中型水库引水送入小水库或塘坝后,再进行灌田,可以提高水温,避免冷水直接灌田,影响作物生长。

第三节 平原区灌排渠系规划

一、平原区的特点与治理原则

(一) 北方平原区的特点与治理原则

北方平原地区,泛指淮河-秦岭以北的广大平原地区和地势比较开阔的山间盆地。主要包括华北平原(又称黄淮海平原)、东北平原、渭河平原(又称关中平原)、河套平原及西部内陆盆地等。这些地方具有一些共同的特点:①年降雨量较少且年内降雨不均,经常发生干旱,有时也会出现严重的洪涝灾害;②由于蒸发量大,土壤中含有一定盐分,不少地区受到土壤盐碱化的威胁;③土层深厚,具有较好的地下水储存条件,若地表水资源不足,可以发展井灌。

第三节 平原区灌排渠系规划

我国北方平原地区，地域辽阔，地势高低悬殊，寒暖干湿差异很大，因而各地的农业结构和栽培制度不同，水旱灾害性质和危害程度也不同，其治理要求和治理措施也有显著的差别。归纳起来，规划治理原则可概括为如下几点：

（1）因地制宜，分区治理。北方平原地区虽然具有易旱、易涝、易碱的共同特点，但由于所在的自然地理位置不同，地形地貌条件、水文地质条件、水源分布状况存在差异，各地区存在的主要问题不尽相同。例如，山前平原和平原河道的上游地区地势较高，排水通畅，涝碱威胁并不严重，而干旱问题则比较突出；冲积平原和河流中下游平原地区干旱现象虽有所减轻，但涝碱威胁则较上游为重；沿河湖洼地和滨海地区，地势低洼，排水不畅，涝碱问题则是地区的主要矛盾。因此，北方平原地区必须根据各地具体条件，因地制宜，分区治理。

（2）洪、涝、旱、碱综合治理。洪、涝、旱、碱的产生均与地区的水分状况有关，它们之间又存在着紧密联系。因此，单一的治理措施，不仅不能全面解决治水与改土问题，在一定的条件下，还会产生不良后果。例如单纯解决干旱问题，片面强调灌溉而忽略防碱，有灌无排，将会引起地下水位的上升，导致土壤盐碱化；相反，为了除涝治碱，片面强调排水，降低地下水位，而忽视蓄水保水，土壤墒情不足，干旱问题就会突出。因此，必须对洪、涝、旱、碱等各种灾害综合治理，全面规划。

（3）井渠结合。易碱地区单独引用地表水灌溉，容易抬高地下水位，从而引起土壤盐碱化。北方地区降水量及地表径流年际变化较大，渠水与井水联合运用可以充分利用地下水资源，提高灌溉保证率，同时可以降低地下水位，起到竖井排水的作用，调控地下水位，有利于灌区防治盐碱化。

（二）南方平原区的特点与治理原则

南方平原区主要有长江中下游平原、珠江三角洲平原和成都平原。其中长江中下游平原位于长江中下游长江沿线，覆盖湖北、湖南、江西、安徽、江苏、上海及浙江等7省（直辖市），面积约26万 km^2。珠江三角洲平原位于广东省中南部，面积约1.1万 km^2。成都平原是位于四川盆地西部的一处冲积平原，总面积为1.881万 km^2。这类地区，地势平坦低洼、地面坡度平缓、土壤黏重、渗透性差，夏秋多暴雨，外洪内涝，地下水位高，排水不畅，洪、涝、渍危害尤为严重。

平原地区灌排渠系规划，要以除涝防渍为重点，积极解决灌溉水源，沟渠路林桥涵闸站全面配套。在当地水利规划的基础上，从合理规划河网化排水系统入手，做好灌溉渠系、交通道路、防护林网以及居民村的布置，达到统一规划，综合治理。在水源比较缺乏地区，要尽量利用河道、沟渠、坑塘、湖泊引蓄河流来水和当地径流，用于旱季灌溉。

二、北方平原区灌区灌排渠系规划

（一）干支级沟渠规划布置

这一地区灌区大多位于河流的中、下游，地形比较平坦开阔，耕地集中，干渠一般可以布置得比较顺直，各支渠控制面积可以比较均匀。但需注意选择渠道纵坡，以满足水位控制条件，并应与天然排水系统相协调。下面分别介绍山麓平原型灌区和冲积平原型灌区骨干沟渠规划方法。

（1）山麓平原型灌区，如河南省白沙灌区、河北省石津灌区等灌区。这类灌区位置靠近山麓，地势高、排水条件较好，涝渍威胁并不严重，干旱问题较突出。如果地表水资源比较丰富，而地下水资源相对较少时，应着重利用地表水资源，发展渠灌；如果地下水资源丰富、水质良好时，也可实行井渠结合，以井补渠。为了排除暴雨径流和控制地下水位，应建立完善的排水系统，采用"灌排分开"的布置形式。干渠多沿山麓方向布置，支渠垂直于干渠或成一交角布置，干沟一般可利用天然河道，支沟可利用天然河道或开挖人工沟道，如图4-5（a）所示。

（2）冲积平原型灌区，如山东省打渔张灌区、山西省汾河灌区、河南省人民胜利渠灌区及内蒙古河套灌区等。这类灌区多位于河流中下游平原地区，地面坡度平缓，地下水位较高，有涝、碱威胁。冲积平原型灌区如地表水丰富，排水条件良好，渠系应采用灌排分开的布置形式。灌溉渠道进行引水自流灌溉，兼承担冲洗压盐任务；排水沟道排涝、排碱、控制地下水位，起除涝、防渍和防土壤次生盐碱化作用。干渠多沿河道干流旁的高地布置且大致与河流平行，垂直地面等高线，支渠大多与干渠成直角或接近直角布置；干沟可以利用天然河道，有时也需要开挖人工干沟，支沟多需要人工开挖。如图4-5（b）所示。

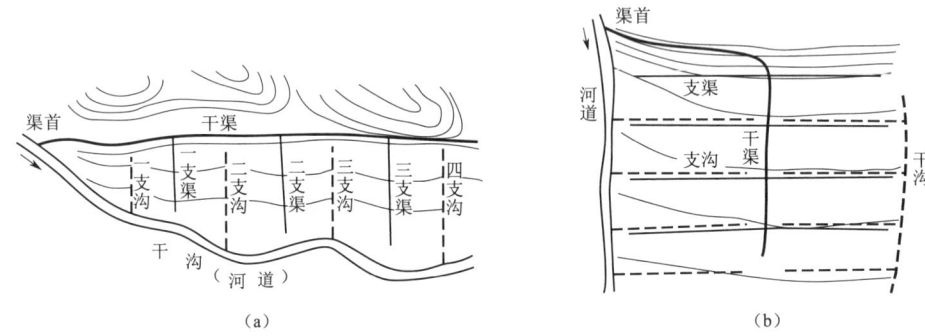

图4-5 平原型灌区干支沟渠布置示意图
(a) 山麓平原型灌区；(b) 冲积平原型灌区

（二）斗农级沟渠规划布置

斗农渠深入田间，负有直接向用水单位配水的任务，并且与农业生产要求关系密切，因此斗农渠布置应便于配水和灌水，同时要适应农业生产管理和机械耕作的要求，有利于灌水和耕作的密切配合。

按照灌排沟渠的相对位置不同，斗农级沟渠布置有以下两种基本形式：

（1）灌排相邻布置。渠道与排水沟相邻平行布置，渠道只能向一侧灌水，排水沟也只能接纳一侧田间的排水，如图4-6（a）所示。这种布置适用于地面向一侧倾斜的地形。

（2）灌排相间布置。渠道与排水沟交错布置，渠道向两侧灌水，排水沟接纳两侧的排水，如图4-6（b）所示。这种布置适用于平坦地形或有微小起伏的地形，灌溉渠布置在高处，排水沟布置在低处。

农渠、农沟是末级固定渠道，其控制范围是一个灌排单元，也是一个耕作单元。因此确定农渠、农沟的间距，既要考虑满足灌排要求，也要考虑提高机耕效率的要求。根据机耕要求，一般农渠或农沟间距宜为100~200m，长度为400~800m。

田间排水沟有两种类型：一种是单独用于排涝的排水沟，另一种是兼具排涝和降渍的

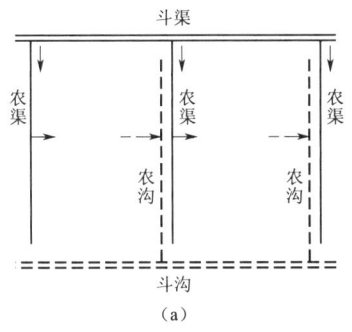 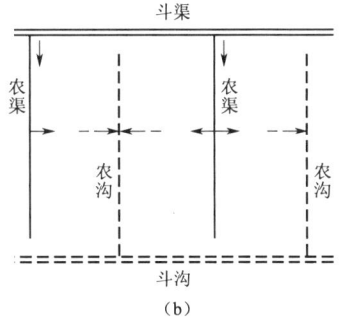

图 4-6 斗农渠布置形式
(a) 灌排相邻布置；(b) 灌排相间布置

排水沟。一般根据经验，我国北方地区单独用于排涝的农沟间距一般为 150~400m。有降渍要求的地区，可参考表 4-1 确定不同沟深条件下的田间排水沟间距。田间排水沟间距与沟深有关，一般先根据地下水位控制要求确定排水沟的间距，然后根据排水沟沟深确定排水沟间距。有条件时，也可根据相关公式计算排水沟间距，计算方法见第六章第二节。

表 4-1　　　　　控制地下水位的末级固定排水沟间距参考值
（引自 GB 50288—2018《灌溉与排水工程设计标准》）

末级固定排水沟沟深/m	排水沟间距/m		
	黏土、重壤土	中壤土	轻壤土、砂壤土
0.8~1.3	15~30	30~50	50~70
1.3~1.5	30~50	50~70	70~100
1.5~1.8	50~70	70~100	100~150
1.8~2.3	70~100	100~150	

（三）北方平原井灌区灌排渠系规划

井灌区的特点是水源在田间，井的出水量较小，且多是各井自成独立的灌溉系统，控制的灌溉面积较小。布置时主要考虑灌水方便、便于耕作、少占耕地、输水损失小、灌水效率高等要求。

井灌区的渠系一般只有干渠、支渠两级或干渠、支渠、毛渠三级。根据实践经验，单井控制面积在 200 亩以下者，宜采用二级渠道；200~500 亩者可采用三级渠道。其渠系布置形式，依地形条件和机井位置，有如图 4-7 和图 4-8 所示两边分水和一边分水两种基本形式。第一种布置形式是井位于灌溉面积的中心向四周灌水，适用于地形平坦或中间高两边低的地段；第二种布置形式是井位于灌溉面积的一侧向另一侧灌水，适用于地面坡度较大并向一侧倾斜的地段。

由于单井的灌溉面积较小，一般是一眼井一条干渠，再向两侧或一侧布置若干条支渠。支渠的间距，一边分水时为 50m 左右，两边分水时为 100m 左右。一边分水时毛渠的间距等于灌水畦（沟）的长度，两边分水时毛渠的间距等于灌水畦（沟）长度的两倍。

与灌溉渠道相对应，排水沟也有干沟、支沟与毛沟三级。根据地形条件，选择灌排相邻或灌排相间布置形式。

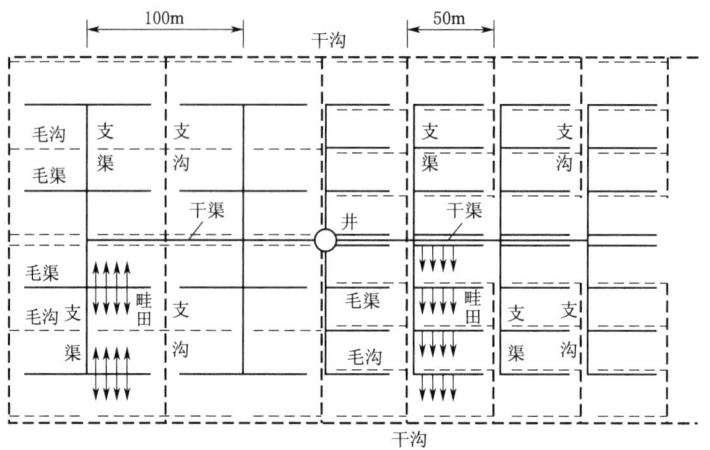

图 4-7 两边分水的井灌区渠系布置

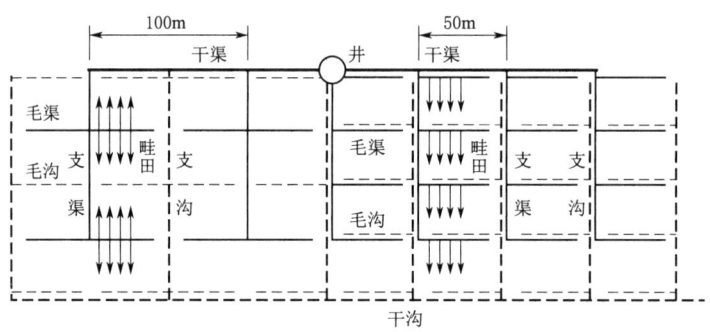

图 4-8 一边分水的井灌区渠系布置

井渠结合灌区，二者应统一规划布置，使其成为一套系统。井渠结合有 3 种方式：①同一块灌溉土地上有井又有渠，根据地下水位的调控要求和水源供水情况，井渠交替使用；②灌区内井渠分片布置，以渠水补井水之不足，以井控制渠灌区的地下水位；③从灌区上游地下水位过高的地区抽井水入渠，供下游灌溉，兼收排灌双重效果。第一种井渠结合方式应用较多，井灌可以利用渠灌的斗渠或农渠作为输水渠道（图 4-9），各井抽出的水量注入渠道，统一调配，集中使用。

近二三十年来，管道输水灌溉在我国北方井灌区发展很快，它具有省水、省电、省地、省工、增产等优点，因此井灌区应尽量采用管道输水灌溉技术。管道输水灌溉技术将在第八章第三节详细介绍。

三、南方平原区灌排渠系规划

(一) 排水系统规划

河网化排水系统除了具有排涝、降渍的基本排水功能外，还具有引水、蓄水、通航及水产养殖等综合利用功能，因此河网化排水系统也称综合利用排水沟系统。河网化排水系统主要由骨干河网、基本河网和田间墒网 3 部分组成。

第三节 平原区灌排渠系规划

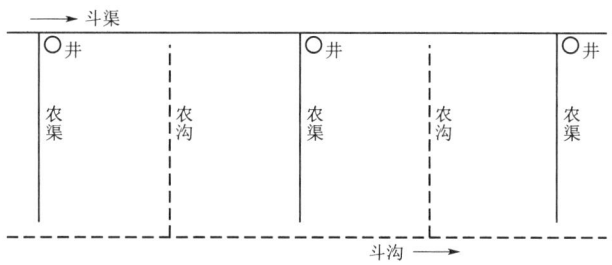

图 4-9 井渠结合灌区渠系布置

(1) 骨干河网是指一个地区的干河、支河,是防洪、除涝的主体工程。有些地方称干河、支河为一、二级河。骨干河网与大江、大河或湖泊相通,既是排水的容泄区,又是灌溉的水源地,对整个河网起着控制调度的作用。

(2) 基本河网由大沟、中沟、小沟构成,分别相当于一般排水沟系统中的支沟、斗沟和农沟。大沟、中沟也称三河级、四级河,小沟也称生产沟。基本河网起着蓄水、排水、引水、降低地下水位、农船通航等综合作用。

(3) 田间墒网由毛沟、腰沟、墒沟等组成,属田间工程的一部分,是直接调节土壤水分的基础工程。

河网化排水系统的规划布置,干河、支河一般可以利用现有河道,根据要求予以浚深和拓宽。如果河道上下游的高差较大,为了高低分开,高水高蓄,可在河道内分段修建节制闸,形成梯级河道。梯级河道级差可根据蓄水要求、河道深度与纵坡等拟定,一般为 2～4m。上下两级节制闸的间距,应使上级节制闸的闸下水深满足灌溉、航运的要求,灌溉要求水深为 1m。闸前蓄水位的确定,要满足附近地区农田的防渍要求。闸位应结合交通桥梁,考虑行政区划与管理要求来确定。

布置基本河网时,先确定大沟的位置。大沟与骨干河网的衔接,要兼顾行政区划,以便于管理。中沟一般垂直于大沟。小沟为末级固定沟。根据现有农机运行效率和灌溉配水的要求,小沟长度为 400～1000m,间距为 100～200m,其深度按防渍与治碱的要求确定。规划时应充分考虑利用原有的工程基础,对于原来河沟稀少,不能满足排、蓄、降、引、调等要求的地区,需要规划建设新的河网系统;对于原有河网浅、弯、断、乱,分布不均,不成系统,不能满足排、蓄、降、引、调等要求的地区,则应从改造老河网入手。如某些老河沟位置与走向同规划要求基本一致,可因地制宜加以利用。

为了满足综合治理、综合利用的要求,河网的规划应体现"深、网、平、分"4 个特征。

(1) 深:是指沟河要有足够的深度。只有深度足够,大沟、中沟、小沟才能完成排除地面水和降低地下水位的任务。同时,河网可拥有较大的蓄水能力,既能拦蓄大雨,又能引用外水与浅层地下水,满足灌溉要求。

(2) 网:是指水系成网,即要求各级河沟互相贯通,分布均匀,交织成网,形成新的水系。只有交织成网才能做到调度灵便,蓄泄自如。

(3) 平:是指各级沟道一般采用平底或很缓的沟底比降。沟深底平,互相贯通,便于水量互相调度,便于排、降、引、蓄,便于航运和水面养殖。

(4) 分:是指对河网划分梯级,实行高低分片控制,达到高低地分级拦蓄,高水高排,低水低排,遇特大暴雨又能适当调度排泄,解决高低地、上下游的矛盾。

基本河网的布局和规格标准,因各地的自然条件,原有的工程基础以及河网担负的任务不同而有差别,表4-2为江苏省各平原区基本河网的规格标准,可供参考。

表4-2　　　　　　　　江苏省各平原区基本河网规格　　　　　　　　单位:m

分区规格	大沟			中沟			小沟		
	间距	深度	底宽	间距	深度	底宽	间距	深度	底宽
淮北平原地区	1500~3000	3.5~5.0	3.0~6.0	500~1200	2.5~3.5	2.0~4.0	100~200	1.5~2.0	0.5~1.0
沿海垦区	1000~2000	3.5~4.5	4.0~6.0	600~1000	3.0~3.5	2.0~3.0	50~100	1.5~2.5	0.5~0.8
沿江砂土区	1000~2000	4.0~5.0	3.0~6.0	500~600	3.5~5.0	2.0~4.0	100~200	1.5~2.0	0.5~1.0
太湖地区	1000~2000	2.5~3.0	2.0~4.0	400~600	1.5~2.0	0.5	100~200	1.2~1.5	0.2

需要说明的是,在我国北方部分地区,如河北、天津等地,根据旱季灌溉水源不足,雨季河流流失的情况,也利用排水沟蓄水,即把排水沟按蓄水要求予以加深、拓宽、放缓纵坡,并相互联通和建闸控制,形成一个蓄泄兼筹、灌排两用的河网系统(也称深沟河网)。北方地区存在盐碱威胁及降水量较小的问题,因此在规划深沟河网时,要充分考虑蓄水与排碱问题、河网容积利用率等,避免造成两岸土地盐碱化或浪费工程投资。

(二) 灌溉渠系的布置

1. 自流灌溉渠系

若灌溉水源水位较高,可以自流灌溉时,应规划自流灌溉渠系。这种情况下,一般干渠对应于干河或支河,支渠对应于大沟,斗渠对应于中沟,农渠对应于小沟,如图4-10所示。江苏省大运河沿线及苏北灌溉总渠沿线的大中型灌区大多属于这种类型。

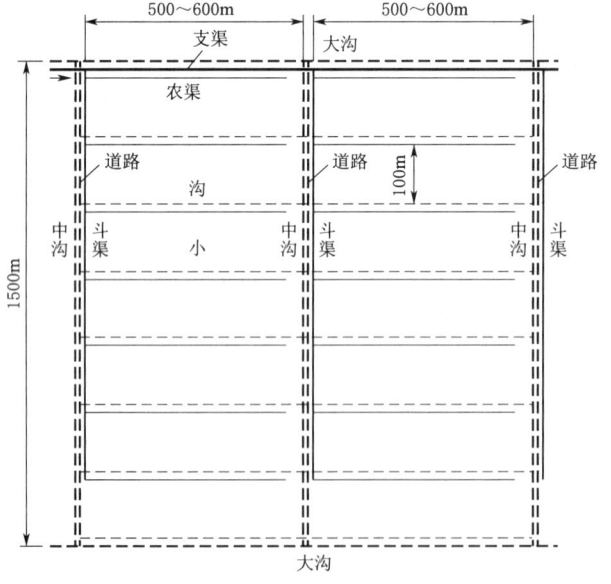

图4-10　平原区基本河网及渠系布置

2. 提水灌溉渠系

以河网内部的大、中沟为水源进行灌溉时，需修建提水泵站。每座泵站一般控制一个村，灌溉面积少则数百亩，多则千余亩。渠系一般干、支两级（相当于斗渠、农渠）到田。这种小型提水灌区，具有灌水及时、省水省电、管理方便等优点。

第四节　圩区灌排渠系规划

一、圩区的特点与治理原则

圩区主要分布在沿江、沿河、滨湖和三角洲地区，系江湖冲积平原，土壤肥沃，河湖众多，水网密布，水源充沛。自古以来，劳动人民就在江河沿岸或沿湖滩地筑堤围垦，形成具有灌排功能的独立区域，因长江下游叫做圩、中游叫做垸，统称圩垸，故圩区也叫圩垸区。圩区地形平坦低洼，或四周高、中部低洼，地下水位高，大部分地区地面高程在江（湖）洪枯水位之间，每逢汛期外河水位常高出地面，圩内多余水难以自流排除，涝渍威胁严重。大水年份，外河水位高，需防圩堤决口，防洪压力大。此外，因降雨不均，也常发生旱情。因此，洪、涝、渍、旱灾害频繁，严重影响农业生产。

针对圩区洪涝威胁重、地下水位高的特点，灌区规划应在加强防洪的前提下，主攻涝渍，以排为主，兼顾灌溉。根据圩区治理经验，圩区治理应遵循以下规划原则：

（1）调整圩型，固堤防洪。原有旧圩区往往存在圩子面积过小，布局零乱，堤线长，防洪任务重等问题；同时河网在布局上往往存在河道弯曲、水系复杂、分布不匀、水流迂回不畅等问题，影响排水、引水和通航。通过联圩并圩，改造外河网水系，加固圩堤，搞好圩口闸站配套，可以有效提高圩区防洪能力，保障圩区安全。

（2）等高截流，分片排涝。圩区内部地形大多沿江河两岸较高、滨湖较低；四周环水的圩则是四周高中间低，故圩区地面虽平坦，但还有一定的高差。因此，等高截流、分片排涝、高水高排、低水低排，已成为湖区治涝的一条重要经验。

（3）留湖蓄涝，排蓄结合。在外河水位高于圩区内部地面高程时，排水系统及排水闸不能自流外排，此时应充分利用圩区内部原有的湖泊洼地，滞蓄闭闸期间的全部暴雨涝水或部分涝水以降低抽排流量，减轻排涝压力。

（4）力争自排，辅以抽排。在汛期，圩的外河水位一般高于圩内地面，圩区自流排涝机会少，加上圩区内部的滞涝河湖有限，因此单靠自流外排与内湖滞涝，一般都难以解决涝灾威胁，因此需要辅以抽排。但是，为了尽量减少抽排设备和抽排费用，也应该采取措施尽量提高自排能力与滞蓄能力。

（5）主攻涝渍，搞好灌溉。圩区既易涝、易渍，也易旱，排水沟和灌溉渠必须建立两套系统，做到排灌分开。使排水沟经常保持较低水位，发挥其控制地下水位的作用。同时水旱作物宜分片种植，并在水旱田交界处开挖截渗沟，防止稻田渗漏对旱作物不利的影响。

江苏省在治理圩区的实践中形成了"四分开，三控制"的成功经验。"四分开"即内外分开，排灌分开，高低分开，水旱分开；"三控制"即控制圩内河道水位，控制地下水位，控制土壤含水量。同时，通过实筑圩、双配套（闸、站）、双改造（改造老河网、改造低产田），建设新水系，实现挡得牢、排得出、降得下、灌得好。

二、圩区防洪规划

平原圩区防洪规划，应合理安排蓄、泄、分（撇）等项综合措施，正确处理流域和地区、干流和支流、上游和下游、左右岸以及洪、涝、渍、旱等方面的矛盾，进行统筹规划和综合治理，以抗御设计洪水。

（一）整修堤防

（1）防洪标准。堤防防洪标准的高低主要取决于防护对象的重要性，历史洪水灾害情况及政治、经济影响等条件，可参考 GB 50201—2014《防洪标准》或根据各地区的相关规定确定。

（2）堤距和堤顶高程的确定。新建或扩建堤防，将遇到合理选定堤距与堤高的问题。河道堤距和堤顶高程，应根据河道设计洪峰流量确定。若采用的堤距较小，则设计洪水位较高，修堤土方量较大；若采用的堤距较大，则堤防高程较小，但是河道占地较大。规划时，可拟定多个不同的方案，通过技术经济比较确定合理方案。

若已明确规定圩堤应防御某一设计洪水位，则堤防的堤顶高程可按下式计算：

$$H_{堤顶} = H_{洪} + h + A \tag{4-1}$$

式中：$H_{堤顶}$ 为设计堤顶高程，m；$H_{洪}$ 为设计洪水位，m；h 为风浪爬高，m，可参考水工建筑物教材有关公式计算确定；A 为安全超高，一般取 0.5~1m。

（3）堤防横断面设计。堤防多采用梯形断面。堤防边坡的大小，一般可根据经验参考表 4-3 选定。对于隐患较多的旧堤、迎溜顶冲的险段，边坡应适当加大。堤顶宽度主要按防洪与交通的要求确定。堤高小于 3m 时，堤顶宽为 2~3m；堤高在 3~6m 时，堤顶宽为 3~5m，有公路的堤顶宽要根据公路等级来定，可参考有关公路设计标准。为保护堤防安全，应采取必要护坡措施。一般以植物护坡为经济，应用最为广泛。若该河道为航道，堤防土质又较差，则可在坡脚采用砌石护坡、抛石护坡等护坡措施。

表 4-3　　　　　　　　　　　　圩 堤 边 坡 系 数

土的类型	迎水坡			背水坡		
	堤高3m以下	3~6m	6~10m	堤高3m以下	3~6m	6~10m
砂质黏土	1:2	1:2.5	1:3	1:2	1:2.5	1:3
壤土	1:2	1:2.5	1:3	1:2	1:2.5	1:3
砂壤土	1:2	1:2.5	1:3	1:2	1:2.5	1:3
砂土	1:2.5	1:3	1:3.5	1:3	1:3.5	1:4

（二）联圩并圩

将面积小、布局不规则、堤身矮小、防洪标准低、堤线长的圩子合并成较大的圩子，称为联圩并圩。若单圩面积过小，防洪任务大，可采用联圩并圩，把流量不大的支流叉河，用筑堤或建闸封堵，使相邻分散的小圩合并成 1 个大圩。如图 4-11 所示，将 A、B、C、D、E、F 处堵口或建闸，可将原来 5 个小圩合并成 1 个大圩，原来的部分外河变成了大圩的内河。

联圩并圩的主要作用是：①缩短堤线，减轻防洪负担，这样有利于集中防守，重点加固;②堤线缩短后,可以减少圩堤的入渗量,从而也可减轻排水负担,有利于控制圩内水位;③联圩后把一部分原是外河的水面包进了大圩内,可增加圩内滞涝容积,提高滞涝能力。

(三) 撇洪

在傍山圩田修建撇洪沟或截水沟,拦截山坡或河流上游的洪水,起到等高截洪,撇走山水的作用。山、圩水分家,高、低水分开,减少山洪对山下农田的冲刷,在减轻洪涝威胁的同时还可利用截蓄的山洪进行灌溉。

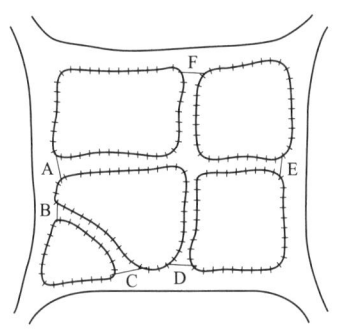

图 4-11 联圩并圩示意图

撇洪沟一般要环山布置,在沟下侧单面筑堤。撇洪沟沿线要与蓄洪、滞洪等工程构成统一的体系,做到以撇为主,撇蓄结合。

撇洪沟的出口,一般应比外江(河)水位高,以避免受外水顶托,并便于自流排水。在线路选择上,撇洪沟应尽可能沿等高线适当取直开挖,这样既有利于泄洪,也有利于蓄水滞洪,为上、下游的防洪除涝创造有利条件。另外,撇洪沟的位置应尽量避免石方、高填深挖,并应避免修建过多的交叉建筑物。若撇洪沟出口位置较低,应建闸控制,以防止外水倒灌。

(四) 分洪蓄洪

分洪蓄洪是江河中下游重要的防洪措施。目前平原圩区现有堤防防洪标准不高,一旦发生特大洪水,必须预先有计划地采取分洪蓄洪措施,牺牲局部低洼地区以确保江河沿线广大圩区的安全,将洪水灾害减小到最小范围之内。

分洪蓄洪工程规划应在流域规划的基础上进行,同时要注意以下各点:①分洪区的位置应尽量选在被保护地段的上游;②尽量选用圩内洼地,蓄洪容积大,淹没损失和筑堤费用少的地段分洪;③在工程布局上做好进洪及排洪闸、分洪道,蓄洪区等工程规划。

三、圩区灌排渠系规划布置

1. 排水沟道系统(内河网)布置

圩区内部排水沟道系统通常称为内河网,一般由干河和支河两级河道组成,起蓄水、排水、引水和降低地下水位的作用。干河、支河也常称为中心河和生产河。内河网的布局要根据圩区的形状、规模、老河网的情况以及原有排灌设施的布局,首先规划圩内干河。圩区形状一般不规则,但多数接近长方形。如果面积不太大,可在圩的中心位置或接近中心的位置,布置一条干河,垂直干河两侧均匀地布置若干条支河,构成"丰"字形河网,如图 4-12 所示。干河位置要适中,便于承受各方向的来水;支河要分布均匀,可以缩短流程,加快排涝速度,并起降低地下水位的作用。支河间距一般为 $200\sim300\mathrm{m}$。上述两级河道的"丰"字形布置适用于南北向狭长的圩形,对于东西向狭长的圩形,为保持田块南北向,需垂直于支河再多开一级田头排水沟。为节省工程投资,干河可以尽量利用原有河道。支河可利用原有河道不多,因此一般都要开新河。

如果圩面规模较大,圩形接近方形,"丰"字形河网可扩大为双"丰"字形或"井"字形。所谓"井"字形,就是竖横方向各有两条或两条以上干河。

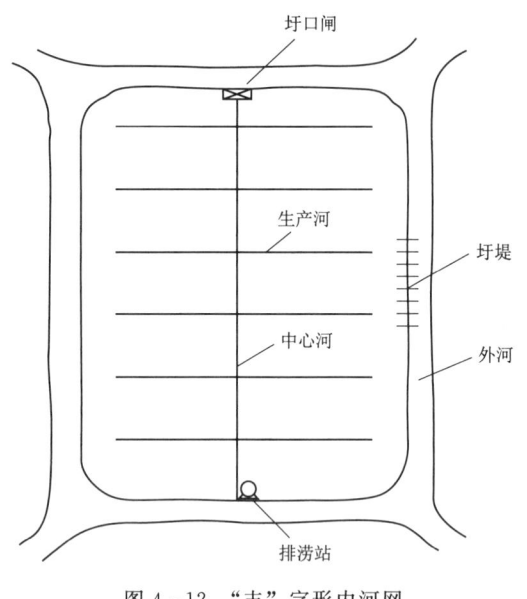

图 4-12 "丰"字形内河网

干河的两头一般直达圩堤,根据需要,可封闭不通外河,也可通过修建圩口闸与外河相通。圩区一般没有常年自排的条件,汛期需要采用泵站进行提水排涝,因此圩区一般都需布置排涝泵站。有时为了沟通内外通航,需在圩口修建简易船闸,一般称这种船闸为套闸。若圩内地形高差比较大,宜配置节制闸,实现高低分治,高水高排,低水低排。

2. 灌溉渠系布置

圩内灌溉渠系的布置应在合理布置排水沟道系统(内河网)的基础上进行。灌溉渠系一般干渠、支渠两级到田,分别与中心河、生产河相对应。灌溉干渠多沿圩堤布置,支渠与生产河呈灌排相间布置方式。

圩内灌溉一般采用泵站提水灌溉。因圩区排涝压力较大,灌溉泵站尽量设计成灌排两用,担负排、灌双重任务。

根据圩内泵站数量多少,基本布局方式有以下两种:

(1) 一圩一站。面积较小的圩垸只需建设一座泵站,布置一套灌溉渠系,即一圩一站,如图 4-13 (a) 所示。泵站一般为灌排两用泵站。

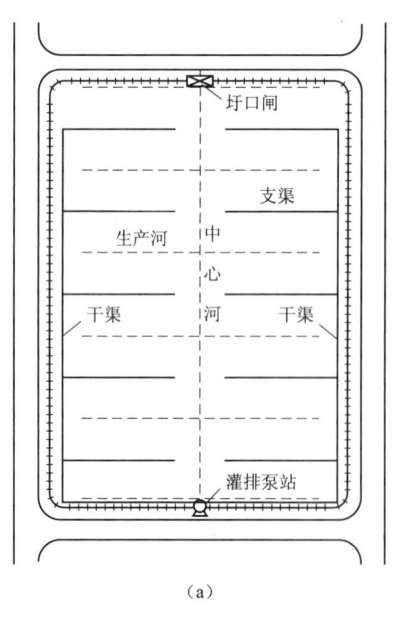

(a)

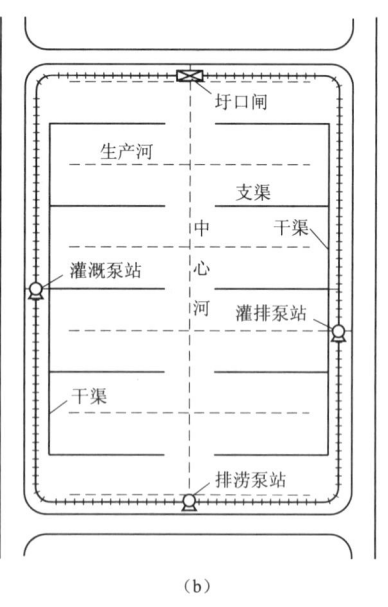

(b)

图 4-13 圩区灌溉渠系布置示意图
(a) 一圩一站灌溉渠系布置;(b) 一圩多站灌溉渠系布置

(2) 一圩多站。面积较大的圩垸，往往一圩多站，分区灌溉，统一排涝。就是在一个圩内，布置多座灌溉泵站，每座灌溉泵站负担一定范围的灌溉任务，即灌溉系统以灌溉泵站为单位分片布置，自成系统，干渠、支渠两级到田，如图4-13（b）所示。灌溉泵站可以设计成灌排两用泵站。排涝泵站和灌排两用泵站共同承担全圩的排涝。

第五节 渠系建筑物规划

在灌溉或排水渠（沟）道系统上为了控制、分配、测量水流，通过天然或人工障碍，保证渠道安全运用而修建的建筑物的总称。

一、控制建筑物

控制建筑物包括分水闸、配水闸、排水闸（防洪、排涝、挡潮）、控排闸和节制闸等。

分水闸布置在支渠进口处，配水闸布置在斗渠、农渠进口处，便于上级渠道向下级渠道分水、配水。习惯上，布置在斗渠、农渠渠首的配水闸分别称为斗门和农门。

排水闸一般布置在干沟出口处的江河沿岸堤防上，当江河水位上涨时，关闭闸门，防止外水倒灌。水位退落时，打开闸门，排除内涝渍水。在实施控制排水的地区，需要在田间排水沟沟口布置控排闸，在不产生涝渍危害的前提下，控制田间排水，从而削减农田面源污染排放。

节制闸用于截断或抬高水位，一般布置在以下3种场合：

(1) 在下级渠道中，个别渠道进水口处的设计水位和渠底高程较高，当上级渠道的工作流量小于设计流量时，进水就困难。为了保证该渠道能正常引水灌溉，就要在上级渠道分水口下游侧设一节制闸，壅高上游水位，满足下级渠道的引水要求，如图4-14所示。

(2) 下级渠道实行轮灌时，需在轮灌组的分界处设置节制闸，在上游渠道轮灌供水期间，用节制闸拦断水流，把全部水量配给上游轮灌组中的各条下级渠道。

图4-14 节制闸

(3) 为了保护渠道上的重要建筑物或险工渠段，退泄降雨期间汇入上游渠段的暴雨径流，通常在它们的上游侧布置节制闸，再在节制闸上游侧布置泄水渠和泄水闸，使多余水量从泄水闸和泄水渠流向天然河道或排水沟道。

按闸室结构型式，水闸可分为开敞式水闸和涵洞式水闸。干支渠上分水闸、节制闸以及排水沟道上的排涝闸常采用开敞式水闸，斗门、农门一般采用涵洞式水闸。

二、交叉建筑物

灌溉渠道穿过河流、溪谷、洼地、道路或排水沟时，需修建渡槽、倒虹吸管、隧洞、涵洞（交通涵洞）、农桥等交叉建筑物，其中农桥、交通涵洞也可称为交通建筑物。

(1) 渡槽。渠道穿过河沟、道路时，如果渠底高于河沟最高洪水位，或渠底高于路面的净空大于行驶车辆要求的安全高度时，可架设渡槽，让渠道从河沟、道路的上方通过。

图 4-15　淠史杭灌区将军山渡槽

渠道穿越洼地时，如采取高填方渠道工程太大，也可采用渡槽。图 4-15 是淠史杭灌区杭淠分干渠与张母桥河的交叉处修建的将军山渡槽。

(2) 倒虹吸管。渠道穿过河沟、道路时，如果渠道水位高出路面或河沟洪水位，但渠底高程却低于路面或河沟洪水位时，或渠底高程虽高于路面，但净空不能满足交通要求时，就要用压力管道代替渠道，从河沟、道路下面通过，压力管道的轴线向下弯曲，形似倒虹，因此称为倒虹吸管。渠道穿越道路时，常采用竖井式倒虹吸（图 4-16），这种形式构造简单，管路较短。渠道穿越河道时，一般采用斜管式倒虹吸（图 4-17），这种形式施工比较方便，水力条件好。

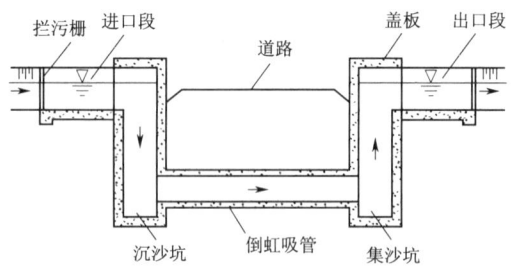

图 4-16　竖井式倒虹吸

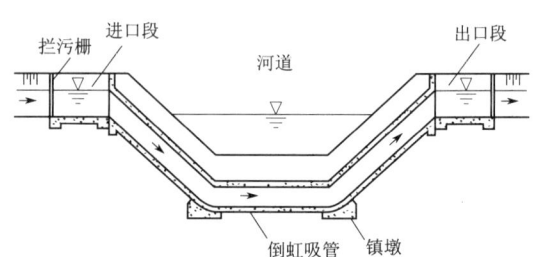

图 4-17　斜管式倒虹吸

(3) 涵洞。渠道或排水沟与道路相交，沟渠水位低于路面，而且流量较小时，常在路面下面修建过水通道，这种过水建筑物称为涵洞，也可称为路涵。根据涵洞过水断面形式的不同，涵洞可以分为圆管涵、盖板涵、拱涵和箱涵等类型。圆管涵和箱涵应用较多，小型涵洞一般采用圆管涵，过水断面较大时，宜采用箱涵。当渠道与河沟相交，河沟水位低于渠底高程，而且河沟流量较小时，可用填方渠道跨越河沟，在填方渠道下面建造过水涵洞，维持河沟畅通。

需要说明的是，涵洞进口若安装了控制闸门，则称为涵洞式水闸，简称涵闸。涵闸属控制建筑物。

(4) 隧洞。当渠道遇到山岗，深挖或绕行工程量大，不经济时，或地质条件较差，开挖明渠施工和管理困难时，影响渠道安全，可穿山开挖建成封闭式的输水道——隧洞。按其担负任务的不同，可分为放水隧洞和泄水隧洞。放水隧洞用来从水库中放出用于灌溉、发电和给水等所需的水量；泄水隧洞用于配合溢洪道泄放部分洪水、泄放水电站尾水、为检修枢纽建筑物或因战备等的需要而放空水库以及排沙等。

(5) 农桥。渠道或排水沟与道路相交，沟渠水位低于路面，而且流量较大、水面较宽时，需要在沟渠上修建桥梁，满足交通要求。这类桥梁建设标准低于一般的公路桥，主要供农机通行，因此称为农桥或机耕桥。

三、衔接建筑物

当渠道通过坡度较大的地段时，为了防止渠道冲刷，保持渠道的设计比降，就把渠道分成上、下两段，中间用衔接建筑物连接，这种建筑物常见的有跌水和陡坡。一般当渠道通过跌差较小的陡坎时，可采用跌水，如图 4-18 所示；跌差较大、地形变化均匀时，多采用陡坡，如图 4-19 所示。

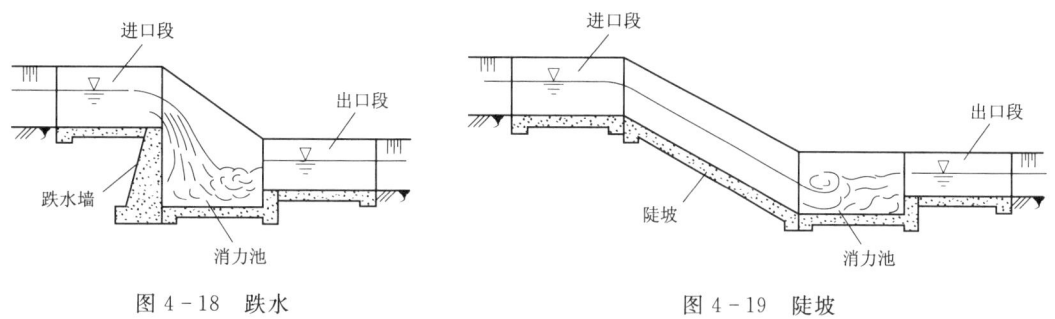

图 4-18 跌水　　　　　　　　图 4-19 陡坡

上下级排水沟衔接处，若存在一定落差，且土质较差时，也需要布置跌水，以保护沟口稳定。

四、泄水建筑物

为了防止由于沿渠坡面径流汇入渠道或因下级（游）渠道事故停水而使渠道水位突然升高，威胁渠道的安全运行，必须在重要建筑物和大填方段的上游修建泄水闸或溢流堰，并布置泄水渠，泄放多余的水量。灌溉期结束后，往往需要泄退渠中余水，因此一般需在干渠、支渠和重要的斗渠的末端设退水闸和退水渠。有时为了方便退水，退水闸也可布置在渠道中下游与沟河交叉或邻近有沟河处布置退水闸，这样可以减少退水渠的长度，甚至不需要布置退水渠，退水直接通过退水闸排入邻近沟河。

五、量水建筑物

灌区要实施科学的用水管理，根据用水计划进行引水和配水，或者实施按方收费，均需要在各级渠道的渠首或水量交接点处进行用水计量。一般干渠、支渠可利用进水闸或分水闸进行量水，也可利用渠道中的渡槽、跌水等渠系建筑物量水。斗渠、农渠过水断面较小，为提高量水精度，宜采用专门的量水设备进行量水。专门的量水建筑物主要有巴歇尔量水槽、无喉道量水槽、长喉道量水槽和农用分流计等。这些量水建筑物的结构形式及测流方法详见第十章。

第六节　田 间 工 程 规 划

田间工程是指末级固定沟渠控制范围内的永久性或临时性的渠道、排水沟及相关配套工程。规划田间工程时，必须立足当前，着眼长远，既要满足当前农业生产发展的实际需要，又要充分考虑农业现代化发展要求。

一、条田规划

条田是指最末一级固定灌溉渠道（农渠）和最末一级固定排水沟道（农沟）之间所控

制的田块，又称方田或灌水耕作区。它是进行农业机械耕作，布设田间内部灌排沟渠的基本单元，也是作物种植和组织田间灌水、田间管理以及平整土地的基本单位。条田长度、宽度大小应满足下述要求：

(1) 有利于农业机械化耕作。机耕除要求条田形状方整外，还要求有一定的长度，以提高机械生产效率。据测定，条田长度对于大型农机具以 400～800m 为宜，中型农机具以 300～500m 为宜，小型农机具以 200～300m 为宜。

(2) 有利于田间管理和灌水。在旱作地区，为使灌水后条田耕作层土壤干湿程度基本一致，以便及时中耕松土和防止土壤水分蒸发与盐分向表土积累，一般要求一块条田能在 1～2d 内灌水完毕。从便于组织灌水考虑，条田长度以不超过 500～600m 为宜。

(3) 有利于排渍和除涝。条田的大小还应考虑除涝、防渍和改良盐碱土的要求，既要能及时排除因暴雨产生的田面积水，减小淹水时间和淹没深度，同时也要满足控制与降低地下水位的要求，以防止发生渍害或土壤盐碱化。基于此，农渠农沟相间布置时，条田宽度以 100～150m 为宜，相邻布置时，条田宽度约 200～300m。

(4) 少占耕地、节省投资。条田过小，会增加沟、渠、路、地埂等占地，也会增加沟、渠、路的数量和工程投资。在满足灌排要求的前提下，适当加大条田控制面积，有利于节省耕地和工程投资。另外，渠、沟、路尽可能相结合，以便于管理、维护。

总之，影响条田大小的因素较多，应根据当地具体情况确定。旱作区条田大小可参考表 4-4。在平原地区，根据使用农业机械型号的大小，条田其尺寸可适当加大或缩小。井灌区、山丘地区，条田尺寸要更小，以提高灌水质量和灌水效率，节约灌溉水量。

表 4-4　　　　　　　　　　　　旱作区条田规格

地　区	长度/m	宽度/m
陕西关中	300～400	100～300
安徽淮北	400～600	200～300
山东	200～300	100～200
新疆军垦农场	500～600	200～350
内蒙古机耕农场	600～800	200

二、农田土地平整

农田土地平整是保证地面灌溉灌水质量的重要措施，也是农田基本建设的重要内容。土地平整不仅有利于灌溉排水和农机作业，也有利于扩大耕地面积，改良土壤，提高作物产量。平整土地既要符合地面灌排要求，也要便于耕作和田间管理，其基本要求如下：

(1) 平整后田块内所有各点的田面高程应比最末一级渠道（农渠或者毛渠）引水口处的渠底高程低，以方便自流引水入田。

(2) 平整后的田面坡度应满足畦灌、沟灌技术的要求。设计坡度尽量接近自然地面坡度，田面纵坡方向应顺着耕作方向和灌水方向。水田格田田面宜为水平。

(3) 平整后的条田田面要求坡度均匀一致。一般畦灌、水平畦灌和沟灌地面高差应分别小于±5cm、±1.5cm 和±10cm；水田格田内水平田面高差应不超过±3cm。

(4) 平整工作量最小。要求移高填低，就近挖填方平衡；运距最短，工效最高。

(5) 平整土地时应尽量保留表土。一般挖方处应保留表土厚度 20～30cm；填方处填厚超过 50cm 时，必须使熟土上翻，生土上保持有 20～30cm 厚的熟土层。

(6) 确保当年平整，当年受益。妥善安排当年农业生产，以不影响当年种植为前提。

(一) 农田土地平整设计

农田土地平整设计是指根据平整土地的基本要求，在需要平整的田块范围内，按照设定的田面坡度，确定各桩号的田面设计高程，挖、填深度，开挖线位置，土方量及运土方向等，为土地平整施工提供依据。农田土地平整方法有加权平均法和方格网法两类。其中方格网法，根据方格网布置形式又可分为方格中心点法和方格角点法。下面分别介绍这些方法的设计计算步骤。

1. 加权平均法

为了适应农业机械耕种的要求，往往需要将几块面积较小、地面高程不同的小地块合并平整成为一个大的田块，此时，可采用加权平均法。下面以图 4-20 所示 4 块高低不平的台阶地块合并平整为例说明计算步骤：

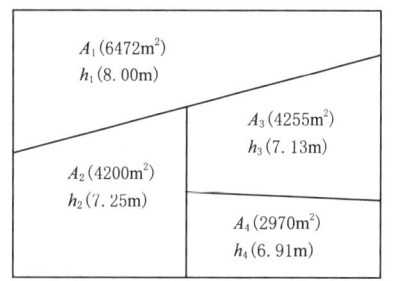

图 4-20 小块地合并图

(1) 测量各小地块的面积和高程。测量 4 块不等高的平台阶地面积，分别为 A_1、A_2、A_3、A_4，对应各地块的田面高程分别为 h_1、h_2、h_3、h_4。测量时，若小地块田面比较平坦，可只测地块中部有代表性的一个点的田面高程。若田面有较均匀的坡度，可在地块两端各测一个点的田面高程，取两点田面高程的平均值，作为代表本地块的田面高程。

(2) 计算平整后地块田面设计高程。设合并平整后地块田面设计高程为 h_m，计算公式为

$$h_m = \frac{A_1 h_1 + A_2 h_2 + A_3 h_3 + A_4 h_4}{A_1 + A_2 + A_3 + A_4} = \frac{\sum A_i h_i}{\sum A_i} \qquad (4-2)$$

根据图 4-20 所示基础数据，可计算得出平整后的田面设计高程为 7.44m。

(3) 计算各小地块的填高或挖深值。平整后的田面设计高程 h_m 计算出来后，以田面设计高程减去各田块实际高程，即可求出各小地块的填高或挖深值。经计算，第 1、2、3、4 地块的填高或挖深分别为 −0.56m（挖）、0.19m（填）、0.31m（填）、0.53m（填）。

(4) 计算总挖填方量。总的挖填方量分别为

总挖方量：$V_w = 0.56 \times 6472 = 3624.3 (m^3)$

总填方量：$V_t = 0.19 \times 4200 + 0.31 \times 4255 + 0.53 \times 2970 = 3691.2 (m^3)$

计算结果表明，挖填方量基本平衡。但是，上述设计未考虑 4 块小田的熟土剥离与回覆，若考虑熟土剥离与回覆，则实际平整工作量要更大一些。

2. 方格中心点法

方格中心点法适用于非均匀变化的地面坡度，地面凹凸不平，填挖分界线不分明的地段。方格边长一般为 10～20m，田块边缘处方格边长为内部方格边长的一半，即 5～10m。若将田块平整成水稻格田，田面宜平整成水平。若种植旱作物，采用畦灌或沟灌，

地面设计坡宜为 0.1%～0.5%。下面以图 4-21 所示的旱作物田块为例，说明设计步骤：

（1）布置方格网。边缘处以 10m 为间隔，内部均以 20m 为间隔，用实线画出方格网。

（2）测量方格网各角点的高程。以实线方格网交点处（即图上打"·"符号处）为桩点，测量其地面高程，并注于图上，如图 4-21（a）所示。各桩点高程即为虚线方格中心点的高程。

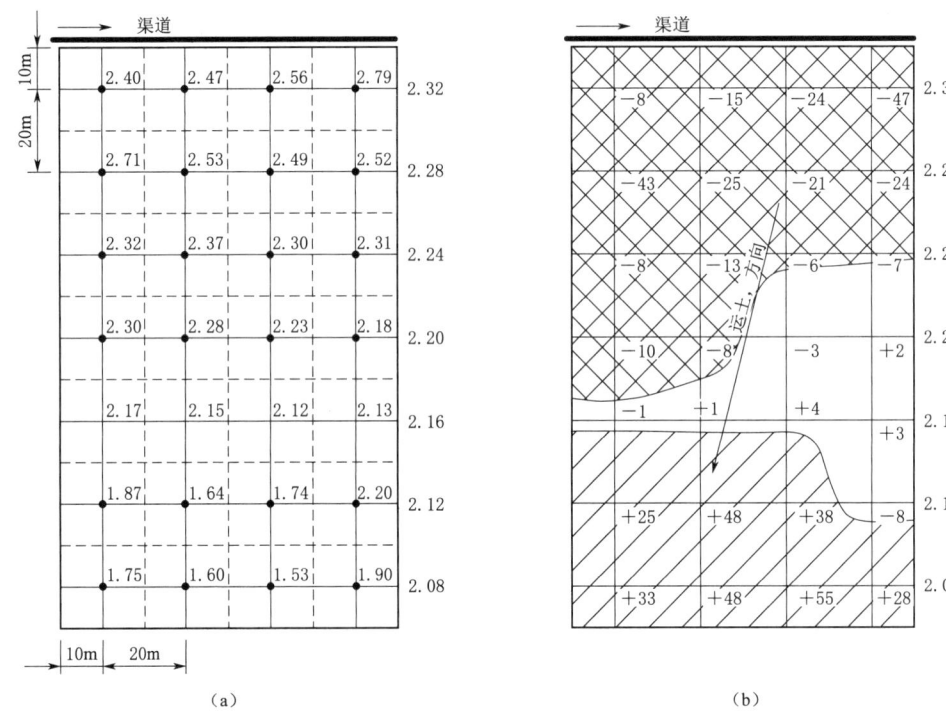

图 4-21 中心点法土地平整设计图
(a) 各桩点地面高程；(b) 各桩点挖深、填高与开挖线

（3）计算各行桩点地面平均高程。以图中第一行桩点为例，其平均地面高程为 (2.40+2.47+2.56+2.79)/4=2.56(m)。

（4）计算田块平均地面高程。将各行桩点地面平均高程累加，以行数除，即为田块平均地面高程。各行桩点地面平均高程的累计为 15.39m，因此田块平均地面高程为 15.39/7=2.20(m)。

（5）计算各桩点的田面设计高程。根据灌水要求，田面坡度采用横向平，纵向坡度为 0.2%。平整后田块平均高程应位于纵向中心位置，即图中第 4 排桩号。然后根据设计地面纵向坡度，按照顺坡相减，逆坡相加的原则，从平均田面高程中减去或加上一定数值，依次求得各横断面的田面设计高程。图中方格网边长为 20m，故纵向各桩号设计高程差值为 20×0.2%=0.04(m)。如第 3 排桩号，设计地面高程为 2.20+0.04=2.24(m)。其余类推。

（6）计算各测点的填挖深度。设计地面高程减去各测点地面高程，得各测点的填挖深度,标注于图上,如图4-21(b)所示。图中"+""-"号分别表示填和挖,挖深与填高数值的单位均为cm。

(7)开挖线的确定。把与设计高程等高的点连接起来,就得到开挖。图中开挖线为挖填深度5cm的位置,在两条开挖线中间的面积为不挖不填区,可在农业耕作过程中整平。

(8)计算挖填土方量。将各测点填、挖深度分别累加,然后将各累加值分别乘以方格面积即求出填、挖土方量。挖填深度小于5cm的均可忽略不计,可在耕作过程中予以平整。图中方格面积为400m²,最后计算得总挖、填方量分别为1068m³、1060m³。挖、填方量达到基本平衡。

各步设计计算详见表4-5。

表4-5 方格中心点计算表

行号	各行桩点平均高程/m	设计高程/m	挖填深/cm				挖方/m³	填方/m³	备注
			1	2	3	4			
1	2.56	2.32	-8	-15	-24	-47	376	0	
2	2.56	2.28	-43	-25	-21	-24	452	0	
3	2.33	2.24	-8	-13	-6	-7	136	0	
4	2.25	2.20	-10	-8	-3	2	72	0	平均地面高程:
5	2.14	2.16	-1	1	4	3	0	0	15.39/7=2.20m
6	1.86	2.12	25	48	38	-8	32	444	
7	1.70	2.08	33	48	55	18	0	616	
合计	15.39						1068	1060	
平均	2.20								

3. 方格角点法

方格角点法适用于均匀变化的地面坡度,填挖分界较为分明的地段。下面以图4-22所示的田块为例,说明利用方格角点法进行平整设计的方法步骤。

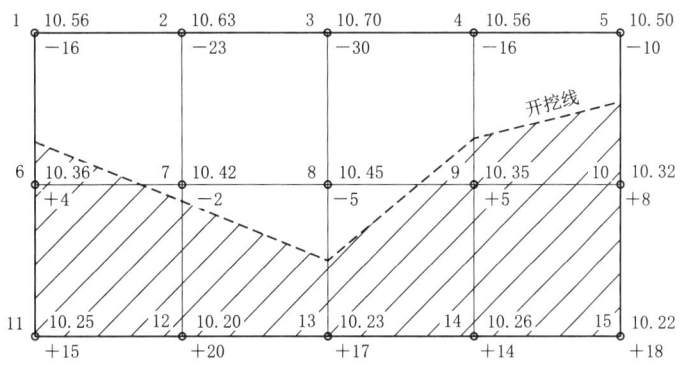

图4-22 方格角点法土地平整设计图

(1) 布置方格网。图 4-22 为需要平整的田块，布置的边长为 20m 的方格网，并进行编号。其中 1 号、5 号、11 号、15 号点称为角点，2 号、3 号、4 号、6 号、10 号、12 号、13 号、14 号点称为边点，7 号、8 号、9 号点称为中点。

(2) 测量方格网各角点的高程。测量结果标注在图上。

(3) 计算田块的平均高程。可采用下式计算：

$$h_0 = \frac{1}{n}\left(\frac{\sum h_{角}}{4} + \frac{\sum h_{边}}{2} + \sum h_{中}\right) \quad (4-3)$$

式中：h_0 为田块的平均高程，m；$\sum h_{角}$、$\sum h_{边}$、$\sum h_{中}$ 分别为各角点、边点、中点高程之和，m；n 为方格数。

由图 4-22 可知，因各角点高程仅代表 1/4 个方格，各边点高程代表 1/2 个方格，中点高程代表 1 个方格，因此分别乘 1/4、1/2、1。经计算，计算田块的平均高程为 10.40m。

(4) 计算各测点的挖填深度。若要求田面水平，田块平均高程即为各测点的设计田面高程。再用设计高程减各点实测高程，即得各点挖、填深度，计算结果如图 4-22 所示。

若田块有一定纵坡，此平均高程指田块中间（即纵长一半处）的设计田面高程，两侧各测点的设计田面高程仍按逆坡相加，顺坡相减的原则加以推算。

(5) 标出开挖线位置。将设计高程等高点连接起来，得到开挖线。

(6) 计算挖填土方量。挖填土方量可按如下公式计算。

$$W_{挖} = A_0 \times \frac{\sum h_{角挖} + 2\sum h_{边挖} + 4\sum h_{中挖}}{4 \times 100} \quad (4-4)$$

$$W_{填} = A_0 \times \frac{\sum h_{角填} + 2\sum h_{边填} + 4\sum h_{中填}}{4 \times 100} \quad (4-5)$$

式中：$W_{挖}$、$W_{填}$ 分别为挖、填土方量，m^3；A_0 为方格面积，m^2；$\sum h_{角挖}$、$\sum h_{边挖}$、$\sum h_{中挖}$ 分别为各角点、边点、中点的总挖深，cm；$\sum h_{角填}$、$\sum h_{边填}$、$\sum h_{中填}$ 分别为各角点、边点、中点的总填高，cm。

挖填深度小于 5cm 的均可忽略不计。经计算，总挖方量为 $184m^3$，总填方量为 $171m^3$。

(二) 农田土地平整方法

土地平整方法包括常规土地平整方法和激光控制平地技术。

1. 常规土地平整方法

常规平地方法又分为人工平地和机械平地两种。人工平地效率低，速度慢，适合于较小规模的平地作业。较大规模的土地平整通常采用机械化作业，机械平地不仅平地速度加快，而且在复种指数高的地区，也有利于抓紧作物收、种之间的间隙，及时进行平整，同时可以保证平地质量，促进农业增产。

2. 激光控制平地技术

常规机械平地方法具有土方运移量大、平地费用相对较低的特点，适合于在地面起伏较大、原始平整度较差的田面内完成粗平，改变田块的宏观地形。由于平地效果主要取决机械设备的施工精度，故受设备自身缺陷和人工操控精度的影响，常规机械平地难以达到较高的平整精度。激光平地技术是一种新型平地技术，可以实现大片土地平整自动化，既可节约劳动力，又能实现农田精细平整，为实施高效地面灌溉创造良好的基础条件。国外激光技术在农田土地平整方面的应用已得到普遍推广，我国也正在逐步推广这项技术。

激光控制平地系统由激光发射器、激光接收器、激光控制器、液压控制机构和平地铲5个基本部分构成，如图4-23所示。

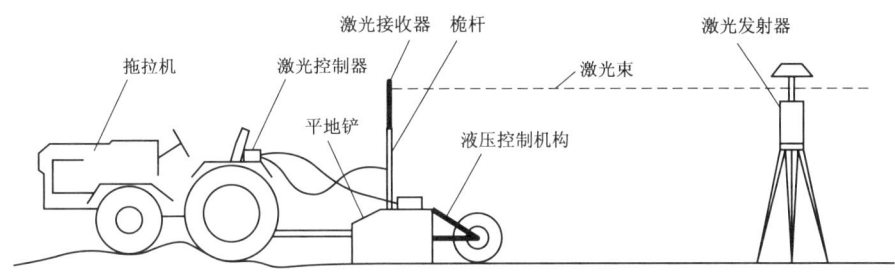

图4-23 激光平地系统工作原理图

激光控制平地技术利用激光作为非视觉操平控制手段，来控制液压平地机具刀口的升降，避免了常规平地设备因操作人员的目测判断带来的误差。激光平地系统利用激光发射器发出的旋转光束，在作业地块的定位高度上形成一光平面，此光平面就是平地机组作业时平整土地的基准平面。光平面可以呈水平，也可以与水平呈一倾角（用于坡地平整作业）。激光接收器安装在靠近平地铲的桅杆上，从激光束到平地铲铲刃之间的这段固定距离即为标高定位测量的基准。当接收器检测到激光信号后，将其转换为相应的电信号，并不停地将电信号发送给控制箱。控制箱接收到标高变化的电信号后，进行自动修正，修正后的电信号控制液压控制阀，以改变液压油输向油缸的流向与流量，自动控制平地铲的高度，使之保持达到设定的标高平面，并随着拖拉机的前进进行平地作业。

三、田间渠系规划布置

1. 北方旱作田间渠系布置

田间渠系是指条田内部临时性的灌溉渠道系统。它担负着田间输水和灌水任务，根据田块内部的地形特点和灌水需要，田间渠系由一至二级临时渠道组成。一般把从农渠引水的临时渠道称为毛渠，从毛渠引水的临时渠道称为输水垄沟或简称输水沟。田间渠系的布置有纵向布置和横向布置两种基本形式。

(1) 纵向布置。毛渠方向与灌水沟、畦方向一致，灌溉水流从毛渠流入与其垂直的输水沟，然后再进入灌水沟、畦，这种布置形式称为纵向布置，如图4-24所示。毛渠一般以垂直等高线方向布置为宜，以使灌溉水能与最大地面坡度方向一致，从而给灌水创造有利条件。但是，地面坡度较大（大于1%），而又要采用畦灌时，为避免冲刷田面，毛渠也可沿地面较小坡度，与等高线斜交布置。

根据具体地形条件，毛渠可以布置成单向控制（只在毛渠一侧布置输水沟）或双向控制（即在毛渠两侧均布置输水沟）。单向控制时，输水沟间距为灌水沟、畦长度。双向控制时，输水沟间距为灌水沟、畦长度的两倍。灌水沟与畦田的适宜长度与土壤质地和沟、畦坡度有关，当沟、畦坡度为0.2%～0.5%时，其长度一般为50～100m。

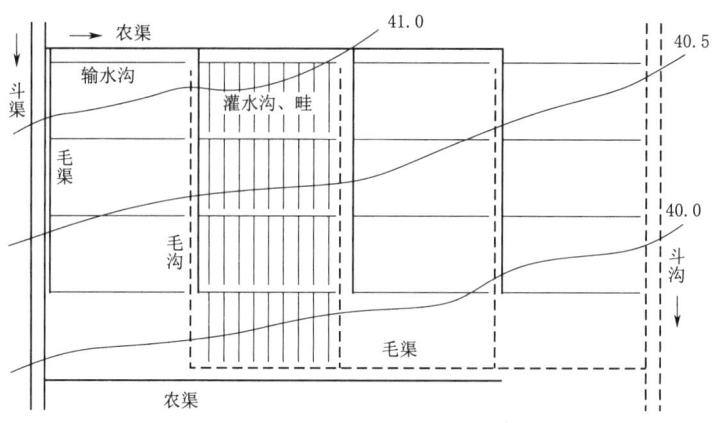

图 4-24 田间渠系纵向布置示意图

（2）横向布置。毛渠方向与灌水沟、畦方向垂直，灌溉时水从毛渠直接流入灌水沟、畦，这种布置形式称为横向布置，如图 4-25 所示。这种布置形式，条田内只需布置毛渠一级临时渠道，省去了输水垄沟，减少了田间渠道长度，节省占地和水量损失。毛渠一般平行等高线布置，以便使灌水沟、畦沿最大地面坡度方向布置，以利灌水。毛渠间距与灌水沟、畦长度一致。

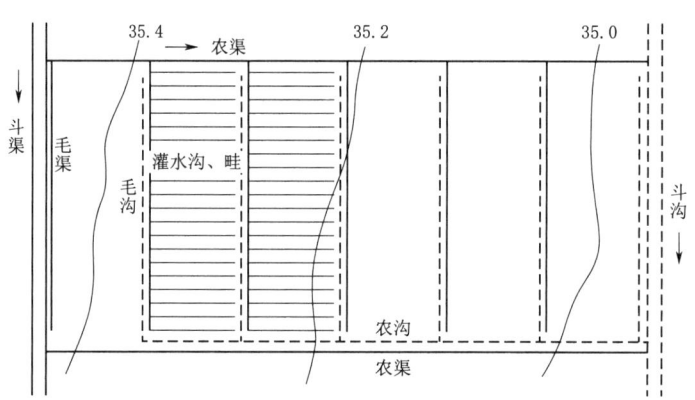

图 4-25 田间渠系横向布置示意图

上述两种布置形式，在北方旱作灌区均有采用。纵向布置能较好地适应地形变化，横向布置临时渠道较少，但对土地平整的要求较高。一般地形较复杂，土地平整较差时，常采用纵向布置；地形平坦，坡向一致，坡度较小时，可采用横向布置。

2. 水稻田间渠系布置

水稻田采用淹灌法，一般需要在田间保持一定深度的水层。因此，在种水稻区，田间工程的一项主要内容就是修筑田埂，用田埂把平原地区的条田或山丘地区的梯田分隔成许多矩形或方形田块，称为格田。平原区格田规格以长 60~120m、宽 20~40m 为宜，山丘区应根据地形做适当调整。

格田灌溉一般不需要修建田间临时渠道（毛渠）。在平原地区，农渠直接向格田供水，农沟接纳格田排出的水量，每块格田都应有独立的进、出水口，如图 4-26 所示。在山丘地区，农渠一般灌排两用，既可向格田供水，也可作为排水农沟。

3. 南方旱作田间墒沟网布置

在南方旱作区或在稻麦轮区小麦生育期，田块内部为了加快排出地面水和土壤中的重力水，更有效地控制地下水位，防止作物积涝受渍，应在田间开挖墒沟，以求麦棉等作物的高产稳产。田间墒沟的布局，各地有不同形式，通常采取竖墒、横墒和腰墒3种，组成墒沟网。田间墒沟网属于临时性田间工程，图4-27为稻麦轮作区小麦生育期田间墒沟布置形式。如田块为南北向布置，南北向墒沟叫竖墒，又分浅、深两种规格，其深度分别为0.3～0.4m和0.6～0.7m，间距6～8m。东西向的墒沟叫横墒与腰墒，深为0.6m，依田块长度开挖1～3条。另外也有的在田埂周边开挖围墒，其深度为0.3～0.4m。有了田间墒沟网，田面径流沿竖墒、横墒通向田外排水沟（农沟）。在连绵阴雨期间，浅层土壤中的重力水可渗至墒沟并迅速排出，防止作物遭受渍害。

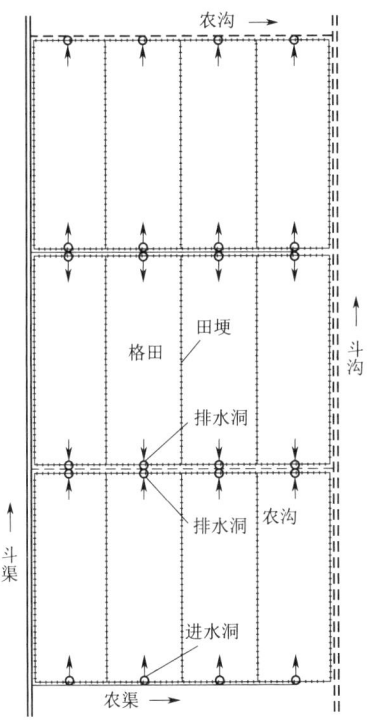

图4-26 水稻田间渠系布置示意图

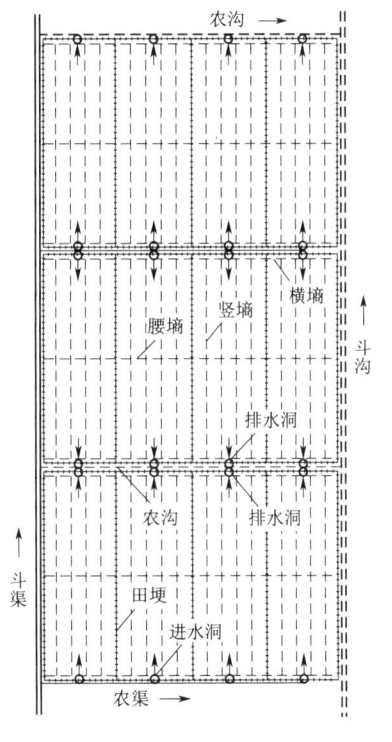

图4-27 稻麦轮作区小麦生育期田间墒沟布置示意图

四、田间道路规划

1. 田间道路的特点

田间道路是田间工程的一项重要内容，是乡镇、村庄和与农田之间联系的主要纽带。为了顺利地进行灌排管理和田间作业，合理地组织生产，必须规划田间道路。妥善地布置田间道路，对于发展农业生产、繁荣农村经济、提高农民生活水平均具有重要的作用。

2. 田间道路的等级

田间道路根据服务面积与功能的不同，可以将其划分为干道、支道、田间道和生产道四种等级。其规格可参考表 4-6。

表 4-6　　　　　　　　　　　　田 间 路 规 划 指 标 表

道路类型	主要联系范围	沟渠结合级别	行车情况	路面规格	路面宽 /m	高出地面高 /m
干道	乡镇与乡镇之间	干渠或支渠（沟）	双车道	沥青、水泥路	6~8	0.5~0.7
支道	乡镇与村之间	支渠（沟）	双车道或单车道加错车道	水泥路	4~6	0.5~0.7
田间道	村与村之间、村与田块之间	斗渠（沟）	单车道加错车道	水泥路或砂石路	3~5	0.3~0.5
生产路	田块与田块之间	农渠（沟）	单车道	砂石路或土路	2~3	0.2~0.4
			无机动车	土路	1~2	0.2~0.4

3. 田间道路规划

田间道路规划应满足以下要求：

（1）田间道路应与田、林、村、渠、沟等项目进行综合规划布局，应保证乡镇、村庄到农田具有方便的交通联系。

（2）田间道路选线应和农村现有道路有机结合，田间道密度宜小于 $3.0 km/km^2$，生产路密度宜小于 $8.0 km/km^2$。

（3）田间道路一般沿沟渠布置，一般干道沿干渠布置，或另选择路线；支道沿支渠布置，田间道沿斗渠、斗沟（或中沟）布置，生产道沿农渠、农沟（或小沟）布置。

（4）尽可能节省土地，例如利用林带遮阴带做道路，渠堤兼做道路等，同时应充分利用原有道路及其建筑物。

（5）田间道路应尽量在坚实土质上，减少道路跨越沟渠，避免低洼沼泽地段，尽量减少桥涵等工程建筑物。

表 4-6 列出了田间道路规划指标，可供参考。

4. 田间道路建设的技术要求

一般来说，干道、支道相当于农村三级或四级公路，由于机械化水平的提高，部分田间道也达到四级公路标准。因此，在建设标准和技术要求方面可参照国家及当地农村公路建设有关要求。下面仅介绍田间道路建设的几项主要技术要求。

（1）田间道路的纵坡和路拱坡度。田间道路的纵坡度一般在 8% 以下，最小纵坡以满足雨水排除要求为准，一般宜取 0.3%~0.4%。田间道路的路拱坡度应根据路面类型而定，一般可采用 2%~3%，土路面宜为 3%~4%。路肩的横向坡度值宜比行车道路面的横坡值大 1%~2%。

（2）路面结构。田间道和生产路可采用水泥路面、砂石路面、素土压实路面等。路面包括面层和基层，水泥路面面层厚度宜为 15~18cm，强度要求不低于 C30，砂石路面面层厚度宜为 10~15cm，基层（如碎石垫层或石灰稳定土等）填筑厚度宜为 15~20cm。路基素土碾压夯实的密实度宜达到 90%~95%。

（3）路肩及路基宽度。水泥路和砂石路的路肩均不小于 0.5m。按农村三级或四级公路建设时，单车道路面宽度不应小于 3.0m，双车道路面宽度不应小于 5.5m。因此，单车道路基宽度不应小于 4.5m,双车道路基宽度不应小于 6.5m。

(4) 错车道。田间道路面宽小于 3.5m 时,应设置错车道。错车道间距宜为 150～300m,错车道处路基宽度宜大于 6.5m,有效长度宜为 15～20m。

五、农田防护林规划

农田防护林规划也是田间工程规划的一项重要内容,应与田块、灌排渠道和道路等规划同时进行,采取植树与兴修农田水利、平整土地、修筑田间道路相结合的方式,做到沟成、渠成、路成、植树成。农田防护林可以降低风速,减少水分蒸发,改善农田气候,减轻风沙和干旱灾害,促进农业稳产高产。在规划中要合理地确定林带的方向、间距、宽度、结构、树种的选择与搭配等问题。

(1) 林带方向。实践证明,林带的走向与风向垂直时,防护距离最远。因此,防护林带应垂直于主害风方向,一般沿田块长边配置,副林带垂直主林带,一般沿田块短边配置,纵横交织成网状,这样既能防止主害风,又能防止其他方向次害风危害。害风一般指对于农业生产能造成危害的 5 级以上的大风,风速等于或大于 8m/s,因此,要确定林带的方向,必须首先找出当地的主害风向。

(2) 林带间距。据大多数实地观察,林带有效防护距离,迎风面为树高的 2～5 倍,背风面一般为树高的 15～20 倍,若树高为 10～16m,则防护距离为 170～400m;除此之外,主林带的间距,一般沿田块的长边设置,副林带沿田块的短边设置,其间距即田块的长度,一般为 500～1000m,主副林带一起形成林网。

一般要求,平原地区农田防护林网网格面积为 200～300 亩,最大不超过 400 亩;人少地多,以机械化作业为主的地区,林网网格面积不得超过 1000 亩;严重风蚀地带,还要适当减少林网网格面积。

(3) 林带宽度。林带的宽度不仅影响防护效果,同时与占地多少又有直接的关系。实践证明,宽林带占地多,防护效果差。林带太窄又影响树木的生物学稳定性。因此,在农田防护林带设计中应尽量做到少占耕地而又达到最大的防护效果,一般采用乔木林行距为 2～4m,株距为 1～2m。林带占地比率一般以被防护地区的 1.5%～3.5%为宜。

(4) 林带结构。林带结构是指造林类型、宽度、密度、层次和断面形状的综合体。一般采用林带透风系数,作为鉴定林带结构的指标。即林带背风面林缘 1m 处的带高范围内平均风速与旷野的相应高度范围内平均风速之比。林带透风系数在 0.35 以下为紧密结构,0.35～0.60 为稀疏结构,0.60 以上为透风结构。

1) 紧密结构。由乔木、亚乔木、灌木组成,3 层树冠,树叶茂密,大部分气流从林带顶部越过,防风距离较短,带内和林缘易引起积雪、积沙,不利耕作和作物生长。

2) 透风结构。只由乔木组成,不搭配灌木,其防风距离最大,所以风害地区多采用这种结构。但在带内和林缘处风速大,易引起折树和近林带处风蚀。

3) 稀疏结构。由较小行数的乔木,两侧各配一行灌木组成,其防风距离较紧密结构为大,而且不会在带内和林缘造成积雪和淤沙。一般地区以采用稀疏结构为好。

(5) 树种选择和搭配。选择树种主要考虑气候和土壤等因素,不同的树种适应不同的气候条件。另外,应注意采用速生、优质、具有较好经济价值的树种。布置在河渠旁的林带,要求根系发达,以起固土护坡作用。布置在道路两侧的林带,根据需要可采用具有景观效果常绿树种。

在树种搭配上不宜采用多种乔木树种进行行间和株间混交的搭配方式。一般，一条林带宜采用一种乔木，或搭配一种灌木。

六、沟、渠、路、林配合形式

在沟渠相邻布置的情况下，根据沟、渠、路、林的相对关系，有以下 3 种配合形式：

（1）沟-林-渠-路。道路布置在田块的上端，位于灌溉渠道一侧，图 4-28（a）采用这种布置方式，位置较高，不易受水淹；道路另一侧紧靠农田，人、畜、机下地方便。但道路跨越下级渠道（农渠），必须修建较多的小桥和涵管。

（2）沟-林-路-渠。道路处于灌水渠道和排水沟之间，如图 4-28（b）所示。其优点是道路与下级灌排渠系均不相交，灌溉排水方便。但由于道路进入田间必须跨越沟、渠，需要修较多的涵洞，从而增加了投资。

（3）路-沟-林-渠。道路布置在田块的下端，位于排水沟的一侧，如图 4-28（c）所示。优点是道路邻沟离渠，路面干燥，便于灌溉和人、畜、机下地生产。缺点是道路在斗沟的上游一侧，与农沟相交需建较多的桥涵，田块排水也要穿路埋管，且多雨季节，田块和道路容易积水受淹，林带应位于沟渠之间，予以加固。

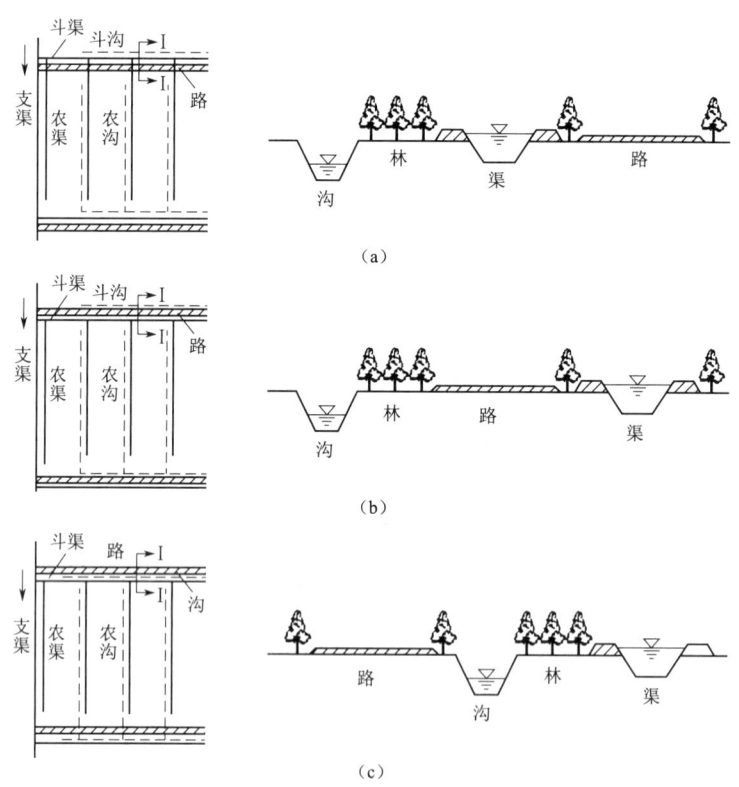

图 4-28 沟、渠、路、林配合形式
(a) 路-林-渠-路；(b) 沟-林-路-渠；(c) 路-沟-林-渠

以上 3 种形式各有利弊，应因地制宜选择。但在一般情况下，采用沟-林-渠-路这种形式较好。

第五章 灌溉渠道设计

灌溉渠道工程具有量大、线长的特点。据统计，我国水库灌区仅干渠、支渠渠道的土石方量就大于水库枢纽工程量，有时甚至大很多。因此，渠道设计事关工程量的多少和灌溉效益的大小。另外，渠道设计得是否合理，也直接关系到渠道的输水能力和灌溉面积的大小。如渠道断面过小就不能满足正常输水要求；渠道断面过大会导致设计水位偏低，使自流灌溉面积缩小或渠床冲淤不能稳定等。所以灌溉渠道不仅要勘测规划好，还要精心设计好。

第一节 渠道输水损失和设计流量计算

渠道中单位时间所通过的水量称为渠道流量。在灌水期间，由于受气候、水资源、农作物种植结构、作物长生阶段、工程管理水平以及工程完好率等诸多因素的影响，渠道的流量是在一定范围内变化的，设计渠道时，要考虑流量变化对渠道的影响。尽量满足更多的用水条件变化要求。在实际工作中，是从变化的流量中取其典型流量作为设计依据的，这就是渠道的设计流量、加大流量、最小流量。

一、渠道的设计流量

灌溉渠道的设计流量是指设计典型年渠道需要通过的最大流量。它是设计渠道断面和渠系建筑物尺寸的主要依据。渠道的设计流量与渠道控制面积、控制范围内的作物组成、作物灌溉制度以及渠道的工作方式等因素有关。由于渠道在输水过程中有蒸发、渗漏等损失，因而设计流量还应包括输水过程中损失的流量。未计入渠道输水损失的流量称为渠道的净流量，渠道净流量与输水损失流量之和称为设计流量，也就是渠道的毛流量。用公式可表示为：

$$Q_g = Q_n + Q_l \tag{5-1}$$

式中：Q_g 为渠道的设计流量（也称毛流量），m^3/s；Q_n 为渠道的净流量，m^3/s；Q_l 为渠道输水损失流量，m^3/s。

渠道的净流量一般可通过观测求得，若再求得渠道输水损失流量，就可算出渠道需要的设计流量。

二、渠道的输水损失

渠道的输水损失包括水面蒸发损失、漏水损失、渗水损失3部分。水面蒸发损失是指沿渠水面蒸发掉的水量，其值可根据水面蒸发资料及渠道总水面积近似求得，其量很小，一般仅占渗漏损失的1.5%以下，可忽略不计。漏水损失是指由于地质条件、生物作用或施工不良而形成漏洞或裂隙所损失的水量，或因管理不善、工程失修、建筑物漏水等原因造成的水量损失,这是应该在施工、管理中加以避免的,计算渠道设计流量时,一般不予计入。渗水损失是通过渠底、边坡土壤孔隙渗漏掉的水量,它是渠道设计中应当考虑的水量损失。影响渠道渗水损失的主要因素有:渠床土壤的性质,渠道断面形式及渠中水深,沿渠线的水文地质条件(地下水深度及附近地下水的出流情况),地下水的蒸发,渠道的工作制度(连续输水或间歇输水),渠道的淤积情况,有无人工排水沟,渠道衬砌情况等。

此外,渠道渗水量,还因渗流过程而变化。在已建成的灌区运行管理中,渠道渗水损失一般应通过实测确定。在新建渠道规划设计中,可根据渠道渗流类型,采用适宜的经验公式或经验系数进行估算。

(一)渠道渗流的类型

渠道渗水量随渗流过程中所处的不同阶段而不同。渠道渗流过程一般可分为自由渗流和顶托渗流两个阶段。

1. 自由渗流阶段

渠道渗水不受地下水的顶托,即地下水峰未上升至渠底,渠道内的水流与地下水未形成连续水流时,称为自由渗流。自由渗流又可分为两个阶段。

(1) 湿润渠道下部土层阶段。在这一阶段中,渗漏水在重力和毛管力作用下湿润从渠底至地下水面之间的土层,如图 5-1 所示。湿润范围随时间延长而逐渐增大,渗漏量随之减小,为非稳定渗漏。在地下水位不深且出流条件较差的情况下,这一阶段持续时间很短。

(2) 渠道下形成地下水峰阶段。经过湿润土层阶段,渗漏水到达地下水面之后,如果渠道的渗漏量 $Q_φ$ 大于地下水向两侧的出流量 Q_c 时,会发生地下水峰,逐渐向上扩展,如图 5-2 所示。如果地下水埋深较浅(2~3m),又缺乏良好的地下水出流条件,则地下水峰将继续上升直至渠底,很快结束这一阶段,进入顶托渗流阶段。但当地下水埋深较大,并有良好的地下水出流条件时,则地下水峰上升得很慢,这一阶段就会持续很久,或者不可能上升至渠底,而长期稳定在某一位置,可称作稳定渗漏。

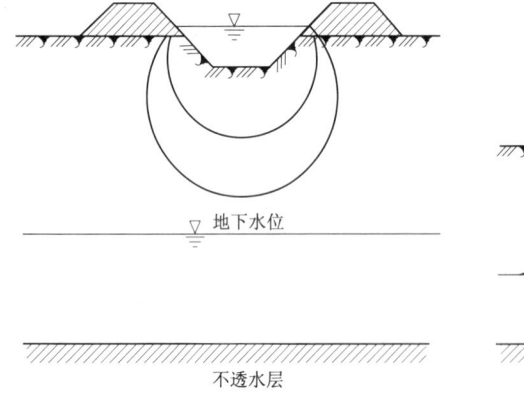
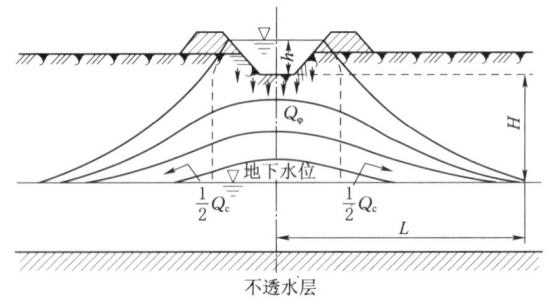

图 5-1 湿润渠底下部土层阶段示意图　　图 5-2 渠道下形成地下水峰阶段示意图

2. 顶托渗流阶段

当地下水峰上升至渠底,地下水与渠内的水连成一体,渠道渗漏将受到地下水的顶托影响，称为顶托渗漏。顶托渗漏初期，地下水面将继续向两侧扩展，渗漏量逐渐减少，为非稳定渗漏。随着地下水位的抬高，将增加地下水的蒸发，如果蒸发量（E）与渗漏量相等，也可能发生稳定渗流，即 $Q_\varphi/2=E$。如果在渠道附近有排水沟道，顶托渗漏则可较快达到稳定状态，如图 5-3 所示。此时 $Q_\varphi/2=Q_c/2$。

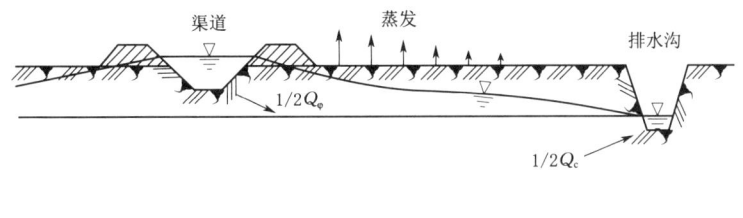

图 5-3 渠道顶托渗流示意图

(二) 渠道输水损失的计算

1. 经验公式法估算渠道输水损失

土渠输水损失系数在不受地下水顶托的条件下，常用考斯加可夫经验公式计算，即

$$\sigma=\frac{K}{Q_n^m} \tag{5-2}$$

式中：σ 为单位长度渠道的输水损失系数，%/km；K 为渠床土壤透水系数，m 为渠床土壤透水指数，K，m 值均可从表 5-1 查得；Q_n 为渠道净流量，m³/s。

表 5-1　　　　　　土壤透水性参数（引自 GB 50288—2018）

渠床土质	透水性	K	m
黏土	弱	0.70	0.30
重壤土	中弱	1.30	0.35
中壤土	中	1.90	0.40
轻壤土	中强	2.65	0.45
砂壤土	强	3.40	0.50

渠道输水损失流量 Q_l 按式 (5-3) 计算：

$$Q_l=\frac{\sigma L Q_n}{100} \tag{5-3}$$

式中：L 为渠道长度，km；其余符号意义同前。

用式 (5-3) 计算的输水损失量是自由渗漏条件下的损失量。如果渠道渗漏受地下水位顶托影响，则渗漏量将相应减少，此时对式 (5-3) 计算结果需乘以表 5-2 所给的修正系数，即

$$Q_l'=\gamma Q_l \tag{5-4}$$

式中：Q_l' 为有地下水顶托情况下的渠道输水损失量，m³/s；γ 为地下水顶托校正系数，取决于流量大小和地下水埋深情况，可查表 5-2。

表 5-2　　地下水顶托条件下土渠渗水损失修正系数（引自 GB 50288—2018）

渠道净流量 /(m³/s)	地下水埋深/m							
	<3	3	5	7.5	10	15	20	25
1.0	0.63	0.79	—	—	—	—	—	—
3.0	0.50	0.63	0.82	—	—	—	—	—
10.0	0.41	0.50	0.65	0.79	0.91	—	—	—
20.0	0.36	0.45	0.57	0.71	0.82	—	—	—
30.0	0.35	0.42	0.54	0.66	0.77	0.94	—	—
50.0	0.32	0.37	0.49	0.60	0.69	0.84	0.97	—
100.0	0.28	0.33	0.42	0.52	0.58	0.73	0.84	0.94

上述自由渗流或顶托渗流条件下的渠床土壤渗漏损失量都是天然土壤透水性计算出来的。渠道采用防渗后，则应观测研究不同防渗措施的防渗效果，以采取防渗措施的渗流损失量作为确定设计流量的根据。如无实测资料，可给上述计算结果乘以表 5-3 给出的折减系数，即

$$Q'' = \beta Q_1 \quad (无地下水顶托) \tag{5-5}$$

或

$$Q'' = \beta Q_1' \quad (有地下水顶托) \tag{5-5'}$$

式中：Q'' 为采取防渗措施后的渗漏损失量，m³/s；β 为采取防渗措施后渠床渗漏量折减系数；其余符号意义同前。

表 5-3　　全断面衬砌渠道渗水损失修正系数（引自 GB 50288—2018）

防渗措施	β	防渗措施	β
混凝土护面	0.05～0.15	塑料薄膜	0.05～0.10
灰土夯实（或三合土夯实）	0.10～0.15	渠槽翻松夯实（厚度大于 0.5m）	0.20～0.30
黏土护面	0.20～0.40	渠槽原土夯实（影响深度不小于 0.4m）	0.50～0.70
浆砌石护面	0.10～0.20	沥青材料护面	0.05～0.10

2. 经验系数法估算渠道输水损失量

对于已成灌区，各条渠道的毛流量（设计流量）是已知的，若测得渠道的净流量和灌入农田的有效水量，根据各种流量之间的相互关系就可求得渠道的输水损失流量。

(1) 渠道水利用系数。某渠道的净流量 $Q_净$（Q_n）与毛流量 $Q_毛$（Q_g）的比值称为该渠道的渠道水利用系数，用符号 η_c 表示，即

$$\eta_c = \frac{Q_净}{Q_毛} = \frac{Q_n}{Q_g} \tag{5-6}$$

对任一渠道而言，从水源或上级渠道引入的流量就是它的毛流量，分配给下级各条渠道流量的总和就是它的净流量。

当地无实测资料时，可按下式计算：

$$\eta_c = \frac{1}{1+\sigma L} \tag{5-6'}$$

已知 Q_g、Q_n 和 η_c 3 个变量中任意两个，就可根据式（5-1）和式（5-6）求出渠道

输水损失流量 Q_l。渠道水利用系数 η_c 反映了一条渠道的水量损失情况,或反映了同一级渠道水量损失的平均情况。

(2) 渠系水利用系数。灌溉渠系的净流量与毛流量的比值称为渠系水利用系数,其值等于各级固定渠道的渠道水利用系数的乘积。灌溉渠系的净流量是指末级固定渠道(农渠)输出流量之和,灌溉渠系的毛流量是指干渠或总干渠从水源引入的流量。用符号 η_s 可表示如下:

$$\eta_s = \frac{\sum_{i=1}^{n} Q_{农净}}{Q_0} = \eta_干 \eta_支 \eta_斗 \eta_农 \quad (5-7)$$

式中:Q_0 为干渠(或总干渠)渠首的引入流量,m^3/s;$\sum_{i=1}^{n} Q_{农净}$ 为末级固定渠道(农渠)输出流量之和,m^3/s。

利用式(5-7)可求得整个渠系所有固定渠道的输水损失总量。因此,渠系水利用系数是反映灌区各级渠道的运行状况和管理水平的综合性指标。灌区设计应采取提高渠系水利用系数的措施,其设计值不应低于表 5-4 所列数值。提水灌区的渠系水利用系数稍高于自流灌区,一般为 0.68~0.88。

表 5-4 渠系水利用系数(引自 GB 50288—2018)

灌区面积/hm²	≥20000	<20000,且≥667	<667
渠系水利用系数	0.55	0.75	0.65

(3) 田间水利用系数。田间水利用系数是指实际灌入田间的有效水量(流量)与末级固定渠道(农渠)输出水量(流量)的比值,用符号 η_f 表示,即

$$\eta_f = \frac{A_农 m_净}{W_{农净}} = \frac{Q_{农田净}}{Q_{农净}} \quad (5-8)$$

式中:$A_农$ 为农渠的灌溉面积,亩;$m_净$ 为净灌水定额,$m^3/$亩;$W_{农净}$ 为农渠供给田间的水量,m^3;$Q_{农田净}$ 为农渠实际灌入田间的有效流量,m^3/s;$Q_{农净}$ 为农渠口放出的流量,m^3/s。

利用式(5-8)可计算出农渠以下各级临时渠道的输水损失总量。田间水利用系数是衡量田间工程状况和灌水技术水平的重要指标。在田间工程完善、灌水技术良好的条件下,旱作灌区田间水利用系数设计值一般不低于 0.9,水稻灌区田间水利用系数设计值一般不低于 0.95。

(4) 灌溉水利用系数。灌溉水利用系数系指实际灌入田间的有效水量(流量)与渠首引入水量(流量)的比值。灌溉水利用系数在数值上等于渠系水利用系数和田间水利用系数的乘积。用符号 η 可表示如下:

$$\eta = \frac{A m_净}{W_0} = \frac{\sum_{i=1}^{n} Q_{农田净}}{Q_0} = \eta_s \eta_f = \eta_干 \eta_支 \eta_斗 \eta_农 \eta_f \quad (5-9)$$

式中：A 为某次灌水全灌区的灌溉面积，亩；W_0 为某次灌水渠首引入的总水量，m^3；其余符号意义同前。

灌溉水利用系数是评价渠系工作状况、灌水技术水平和灌区管理水平的综合指标。

以上这些经验系数的数值与灌区大小、渠床土质和防渗措施、渠道长度、田间工程状况、灌水技术水平以及管理工作水平等因素有关。在引用其他灌区的经验数据时，应注意这些条件要相近。

【例 5-1】 某渠系仅由两级渠道组成。干渠长 6.0km。自干渠尾分出两条支渠，皆长 3.0km，支渠的净流量为 $Q_{支净}=0.6m^3/s$。渠道沿线的土壤透水性较强（$K=3.4$，$m=0.5$），地下水埋深为 5.5m。

要求：（1）计算支渠的毛流量及渠道水利用系数；（2）计算干渠的毛流量及渠系水利用系数。

解：（1）由式（5-2）可求得 $\sigma_{支}=\dfrac{K}{Q_{支净}^m}=\dfrac{3.4}{0.6^{0.5}}=4.389$

则 $Q_{支毛}=Q_{支净}+Q_{支损}=Q_{支净}(1+\sigma_{支}L_{支}/100)$
$=0.6\times(1+0.0439\times3)=0.679(m^3/s)$

故由式（5-6）可求得 $\eta_{支}=\dfrac{Q_{支净}}{Q_{支毛}}=\dfrac{0.6}{0.679}=0.88$

（2）干渠的净流量为 $Q_{干净}=2Q_{支毛}=2\times0.679=1.358(m^3/s)$

则 $Q_{干毛}=Q_{干净}(1+\sigma_{干}L_{干}/100)$
$=1.358\times\left(1+\dfrac{3.4}{100\times1.358^{0.5}}\times6\right)=1.596(m^3/s)$

由式（5-7）可求得渠系水利用系数 $\eta_s=\dfrac{\sum Q_{支净}}{Q_{干毛}}=\dfrac{1.2}{1.596}=0.75$

三、渠道的工作制度

渠道的工作制度就是渠道的输水工作方式，分为续灌和轮灌两种。

（1）续灌。续灌是指上级渠道同时向所有下一级渠道连续供水的工作方式。为了各用水单位受益均衡，避免因水量过分集中而造成灌水组织和生产安排的困难，一般灌溉面积较大的灌区，干渠、支渠多采用续灌。

（2）轮灌。轮灌是指上级渠道按预先划好的轮灌组分组地（或逐一地）向下一级渠道配水的工作方式。实行轮灌的渠道称为轮灌渠道，轮灌渠道在灌水时期内轮流工作。

实行轮灌时，缩短了各条渠道的输水时间，加大了配水流量，同时工作的渠道长度较短，从而减少了输水损失水量，有利于农业耕作和灌水工作的配合，有利于提高灌水工作效率。但是，因为轮灌加大了渠道的设计流量，也就增加了渠道的土方量和渠道建筑物的工程量。如果流量过分集中，还会造成劳力紧张，在干旱季节还会影响各用水单位的均衡受益。所以，一般较大的灌区，只对斗渠、农渠实行轮灌。

实行轮灌时，渠道分组轮流输水，分组方式可归纳为以下 3 种：

（1）集中轮灌。将上一级渠道的来水集中供给下级的某一条渠道使用，待这条渠道用水完毕后，再将水集中供给另一条渠道，如图 5-4（a）所示。采用集中轮灌，水流最集中，同时工作的渠道长度最短，渠道输水损失最小。但下级渠道的断面要大一些。当上级渠道来水量过小，分散供水会显著降低渠道水利用系数时，多采用这种配水方式。

（2）分组轮灌。将邻近的几条渠道编为一组，上级渠道按组轮流供水，如图5-4（b）所示。当上一级渠道来水流量较大时，一般多采用这种配水方式。

（3）分组插花轮灌。将同级渠道按编号的奇数或偶数分别编组，上级渠道按组轮流供水，如图5-4（c）所示。

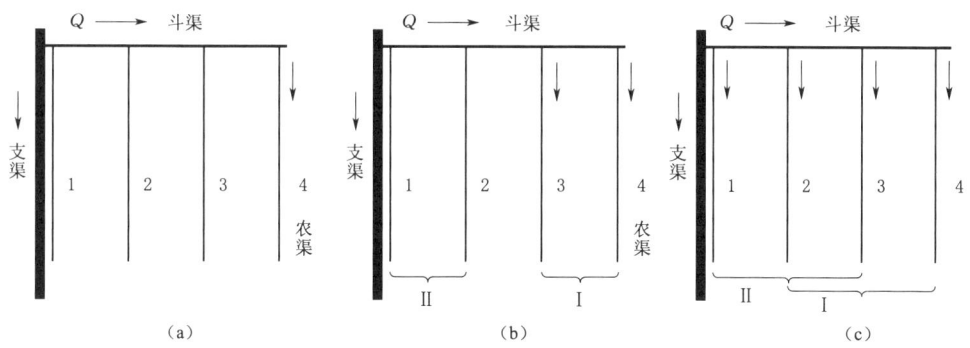

图 5-4 轮灌分组示意图
(a) 集中轮灌；(b) 分组轮灌；(c) 分组插花轮灌

轮灌渠道的划分要根据灌区的实际情况，因地制宜地加以选择。一般应注意以下几点：各轮灌组的流量（或控制面积）应基本相等；轮灌组数宜取 2~3 组；每一轮灌组渠道的总输水能力要与上一级渠道供给的流量相适应；同一轮灌组的渠道要比较集中，以便管理，并减少渠道同时输水的长度和输水损失；要照顾农业生产条件和群众用水习惯，尽量把一个生产单位的渠道划在同一轮灌组内，便于组织劳力和组织灌水。

四、渠道设计流量推算

推算灌溉系统各级渠道的设计流量，其步骤一般如下。

1. 调查收集资料

要调查收集的资料主要有灌区控制的灌溉面积和作物种植结构比例，灌区的设计灌水率，灌区土壤的透水性等。

2. 确定各级渠道的工作制度

为了适时满足各单位用水要求和便于管理，干渠、支渠实行续灌，斗渠、农渠实行轮灌，如图 5-5 所示，且斗渠、农渠的轮灌组划分方式为集中编组。

3. 选择典型支渠

对于大、中型灌区，支渠的数量较多，如果每条支渠以下的各级渠道都逐条推算设计流量，工作量很大。为了简化计算，通常选择一条有代表性的典型支渠，通过典型支渠以下各级渠道流量的计算，求得该支渠到田间的灌溉水利用系数，以此作为其他支渠设计流量推求的主要参考依据。

4. 支渠以下轮灌渠道设计流量的推算

因为轮灌渠道的输水时间小于灌水延续时间，所以不能直接根据灌水率和灌溉面积自下而上地推算渠道设计流量。常用的方法是：根据轮灌组划分情况自上而下逐级分配末级续灌渠道（一般为支渠）的田间净流量，再自下而上逐级计入输水损失水量，推算各级渠道的设计流量。

（1）自上而下分配末级续灌渠道的田间净流量。如图 5-5 所示，对于选定的典型 3 支渠，同时工作的斗渠有 n 条，同时工作的农渠有 nk 条。

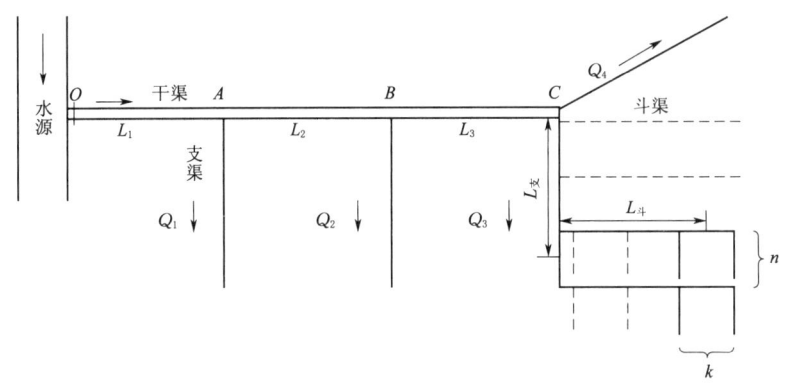

图 5-5 轮灌组划分及渠道工作长度计算示意图

1）计算支渠的设计田间净流量。在支渠范围内，不考虑损失水量的设计田间净流量为

$$Q_{支田净}=A_支 q \tag{5-10}$$

式中：$A_支$ 为支渠控制的灌溉面积，10^4 亩；q 为设计灌水率，$m^3/(s \cdot 10^4 亩)$。

2）由支渠分配到每条农渠的田间净流量。

$$Q_{农田净}=\frac{Q_{支田净}}{nk} \tag{5-11}$$

考虑到田间水量损失，农渠输出的净流量为

$$Q_{农净}=\frac{Q_{农田净}}{\eta_f} \tag{5-12}$$

式中：$Q_{农田净}$ 为农渠的田间净流量，m^3/s；其余符号意义同前。

在丘陵地区，受地形影响，同一级渠道中各条渠道的控制面积不等，则斗渠、农渠的田间的净流量应按各条渠道的灌溉面积占轮灌组灌溉面积的比例进行分配。

（2）自下而上推算各级渠道的设计流量。

1）农渠的毛流量。根据式（5-1）和式（5-3），可得

$$Q_{农毛}=Q_{农净}\left(1+\frac{\sigma_农 L_农}{100}\right) \tag{5-13}$$

式中：$\sigma_农$ 为农渠单位长度输水损失系数，$\%/km$；$L_农$ 为农渠的平均工作长度，取农渠长度的 $1/2$，km。

2）斗渠的毛流量。

$$Q_{斗毛}=Q_{斗净}\left(1+\frac{\sigma_斗 L_斗}{100}\right)=kQ_{农毛}\left(1+\frac{\sigma_斗 L_斗}{100}\right) \tag{5-14}$$

式中：$\sigma_斗$ 为斗渠单位长度输水损失系数，%/km；$L_斗$ 为斗渠最大平均工作长度，如图 5-5 所示，为自斗渠进口至最远一组轮灌组的平均位置的长度，km。

3）支渠的毛流量。

$$Q_{支毛}=Q_{支净}\left(1+\frac{\sigma_支 L_支}{100}\right)=nQ_{斗毛}\left(1+\frac{\sigma_支 L_支}{100}\right) \tag{5-15}$$

式中：$\sigma_支$ 为支渠单位长度输水损失系数，%/km；$L_支$ 为支渠的平均工作长度，km，按标准规定计算。

根据支渠毛流量及支渠田间净流量，便可求得典型支渠范围内的灌溉水利用系数：

$$\eta_{支水}=\frac{Q_{支田净}}{Q_{支毛}}=\frac{A_支 q}{Q_{支毛}} \tag{5-16}$$

以典型支渠灌溉水利用系数作为扩大指标，用下式计算其余各支渠的设计流量。

$$Q_支=\frac{qA_支}{\eta_{支水}} \tag{5-17}$$

同样，以典型支渠范围内各级渠道水利用系数作为扩大指标，可计算出其他支渠控制范围内的斗渠、农渠的设计流量。

5. 续灌渠道的流量计算

续灌渠道一般为干渠、支渠渠道，渠道流量较大，上下游流量相差悬殊，这就要求分段推算设计流量，各渠段采用不同的断面。另外，各级续灌渠道的输水时间都等于灌区水延续时间，可以直接由下级渠道的毛流量推算上级渠道的毛流量。所以，续灌渠道设计流量的推算方法是自下而上逐级、逐段进行推算。

由于渠道水利用系数的经验值是根据渠道全部长度的输水损失情况统计出来的，它反映不同流量在不同渠段上运行时输水损失的综合情况，而不能代表某个具体渠段的水量损失情况。所以，在分段推算续灌渠道设计流量时，一般不用经验系数估算输水损失水量，而用经验公式估算。具体推算方法以图 5-6 所示为例说明如下：

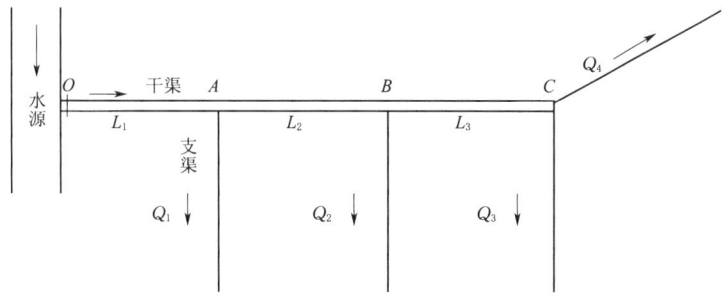

图 5-6 干渠流量推算图

图中表示的渠系有一条干渠和 4 条支渠，各支渠的毛流量分别为 Q_1、Q_2、Q_3、Q_4，支渠取水口把干渠分成 3 段，各段长度分别为 L_1、L_2、L_3，各段的设计流量分别为 Q_{OA}、Q_{AB}、Q_{BC}，计算公式如下：

$$Q_{BC}=(Q_3+Q_4)\left(1+\frac{\sigma_3 L_3}{100}\right) \tag{5-18}$$

$$Q_{AB} = (Q_{BC} + Q_2)\left(1 + \frac{\sigma_2 L_2}{100}\right) \quad (5-19)$$

$$Q_{OA} = (Q_{AB} + Q_1)\left(1 + \frac{\sigma_1 L_1}{100}\right) \quad (5-20)$$

上述计算求得的干渠 OA 段流量 Q_{OA} 即为渠首引水流量,以此可以计算出干渠的渠道水利用系数和全灌区的灌溉水利用系数。

【**例 5-2**】 某灌区灌溉面积 $A=3.17$ 万亩,灌区有一条干渠,长 5.7km,下设 3 条支渠,各支渠的长度及灌溉面积见表 5-5。全灌区土壤、水文地质等自然条件和作物种植情况相近,第三支渠灌溉面积适中,可作为典型支渠,该支渠有 6 条斗渠,斗渠间距 800m,长 1800m。每条斗渠有十条农渠,农渠间距 200m,长 800m。干渠、支渠实行续灌,斗渠、农渠进行轮灌。渠系布置及轮灌组划分情况如图 5-7 所示。该灌区位于我国南方,实行稻麦轮作,因降雨较多,麦子一般不需要灌溉,主要灌溉作物是水稻,设计灌水模数 $q=0.8 \mathrm{m}^3/(\mathrm{s} \cdot 10^4$ 亩$)$。灌区土壤为中黏壤土。

试推求干渠、支渠渠道的设计流量。

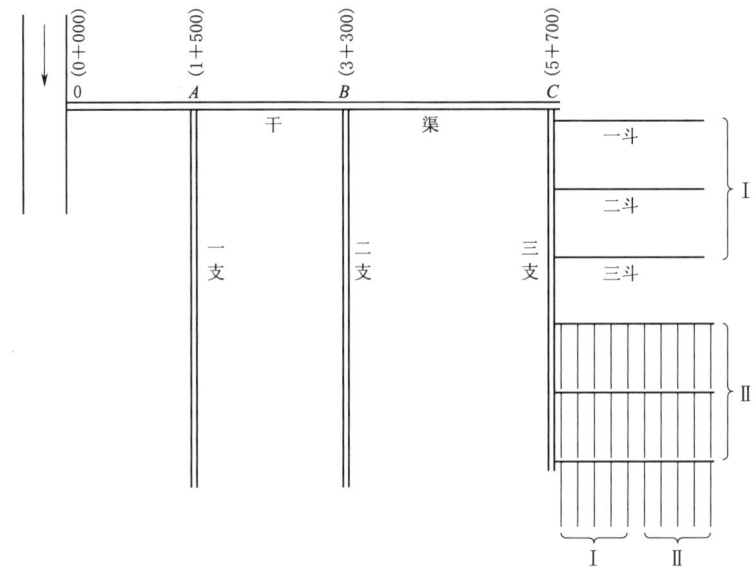

图 5-7 灌溉渠系布置

表 5-5 支渠长度及灌溉面积

渠 别	一支	二支	三支	合计
长度/km	4.2	4.6	4.0	
灌溉面积/10^4 亩	0.85	1.24	1.08	3.17

解:(1)推求典型支渠(三支渠)及其所属斗渠、农渠的设计流量。

1)计算农渠的设计流量,三支渠配给田间的净流量为

$$Q_{3支田净} = A_{3支} q = 1.08 \times 0.8 = 0.864 (\mathrm{m}^3/\mathrm{s})$$

第一节 渠道输水损失和设计流量计算

因为斗渠、农渠分两组轮灌,同时工作的斗渠有 3 条,同时工作的农渠有 5 条,所以,农渠配给田间的净流量为

$$Q_{农田净} = \frac{Q_{支净}}{nk} = \frac{0.864}{3 \times 5} = 0.0576 (\text{m}^3/\text{s})$$

取田间水利用系数 $\eta_f = 0.95$,则农渠的净流量为

$$Q_{农净} = \frac{Q_{农田净}}{\eta_f} = \frac{0.0576}{0.95} = 0.061 (\text{m}^3/\text{s})$$

灌区土壤属中黏壤土,从表 5-1 中可查出相应的土壤透水性参数:$K = 1.9$,$m = 0.4$。据此可计算农渠每公里输水损失系数

$$\sigma_{农} = \frac{K}{Q_{农净}^m} = \frac{1.9}{0.061^{0.4}} = 5.82$$

农渠的毛流量或设计流量为

$$Q_{农毛} = Q_{农净}\left(1 + \frac{\sigma_{农} L_{农}}{100}\right) = 0.061 \times (1 + 0.0582 \times 0.4) = 0.062 (\text{m}^3/\text{s})$$

2) 计算斗渠的设计流量,因为一条斗渠内同时工作的农渠有 5 条,所以斗渠的净流量等于 5 条农渠的毛流量之和:

$$Q_{斗净} = 5Q_{农毛} = 5 \times 0.062 = 0.31 (\text{m}^3/\text{s})$$

农渠分两组轮灌,各组要求斗渠供给的净流量相等。但是,第 Ⅱ 轮灌组距斗渠进水口较远,输水损失水量较多,据此求得的斗渠毛流量较大,因此,以第 Ⅱ 轮灌组灌水时需要的斗渠毛流量作为斗渠的设计流量。斗渠的平均工作长度 $L_{斗} = 1.4 \text{km}$。

斗渠每公里输水损失系数为

$$\sigma_{斗} = \frac{K}{Q_{斗净}^m} = \frac{1.9}{0.31^{0.4}} = 3.04$$

斗渠的毛流量或设计流量为

$$Q_{斗毛} = Q_{斗净}\left(1 + \frac{\sigma_{斗} L_{斗}}{100}\right) = 0.31 \times (1 + 0.0304 \times 1.4) = 0.323 (\text{m}^3/\text{s})$$

3) 计算三支渠的设计流量,斗渠也是分两组轮灌,以第 Ⅱ 轮灌组要求的支渠毛流量作为支渠的设计流量。支渠的平均工作长度 $L_{支} = 3.2 \text{km}$,支渠的净流量为

$$Q_{3支净} = 3Q_{斗毛} = 3 \times 0.323 = 0.969 (\text{m}^3/\text{s})$$

支渠每公里输水损失系数为

$$\sigma_{3支} = \frac{K}{Q_{3支净}^m} = \frac{1.9}{0.969^{0.4}} = 1.92$$

支渠的毛流量为

$$Q_{3支毛} = Q_{3支净}(1 + \sigma_{3支} L_{3支}/100) = 0.969 \times (1 + 0.0192 \times 3.2) = 1.029 (\text{m}^3/\text{s})$$

(2) 计算三支渠的灌溉水利用系数:

$$\eta_{3支水} = \frac{Q_{3支田净}}{Q_{3支毛}} = \frac{0.864}{1.029} = 0.84$$

(3) 计算一支渠、二支渠的设计流量:

1) 计算一支渠、二支渠的田间净流量：
$$Q_{1支田净}=0.85\times0.8=0.68(\text{m}^3/\text{s})$$
$$Q_{2支田净}=1.24\times0.8=0.99(\text{m}^3/\text{s})$$

2) 计算一支渠、二支渠的设计流量，以典型支渠（三支渠）的灌溉水利用系数作为扩大指标，用来计算其他支渠的设计流量。
$$Q_{1支毛}=\frac{Q_{1支田净}}{\eta_{3支水}}=\frac{0.68}{0.84}=0.81(\text{m}^3/\text{s})$$
$$Q_{2支毛}=\frac{Q_{2支田净}}{\eta_{3支水}}=\frac{0.99}{0.84}=1.18(\text{m}^3/\text{s})$$

（4）推求干渠各段的设计流量。

1) BC 段的设计流量：
$$Q_{BC净}=Q_{3支毛}=1.03(\text{m}^3/\text{s})$$
$$\sigma_{BC}=\frac{1.9}{1.03^{0.4}}\approx1.9$$
$$Q_{BC毛}=Q_{BC净}(1+\sigma_{BC}L_{BC}/100)=1.03\times(1+0.019\times2.4)=1.08(\text{m}^3/\text{s})$$

2) AB 段的设计流量：
$$Q_{AB净}=Q_{BC毛}+Q_{2支毛}=1.08+1.18=2.26(\text{m}^3/\text{s})$$
$$\sigma_{AB}=\frac{1.9}{2.26^{0.4}}=1.37$$
$$Q_{AB毛}=Q_{AB净}(1+\sigma_{AB}L_{AB}/100)=2.26\times(1+0.0137\times1.8)=2.32(\text{m}^3/\text{s})$$

3) OA 段的设计流量：
$$Q_{OA净}=Q_{AB毛}+Q_{1支毛}=2.32+0.81=3.13(\text{m}^3/\text{s})$$
$$\sigma_{OA}=\frac{1.9}{3.13^{0.4}}=1.2$$
$$Q_{OA}=Q_{OA净}(1+\sigma_{OA}L_{OA}/100)=3.13\times(1+0.012\times1.5)=3.19(\text{m}^3/\text{s})$$

4) 全灌区灌溉水利用系数：
$$\eta=\frac{Aq}{Q_{OA}}=\frac{3.17\times0.8}{3.19}=0.79$$

五、渠道最小流量和加大流量的计算

1. 渠道最小流量的计算

在灌溉设计标准条件下，设计典型年渠道需要通过的最小灌溉流量称为渠道最小流量。渠道在运行过程中可能会出现最小流量的情况：灌区有时需对种植面积较小或灌水定额较小的作物单独供水；有时水源供水不足，只能从水源引入较小的水量。渠道最小流量用于校核对下一级渠道的水位控制条件和确定是否需要修建节制闸，并按最小流量验算渠道的不淤条件。

最小流量可以用修正灌水率图上的最小灌水率值和灌溉面积进行计算。续灌渠道的最小流量不宜小于设计流量的40%，最小水深不宜小于设计水深的60%。在实际灌水中，如某次灌水定额过小，可适当缩短供水时间，集中供水，使流量大于最小流量。

2. 渠道加大流量计算

加大流量是指在短时增加输水的情况下,渠道需要通过的最大灌溉流量,它是设计渠堤堤顶高程的依据,并按加大流量验算渠道的不冲条件。

在灌溉工程运行过程中,可能出现一些和设计情况不一致的变化,如扩大灌溉面积、改变作物种植结构和比例、遇到罕见干旱天气等,需要短时增大灌溉供水量;或在工程事故排除之后,需要增加引水量,以弥补因事故影响而少引的水量。这些情况都要求在设计渠道和建筑物时留有余地,按加大流量校核其输水能力。

渠道加大流量的计算是以设计流量为基础,给设计流量乘以"加大系数"即得。按式(5-21)计算。

$$Q_j = jQ_g \tag{5-21}$$

式中:Q_j 为渠道加大流量,m^3/s;j 为渠道流量加大系数,见表5-6;Q_g 为渠道设计流量,m^3/s。

渠堤堤顶高程=渠道通过加大流量时的水位+堤顶超高。

续灌渠道流量加大系数可按表5-6采用,湿润地区可取小值,干旱地区可取大值。由泵站供水的续灌渠道加大流量应为包括备用机组在内的全部装机流量。

表5-6　　　　续灌渠道流量加大系数（引自 GB 50288—2018）

设计流量/(m³/s)	<1	1~5	5~20	20~50	50~100	100~300	>300
渠道流量加大系数	1.35~1.30	1.30~1.25	1.25~1.20	1.20~1.15	1.15~1.10	1.10~1.05	<1.05

轮灌渠道不计算加大流量和最小流量,只按设计流量计算水力要素。在抽水灌区,渠首泵站设有备用机组时,干渠的加大流量按备用机组的抽水能力而定。

第二节　灌溉渠道纵横断面设计

渠道纵断面和横断面的设计是相互联系、互为条件的。在设计实践中,不能把他们截然分开,而要通盘考虑、交替进行、反复调整,最后确定合理的设计方案。但为了叙述方便,还得把纵、横断面设计方法分别予以介绍。

合理的渠道纵、横断面应满足:渠道应能保证设计输水能力、边坡稳定和水流安全畅通;各级渠道之间和渠道各分段之间以及重要建筑物上、下游水面应平顺衔接;末级固定渠道放水口的位置宜高出平整后田面进水端10cm;渠道渗漏损失量较小;渠道占地较少,工程量较小;施工、运用和管理方便;有通航要求时,应与航运部门的有关要求相协调。另外,还应满足渠床纵向稳定和平面稳定两个方面。纵向稳定要求渠道在设计条件下工作时,不发生冲刷和淤积,或在一定时期内冲淤平衡。平面稳定要求渠道在设计条件下工作时,渠道水流不发生左右摇摆。

一、渠道横断面设计原理

灌溉渠道一般可以按明渠均匀流公式设计。

明渠均匀流的基本公式为

$$Q = AC\sqrt{Ri} \tag{5-22}$$

式中：Q 为渠道设计流量，m^3/s；A 为渠道过水断面面积，m^2；C 为谢才系数，$m^{0.5}/s$；R 为水力半径，m；i 为渠底比降。

谢才系数常用曼宁公式计算：

$$C = \frac{1}{n} R^{1/6} \qquad (5-23)$$

式中：n 为渠床糙率系数。

设计渠道时要求满足运行要求，且工程量小，投资少，即在设计流量 Q、比降 i、糙率系数 n 值及冲淤稳定要求相同的条件下应使过水断面面积最小，或在过水断面面积 A、比降 i、糙率系数 n 值相同的条件下，使通过的流量 Q 最大。渠道横断面应根据灌溉面积、沿线地形、地质条件以及边坡稳定的需要和是否衬砌等因素，按接近水力最优断面进行设计。土渠宜采用梯形断面；衬砌渠宜采用 U 形或矩形等断面形式。

（一）渠道设计参数的确定

渠道设计的依据除输水流量外，还有渠底比降、渠床糙率系数、渠道的边坡系数、稳定渠床的宽深比以及渠道的不冲、不淤流速等。

1. 渠底比降

在坡度均匀的渠段内，两端渠底高差和渠段长度的比值称为渠底比降。渠底比降应根据沿线地形、地质条件，设计流量和含沙量等因素，通过计算分析确定。为了减少工程量，应尽可能选用和地面坡度相近的渠底比降。一般随着设计流量的逐级减小，渠底比降应逐级增大。干渠及较大支渠的上、下游流量相差很大时，可采用不同的比降，上游平缓，下游较陡。清水渠道易产生冲刷，比降宜缓，如淠史杭灌区输水渠道的比降为 1/28000～1/10000。浑水渠道容易淤积，比降应适当加大，如人民胜利渠灌区的渠底比降为 1/6000～1/1000；泾惠渠灌区的渠底比降为 1/5000～1/2000。抽水灌区的渠道应在满足泥沙不淤的条件下尽量选择平缓的比降，以减小提水扬程和灌溉成本。除特别平坦地区外，支渠和斗渠、农渠的渠底比降，其选用范围分别为 1/3000～1/1000 和 1/1000～1/200。在地形十分平坦的平原地区，灌溉渠道有时还采用平底渠道。表 5-7 所列数值可供山丘区和黄土地区设计参考。

表 5-7　　　　　　　　　　渠　底　比　降　参　考　值

渠道类别	流量范围/(m³/s)	渠底比降	流量范围/(m³/s)	渠底比降
山丘区土渠	10	1/10000～1/5000	1～10	1/5000～1/2000
	1	1/2000～1/1000	山丘区石渠	1/1000～1/500
黄土地区	5.0	1/3000	3.0	1/2500
	2.0	1/2000	1.0	1/1500
	0.5	1/1000～1/500		

（1）清水渠道的渠底比降可按下式计算：

$$i = \left(\frac{Vn}{R^{2/3}} \right)^2 \qquad (5-24)$$

式中：V 为渠道平均流速，m^3/s；其余符号意义同前。

（2）黄土地区浑水渠道渠底比降可按下式计算：

$$i = 0.275 n^2 \frac{(\rho \omega)^{3/5}}{Q^{1/4}} \tag{5-25}$$

式中：ρ 为水流的饱和挟沙量，kg/m^3；ω 为泥沙平均沉速，mm/s；其余符号意义同前。

2. 渠床糙率系数

渠床糙率系数 n 是反映渠床粗糙程度的技术参数。该值选择得是否切合实际，直接影响到设计成果的精度。如果 n 值选得太大，设计的渠道断面就偏大，不仅增加了工程量，而且会因实际水位低于设计水位而影响下级渠道的进水。如果 n 值取得太小，设计的渠道断面就偏小，输水能力不足，影响灌溉用水。糙率系数值的正确选择不仅要考虑渠床土质和施工质量，还要估计到建成后的管理养护情况。表 5-8 中的数值可供参考。

表 5-8   渠床糙率系数（n）（引自 GB 50288—2018）

1. 土渠			
流量范围/(m^3/s)	渠槽特征	糙率系数 n	
		灌溉渠道	退（泄）水渠道
>20	平整顺直，养护良好	0.0200	0.0225
	平整顺直，养护一般	0.0225	0.0250
	渠床多石，杂草丛生，养护较差	0.0250	0.0275
1~20	平整顺直，养护良好	0.0225	0.0250
	平整顺直，养护一般	0.0250	0.0275
	渠床多石，杂草丛生，养护较差	0.0275	0.0300
<1	渠床弯曲，养护一般	0.0250	0.0275
	支渠以下的固定渠道	0.0275	0.0300
	渠床多石，杂草丛生，养护较差	0.0300	0.0350

2. 防渗衬砌渠槽糙率		
防渗衬砌结构类别及特征		糙率
砌石	浆砌料石、石板	0.0150~0.0230
	浆砌块石	0.0200~0.0250
	干砌块石	0.0250~0.0330
	浆砌卵石	0.0230~0.0275
	干砌卵石，砌工良好	0.0250~0.0325
	干砌卵石，砌工一般	0.0275~0.0375
	干砌卵石，砌工粗糙	0.0325~0.0425
膜料	土料保护层	0.0225~0.0275
沥青混凝土	机械现场浇筑，表面光滑	0.0120~0.0140
	机械现场浇筑，表面粗糙	0.0150~0.0170
	预制板砌筑	0.0160~0.0180

续表

防渗衬砌结构类别及特征		糙率
混凝土	抹光的水泥砂浆面	0.0120~0.0130
	金属板浇筑，平整顺直，表面光滑	0.0120~0.0140
	刨光木模板浇筑，表面一般	0.0150
	表面粗糙，缝口不齐	0.0170
	修整及养护较差	0.0180
	预制板砌筑	0.0160~0.0180
	预制渠槽	0.0120~0.0160
	平整的喷浆面	0.0150~0.0160
	不平整的喷浆面	0.0170~0.0180
	波状断面的喷浆面	0.0180~0.0250

3. 渠道的边坡系数

渠道的边坡系数 m 是渠道边坡倾斜程度的指标，其值等于边坡在水平方向的投影长度和在垂直方向投影长度的比值。m 值的大小关系到渠坡的稳定，要根据渠床土壤质地和渠道深度等条件选择适宜的数值。大型渠道的边坡系数应通过土工试验和稳定分析确定；中小型渠道的边坡系数根据经验选定，可参考表5-9和表5-10。

表5-9　　　　　　　　　　挖方渠道最小边坡系数

渠床条件	水深 h/m			渠床条件	水深 h/m		
	<1	1~2	2~3		<1	1~2	2~3
稍胶结的卵石	1.00	1.00	1.00	轻壤土	1.00	1.25	1.50
夹砂的卵石和砾石	1.25	1.50	1.50	砂壤土	1.50	1.50	1.75
黏土、重壤土、中壤土	1.00	1.25	1.50	砂土	1.75	2.00	2.25

表5-10　　　　　　　　　　填方渠道最小边坡系数

渠床条件	流量 Q/(m³/s)							
	>10		2~10		0.5~2		<0.5	
	内坡	外坡	内坡	外坡	内坡	外坡	内坡	外坡
黏土、重壤土、中壤土	1.25	1.00	1.00	1.00	1.00	1.00	1.00	1.00
轻壤土	1.50	1.25	1.00	1.00	1.00	1.00	1.00	1.00
砂壤土	1.75	1.50	1.50	1.25	1.50	1.25	1.25	1.25
砂土	2.25	2.00	2.00	1.75	1.75	1.50	1.50	1.50

4. 渠道断面的宽深比

渠道断面的宽深比 α 是渠道底宽 b 和水深 h 的比值。宽深比对渠道工程量和渠床稳定有较大影响。渠道宽深比的选择要考虑以下要求：

（1）水力最优断面的宽深比。在渠道比降和渠床糙率一定的条件下，通过设计流量所需要的最小过水断面称为水力最优断面。梯形渠道水力最优断面的宽深比按下式计算：

第二节 灌溉渠道纵横断面设计

$$\alpha_0 = 2\sqrt{1+m^2} - m \tag{5-26}$$

式中：α_0 为梯形渠道水力最优断面的宽深比；m 为梯形渠道的边坡系数。

根据式（5-26）可算出不同边坡系数相应的水力最优断面的宽深比，见表5-11。

表 5-11　　　　　　　　　　　　$m - \alpha_0$ 关系表

边坡系数 m	0	0.25	0.50	0.75	1.00	1.25	1.50	1.75	2.00	3.00
α_0	2.0	1.56	1.24	1.00	0.83	0.70	0.61	0.53	0.47	0.32

水力最优断面具有工程量最小的优点，小型渠道和石方渠道可以采用。对大型渠道来说，因为水力最优断面比较窄深，开挖深度大，可能受地下水影响，施工困难，劳动效率较低，而且渠道流速可能超过允许不冲流速，影响渠床稳定。所以，大型渠道常采用宽浅断面。可见，水力最优断面仅仅指输水能力最大的断面，不一定是最经济的断面，渠道设计断面的最优形式还要根据渠床稳定要求、施工难易等因素确定。

（2）实用经济断面宽深比。梯形渠道实用经济断面与水力最优断面的水力要素可按下列公式计算，α、β 和 m、h/h_0 关系可查表 5-12。

表 5-12　　　　　　　　实用经济断面 α、β 和 m、h/h_0 关系表

m	β				
	α				
	1.00	1.01	1.02	1.03	1.04
	h/h_0				
	1.000	0.823	0.761	0.717	0.683
0.00	2.000	2.985	3.525	4.005	4.453
0.25	1.562	2.453	2.942	3.378	3.792
0.50	1.236	2.091	2.559	2.997	3.374
0.75	1.000	1.862	2.334	2.755	3.155
1.00	0.829	1.729	2.222	2.662	3.080
1.25	0.702	1.662	2.189	2.658	3.104
1.50	0.606	1.642	2.211	2.717	3.198
1.75	0.532	1.654	2.270	2.818	3.340
2.00	0.472	1.689	2.357	2.951	3.516
2.25	0.425	1.741	2.463	3.106	3.717
2.50	0.386	1.806	2.584	3.278	3.938
2.75	0.353	1.880	2.717	3.463	4.172
3.00	0.325	1.961	2.859	3.658	4.418
3.25	0.301	2.049	3.007	3.861	4.673
3.50	0.281	2.141	3.162	4.070	4.934
3.75	0.263	2.232	3.320	4.285	5.202
4.00	0.247	2.337	3.483	4.504	5.474

$$\alpha = V_0/V = A/A_0 = (R_0/R)^{2/3} = (A_0P/AP_0)^{2/3} \tag{5-27}$$

$$\beta = b/h = [\alpha/(h/h_0)^2][2(1+m^2)\frac{1}{2}-m]-m \tag{5-28}$$

$$(h/h_0)^2 - 2\alpha^{2.5}(h/h_0) + \alpha = 0 \tag{5-29}$$

式中：α 为水力最优断面流速（或过水断面面积）与实用经济断面流速（或过水断面面积）的比值；P 为实用经济断面湿周，m；P_0 为水力最优断面湿周，m；h 为实用经济断面水深，m；V 为实用经济断面流速，m/s；A 为实用经济断面的过水面积，m^2；R 为实用经济断面水力半径，m；b 为实用经济断面底宽，m；β 为实用经济断面底宽与水深的比值。

(3) 断面稳定的宽深比。渠道断面过于窄深，容易产生冲刷；过于宽浅，又容易淤积，都会使渠床变形。稳定断面的宽深比应满足渠道不冲、不淤要求，它与渠道流量、水流含沙情况、渠道比降等因素有关，应在总结当地已成渠道运行经验的基础上研究确定。比降小的渠道应选较小的宽深比，以增大水力半径，加快水流速度；比降大的渠道应选较大的宽深比，以减小流速，防止渠床冲刷。

浑水渠道设计水深及宽深比可按下式计算：

$$h = aQ^{1/3} \tag{5-30}$$

当 $Q < 1.5 m^3/s$ 时
$$\beta = NQ^{1/10} - m \tag{5-31}$$

当 $1.5 m^3/s \leq Q < 50 m^3/s$ 时
$$\beta = N'Q^{1/4} - m \tag{5-32}$$

式中：h 为渠道设计水深，m；a 为常数，$a = 0.58 \sim 0.94$，可取 0.76；β 为渠道底宽与设计水深的比值；N、N' 为常数，$N = 2.35 \sim 3.25$，$N' = 1.8 \sim 3.4$，黏性土渠道和刚性衬砌渠道取小值，砂性土渠道取大值；m 为渠道边坡系数。

有通航要求的渠道，应根据船舶吃水深度、错船所需的水面宽度以及通航的流速要求等确定渠道的断面尺寸。渠道水面宽度应大于船舶宽度的 2.6 倍，船底以下水深应不小于 15~30cm。

5. 渠道的不冲不淤流速

在稳定渠道中，允许的最大平均流速称为临界不冲流速，简称不冲流速，用 v_{cs} 表示；允许的最小平均流速称为临界不淤流速，简称不淤流速，用 v_{cd} 表示。为了维持渠床稳定，渠道通过设计流量时的平均流速（设计流速）v_d 应满足以下条件：

$$v_{cd} < v_d < v_{cs} \tag{5-33}$$

(1) 渠道的不冲流速。水在渠道中流动时，具有一定的能量，这种能量随水流速度的增加而增加，当流速增加到一定程度时，渠床上的土粒就会随水流移动，土粒将要移动而尚未移动时的水流速度就是临界不冲流速或简称不冲流速。渠道不冲流速和渠床土壤性质、水流含沙情况、渠道断面水力要素等因素有关，具体数值要通过试验研究或总结已成渠道的运用经验而定。一般土渠的不冲流速在 0.6~0.9m/s 之间。生产实践中曾通过大量稳定渠道的调查、试验，总结出一些经验公式，较常见的如下：

$$v_{cs} = KQ^{0.1} \tag{5-34}$$

式中：v_{cs} 为渠道不冲流速，m/s；K 为根据渠床土壤性质而定的耐冲系数，可查 GB 50288—2018《灌溉与排水工程设计标准》附表 C.0.2；Q 为渠道的设计流量，m^3/s。

(2) 渠道的不淤流速。渠道水流的挟沙能力随流速的减小而减小，当流速小到一定程度时，部分泥沙就开始在渠道内淤积。泥沙将要沉积而尚未沉积时的流速就是临界不淤流速。渠道不淤流速主要取决于渠道含沙情况和断面水力要素，也应通过试验研究或总结实践经验而定。在缺乏实际研究成果时，可选用有关经验公式进行计算。这里，仅介绍黄河水利委员会水利科学研究所的不淤流速计算公式：

$$v_{cd} = C_0 Q^{0.5} \quad (5-35)$$

式中：v_{cd} 为渠道不淤流速，m/s；C_0 为不淤流速系数，随渠道流量和宽深比而变，见表 5-13；Q 为渠道的设计流量，m³/s。

表 5-13　　　　　　　　不淤流速系数 C_0 值

渠道流量和宽深比		C_0
$Q > 10\text{m}^3/\text{s}$		0.2
$Q = 5 \sim 10\text{m}^3/\text{s}$	$b/h > 20$	0.2
	$b/h \leqslant 20$	0.4
$Q < 5\text{m}^3/\text{s}$		0.4

式（5-35）适用于黄河流域含沙量为 1.32～83.8kg/m³、加权平均泥沙沉降速度为 0.0085～0.32m/s 的渠道。

含沙量很小的清水渠道虽无泥沙淤积威胁，但为了防止渠道长草，影响输水能力，对渠道的最小流速仍有一定限制，通常要求大型渠道的平均流速不小于 0.5m/s，小型渠道的平均流速不小于 0.3～0.4m/s。

(二) 渠道水力计算

渠道水力计算的任务是根据上述设计依据，通过计算，确定渠道过水断面的水深 h 和底宽 b。

1. 土质渠道梯形断面的水力计算

(1) 一般断面的水力计算。可根据明渠均匀流公式 (5-22) 用试算法求解渠道的断面尺寸。因渠道设计水深和底宽两个均未知，需要进行试算。为了施工方便，先假定整数底宽 b，试算确定相应的水深值。或先拟定宽深比，再确定底宽与水深。这里要注意的是计算断面通过的流量与设计流量的相当误差应小于 5%。

(2) 水力最优梯形断面的水力计算。根据梯形渠道水力最优断面的宽深比公式 (5-26) 和明渠均匀流公式 (5-22) 推得水力最优断面的渠道设计水深为 h_0：

$$h_0 = 1.189 \left[\frac{nQ}{(2\sqrt{1+m^2} - m)\sqrt{i}} \right]^{3/8} \quad (5-36)$$

式中：h_0 为渠道设计水深，m。

根据 $b = \alpha_0 h_0$ 计算出底宽 b，流速计算和校核方法与采用一般断面相同。

(3) 实用经济断面的水力计算。根据式 (5-27)～式 (5-29) 和表 5-12 可计算出相应的系列水深、底宽、流速等，可计算出系列经济断面，选取符合流量和流速要求的经济断面供施工选用。

(4) 稳定断面的渠道水流计算。利用式 (5-30) ~ 式 (5-32) 计算水深初估值 h 和宽深比 β，然后计算出底宽 b 和相应过水断面的水力要素，其余计算与一般断面的水力计算相同。

2. U 形断面渠道的水力计算

U 形断面接近水力最优断面，具有防渗效果好、抗冻胀性能高、输水性能较为理想、

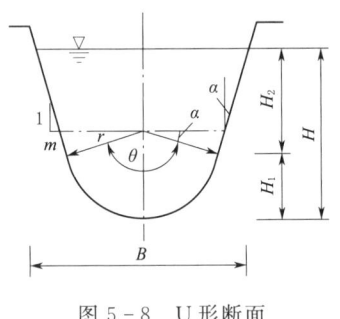

图 5-8 U 形断面

挟沙能力强、节省土地、省工、省料、坚固耐用、整体性好的特点。因此，U 形断面在我国小型渠道得到广泛应用。

图 5-8 为 U 形断面示意图，下部为半圆形，上部为稍向外倾斜的直线段。直线段下切于半圆。

(1) U 形渠道断面尺寸的水力计算基本公式如下：

过水面积： $A = K_A H^2$ (5-37)

湿周： $P = K_P H$ (5-38)

系数： $K_A = \left(\dfrac{\theta}{2} + 2m - 2m'\right) K_r^2 + 2(m' - m) K_r + m$ (5-39)

$$K_P = 2\left(\dfrac{\theta}{2} + m - m'\right) K_r + 2m'$$ (5-40)

$$K_r = r/H$$ (5-41)

式中：A 为过水面积，m^2；H 为水深，m；P 为湿周，m；θ 为圆心角，(°)；m 为上部直线段的边坡系数；$m' = \sqrt{1 + m^2}$；r 为圆弧半径，m；K_A、K_P、K_r 均为系数。

(2) U 形断面 K_r 值的选择。当渠顶以上挖深不超过 1.5m，边坡系数 $m \leqslant 0.3$，渠线经过耕地时，K_r 值可按表 5-14 选用；填方断面或渠顶以上挖深很小（接近 0）以及土质差时，K_r 取 0.8~1.0。

表 5-14　　　　　　　　　　U 形渠道的 K_r 值

m	0	0.1	0.2	0.3	0.4
$\theta/(°)$	180	168.6	157.4	146.6	136.4
K_r	0.65~0.72	0.62~0.68	0.56~0.63	0.49~0.56	0.39~0.47

注　挖深大、土质好、土地价值高时取小值。

目前，U 形渠道在小渠道中的应用越来越广泛，U 形渠道断面形式也较多。在实际工程设计中，可先根据当地实用的 U 形断面形式，确定相应的设计参数，如 m，r，θ 等，然后应用 U 形渠道断面尺寸的水力计算公式进行水力计算，最终确定满足设计流量和流速要求的断面尺寸。

3. 弧形底梯形断面的水力计算

这里仅介绍弧线圆心与堤顶高程相同情况下的断面设计。弧形底梯形断面是以水面宽度的中点为圆心，以最大水深为半径，画一圆弧，作为渠底，和两侧边坡相切，构

成一个近似半圆形的过水断面，如图 5-9 所示。

这种过水断面和水力最优断面十分接近，具有占地少、工程量省、输水能力大等优点，可用于中小型渠道。

弧形底梯形断面的水力计算公式如下：

过水断面面积 A （m²）：

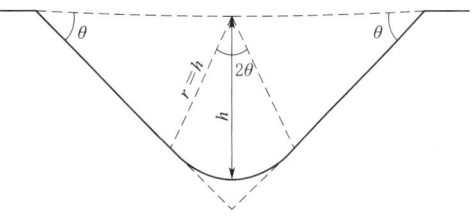

图 5-9 弧形底梯形过水断面

$$A = \pi h^2 \frac{\theta}{\pi} + 2 \frac{h^2 \cot\theta}{2} = h^2(\theta + \cot\theta) \quad (5-42)$$

式中：h 为最大水深，m；θ 为渠道边坡和水平面的夹角。

过水断面的湿周 P （m）：

$$P = 2\pi h \frac{\theta}{\pi} + 2h\cot\theta = 2h(\theta + \cot\theta) \quad (5-43)$$

过水断面的水力半径 R：

$$R = \frac{A}{P} = \frac{h^2(\theta + \cot\theta)}{2h(\theta + \cot\theta)} = \frac{h}{2} \quad (5-44)$$

根据断面平均流速公式可写出以下关系式：

$$\frac{Q}{A} = \frac{1}{n}\left(\frac{h}{2}\right)^{2/3} i^{1/2} \quad (5-45)$$

根据式 (5-45) 可求出最大水深 h，即渠底圆弧的半径。

根据渠床土质选定边坡系数 m 值，按下式计算坡角 θ 值：

$$m = \cot\theta \quad (5-46)$$

根据 h、θ 值即可画出渠道的过水断面。

渠道平均流速应满足不冲不淤要求。

【例 5-3】 设计一混凝土衬砌渠道，设计流量 $Q = 20 \text{m}^3/\text{s}$，渠道比降 $i = 1/10000$，边坡系数 $m = 1.25$，糙率系数选用 $n = 0.014$，断面形式选用弧形底梯形断面和梯形断面。

解：(1) 弧形底梯形断面设计。

因为 $\cot\theta = m = 1.25$

所以 $\theta = 0.675 \text{rad} = 38.67°$

$$A = h^2(\theta + \cot\theta) = h^2(0.675 + 1.25) = 1.925h^2$$

将已知的 Q、A、i、n 等代入式 (5-45) 得

$$\frac{20}{1.925h^2} = \frac{1}{0.014}\left(\frac{h}{2}\right)^{2/3}\left(\frac{1}{10000}\right)^{1/2} = 0.714\left(\frac{h}{2}\right)^{2/3}$$

由上式解出：$h = 3.24 \text{m}$

根据圆弧半径 $r = h = 3.24 \text{m}$ 和 $\theta = 38.67°$，即可画出过水断面。

渠道平均流速：$v = \dfrac{Q}{A} = \dfrac{20}{1.925 \times 3.24^2} = 0.99 (\text{m/s})$

因为混凝土衬砌渠道不冲流速为 5m/s，不淤流速为 0.5m/s，因此渠道流速满足要求。

（2）梯形断面设计。

初算水深 h：$\quad h=aQ^{1/3}=0.85\times20^{1/3}=2.307(\mathrm{m})$

初算宽深比 β：$\quad \beta=NQ^{1/4}-m=3\times20^{1/4}-1.25=5.094$（取 $N=3$）

初算渠底宽 b：$\quad b=\beta h=5.094\times2.307=11.752(\mathrm{m})$

计算相应的过水断面面积 A 和水力要素：

过水断面：$\quad A=bh+mh^2=11.752\times2.307+1.25\times2.307^2=33.765(\mathrm{m}^2)$

湿周：$\quad P=b+2h\sqrt{1+m^2}=11.752+2\times2.307\sqrt{1+1.25^2}=19.138(\mathrm{m})$

水力半径：$\quad R=\dfrac{A}{P}=\dfrac{33.765}{19.138}=1.764$

谢才系数：$\quad C=\dfrac{1}{n}R^{1/6}=\dfrac{1}{0.014}1.764^{1/6}=78.52$

校核渠道流速：$\quad v=Q/A=20/33.765=0.592(\mathrm{m/s})$

同前，该混凝土衬砌渠道流速满足不冲不淤要求。

4. 圆角梯形断面的水力计算

圆角梯形断面是以渠道的设计水深为半径，将梯形过水断面底部两个拐角变成圆弧，圆弧两端分别和渠底、边坡相切，渠底两切点间的距离为 b，圆心角为 θ，如图 5-10 所示。

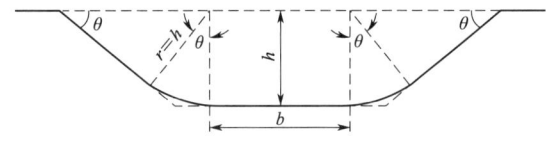

图 5-10 圆角梯形过水断面

把梯形断面两个拐角变为圆弧是提高渠道输水能力的一种有效方法。

圆角梯形断面的水力计算公式如下：

过水断面面积：

$$A=bh+2\pi h^2\dfrac{\theta}{2\pi}+\dfrac{2h^2\cot\theta}{2}=bh+h^2(\theta+\cot\theta) \qquad (5-47)$$

过水断面的湿周：

$$P=b+2h(\theta+\cot\theta) \qquad (5-48)$$

渠道的输水能力：

$$Q=A\dfrac{1}{n}\left(\dfrac{A}{P}\right)^{2/3}i^{1/2} \qquad (5-49)$$

式（5-49）中包含着 b、h 两个未知数，求解时，必须补充一个条件，选择适宜的流速，或选择适宜的水深。

根据渠床土质选择适当的 θ 值，再求出 b、h 值，就可画出渠道的过水断面。

渠道流速应满足不冲不淤要求。

【例 5-4】 设计一圆角梯形混凝土衬砌渠道，设计流量 $Q=400\mathrm{m}^3/\mathrm{s}$，渠道比降 $i=1/10000$，边坡系数 $m=1.25$，糙率系数选用 $n=0.014$，$h=5\mathrm{m}$。

解：因为 $\cot\theta=m=1.25$

则 $\theta = 0.675 \text{rad} = 38.67°$
$$A = bh + h^2(\theta + \cot\theta) = 5 \times b + 25(0.675 + 1.25) = 5 \times b + 48.13$$
$$P = b + 2h(\theta + \cot\theta) = b + 10(0.675 + 1.25) = b + 19.25$$

将 Q、A、P、n、i 的数值代入式（5-49）得

$$400 = \frac{5 \times b + 48.13}{0.014} \left(\frac{5 \times b + 48.13}{b + 19.25}\right)^{2/3} \left(\frac{1}{10000}\right)^{1/2}$$

虽然该式中只有一个未知数 b，但因公式复杂，难以直接求解，需按下式试算：

$$Q' = \frac{5 \times b + 48.13}{0.014} \left(\frac{5 \times b + 48.13}{b + 19.25}\right)^{2/3} \left(\frac{1}{10000}\right)^{1/2}$$

假设一个底宽 b 值，算出相应的输水流量 Q'，当等于或接近设计流量 Q 值时，假设的 b 值就可作为设计值。经过试算，该题设计底宽为

$$b = 34.0(\text{m})$$

根据 $h = 5\text{m}$，$b = 34.0\text{m}$，$\theta = 38.67°$ 就可绘出渠道的过水断面。

根据 h、b 值可算出过水断面面积和平均流速为

$$A = 5 \times 34 + 48.13 = 218.13(\text{m}^2)$$
$$v = \frac{Q}{A} = \frac{400}{218.13} = 1.83(\text{m/s})$$

由例 5-3 可知，对于混凝土衬砌渠道，该流速值满足校核要求。

（三）渠道过水断面以上部分的有关尺寸

1. 渠道加大水深

渠道通过加大流量 Q_j 时的水深称为加大水深 h_j。计算加大水深时，渠道设计底宽 b 已经确定，可采用试算法求加大水深，计算的方法步骤和求设计水深的方法基本相同。

2. 安全超高

为了防止风浪引起渠水漫溢，保证渠道安全运行，挖方渠道的渠岸和填方渠道的堤顶应高于渠道的加大水位，要求高出的数值称为渠道的安全超高。干渠、支渠、斗渠安全超高按土石坝设计要求经论证确定；农渠和毛渠的安全超高按式（5-50）计算确定；渠道弯道段的曲率半径小于 5 倍水面宽度或平均流速大于 2m/s 时，应增大弯道凹岸的顶部超高，其增加值可按式（5-51）计算。

$$\Delta h = \frac{1}{4} h_j + 0.2 \tag{5-50}$$

$$\Delta h' = \frac{BV^2}{2gR} \tag{5-51}$$

式中：$\Delta h'$ 为一弯道凹岸顶部超高增加值，m；B 为渠道通过加大流量时的水面宽度，m；V 为渠道通过加大流量时的平均流速，m/s；g 为重力加速度，m/s^2；R 为渠道弯道段中心线的曲率半径，m。

3. 堤顶宽度

堤顶宽度应根据稳定分析、管理及交通要求确定，万亩及以上灌区干渠、支渠堤顶宽度不应小于 2m，斗渠、农渠不宜小于 1m；万亩以下灌区可适当减小。渠道岸顶兼作交通道路时，其宽度应满足车辆通行要求。防渗衬砌渠道堤顶宽度可按表 5-15 选用。

表 5-15　　　　　　　　　　防渗衬砌渠道堤顶宽度

渠道设计流量/(m³/s)	<2	2～5	5～20	>20
堤顶宽度/m	0.5～1.0	1.0～2.0	2.0～2.5	2.5～4.0

二、渠道横断面结构

由于渠道过水断面和渠道沿线地面的相对位置不同，渠道断面有挖方断面、填方断面和半挖半填断面 3 种形式，其结构各不相同。

1. 挖方渠道断面结构

对挖方渠道，为了防止坡面径流的侵蚀、渠坡坍塌以及便于施工和管理，除正确选择边坡系数外，当渠道挖深大于 5m 时，应每隔 3～5m 高度设置一道平台。第一级平台的高程和渠岸（顶）高程相同，平台宽度约 1～2m。如平台兼作道路，则按道路标准确定平台宽度。在平台内侧应设置集水沟，汇集坡面径流，并使之经过沉沙井和陡槽集中进入渠道，如图 5-11 所示。挖深大于 10m 时，不仅施工困难，边坡也不易稳定，应调整渠线或改用隧洞等。第一级平台以上的渠坡根据干土的抗剪强度而定，可尽量陡一些。

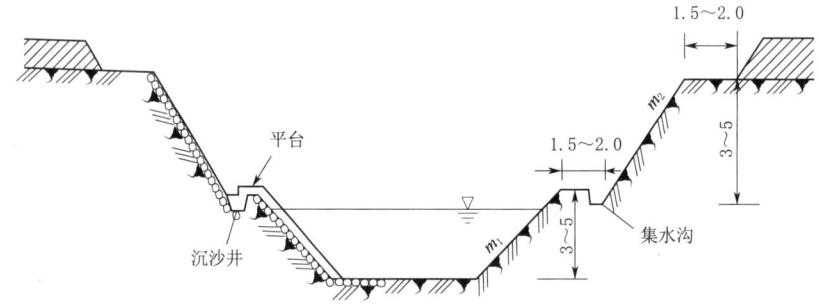

图 5-11　挖方渠道横断面（单位：m）

2. 填方渠道断面结构

填方渠道易于溃决和滑坡，要认真选择内、外边坡系数。填方高度大于 3m 时，应通过稳定分析确定边坡系数，有时需在外坡脚处设置排水反滤体。填方高度很大时，需在外坡设置平台。位于不透水层上的填方渠道，当填方高度大于 5m 或高于两倍设计水深时，一般应在渠堤内加设纵横排水槽。填方渠道会发生沉陷，施工时应预留沉陷高度，一般增加设计填高的 10%。在渠底高程处，堤宽应等于 (5～10)h，根据土壤的透水性能而定，h 为渠道水深。填方渠道断面结构如图 5-12 所示。

3. 半挖半填渠道

半挖半填渠道的挖方部分可为筑堤提供土料，而填方部分则为挖方弃土提供场所。当挖方量等于填方量（考虑沉陷影响，外加 10%～30% 的土方量）时，工程费用最少。挖填土方相等时的挖方深度 x 可按下式计算：

$$(b+mx)x = (1.1～1.3)2a\left(d+\frac{m_1+m_2}{2}a\right) \quad (5-52)$$

式中符号的含义如图 5-13 所示。系数 1.1～1.3 是考虑土体沉陷而增加的填方量，砂质土取 1.1；壤土取 1.15；黏土取 1.2；黄土取 1.3。

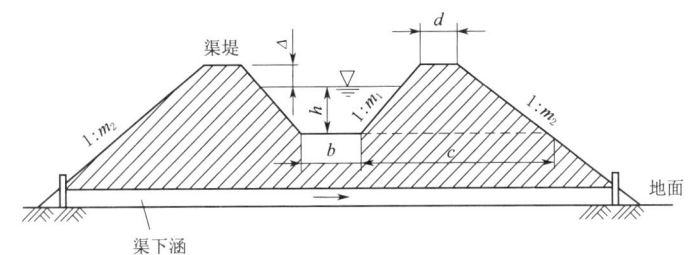

图 5-12 填方渠道横断面

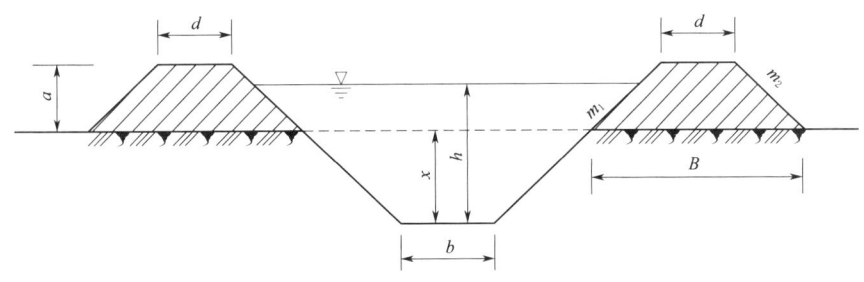

图 5-13 半挖半填断面

为了保证渠道的安全稳定，半挖半填渠道堤底的宽度 B 应满足以下条件：

$$B \geqslant (5 \sim 10)(h-x) \tag{5-53}$$

三、渠道的纵断面设计

灌溉渠道不仅要满足输送设计流量的要求，还要满足水位控制的要求。横断面设计通过水力计算确定了能通过设计流量的断面尺寸，满足了前一个要求。纵断面设计的任务是根据灌溉水位要求确定渠道的空间位置，先确定不同桩号处的设计水位高程，再根据设计水位确定渠底高程、堤顶高程、最小水位等。

1. 灌溉渠道的水位推算

为了满足自流灌溉的要求，各级渠道入口处都应具有足够的水位。这个水位是根据灌溉面积上控制点的高程加上各种水头损失，自下而上逐级推算出来的。水位公式如下：

$$H_进 = A_0 + \Delta h + \sum Li + \sum \varphi \tag{5-54}$$

式中：$H_进$ 为渠道进水口处的设计水位，m；A_0 为渠道灌溉范围内控制点的地面高程，m，控制点是指较难灌到水的地面，在地形均匀变化的地区，控制点选择的原则是：如沿渠地面坡度小于渠道比降，渠道尾附近的地面最难控制；反之，渠首附近地面最难控制；Δh 为控制点地面与附近末级固定渠道设计水位的高差，一般取 $0.1 \sim 0.2$m；L 为渠道的长度，m；i 为渠道的比降；φ 为水流通过渠系建筑物的水头损失，m，可参考表 5-16 所列数值选。

表 5-16　　　　　　　　　　　渠道建筑物水头损失最小数值表

渠别	控制面积/10^4 亩	进水闸/m	节制闸/m	渡槽/m	倒虹吸/m	公路桥/m
干渠	10~40	0.1~0.2	0.1	0.15	0.4	0.05
支渠	1~6	0.1~0.2	0.07	0.07	0.3	0.03
斗渠	0.3~0.4	0.05~0.15	0.05	0.05	0.2	0
农渠		0.05				

式（5-54）可用来推算任一条渠道进水口处的设计水位，推算不同渠道进水口设计水位时所用的控制点不一定相同，要在各条渠道控制的灌溉面积范围内选择相应的控制点。

2. 渠道纵断面设计中的水位衔接

在渠道设计中，常遇到渠道与建筑物、渠道上下段和渠道上下级之间的水位关系问题，必须处理好其水位衔接问题。

（1）不同渠段间的水位衔接。由于渠段沿途分水，渠道流量逐级减小，渠道过水断面也相应减小，为了使水位衔接，可以改变水深或底宽。衔接位置一般结合配水枢纽或交叉建筑物布置，并修建足够的渐变段，保证水流平顺过渡。在水源水位较低，既不能抬高上游的设计水位高程，也不能降低下游的设计水位高程时，只能抬高下游渠底的高程以维持要求的设计水位。在上、下两渠段交界处渠底出现一个台阶，破坏了均匀流的条件，在台阶上游会引起泥沙淤积。这种做法应尽量避免。为了减少不利影响，下游渠底升高的高度不应大于 15~20cm。

（2）建筑物前后的水位衔接。渠道上的交叉建筑物（渡槽、隧洞、倒虹吸等）一般都有阻水作用，会产生水头损失，在渠道纵断面设计时，必须给予充分考虑。如建筑物较短，可将进、出口的局部水头损失和沿程水头损失累加起来（通常采用经验数值），在建筑物的中心位置集中扣除。如建筑物较长，则应按建筑物的位置和长度分别扣除其进、出口的局部水头损失和沿程水头损失。

跌水上、下游水位相差较大，由下落的弧形水舌光滑连接。但在纵断面图上可以简化，只画出上、下游渠段的渠底和水位，在跌水所在位置处用垂线连接。

（3）上、下级渠道的水位衔接。在渠道分水口处，上、下级渠道的水位应有一定的落差，以满足分水闸的局部水头损失。在渠道设计实践中通常采用的做法是：以设计水位为标准，上级渠道的设计水位高于下级渠道的设计水位，以此确定下级渠道的渠底高程。在这种设计条件下，当上级渠道输送最小流量时，相应的水位可能不满足下级渠道引取最小流量的要求。出现这种情况时，就要在上级渠道该分水口的下游修建节制闸，把上级渠道的最小水位从原来的 H_{min} 升高到 H'_{min}，使上、下级渠道的水位差等于分水闸的水头损失 φ，以满足下级渠道引取最小流量的要求，如图 5-14（a）所示。如果水源水位较高或上级渠道比降较大，也可以最小水位为配合标准，抬高上级渠道的最小水位，使上、下级渠道的最小水位差等于分水闸的水头损失 φ，以此确定上级渠道的渠底高程和设计水位，如图 5-14（b）所示。分水闸上游水位的升高可用两种方式来实现：

1）抬高渠首水位，保持渠道比降不变；

2) 不变渠首水位，减缓上级渠道比降。

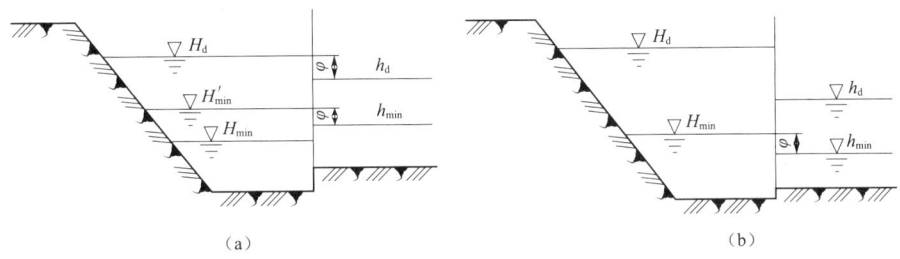

图 5-14　上、下级渠道水位衔接示意图

这两种抬高上级渠道水位的措施可用图 5-15 进一步说明，图中 H_1、H_2、H_3 分别代表一支渠、二支渠、三支渠进水口上游要求的最小水位；实线表示上级渠道原来的最小水位线，不能满足三支渠的引水要求；虚线表示改变渠道比降后的最小水位线；点画线表示抬高渠首水位后的最小水位线。第二种做法不需要修建节制闸，不产生渠道壅水和泥沙淤积，但要具有抬高渠首水位的条件。

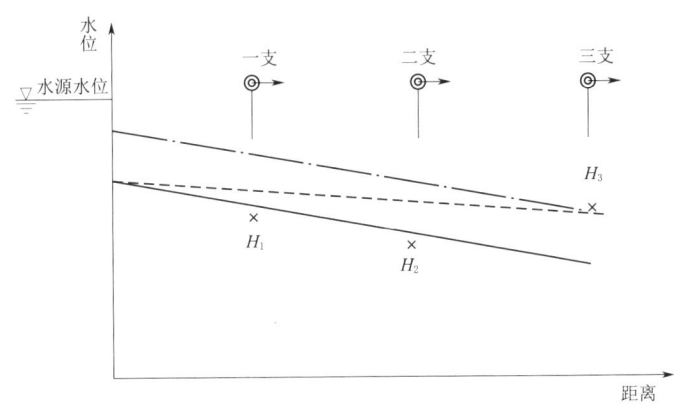

图 5-15　渠道最小水位调整方案示意图

3. 渠道纵断面图的绘制

渠道纵断面图包括：沿渠地面高程线、渠道设计水位线、渠道最低（小）水位线、渠底高程线、堤顶高程线、分水口位置、渠道建筑物位置及其水头损失等，如图 5-16 所示。

渠道断面图按以下步骤绘制：

（1）绘地面高程线。建立直角坐标系，横坐标表示桩号，纵坐标表示高程。根据渠道中心线的水准测量成果（桩号和地面高程）按一定的比例点绘出地面高程线。

（2）标绘分水口和建筑物的位置。在地面高程线的上方，用不同符号标出各分水口和建筑物的位置。

（3）绘渠道设计水位线。根据渠道各控制点设计水位推算结果绘制设计水位线。

（4）绘渠底高程线。在渠道设计水位线以下，以渠道设计水深 h 为间距，画设计水位线的平行线，得渠底高程线。

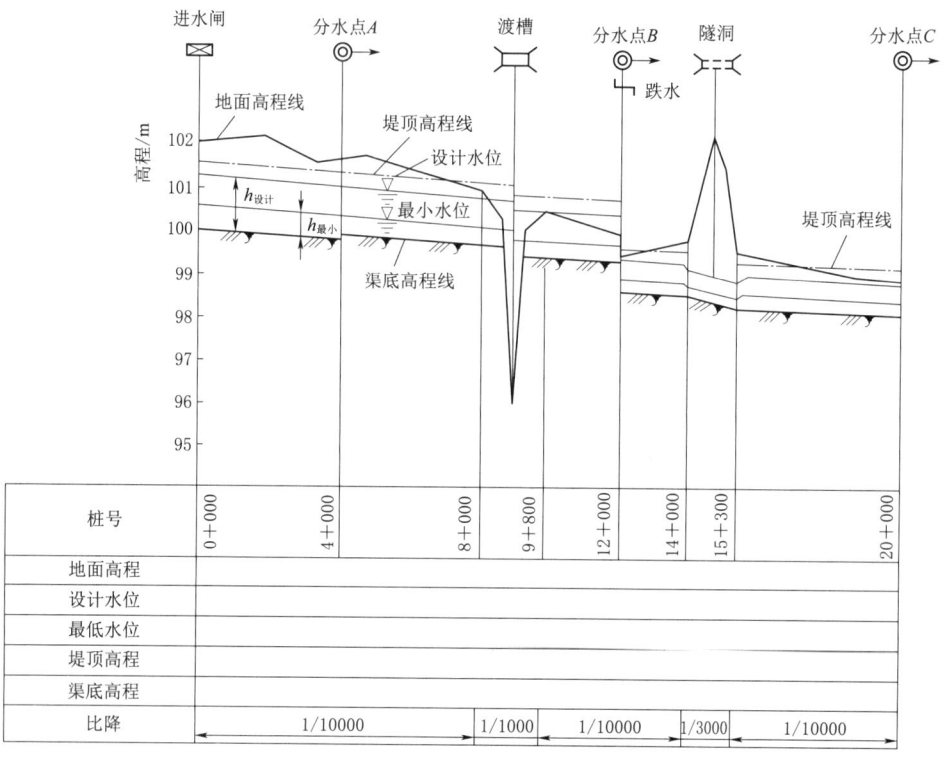

图 5-16 渠道纵断面图

(5) 绘制渠道最小水位线。从渠底线向上，以渠道最小水深（渠道设计断面通过最小流量时的水深）为间距，画渠底线的平行线，此即渠道最小水位线。

(6) 绘堤顶高程线。从渠底线向上，以加大水深（渠道设计断面通过加大流量时的水深）与安全超高之和为间距，作渠底线的平行线，此即渠道的堤顶线。

(7) 标注桩号和高程。桩号和高程必须写在表示该点位置的竖线左侧，并应侧向写出。在高程突变处，要在竖线左、右两侧分别写出高、低两个高程。

(8) 标注渠道比降。在标注桩号和高程的表格底部，标出各渠段的比降。

到此，渠道纵断面图绘制完毕。

第三节 渠道防渗衬砌及生态护坡

一、渠道防渗衬砌的意义

渠道防渗衬砌是指减少渠道渗漏损失及固定渠槽渠坡、改善流态的技术措施。渠道渗漏水量占渠系损失水量的绝大部分，一般占渠首引入水量的 20%～30%，有的灌区高达 30% 以上。渠系水量损失不仅降低了渠系水利用系数，减少了灌溉面积，浪费了宝贵的水资源，而且会引起地下水位上升，招致农田渍害。在有盐碱化威胁的地区，会引起土壤次生盐渍化。水量损失还会增加灌溉成本和农民的水费负担，降低灌溉效益。为了减少渠道输水损失，提高渠系水利用系数，GB 50288—2018《灌溉与排水工程设计标准》规定万亩以下、1万~30万亩、30万亩以上灌区渠系水利用系数分别低于0.70、0.60和0.50，以及水资源紧缺地区或有特殊要求的渠道，均应采取衬砌措施，加强渠系工程配套和维修养护，实行科学的水量调配，不断提高灌区管理工作水平。

渠道防渗工程措施有以下作用：

(1) 减少渠道渗水损失，提高渠系水利用系数，有效地利用水资源。

(2) 提高渠床的抗冲能力，防止渠坡坍塌，增强渠床的稳定性。

(3) 减小渠床糙率系数，提高渠道输水流速，扩大渠道输水能力。

(4) 减低渠道渗漏对地下水的补给，有利于控制地下水位和防止土壤盐碱化。

(5) 防止渠道长草，减少渠道淤积，节省管理费用，提高灌溉效益。

二、渠道防渗衬砌应遵循的原则

(1) 经济合理。对输水损失大和输水效率低的骨干渠道、提水灌区渠道、井灌区渠道、高填方等不良地质条件渠道、回灌补源等涉及安全的骨干渠道等要优先进行防渗衬砌；对地下水位超过设计渠底、同时输水效率能满足设计要求的挖方渠道不宜防渗，流速小、渠床稳定、过流能力能够满足设计要求的挖方渠道不宜衬砌。

(2) 工程先进。渠道防渗工程应采用成熟的新技术、新材料和新工艺，以保证灌溉工程的先进性。

(3) 生态环保。防衬结构应符合防渗工程对区域水环境、水生态保护的整体要求，尽可能采取生态防渗结构形式和生态护坡形式，维护和保护动植物适宜生存环境。

(4) 安全适用。严寒和寒冷地区的防渗衬砌结构应采取防冻胀措施，防渗衬砌应确保渠坡和渠基稳定，防渗衬砌结构应满足防渗等级、输水、防淤抗冲要求。

(5) 施工方便。现场浇筑混凝土防渗衬砌渠道应采用机械化施工，田间渠道的防渗衬砌工程应采用标准化设计的定型产品。

三、渠道防渗衬砌措施

目前，渠道防渗衬砌类型已有很多种，各有其特点和适用条件。下面简要介绍几种主要渠道防渗衬砌类型。

1. 土料防渗

(1) 土料夯实。就是用人工夯实或机械碾压方法增加土壤的密度，在渠床表面建立透水性很小的防渗层。这种方法具有投资少、施工简便等优点，主要用于小型渠道。因原状土夯实层易受干裂、冻融影响和流水冲刷剥蚀破坏，夯实深度一般不宜小于30~40cm。渠道平均流速不宜大于0.5m/s。

(2) 灰土护面。灰土护面是采用石灰和黏土或黄土的拌和料夯实而成的防渗层。石灰与土的配合比常用1:3~1:9。灰土护面的抗冲能力较强，但抗冻性差，多用于气候温和地区。

(3) 三合土护面。用石灰、砂、黏土经均匀拌和后，夯实成渠道的防渗护面。石灰、砂、黏土的配合比常用1:1:3~1:1:6，厚度一般为10~20cm，性能和灰土相近，是我国南方各省常用的防渗措施。

2. 砌石防渗

砌石防渗具有就地取材、施工简单、抗冲、抗磨、耐久等优点。石料有卵石、块石、料石、石板等，砌筑方法有干砌和浆砌两种。

（1）块石、料石、石板衬砌防渗。衬砌的石料应洁净、坚硬、无风化剥落和裂纹，料石外形宜方正，表面凸凹不应大于10mm，块石宜上下面平整、无尖角薄边，块重不应小于20kg；卵石的长径不应小于20cm；石板表面应平整、规则，厚度不应小于50mm。浆砌块石护面有护坡式和重力墙式两种，如图5-17所示。砌石厚度：浆砌块石20～30cm；浆砌料石15～25cm；浆砌石板大于3cm。

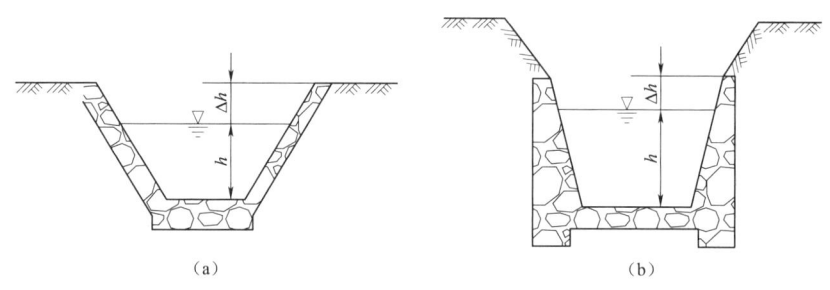

图5-17 浆砌块石渠道护面结构
(a) 护面式结构；(b) 挡土墙式结构

（2）卵石衬砌防渗。卵石衬砌有浆砌和干砌两种。干砌卵石开始主要起防冲作用，使用一段时间后，卵石间的缝隙逐渐被泥沙充填，再经水中矿物盐类的硬化和凝聚作用，便形成了稳定的防渗层。卵石衬砌的施工应按先渠底、后渠坡的顺序铺砌卵石。浆砌卵石衬砌渠道的剖面如图5-18所示。浆砌卵石、干砌卵石（挂淤）厚度10～30cm。

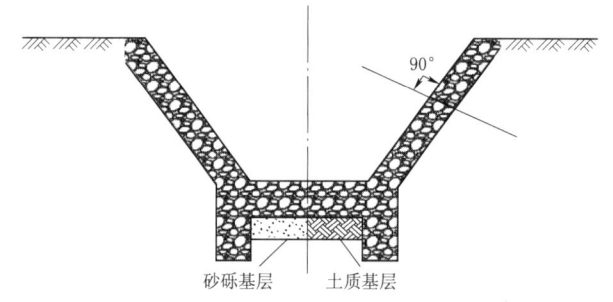

图5-18 护面式浆砌卵石结构

3. 混凝土衬砌防渗

混凝土衬砌的优点：防渗效果好，一般能减少渗漏损失水量的85%～90%以上；糙率系数小，可提高渠道的输水能力、减小渠道的断面尺寸；不生杂草，减少淤积，便于养护管理；经久耐用。

混凝土衬砌要严格选用所需的材料。水泥应符合国家标准GB 175—2020《通用硅酸盐水泥》的规定，特殊环境下还应符合水利行业的有关规定。粗、细骨料均应质地坚硬、清洁、级配良好。应根据工程的环境条件和混凝土的抗渗性、抗裂性、抗冻性及抗冲磨性选择外加剂，外加剂品种和混凝土中其他原材料的适应性应通过试验确定。矿物掺和料宜采用粉煤灰、硅灰、磨细矿渣粉等活性掺和料。拌和与养护用水应符合JGJ 63—2006《混凝土用水标准》的规定。

混凝土衬砌广泛采用板形结构。矩形板适用于无冻胀地区的渠道；楔形板和肋形板适用于有冻胀地区的渠道；槽形板用于小型渠道的预制安装。大型渠道多采用现场浇筑。现场整体浇筑的U形槽具有水力性能好、断面小、占地少、整体稳定性好等优点，适用于

第三节 渠道防渗衬砌及生态护坡

无冻胀或弱冻胀地区的中小型渠道。在强冻胀地区，U形槽在不均匀冻胀力作用下易整体上移和产生裂缝，不宜采用。

混凝土衬砌层的厚度与施工方法、气候、混凝土强度等级等因素有关。混凝土强度等级一般采用C20～C25。现场浇筑的衬砌层比预制安装的厚度稍大（现场浇筑未配置钢筋，6～15cm；现场浇筑配置钢筋，8～12cm；预制铺砌6～10cm）。有冻胀破坏地区的衬砌层厚度比无冻胀破坏地区的衬砌层要厚一些。寒冷地区混凝土板的厚度一般为6～10cm，温和地区厚度可采用4～8cm。喷射法施工4～8cm。

预制混凝土板的大小以容易搬动、施工方便为宜，最小为50cm×50cm，最大为100cm×100cm。

混凝土衬砌层在施工时要预留伸缩缝，以适应温度变化、冻胀、基础不均匀沉陷等原因所引起的变形。纵向缝一般设在边坡与渠底连接处，当渠底宽度超过6～8m时，可在渠底中部另加纵缝。渠道边坡上一般不设纵向伸缩缝。横向伸缩缝的间距可参考表5-17。伸缩缝宽度一般为1～4cm，缝中填料可采用沥青混合物、聚氯乙烯胶泥和沥青油毡板等。

表5-17　　　　　　　　　　　混凝土衬砌层横向伸缩缝间距

衬砌层厚度/cm	伸缩缝间距/m	衬砌层厚度/cm	伸缩缝间距/m
5～7	2.5～3.5	>10	4.0～5.0
8～9	3.5～4.0		

4. 沥青混凝土防渗

沥青混凝土是把沥青、沙、石、矿粉等经加热、拌和压实而成的防渗材料，具有防渗效果好、适应地基变形能力较强等优点，但施工工艺较复杂。

沥青混凝土可采用石油沥青或者聚合物沥青。沥青混凝土所用骨料宜采用碱性岩石破碎的碎石。当采用天然卵石料时，其用量不宜超过粗骨料用量的50%，当采用酸性粗骨料时，应采取增强骨料与沥青黏附性的措施，并均应经试验研究论证。粗、细骨料均应质地坚硬、新鲜，不因加热而引起性质变化。细骨料可选用人工砂、天然砂、加工碎石筛余的石屑，但其级配应符合要求。沥青混凝土所用填料宜采用石灰岩粉、白云岩粉，也可采用滑石粉、普通硅酸盐水泥。当采用粉煤灰时，需经试验研究论证。沥青混凝土防渗层与岸边基岩或混凝土结构连接处的楔形体沥青砂浆或细粒沥青混凝土应保证连接部位黏结牢固、稳定、变形均匀协调。

沥青混凝土防渗衬砌结构的构造应满足图5-19的要求，岩石地基的衬砌设置整平胶结层。封闭层可采用沥青玛琋脂或改性乳胶沥青涂刷。沥青玛琋脂涂刷厚度为2～3mm，配合比应满足高温下不流淌、低温下不脆裂的要求。整平胶结层采用等厚断面，厚度按能填平岩石基面的原则确定。防渗层沥青混凝土要满足低温抗裂性能的要求。现场浇筑厚度5～10cm，预制铺砌5～8cm。预制沥青混凝土板的边长根据安装、搬运条件确定，不宜大于1.0m，应用密度大于2.30g/cm³的沥青玛琋脂。预制板一般用沥青砂浆砌筑；在地基有较大变形时，也可采用焦油塑料胶泥填筑。

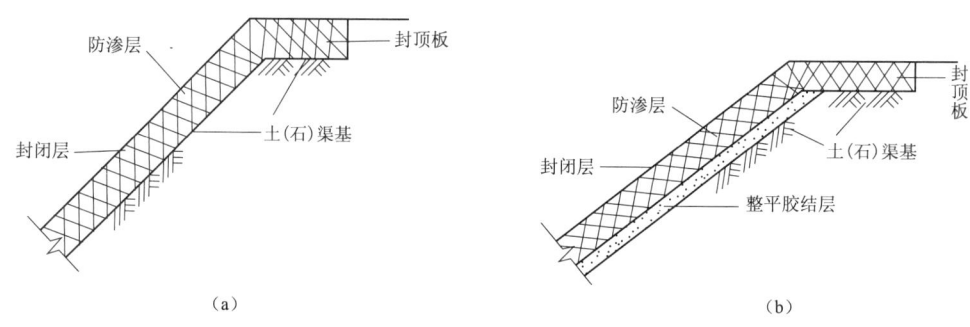

图 5-19 沥青混凝土防渗体结构图
(a) 无整平胶结层的防渗体；(b) 有整平胶结层的防渗体

5. 膜料防渗

用于防渗的土工膜、复合土工膜、膨润土防水毯等材料，统称为膜料。膜料防渗具有防渗性能好、适应变形能力强、材质轻、运输方便、施工简单、耐腐蚀、造价低等优点。

膜料防渗层应采用如图 5-20 所示的埋铺式结构布置。无过渡层的防渗结构宜用于土渠基上黏性土保护层＋复合土工膜的工程；有过渡层的防渗结构宜用于刚性保护层＋复合土工膜的工程。

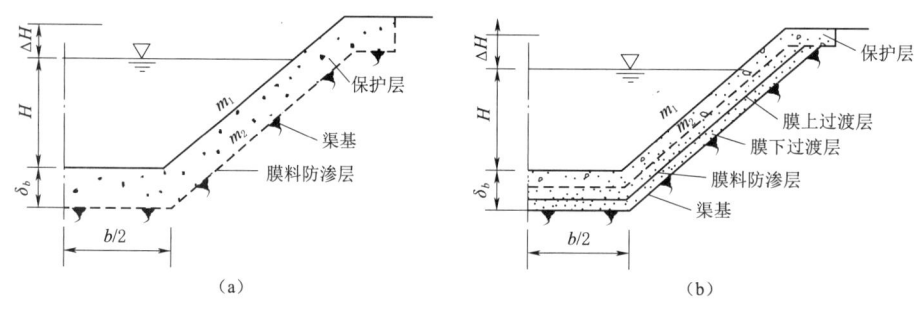

图 5-20 埋铺式膜料防渗结构图
(a) 无过渡层的防渗结构；(b) 有过渡层的防渗结构

膜料防渗层可分为全铺式、半铺式和底铺式 3 种。半铺式和底铺式可用于宽浅渠道，或渠坡有树木的改建渠道。膜料防渗层顶部宜按图 5-21 铺设。膜料防渗层宜采用图 5-22 黏结或锚接形式。防渗膜料可采用土工膜、复合土工膜、膨润土防水毯等材料，采用膜料的有效防渗厚度应不小于 0.5mm。温和地区的过渡层材料可采用灰土、水泥土，而严寒和寒冷地区宜采用水泥砂浆，过渡层的厚度宜为 4～5cm。土料保护层的厚度，根据渠道流量大小和保护层土质情况，一般为 40～70cm，参见表 5-18。土料保护层的压实度不应小于 0.91。

6. 膨润土防水毯防渗

膨润土防水毯是指通过工艺技术，将膨润土颗粒固定于两层土工布（土工织物或土工膜）之间形成的一种新型土工合成材料。具有防渗性能好、抗冻融循环能力强、绿色环保、施工工期短、便于修补、有效对抗生物破坏等优点。

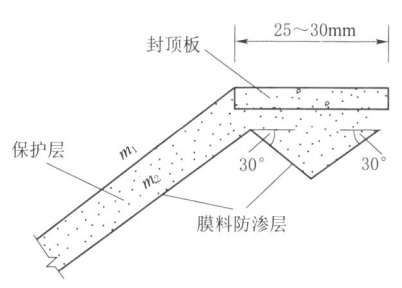

图 5-21 膜料顶部铺设形式

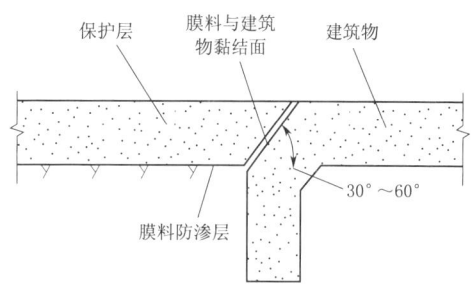

图 5-22 膜料防渗层与渠系建筑物连接形式

表 5-18　　　　　　　　　　土料保护层的厚度　　　　　　　　　　单位：cm

保护层土质	渠道设计流量/(m³/s)			
	<2	2~5	5~20	>20
黏土质砂、粉土质砂、含细粒土砂	45~50	50~60	60~70	70~75
含砾细粒土、含砂细粒土	40~45	45~55	55~60	60~65
黏土、粉土	35~40	40~50	50~55	55~60

铺设膨润土防水材料防水层的基层混凝土强度等级不得小于C15，水泥砂浆强度等级不得低于M7.5。阴、阳角部位应做成直径不小于30mm的圆弧或30mm×30mm的坡角。变形缝、后浇带等接缝部位应设置宽度不小于500mm的加强层，加强层应设置在防水层与结构外表面之间。

7．土工格室与塑料土工格栅防渗

土工格室宜由聚酯/聚酰胺纳米纤维与乙烯基质形成的高分子材料（PCA）或改性的高密度聚乙烯（HDPE）等材料经高强力焊接而形成的一种三维网状格室结构，如图5-23所示。土工格室的特点是：具有伸缩自如，运输可缩叠，施工时可张拉成网状，填入泥土、碎石、混凝土等松散物料，构成具有强大侧向限制和大刚度的结构体；材质轻、耐磨损、化学性能稳定、耐光氧老化、耐酸碱，适用于不同土壤与沙漠等土质条件；较高的侧向限制和防滑，防变形、有效的增强渠（路）基的承载能力和分散荷载作用；改变土工格室高度、焊距等几何尺寸可满足不同的工程需要；连接方便、施工速度快。

图 5-23　土工格室

图 5-24　塑料土工格栅

塑料土工格栅可采用聚丙烯单拉塑料格栅、高密度聚乙烯单拉塑料格栅和聚丙烯双拉格栅，土工格栅色泽应均匀。塑料土工格栅的外观应无损伤、无破裂。网孔大小形状应一致，宽度不应有负偏差。塑料土工格栅如图5-24所示。

除上述防渗措施外，模袋混凝土防渗、机编钢丝网防渗等许多新型防渗材料，可根据需要参考GB/T 50600—2020《渠道防渗衬砌工程技术标准》选用。上述主要防渗衬砌类型适用条件及允许渗漏量归纳为表5-19。

表5-19 渠道防渗衬砌结构适用条件（引自GB 50288—2018）

防渗衬砌结构类型		主要原材料	允许渗漏量 /[$m^3/(m^2 \cdot d)$]	使用年限 /a	适 用 条 件
砌石	干砌卵石（挂淤）	卵石、块石料石、石板砂、水泥等	0.20～0.40	25～40	抗冻、抗冲、耐磨和耐久性好，施工简便，但防渗效果一般不易保证。可用于石料来源丰富、有抗冻、抗冲、耐磨要求的各级渠道衬砌
	浆砌块石浆砌料石浆砌石板		0.09～0.25		
埋铺式膜料	土料保护层	膜料、土料砂、石、水泥等	0.04～0.08	20～30	防渗效果好，重量轻，运输量小，当采用土料保护层时，造价较低，但占地多，允许流速小。可用于4级、5级渠道衬砌；采用刚性保护层时，造价较高，可用于各级渠道衬砌
	刚性保护层				
沥青混凝土	现场浇筑	沥青、砂、石、矿粉等	0.04～0.14	20～30	防渗效果好，适应地基变形能力较强，造价与混凝土防渗衬砌结构相近。可用于有冻害地区且沥青来源有保证的各级渠道衬砌
	预制铺砌				
混凝土	现场浇筑	砂、石、水泥、速凝剂等	0.04～0.14	30～50	防渗效果好，抗冲性和耐久性好。可用于各类地区和各种运用条件下各级渠道衬砌；喷射法施工宜用于岩基、风化岩基以及深挖方或高填方渠道衬砌
	预制铺砌		0.06～0.17	20～30	
	喷射法施工		0.05～0.16	25～35	

四、渠道衬砌冻胀破坏的防治

在季节性冻土地区，细粒土壤中的水分在冬季负温条件下结成冰晶，使土壤体积膨胀，地面隆起，这种现象称为土壤的冻胀。在渠道衬砌的条件下，因衬砌层约束了土体的冻胀变形而产生的巨大的推力，称为冻胀力。衬砌层和冻土黏结在一起，还会产生切向冻胀力。在冻胀力的作用下，衬砌护面会遭受破坏。由于渠道断面各部位接受太阳辐射不均匀，各处温度就不同，土壤的冻深和冻胀量也不同，一般渠底和阴坡的冻胀量大于阳坡。渠床渗漏和地下水上升毛管水的补给影响，使渠床下部土壤的含水量高于上部，也增加了下部土壤的冻胀量。因而，渠道的冻胀破坏以渠底和渠坡下部最为严重。

（一）渠道的变形特征

渠道断面上各点的不均匀冻胀，是渠道冻融期变形的基本特征，是衬砌破坏的基本原因。渠底衬砌板的冻胀变形受边坡的约束，冻胀变形一般为中部大于两端，由此造成沿渠底中心线裂缝，隆起破坏。渠坡冻胀变形线稍呈弯曲，且弯曲线的拐点位于距坡脚不远处，在这种情况下，如果衬砌板与土间不存在冻结力，上部板将向上翘起，但当衬砌板与土间存在冻结力，衬砌板受约束不能翘起，或衬砌板的抗弯强度小于悬臂端的弯矩时，将在冻胀变形量最大处发生折断，如果渠道衬砌为预制板，则将在此处出现开缝。

(二) 渠道冻胀破坏的防治措施

防治衬砌工程的冻害，要针对产生冻胀的因素，根据工程具体条件从渠系规划布置、渠床处理、排水、保温、衬砌的结构形式、材料、施工质量、管理维修等方面着手，全面考虑。

1. 回避冻胀法

(1) 避开较大冻胀的自然条件。规划设计时，应尽可能避开黏土、粉质土壤、松软土层、淤土地带、沼泽和高地下水位的地段，选择透水性较强不易产生冻胀的地段或地下水位埋藏较深的地段、将渠底冻结层控制在地下毛管水补给高度以上。

(2) 埋入措施。将渠道作成管或涵埋设在冻结深度以下的措施，可以免受冻胀力、热作用力等的作用，是一种可靠的防冻胀措施，它基本上不占地、易于适应地形条件，水量损失最小、管理养护方便，适用于地形起伏、甚不规则的地区。

(3) 置槽措施。置槽可避免侧壁与土接触以回避冻胀，常被用于中小型填方渠道上，是一种廉价的防治措施。

(4) 架空渠槽。用桩、墩等构筑物支撑渠槽，使其与基土脱离，避开冻胀性基土对渠槽的直接破坏作用，但必须保证桩、墩等不被冻拔，此法形似渡槽，占地少，易于适应各种地形条件，不受水头和流量大小的限制，管理养护方便，但造价较高。

2. 削减冻胀法

削减冻胀法就是将渠床基土的最大冻胀量削减到衬砌结构允许变位范围内。

(1) 置换法。置换法是在冻结深度内将衬砌板下的冻胀性土换成非冻胀性材料的一种方法，通常又称铺设砂砾石垫层。为完全消除冻胀影响，可将冻结深度全部置换，但用砂砾石置换后，冻结深度会比原地基扩大（砂砾石的导热系数比一般土大），因此，当冻结深度较大时，应根据冻胀强度沿冻深的分布状况和衬砌结构的允许变位值，计算渠床各部位的置换深度，确定置换断面。

(2) 隔热保温。将隔热保温材料（如炉渣、石蜡渣、沥青草、泡沫水泥、蛭石粉、玻璃纤维、聚苯乙烯泡沫板等）布设在衬砌体背后及地表面，以减轻或消除寒冷因素，并可减少置换深度，隔断下层土的水分补给，从而减轻或消除渠床的冻深和冻胀。

(3) 压实。压实法可使土的干密度增加，孔隙率降低，透水性减弱，密度较高的压实土冻结时，具有阻碍水分迁移、聚集，从而削减甚至消除冻胀的能力。

(4) 防渗（隔水）、排水。当土中的含水量大于起始冻胀含水量时，才明显地出现冻胀现象，因此，防止渠水和渠堤上的地表水入渗、隔断水分对冻层的补给，以及排除地下水，是防止地基土冻胀的根本措施。

3. 优化结构法

所谓优化结构法，就是在设计渠道断面和衬砌结构时采用合理的形式和尺寸，使其具有削减、适应或回避冻胀的能力。

(1) 在弱冻胀地区采用预制混凝土板衬砌渠道时，对冻胀变形有较好的适应性。采用现场浇筑混凝土板衬砌渠道时，应在渠坡下部和渠底中部设变形缝，以适应土壤的冻胀变形。

(2) 在小型渠道上，可采用U形渠道，在大中型渠道，可采用圆弧形底梯形断面，以提高抵抗冻胀破坏的能力。

（3）在强冻胀地区，可采用柔性膜料衬砌渠道，以适应土壤的冻胀变形。

4. 加强运行管理

冬季不行水渠道，应在基土冻结前停水，并及时排除渠内和两侧排水沟内的积水；冬季行水渠道，在负温期宜连续行水，并保持在最低设计水位以上运行。每年应进行一次衬砌体的裂缝修补，使砌块缝间填料保持原设计状态，衬砌体的封顶应保持完好，不允许有外水流入衬砌体背后。应及时维修各种排水设施，保证排水畅通。

五、生态护坡

（一）生态护坡的概念与设计原则

1. 生态护坡的概念

生态护坡是综合工程力学、土壤学、生态学和植物学等学科的基本知识对斜坡或边坡进行支护，形成由植物或工程和植物组成的综合护坡系统的护坡技术。

生态护坡是以保护、创造生物良好的生存环境和自然景观为前提，在保证护坡具有一定强度、安全性和耐久性的同时，兼顾工程的环境效应和生物效应，达到土体和生物相互涵养，适合生物生长的仿自然状态。

2. 生态护坡的设计原则

（1）水力稳定性原则。护坡的设计首先应满足岸坡稳定的要求。采用的水力参数和土工技术参数均不影响岸坡稳定。

（2）因地制宜原则。设计应在对当地自然环境充分了解的基础上，进行与当地自然环境相和谐的设计。

（3）保护与节约自然资源原则。保护不可再生资源，将植被、土壤、砖石原材料赋予新功能，尽量让护坡处于良性循环中，从而使资源可以再生。

（4）回归自然原则。一是生态设计应确保系统有完善的食物链和营养级。二是护坡设计应充分考虑岸坡作为水体生态与陆地生态之间的边缘带。三是生态护坡设计应注重保护生物多样性。

（二）植物护坡

1. 植被护坡的机理

人工植被护坡是直接在基体上进行播种或栽植形成植被防护体系的一种边坡防护形式。植被护坡主要依靠坡面植物的地上茎叶及地下根系的作用护坡，其作用可概括为茎叶的水文效应和根系的力学效应两方面。茎叶的水文效应包括降雨截留、削弱溅蚀和抑制地表径流。根系的力学效应对于草本类植物根系和木本类植物根系有所不同。草本植物根系只起加筋作用，木本植物根系主要起锚固作用。锚固作用是指植物的垂直根系穿过边坡浅层的松散风化层，锚固到深处较稳定的土层上，从而起到锚杆的作用。另外，木本植物浅层的细小根系也能起到加筋作用，粗壮的主根则对土体起到支撑作用。

2. 植被护坡的优点

植被护坡成本较低，一般不到传统硬质护坡成本的1/3。植被护坡为各种小动物、微生物的生存繁殖提供了有利的生态环境。护坡植被通过对渠水的过滤和吸收，有利于降低面源污染对河流水质的影响。郁郁葱葱、花团锦簇的植被美化了环境。

3. 选择护坡植物

(1) 适应当地生态环境,以本土植物为主,防止生物入侵的危害。南方应选择狗牙根、黑麦草等暖季型植物;而在北方应选择高羊茅、多年生黑麦草、白三叶等冷季型植物。

(2) 选择固堤护坡性能好的植物。根系最发达的草本植物是香根草,其根系长达3m。

(3) 不同区域合理配置植物种类。位于常水位以下的坡面,宜种植芦苇、菖蒲、茭等挺水植物;常水位以上坡面,宜种植狗牙根、黑麦草、高羊茅等多年生草本植物,但也要配置垂柳、水杉、意杨等本木植物,以发挥木本植物根系强大的锚固和支撑作用。

(4) 考虑景观效果。单一植物很难达到好的观赏价值,多种草本、木本植物适当配置可达到"三季有花、四季常青"的效果。

(5) 考虑生态、经济、社会等方面的综合效益。特别是对于农村地区河道,在选择植物时,不但要考虑护坡性能,还要重视其经济效果,同时适当考虑其净化水质的效果及美化环境效果。

4. 植物种植方法

(1) 种草防护。种草适用于坡度较缓(一般不陡于1:1)的边坡,且土质适宜种草。种草播种方法可采用撒播或机械喷播的方法。应选用叶茎矮或有匍匐茎的多年生乡土植物,播种宜采用3种以上种子混播,使其符合互补原则。

(2) 铺草皮防护。铺草皮防护是通过人工在坡面铺设草皮的一种传统的植物护坡措施。适用于边坡坡度较陡、冲刷稍严重、需要迅速得到防护或绿化的土质边坡。草皮短边尺寸不应小于30cm。

(3) 种树防护。植树应在1:1.5或更缓的边坡上,或在边坡以外河岸及河漫滩处。主要作用是加固边坡、防止和减缓水流的冲刷。植树品种选择根系发达、枝叶茂盛、生长迅速的乔木或灌木。

(三) 生态型硬质护坡设计

所谓生态型硬质护坡是指既有传统硬质护坡强度大、护坡性能好的优点,又能维持河流生态系统横向联系、原有生境以及自净能力的新型硬质护坡。

1. 混凝土框格护坡

将传统混凝土板块做成框格砌块,如图5-25所示,并在框格砌块上种草和植树。混凝土框格护坡是一种典型的生态型混凝土护坡,它具有如下特点:

(1) 各框格砌块环环相扣,整体性好,具有较强的抗冲刷能力。

(2) 不影响坡面植草植树,有利于为水生动物、两栖动物营造良好的生境,也有利于维持河流的自净能力。

(3) 保持河流与陆地和地下水之间的连通,有利于横向水体交换。

2. 生态混凝土护坡

所谓生态混凝土,就是采用特殊工艺制造出来的具有特殊结构与表面特性、能够适应绿色植物生长、与自然相融合的具有环境保护作用的混凝土。生态混凝土由多孔混凝土、保水材料、难溶性肥料和表层土组成,如图5-26所示。

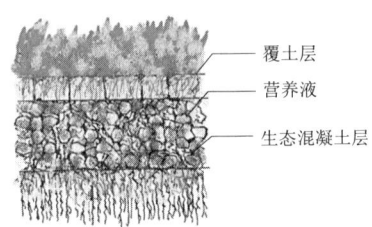

图 5-25　框格砌块护坡（有待种草）　　图 5-26　生态植草护坡混凝土示意图

（1）多孔混凝土由粗骨料和少量的水泥浆体或砂浆构成，是生态混凝土的骨架部分。一般要求混凝土的孔隙率达到 18%～30%，且要求孔隙尺寸大，孔隙连通，有利于为植物的根部提供足够的生长空间，肥料等可填充在孔隙中，为植物的生长提供养分。

（2）在多孔混凝土的孔隙内填充保水性材料和肥料，植物的根部生长深入到这些填充材料之间，吸取生长所必要的养分和水分。保水性填充材料由各种土壤颗粒、无机的人工土壤以及吸水性强的高分子材料配制而成。

（3）表层土多铺设在多孔混凝土表面，形成植被发芽空间，同时防止生态混凝土块体内部水分蒸发过快，并阻止草生长初期混凝土表面过热。

生态混凝土的强度等级应根据结构和种植要求设计，厚度不宜小于 5cm；生态混凝土骨料应采用单级配，粒径宜为 20～40mm。

3. 生态袋护坡

生态袋护坡是由生态袋、生态袋装填的种植土和生态袋连接件形成植被防护体系的一种边坡防护形式，如图 5-27 所示。要求：生态袋应具有保土、透水、抗紫外线、耐腐蚀、易于植物穿透生长等特性；生态袋植被可通过植物种子与种植土预先混播、插播、表层铺草皮及喷播种子等方法实现；生态袋上下层之间宜用连结扣连接；生态袋基础应做 5% 的倒坡抗滑；顶层生态袋上部宜覆盖黏性土，厚度不应小于 20cm 且种植植被。生态袋安装方法如图 5-28 所示。

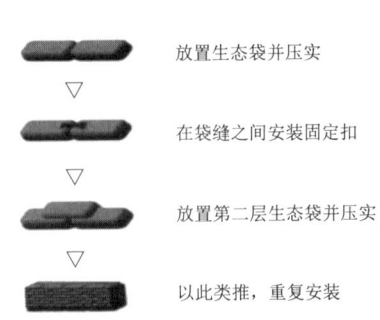

图 5-27　生态袋护坡初步效果图　　图 5-28　生态袋安装方法示意图

生态袋护坡植物一般选择生长快、适应性强、病虫害少的植物,耐修剪、耐瘠薄土壤、深根性的植物,管理粗放、抗风、抗污染、有一定经济价值的植物。常用植物有:马蔺、迎春、砂地柏、麦冬、蟛蜞菊、石竹、地锦、凌霄、萱草、豆科植物等。

生态袋可以堆垒成任何贴合坡体的形状,施工简易。生态袋既能防止填充物(土壤和营养成分混合物)流失,又能实现水分在土壤中的正常交流,使植物穿过袋体自由生长。根系进入工程基础土壤中,如无数根锚杆完成了袋体与主体间的再次稳固作用,时间越长,越加牢固,更进一步实现了建造稳定性永久边坡的目的,大大降低了维护费用。缺点是大面积使用,造价很高,植物生长缓慢,需要配套草种喷播技术,才能尽快实现绿化效果。

4. 三维土工网垫植草护坡

三维土工网垫植草护坡是在铺设的三维结构网垫内充填种植土并喷播种子等形成植被防护体系的一种边坡防护形式,如图 5-29 所示。土工网垫是用于植草固土用的一种三维结构的似丝瓜网络样的网垫,质地疏松、柔韧,留有 90% 的空间可充填土壤、砂砾和细石,植物根系可以穿过其间,舒适、整齐、均衡的生长,长成后的草皮使网垫、草皮、泥土表面牢固地结合在一起,由于植物根系可深入地表以下 30~40cm,形成了一层坚固的绿色复合保护层。三维土工网垫植草护坡具有工艺操作方便、施工速度快、经济可行的特点。

(a) (b)

图 5-29 三维土工网垫植草护坡
(a) 渠坡三维土工网垫护坡效果图;(b) 渠坡三维土工网垫护坡施工初成图

三维土工网垫植草护坡设计要求:三维土工网垫要求品质良好,应保证单位面积具有足够的使用量和铺设厚度,一般应顺坡铺设,网与网之间搭接部位需用连接钉固定。

第六章 排水沟道设计

第一节 排水设计流量

排水设计流量是确定各级排水沟道断面、沟道上建筑物规模以及分析现有排水设施排水能力的主要依据。排水设计流量有排涝设计流量和排渍设计流量两种，前者数值较大，用以确定排水沟排涝过水断面尺寸及沟道上建筑物的规模，后者数值较小且比较稳定，主要用以确定排水沟的排渍过水断面尺寸。

一、排涝设计流量

排涝设计流量是指在一定排涝设计标准下，排水沟应通过的最大排水流量，因此又称最大设计流量。排涝设计流量可用实测的流量资料或暴雨资料推求。在生产实践中，因水文站较少，流量资料较为短缺，长系列流量资料更缺，同时径流量受人类活动的影响较大，下垫面条件易发生变化，径流序列的一致性难以保证，因此采用流量资料推求排涝设计流量比较困难。而一般雨量站数量较多，分布较广，雨量资料容易取得，且受人类活动的影响较小，所以排涝设计流量一般采用暴雨资料进行计算。常用的计算方法主要有排涝模数经验公式法和平均排除法等。

1. 地区排涝模数经验公式法

相应于排涝标准的涝区单位面积上的排水流量称为排涝模数，一般以 q 表示，单位为 $m^3/(s \cdot km^2)$。排涝模数是排水沟道系统设计的基础性数据，同时也是衡量其排涝能力的重要指标。在计算排涝设计流量时，一般先根据经验公式求得排涝设计标准下的排涝模数，然后再乘以排水沟控制断面以上的排涝面积，即可求得该排水沟控制断面的排涝设计流量。

影响排涝模数的因素很多，主要有设计暴雨历时、强度和频率、排水区形状、排涝面积、地形坡度、植被条件和作物组成、土壤性质、地下水埋深、河网和湖泊的调蓄能力、排水沟网分布情况和排水沟底比降。设计排涝模数应根据当地或邻近地区的实测资料分析确定。在众多因素影响下，要想得出精确的排涝模数计算公式较为困难。因此，在生产实践中，多采用分析暴雨径流资料，建立设计净雨深、流域面积和排涝模数之间的经验关系，总结出排涝模数的经验公式。无实测资料时，可根据排水区的自然经济条件和生产发展水平等，选用相应的经验公式。

(1) 平原区设计排涝模数。平原区设计排涝模数可按式（6-1）进行计算：

$$q = KR^m A^n \tag{6-1}$$

式中：q 为设计排涝模数，$m^3/(s \cdot km^2)$；K 为综合系数，反映净雨历时、流域形状、排水沟网密度、沟底比降等因素；R 为设计暴雨产生的径流深，mm；A 为设计控制的排水面积，km^2；m 为峰量指数，反映洪峰与洪量关系；n 为递减指数，反映排涝模数与面积关系；K、m、n 应根据具体情况，经实地测验确定。

式（6-1）为地区排涝模数经验公式，一般适用于汇水面积较大的排水沟排涝模数计算。应当指出，综合系数 K 反映了流域形状等诸多因素，因而变动幅度较大，一般当暴雨中心偏上游、净雨历时长、地面坡度小、流域形状狭长、沟网调节作用大时，K 值小，反之则大。计算时，若排涝面积较大，宜根据具体条件的差异，分区采用不同的 K 值。

地区排涝模数经验公式中综合系数 K、峰量指数 m 和递减指数 n，可以根据排涝标准，从各地《水文手册》中查找选用。部分地区排涝模数经验公式中的参数取值见表 6-1。

表 6-1　　　　部分地区排涝模数经验公式中的 K、m、n 值

地　　区			适用排水面积/km^2	K	m	n	设计暴雨历时/d
安徽省淮北平原地区			500～5000	0.0260	1.00	-0.250	3
河南豫东及颍河平原区			—	0.0300	1.00	-0.250	1
山东省	鲁北地区		—	0.0340	1.00	-0.250	—
	沂沭泗地区	湖西地区	2000～7000	0.0310	1.00	-0.250	3
		邳苍地区	100～500	0.0310	1.00	-0.250	1
河北省	黑龙港地区		>1500	0.0580	0.92	-0.330	3
			200～1500	0.0320	0.92	-0.250	3
	平原区		30～1000	0.0400	0.92	-0.330	3
辽宁省中部平原区			>50	0.0127	0.93	-0.176	3
山西省太原平原区			—	0.0310	0.82	-0.250	—
江苏省苏北平原区			10～100	0.0256	1.00	-0.180	3
			100～600	0.0335	1.00	-0.240	3
			600～6000	0.0490	1.00	-0.300	3
湖北省平原湖区			≤500	0.0135	1.00	-0.200	3
			>500	0.0170	1.00	-0.238	3

下面介绍设计暴雨和设计净雨的计算方法：

1）设计暴雨。设计暴雨包括设计暴雨历时、降雨量和雨量分布等，对排水沟起控制作用的暴雨是形成洪峰的短历时暴雨，故应选择短历时暴雨作为设计暴雨。根据华北地区实测资料分析，排涝面积为 $100～500km^2$、$500～5000km^2$ 的洪峰流量主要由 1d 和 3d 暴雨形成，故应分别选择 1d 或 3d 作为设计暴雨历时。由于水田对降雨具有一定的调蓄作用，设计暴雨历时可长些。当排涝面积较小时，如 $A \leqslant 100km^2$，这时暴雨的成因比较一致，一般可用点雨量代表面雨量进行计算；当排涝面积较大时，应用点面关系换算系数把点雨量换算成面雨量，然后计算。设计暴雨可用典型年法或频率法进行推求。表 6-2 为淮北地区不同除涝标准时，排涝面积与 3d 设计暴雨量关系，以供参考。

表6-2 淮北地区不同除涝标准的排涝面积与3d设计暴雨量关系 单位：mm

除涝标准	排涝面积/km²						
	100	500	1000	2000	3000	4000	5000
3年一遇	135	130	126	121	118	115	113
5年一遇	167	157	152	145	140	136	134
10年一遇	207	195	185	174	166	161	158
20年一遇	248	232	219	204	195	189	184

2) 设计径流深。对于控制面积较大的地区性排水沟道或河道，设计径流深一般采用以前期影响雨量 P_a 为参数的降雨径流相关关系，即利用 $(P+P_a)$-R 关系曲线进行计算。各地的水文手册中均有关于 P_a 的计算方法。如淮北平原地区，排涝标准为3～5年一遇，前期影响雨量采用 $P_a=45$mm；10～20年一遇采用 $P_a=55$mm。该地区次降雨径流关系见表6-3。

表6-3 淮北平原地区次降雨径流关系表 单位：mm

$P+P_a$	沿淮各支流区	泉河沈丘以上	浍河临涣、黄口以上	黑茨河省界以上	王引河省界以上	沱河永城以上	惠济河、涡河省界以上
50	12	12	8	5.5	5.5	5	5
75	19.8	18	13.2	10.2	10	9	8.5
100	28.9	25.5	21	16.5	15.7	15	14
125	40.7	36	31	26.9	25.5	24.3	21
150	56	50	45	40	37.5	35.8	31.5
175	74	68	61.2	55.5	52.5	49.5	45
200	95	87.6	80.5	73	69.5	66	59
225	120	110	102	93	89.5	86	76
250	145	135	125	116	111.5	107.5	96
275	170	160	150	140	135	131	117
300	195	185	175	165	160	155	140

《江苏省水文手册》用 $P_a=\alpha I_m$ 来计算前期影响雨量，式中 I_m 为最大初损值，平原区 $I_m=90$mm，α 为前期影响系数，取值见表6-4。例如，平原区最大3日设计暴雨为300mm时，$P_a=0.6\times 90=54$mm。江苏省根据实测次降雨径流资料分析计算得到的 $(P+P_a)$-R 关系见表6-5。

表6-4 前期影响系数 α 值表

降雨历时/d	1	3	7	适用暴雨范围
一般暴雨的 α 值	0.60～0.67	0.45	0.35	100～250mm
较大暴雨的 α 值	0.70	0.60	0.50	250mm以上

第一节 排水设计流量

表 6-5 江苏省各地区次降雨径流关系表 单位：mm

$P+P_a$	新沂河南北、邳苍山丘区	赣榆滨海山丘区	丰沛地区	盱眙、六合、仪征山丘区	滩安河渠北、运河、里下河地区	里下河沿海、苏北沿江地区	秦淮河山丘区	太湖湖西山丘区	太湖平原区
50	4.5	2.5	1.0	4.5	2.0	1.0	3.0	2.0	1.0
60	9.0	6.5	2.5	9.5	4.5	3.0	8.0	6.0	3.5
70	14.0	11.5	4.0	15.0	7.0	5.0	13.0	10.0	6.5
80	19.0	17.0	7.0	21.5	10.5	8.0	19.0	15.0	9.5
90	25.0	23.0	10.0	28.0	14.5	11.0	25.0	20.5	13.0
100	32.0	29.0	13.5	35.0	18.5	15.0	31.5	26.5	17.0
120	46.0	43.0	22.5	50.0	28.5	24.5	46.0	40.5	27.0
140	62.0	59.0	33.5	67.0	40.0	36.0	62.5	54.5	38.5
160	80.0	86.0	46.5	85.0	53.5	48.5	80.5	72.5	51.5
180	100.0	95.5	61.0	104.5	69.0	63.5	100.0	90.5	66.5
200	120.0	116.0	77.5	125.0	86.0	79.5	120.0	110.0	85.2
220			95.0		104.5	97.5		130.0	101.0
240			114.0			116.0			120.0
b	80	126	75	116	124	80	90	120	
I_m	60	90	60	90	90	60	60	90	

注 当 $R>100$ mm 时，可用 $R=(P+P_a)-b$ 计算，b 为常数，是 $P+P_a-R$ 关系曲线直线级在 $P+P_a$ 轴上的截距。

根据有关实测资料求得 R、K、m、n 等值后，就可以计算出该排水区的设计排涝模数。

【例 6-1】 淮北平原地区某排水河道各断面控制面积分别为 $F_A=100\mathrm{km}^2$，$F_B=250\mathrm{km}^2$，$F_C=500\mathrm{km}^2$，$F_D=850\mathrm{km}^2$，排涝标准为 5 年一遇，前期影响雨量为 45mm。试计算各断面的设计排涝模数和设计排涝流量。

解： 以控制断面 A 为例说明计算过程。

查表 6-1，得排涝模数经验公式中的各项参数为 $K=0.026$，$m=1.0$，$n=-0.25$。

查表 6-2，得 3 日设计暴雨量为 167mm，则 $P+P_a=167+45=212$（mm）

查表 6-3，得设计径流深 107.0mm。

根据式 （6-1） 计算设计排涝模数 $q=0.026\times107.0^{1.0}\times100^{-0.25}=0.880[\mathrm{m}^3/(\mathrm{s}\cdot\mathrm{km}^2)]$

最后得排涝设计流量 $Q=0.880\times100=88.0(\mathrm{m}^3/\mathrm{s})$

各断面计算结果见表 6-6。

（2）山丘区设计排涝模数。山丘区设计排涝模数可以直接按以下经验公式计算：

1) 当 $10\mathrm{km}^2<A<100\mathrm{km}^2$ 时

$$q=K_a PA^{1/3} \tag{6-2}$$

式中：K_a 为流量参数，可按表 6-7 选取。

表 6-6 各控制断面排涝设计流量计算结果

控制断面	控制面积 F /km²	前期影响雨量 P_a /mm	3日设计暴雨 /mm	$P+P_a$ /mm	设计净雨深 R /m	排涝模数 q /[m³/(s·km²)]	排涝流量 Q /(m³/s)
A	100	45	167	212	107.0	0.880	88.0
B	250	45	162	207	102.0	0.667	166.8
C	500	45	157	202	97.0	0.533	266.5
D	850	45	153.5	198.5	93.7	0.451	383.4

表 6-7 流量参数 K_a 值

汇水区类别	地面坡度/‰	K_a
石山区	>15	0.60~0.55
丘陵区	>5	0.50~0.40
黄土丘陵区	>5	0.47~0.37
平原坡水区	>1	0.40~0.30

2) 当 $A \leqslant 10\text{km}^2$ 时

$$q = K_b A^{n-1} \tag{6-3}$$

式中：K_b 为径流模数；n 为汇水面积指数，当 $A \leqslant 1\text{km}^2$ 时，取 $n=1$。

各地不同设计暴雨频率的径流模数和汇水面积指数可按表 6-8 选用。

表 6-8 山丘区的 K_b 和 n 值

地 区	不同设计暴雨频率的 K_b			n
	20%	10%	4%	
华北	13.0	16.5	19.0	0.75
东北	11.5	13.5	15.8	0.85
东南沿海	15.0	18.0	22.0	0.75
西南	12.0	14.0	16.0	0.75
华中	14.0	17.0	19.5	0.75
黄土高原	6.0	7.5	8.5	0.80

2. 平均排除法

平原区旱地、水田、湖泊和洼地等设计排涝模数应采用平均排除法。对于控制面积较小的排水沟，在不超过作物允许耐淹历时的条件下，可以允许地面径流在短时间内漫出沟槽，因此不必采用设计暴雨情况下产生的最大排涝流量或最大排涝模数，可以将排涝面积上的设计径流深，在规定的排涝历时内排除的平均排涝模数或平均排涝流量，作为设计排涝模数或排涝设计流量。

(1) 平原区旱地设计排涝模数按式（6-4）计算：

$$q = \frac{R}{3.6Tt} \tag{6-4}$$

式中：T 为设计排涝历时，d；t 为每天的排涝时数，h；自流排水 $t=24\text{h}$，抽水排水 $t=$

20~22h。

旱地设计径流深 $R_{旱地}$ 可根据 $(P+P_a)$-R 关系进行计算。由于平均排除法一般应用于计算控制面积较小的排水沟的排涝模数或排涝流量，因此，也可采用径流系数法计算设计径流深，即

$$R = \alpha P \tag{6-5}$$

式中：α 为径流系数。

径流系数是指一次暴雨产生径流深与该次暴雨量的比值，可通过实测得到。也考虑前期影响雨量来计算径流系数，即 $\alpha = R/(P+P_a)$。江苏省太湖流域及湖北省湖区的径流系数 α 见表 6-9 和表 6-10。

表 6-9　　　　　　　　江苏省太湖流域的 P-α 关系

P/mm	60	70	80	100	120	140	200	250
α	0.37	0.43	0.45	0.50	0.53	0.55	0.59	0.66

表 6-10　　　　　　　　湖北省湖区 $P+P_a$-α 关系

$P+P_a$/mm	100	150	200	250	300	400
α	0.27	0.40	0.50	0.60	0.67	0.75

（2）平原区水田设计排涝模数按式（6-6）计算：

$$q = \frac{P - h_1 - ET_3 - F}{3.6Tt} \tag{6-6}$$

式中：P 为设计暴雨量，mm；h_1 为稻田滞蓄水深，mm；ET_3 为历时为 T 的水田蒸发蒸腾量，mm；F 为历时为 T 的水田渗漏量，mm；其余符号意义同前。

（3）平原区旱地和水田综合设计排涝模数按式（6-7）计算：

$$q = \frac{q_{旱} A_{旱} + q_{水} A_{水}}{A_{旱} + A_{水}} \tag{6-7}$$

式中：$q_{旱}$、$q_{水}$ 分别为旱地、水田的排涝模数，m³/(s·km²)；$A_{旱}$、$A_{水}$ 分别为旱地和水田的面积，km²。

（4）圩区内无较大湖泊、洼地作承泄区时的设计排涝模数按式（6-8）计算：

$$q = \frac{PA - h_1 A_{水} - h_2 A_2 - h_3 A_3 - E_{水} A_1 - FA_{水}}{3.6tTA} \tag{6-8}$$

式中：A 为排水区总面积，km²；h_2 为河网、沟塘滞蓄水深，mm；A_2 为河网、沟塘水面面积，km²；h_3 为旱地及非耕地的初损及稳渗量，mm；A_3 为旱地及非耕地面积，km²；$E_{水}$ 为历时为 T 的水面蒸发量，mm；A_1 为河网、沟塘及水田面积，km²；t 为水泵在 1d 内的运转时间，h；其余符号意义同前。

（5）圩区内有较大湖泊、洼地作承泄区时，自排区的设计排涝模数按式（6-9）计算：

$$q = \frac{PA_{自} - h_1 A_{水} - h_2 A_2 - h_3 A_3 - E_{水} A_1 - FA_{水}}{86.4TA_{自}} \tag{6-9}$$

式中：$A_自$ 为圩区内自排区面积，km^2；其余符号意义同前。

（6）圩区内有较大湖泊、洼地作承泄区时，抢排与排湖的机排设计排涝模数按式（6-10）计算：

$$q=\frac{3.6Ttq_qA_q+86.4Tq_自 A_自-h_qA_h}{3.6TtA} \quad (6-10)$$

式中：q_q 为圩区内抢排区设计排涝模数，$m^3/(s \cdot km^2)$；A_q 为圩区内抢排区面积，km^2；h_q 为圩区内湖泊死水位至正常蓄水位之间的水深，mm；A_h 为圩区内湖泊死水位至正常蓄水位之间的平均面积，km^2。

【例 6-2】 某自排区总面积 $8.5km^2$，其中水田面积 $5.5km^2$，其余为旱地和非耕地。排涝标准为日暴雨 200mm，雨后一日排出。已知排涝期间水田耗水强度为 5mm/d，水田滞蓄水深 40mm。日暴雨 200mm 时，次降雨径流系数 $\alpha=0.60$。试计算设计排涝模数和排涝设计流量。

解：（1）计算设计径流深。

水田 $\qquad R_水=P-eT-h_滞=200-5\times2-40=150(mm)$

旱地和非耕地 $\qquad R_旱=\alpha P=0.60\times200=120(mm)$

排涝区综合设计径流深为

$$R_综=\frac{R_水 A_水+R_旱 A_旱}{A}$$

$$=\frac{150\times5.5+120\times(8.5-5.5)}{8.5}=139.4(mm)$$

（2）计算排涝流量和排涝模数。每日排涝时间为 24h，因此，设计排涝模数和排涝设计流量分别为

$$q=\frac{R_综}{3.6Tt}=\frac{139.4}{3.6\times2\times24}=0.807[m^3/(s\cdot km^2)]$$

$$Q=qA=0.807\times8.5=6.86(m^3/s)$$

【例 6-3】 某圩区总面积 $3.5km^2$，其中水田 $2.5km^2$，旱地 $0.6km^2$，沟塘水面 $0.4km^2$，圩堤长 7.64m。已知水田允许滞蓄水深 50mm，沟塘的平均预降滞蓄水深 0.5m，排涝期间水稻田的耗水强度为 5mm/d，沟塘水面蒸发量为 3mm/d，旱地径流系数为 0.6，另据测算，圩堤渗水量为 $0.05mm/(km \cdot d)$，套闸进水量折算至全圩区为 0.5mm/d。该地区排涝标准为：日暴雨 200mm，雨后一天排出。若每天抽排时间为 22h，试计算设计排涝模数和排涝设计流量。

解：（1）计算设计径流深。

水田径流深 $\qquad R_{水田}=200-5\times2-50=140(mm)$

旱田径流深 $\qquad R_{旱地}=0.6\times200=120(mm)$

沟塘产水量 $\qquad R_{沟塘}=200-3\times2-500=-306(mm)$

圩堤渗水量 $\qquad R_{圩堤}=0.05\times7.64\times2=0.764(mm)$

套闸进水量 $\qquad R_{闸进}=0.5\times2=1(mm)$

因此，综合设计径流深为

$$R_{综} = \frac{140 \times 2.5 + 120 \times 0.6 - 306 \times 0.4}{3.5} + 0.764 + 1 = 87.364 \text{(mm)}$$

(2) 设计排涝模数和排涝设计流量分别为

$$q = \frac{87.364}{3.6 \times 2 \times 22} = 0.55 [\text{m}^3/(\text{s} \cdot \text{km}^2)]$$

$$Q = 0.55 \times 3.5 = 1.93 (\text{m}^3/\text{s})$$

与［例 6-2］比较，由于沟塘预降滞蓄，设计排涝模数明显减小，因而有利于减小排涝站的装机容量，节省排涝站的工程投资。

平均排除法的概念比较明确，计算也较为简便，但求得的排涝模数或排涝流量是一个平均值，并非最大值。对于河网调蓄能力较好的平原地区或圩区，还是比较适用的。但是对于排水沟网调蓄能力较差地区，用此法求得的排涝流量可能偏小，因而可能有部分水量溢出排水沟而使田间积水。另外，平均排除法计算公式没有考虑排水面积对排涝模数的影响，没有反映排水面积越大，排涝模数越小的规律。因此，平均排除法适用于控制面积较小的排水沟的排涝流量计算。这是因为较小的排水沟，设计排涝历时较短，在淹水历时不超过作物允许耐淹历时的条件下，农田短时间淹没是允许的。而控制面积较大的排水沟，排涝历时较长，超出了作物的允许耐淹历时，因此对于控制面积较大的排水沟不适宜采用平均排除法。

二、排渍设计流量

排渍设计流量是指为控制地下水位而经常排泄的地下水流量，又称日常流量。它不是降雨期间或降雨后某一时期的地下水高峰排水流量，而是一个经常性的比较稳定的较小数值。单位面积上的排渍设计流量称为设计排渍模数或地下水排水模数，单位可采用 m/d 或 $\text{m}^3/(\text{s} \cdot \text{km}^2)$。设计排渍模数应采用当地或邻近地区的实测资料确定。无实测资料时，可按式（6-11）计算（引自 GB 50288—2018）：

$$q = \frac{10^3 \mu H}{86.4 T} \tag{6-11}$$

式中：q 为设计排渍模数，$\text{m}^3/(\text{s} \cdot \text{km}^2)$；$H$ 地下水位设计降低深度，m；T 为排渍历时，d；μ 为土壤给水度（释放水量与土壤体积的比值）。

排水时间应根据排渍要求确定。一般要求旱作区渍害敏感期 3～4d 内将地下水位埋深降至 0.4～0.6m，稻作区在晒田期 3～5d 内降至 0.4～0.6m。

表 6-11 是根据某些地区的资料分析确定的由降雨产生的排渍模数，在降雨持续时间长、土壤透水性强、排水沟网较密的地区，排渍模数可选较大值。将确定的排渍模数乘以排水沟控制面积，即可得排水沟的排渍流量。

表 6-11　　各种土质设计排渍模数

土　质	轻砂壤土	中壤土	重壤土、黏土
设计排渍模数/[$\text{m}^3/(\text{s} \cdot \text{km}^2)$]	0.03～0.04	0.02～0.05	0.01～0.02

盐碱土改良地区，由于冲洗而产生的地下水排水模数，其值一般较大，表 6-12 为山东省打渔张灌区在冲洗盐碱时实测的地下水排水模数。预防土壤次生盐碱化地区的强烈返

盐季节，当地下水位控制在临界深度以下时，地下水排水模数一般较小。河南省人民胜利渠引黄灌区在这种情况下测得的排水模数有时在 0.002~0.005m³/(s·km²) 以下，远比冲洗改良区的排渍模数小。

表 6-12　　　　　　　　冲洗盐碱情况下实测排渍模数

末级排水沟规格		排水沟密度 /(m/亩)	排渍模数 /[m³/(s·km²)]
沟距/m	沟深/m		
110	0.7	29.00	0.103
150	1.0	8.43	0.052
150	1.0	4.23	0.021

第二节　末级固定排水沟间距和沟深设计

田间排水沟是指排水沟道系统中的末级固定沟道，其深度与间距与降雨历时、降雨过程、土壤蒸发、入渗强度、大田蓄水能力、田面水层形成、地下水补给类型、作物耐淹时间和淹水深度等多种因素有关。合理确定田间排水沟的深度与间距，是田间排水沟规划设计的主要任务。田间排水沟可分为排涝的田间排水沟和控制地下水位的田间排水沟两种类型，其中控制地下水位的排水沟一般兼有排涝的作用。下面分别介绍这两类田间排水沟的沟深和间距的确定方法。

一、除涝田间排水沟

降雨后，除涝田间排水沟必须在作物的允许耐淹历时内，及时地把多余的地表水排除，保证作物免遭涝渍灾害。为使除涝田间排水沟布局合理，需要了解田面降雨径流过程和大田蓄水能力等问题。

1. 田间排水沟对田面径流过程的调节作用

对于旱田，在降雨过程中，如果降雨强度超过了土壤的入渗速度，田面将产生水层，并沿着田面坡度方向流动。田块首端集水汇流面积小，所以水层深度小，随着汇流面积增大，水层深度越来越大。在地面坡降、土壤条件和作物覆盖等因素相同的情况下，田块越长，田块末端淹水深度就越大。降雨停止后，排除田面积水所需时间就越长，对作物生长不利。为减少淹水深度和淹水历时，就必须开挖田间排水沟，缩短水流长度，加速地表径流的排除。排水沟间距小，水流长度短，排水历时少，排水效果好，对作物生长有利；反之，则排水历时长，排水效果差，但排水沟占用耕地少。排水沟对田面径流过程的调节作用如图 6-1 所示，在田块中增开排水沟，可减少田面淹水深度，缩短排水时间。

2. 大田蓄水能力

降雨时，田块内部的灌水沟、畦田及格田等具有拦蓄一部分地表径流的能力，旱作区田块土层因降雨入渗也能拦蓄一部分雨水。但为了控制地下水位，防止作物受渍减产，田块拦蓄降雨的能力受到一定的限制。通常将田块内部这种有限度的拦蓄雨水的能力称为大田蓄水能力。大田拦蓄的水量一部分储存在地下水面以上的土层内，另一部分补给地下水，并使地下水位上升到一定高度。大田蓄水能力可用式（6-12）计算。

第二节 末级固定排水沟间距和沟深设计

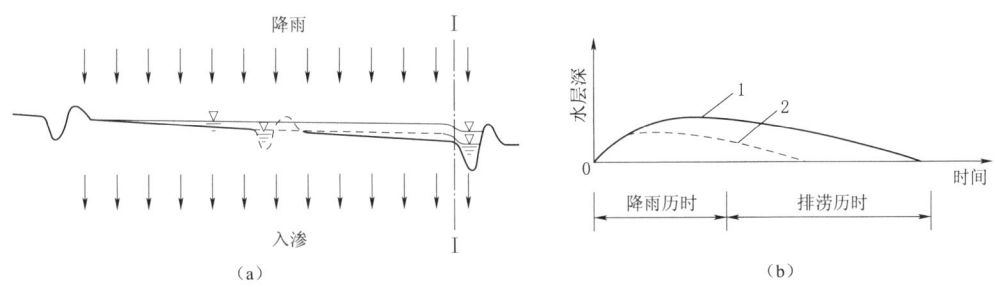

图 6-1 排水沟对田面径流过程的调节作用
(a) 排水沟间距对农田淹水深度影响示意图；(b) 排水沟间距对农田排水历时影响
1—增加排水沟之前Ⅰ—Ⅰ断面处的排水过程线；2—增加排水沟之后Ⅰ—Ⅰ断面处的排水过程线

$$V = Hn(\beta_{max} - \beta_0) + \mu H_1 \quad (6-12)$$

式中：V 为大田蓄水能力，m；H 为降雨前的地下水埋深，m；n 为土壤孔隙率，以占土壤体积百分数计；β_{max} 为地下水位以上土层的田间持水率，以占土壤孔隙体积百分数计；β_0 为降雨前地下水位以上土层的平均含水率，以占土壤孔隙体积百分数计；μ 为给水度，$\mu = n(1 - \beta_{max})$；H_1 为根据作物防渍要求，降雨后地下水位允许上升高度，m。

在降雨量过大或连续降雨的情况下，如果降雨径流形成的积水超过允许的作物耐淹深度和耐淹时间，或入渗土壤中的水量超过大田蓄水能力时，必须修建除涝田间排水沟，将过多的涝水及时排出田块。

3. 除涝田间排水沟的间距

除涝田间排水沟间距一般是指排水系统中末级固定排水沟间距。田间排水沟间距的确定除需考虑排水要求以外，还应考虑灌溉、机耕等方面要求。排水沟间距越小，对排水越有利，但排水沟占地多，工程量较大，田块分割过小，机械耕作不便。反之，若排水沟间距过大，则排水效果差，对作物生长不利。因此，合理确定田间排水沟的间距是排水系统规划设计的重要内容。在生产实践中，一般根据实测资料，结合经验确定沟距。我国北方地区，排水农沟间距多为 150~200m，毛沟间距多为 30~50m。南方地区末级固定排水沟（农沟）间距一般为 100~200m。单纯排除地面水的排水沟沟深视排水流量而定，一般为 0.8~1.0m，兼有控制地下水位作用的排水沟，其深度则根据防渍或防治盐碱要求而定。

二、控制地下水位的田间排水沟

在地下水位较高的地区，必须修建控制地下水位的田间排水沟，使地下水位经常保持在适宜埋深或临界深度以下，避免导致渍害与土壤盐碱化。

（一）排水沟对地下水位的调控作用

降雨入渗是地下水位上升的主要原因。农田无排水措施时，降雨过程中，地下水位将以较快速度上升（地下水位上升过程如图 6-2 中的 a、b、c 所示）；雨停后地下水位的回落主要靠地下水蒸发，回降速度取决于蒸发强度。由于蒸发强度随地下水位的下降而减弱，水位回落速度也随之减慢（地下水位回落过程如图 6-2 中的 c、d、e 所示）。农田有排水沟时，降雨入渗水量的一部分将通过排水沟排走，减少了对地下水的补给，地下水位的上升高度比无排水沟时小一些（图 6-2 中的 a'，b'，c'）；雨停后地下水位的回落速度加快，回落深度加大（图 6-2 中的 c'，d'，e'）。可见，田间排水沟在降雨入渗时能减小地下水位上升高度，雨停后可以加速地下水的排除和地下水位的回落。

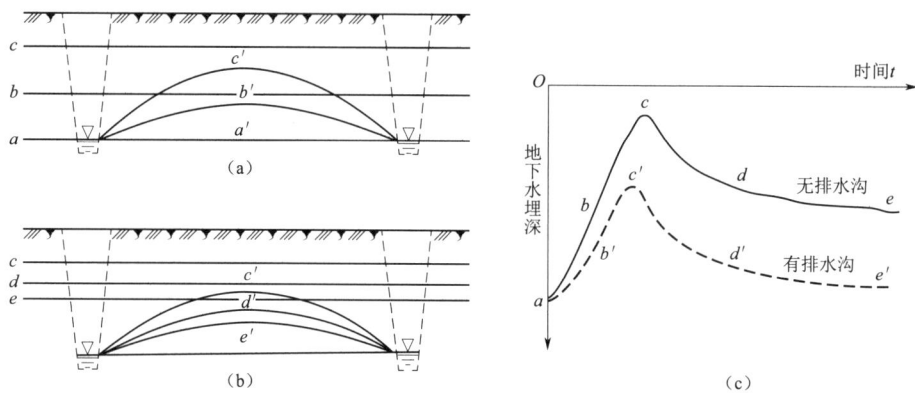

图 6-2 排水沟对地下水位的调控作用

（a）地下水上升过程；（b）地下水下降过程；（c）有无排水沟情况下地下水位变化过程比较

需要说明的是，排水沟对地下水位的调控作用与离排水沟的远近有关。距排水沟越近，地下水位降得越深，调控作用越显著，而距排水沟最远的两沟中间地点的地下水位最高，下降得最少，调控作用较弱。

（二）田间排水沟的深度与间距的关系

田间排水沟的深度与间距关系非常密切，共同影响着排水沟对地下水位的调控作用。一般情况下，在排水标准已定时，沟深大，沟距可大些；沟深小，沟距应小些。在同一排水沟深度的情况下，间距越小，水位下降速度越快，下降值越大；反之，间距越大，水位下降速度越慢，下降值越小。当排水沟间距相同时，沟深越深，水位下降速度越快；反之，沟深越浅，水位下降速度越慢。若要求在允许的时间内地下水位下降到一定埋深 Δh，排水间距越大，所需沟深也越大；反之，间距越小，沟深也越小，如图 6-3 所示。此外，若土壤渗透系数大、含水层厚度大、给水度小，则间距大；反之，间距小。由此可见，沟深与间距关系密切，共同制约着排水效果，不能孤立地进行确定，需根据排水区的土质、水文地质、排水要求等具体条件，按照排水效果、工程量、占地面积、施工条件、管理维护和耕作条件等，综合分析确定。

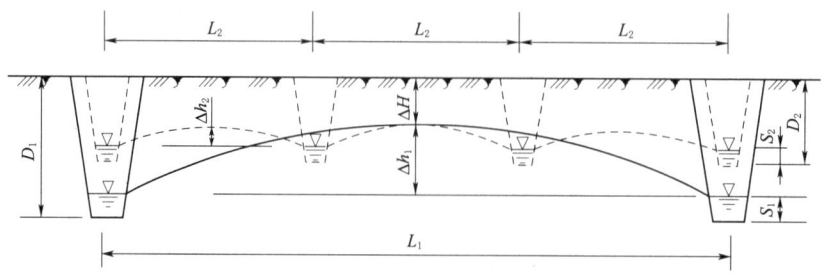

图 6-3 田间排水沟沟深与间距的关系

第二节 末级固定排水沟间距和沟深设计

(三) 田间排水沟的深度

在控制地下水位的田间排水沟设计中,一般是根据作物正常生长对地下水埋深的要求或防渍、治碱的需要,结合土质情况考虑沟坡的稳定和施工管理等条件,先初步确定末级固定沟道(一般为农沟)的沟深,然后再确定相应的沟距。控制地下水位的田间末排水沟的沟深(图 6-4)可按下式计算:

$$D = \Delta H + h + S \tag{6-13}$$

式中:D 为控制地下水位的田间排水沟深度,m;ΔH 为作物要求的地下水埋深,m;h 为两排水沟中间处的地下水位与沟中水位的差值,m,一般不小于 0.2~0.3m;S 为排水沟中水深,m,一般取 0.1~0.2m。

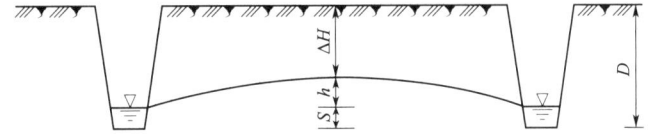

图 6-4 控制地下水的田间排水沟沟深示意图

(四) 田间排水沟的间距

排水沟间距的确定除与沟深有关外,还受土壤质地、地下水含水层厚度等因素影响。实际观测资料表明,在一定的排水沟深的条件下,要求的排水沟间距与土层的导压系数 $a = kH/\mu$(k 为土壤渗透系数,H 为含水层平均厚度,μ 为土壤给水度)有着十分密切的关系。a 值越大,排水沟的间距越大,亦即土壤渗透系数越大,含水层厚度越大,土壤给水度越小,满足一定地下水位控制要求的排水沟间距可越大;反之,土壤渗水系数越小,含水层厚度越小,土壤给水度越大,则排水沟间距越小。

确定排水沟间距的方法有排水试验法、经验数值法和公式计算法。采用排水试验法时,应按 SL 109—2015《农田排水试验规范》中的相关规定进行试验和观测分析。排水试验需要一定的投入,试验周期也较长,并且需要专业试验人员,因此在规划设计阶段,设计单位难于采用这种方法。

经验数值法是指根据当地或类似地区实践经验确定排水沟的间距。表 4-1 列出了控制地下水位的末级固定排水沟间距的参考值,可供参考。

在缺乏试验资料和经验数值时,可采用公式计算法确定排水沟的间距。

1. 地下水运动的基本方程

以不透水层位于有限深度时的农田二维排水情况为例,如图 6-5 (a) 所示。取排水沟水面沟(管)轴线的交点为原点,以距原点 x 及 $x + dx$ 的断面 Ⅰ—Ⅰ、Ⅱ—Ⅱ 之间的排水沟单位长度进行分析,如图 6-5 (b) 所示。

假设降雨或灌水的入渗强度为 i,流入断面 Ⅱ—Ⅱ 单位沟长的流量为 q,则通过断面 Ⅰ—Ⅰ 的流量为 $q + \frac{\partial q}{\partial x} dx$。在 dt 时段内流出 dx 段的水量为 $\frac{\partial q}{\partial x} dx dt$,渗入 dx 段的水量为 $i dx dt$。渗入与流出水量之差为地下水位的升降值(忽略蒸发)。假设在 dt 时段内地下水位上升 $\frac{\partial H}{\partial t} dt$,在土壤中存储的水量为 $\mu \frac{\partial H}{\partial t} dt dx$(其中,$\mu$ 为给水度),由水量平衡原

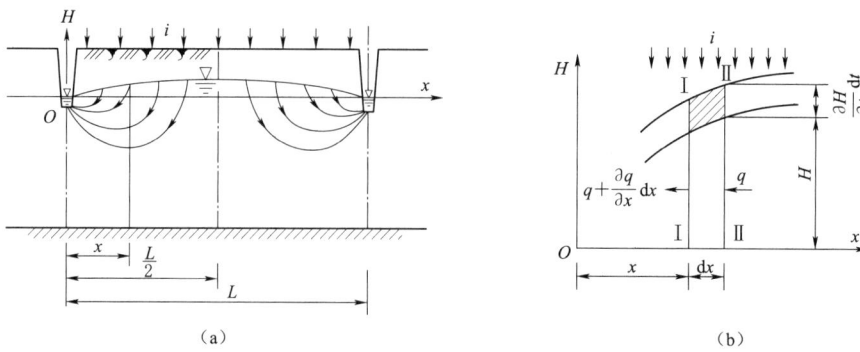

图 6-5 地下水流向排水沟示意图
(a) 地下水位于有限深度的农田排水二维流示意图；(b) 地下水位于有限深度时距排水沟原点，x 处水均衡示意图

理有

$$\left(i-\frac{\partial q}{\partial x}\right)\mathrm{d}x\,\mathrm{d}t=\mu\frac{\partial H}{\partial t}\mathrm{d}x\,\mathrm{d}t \tag{6-14}$$

或

$$-\frac{1}{\mu}\frac{\partial q}{\partial x}+\frac{i}{\mu}=\frac{\partial H}{\partial t} \tag{6-15}$$

根据达西定律，通过任一断面的流量为 $q=-KH\dfrac{\partial H}{\partial x}$，代入式 (6-15) 得

$$\frac{1}{\mu}\frac{\partial\left(KH\dfrac{\partial H}{\partial x}\right)}{\partial x}+\frac{i}{\mu}=\frac{\partial H}{\partial t} \tag{6-16}$$

由于一般情况下，地下水位的变化 $\mathrm{d}H$ 远较地下水深 H 为小，故式中 H 可用平均水深 $\overline{H}$ 代替，则上式可以写成

$$\frac{K\overline{H}}{\mu}\frac{\partial^2 H}{\partial x^2}+\frac{i}{\mu}=\frac{\partial H}{\partial t}$$

令 $a=\dfrac{K\overline{H}}{\mu}$ 称导压系数（或水位传导系数），则

$$a\frac{\partial^2 H}{\partial x^2}+\frac{i}{\mu}=\frac{\partial H}{\partial t} \tag{6-17}$$

式中：H 为隔水底板到地下水位的含水层厚度；μ 为给水度；其余符号意义同前。

式（6-17）即为在均匀土质条件下的地下水非恒定流的一般方程。利用这个方程，结合具体的边界条件和初始条件即可求出排水沟的间距公式。

2. 稳定流条件下排水沟（管）间距计算

在雨季连续降雨时，如果由降雨入渗补给地下水的水量与排水沟排出水量相等，则两沟的地下水位将不随时间而变化，可认为两沟地下水近似于稳定流状态。

（1）有均匀入渗补给的旱地稳定流排水沟间距公式。在长历时均匀降雨条件下，旱地排水区内入渗强度分布也是均匀的（图 6-6）。一般认为，不透水层底板与排水沟水面之间的距离 H_0 满足 $0<H_0<L/2$ 时不透水层位于有限深度；反之，不透水层位于无限深度。当排水沟沟底距不透水层顶面有一定距离时，如图 6-6 所示，这时的排水沟称为非

完整沟。

由于地下水位稳定运动,则式(6-17)可以改写成

$$a\frac{\partial^2 H}{\partial x^2}+\frac{i}{\mu}=0 \quad (6-18)$$

由边界条件: $x=0$, $H=H_0$
$x=L$, $H=H_0$

求解方程式(6-18)可得到

$$H=H_0-\frac{x^2 i}{2a\mu}+\frac{xLi}{2a\mu} \quad (6-19)$$

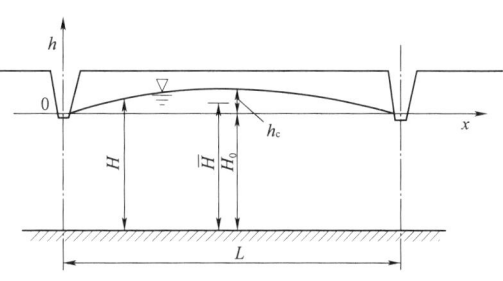

图 6-6 旱地稳定渗流条件下排水沟(管)间距计算示意图

由两排水沟中点处地下水位上升值为 $h_c=H-H_0$,并考虑到 $\overline{H}$ 为含水层平均厚度,$\overline{H}=H_0+h_c/2$,代入方程式(6-19)求解,可得到稳定流条件下排水沟间距的计算公式:

$$L=\sqrt{\frac{8h_c k\left(\frac{2H_0+h_c}{2}\right)}{i}}=\sqrt{\frac{4k(h_c^2+2H_0 h_c)}{i}} \quad (6-20)$$

式(6-20)为完整沟(即沟底切穿整个透水层)时的计算公式。在实际情况下田间排水沟的深度一般在 2~2.5m 以内,而透水层厚度常常大于沟深。在这种情况下的排水沟为非完整沟。由于地下水流自透水层进入排水沟时发生急剧收缩,因而产生局部损失。在计算非完整沟间距时,为了考虑这一附加损失,常将透水层厚度乘以修正系数 α,求得透水层有效厚度,此时式(6-20)变为

$$L=\sqrt{\frac{4k(h_c^2+2H_0 h_c)\alpha}{i}} \quad (6-21)$$

$$\alpha=1\bigg/\left(1+\frac{8\overline{H}}{\pi L}\ln\frac{2\overline{H}}{\pi d}\right) \quad (6-22)$$

式中:α 为非完整沟修正系数;d 采用明沟时为沟内水面宽,采用暗管时为暗管直径。

式(6-21)即为著名的胡浩特公式。由于式(6-21)包含着 L,将式(6-22)代入式(6-21),则得到非完整沟 L 的计算公式:

$$L=\sqrt{\left(\frac{4\overline{H}}{\pi}\ln\frac{2\overline{H}}{\pi D}\right)^2+8\overline{H}\frac{kh_c}{i}}-\frac{4\overline{H}}{\pi}\ln\frac{2\overline{H}}{\pi D} \quad (6-23)$$

【例 6-4】 某多雨地区,为了控制地下水位,拟建立排水系统。若采用非完整沟,设计排水沟水位在地面以下 1.0m,沟水位至不透水层深度 $H_0=4.5$m,如图 6-7 所示,沟内水深 0.2m,水面宽 0.7m,设计降雨入渗强度为 0.02m/d。要求在降雨期间排水地段中心地下水位上升高度不超过 0.6m(即地下水位控制在地面以下 0.4m)。已知土壤渗透系数 $k=1.0$m/d。推求完整沟和非完整沟条件下的排水沟间距。

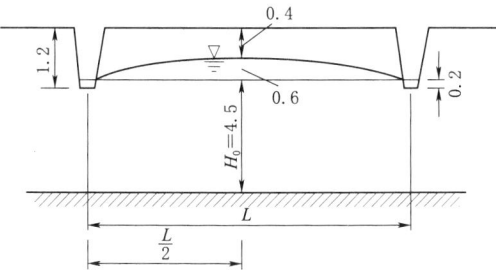

图 6-7 排水沟间距计算示意图(单位:m)

解：在非完整沟条件下：由题意知：$h_c=0.6\mathrm{m}$，$H_0=4.5\mathrm{m}$，$i=0.02\mathrm{m/d}$，$k=1\mathrm{m/d}$，$\overline{H}=4.8\mathrm{m}$，$D=0.7\mathrm{m}$，代入式（6-23）得

$$L=\sqrt{\left(\frac{4\times4.8}{\pi}\ln\frac{2\times4.8}{\pi\times0.7}\right)^2+8\times4.8\frac{1\times0.6}{0.02}}-\frac{4\times4.8}{\pi}\times\ln\frac{2\times4.8}{\pi\times0.7}$$
$$=35.11-8.98=26.13(\mathrm{m})$$

在完整排水沟情况下：由式（6-20）可求得 $L=33.94(\mathrm{m})$。

（2）水稻区田面有淹水层、排水沟边坡陡直、不计沟中水深、稳定渗流情况下的排水沟间距按式（6-24）、式（6-25）计算（图6-8）：

$$L=\frac{KH}{q\phi_0} \tag{6-24}$$

$$\phi_0\approx0.5+0.174\frac{H_\mathrm{d}}{T} \tag{6-25}$$

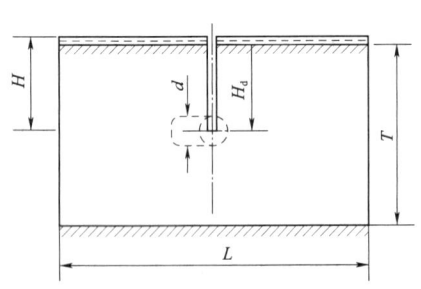

图6-8 淹灌稻田排水沟（管）间距计算示意图

式中：L 为末级固定排水沟间距，m；K 为排水地段平均渗透系数，m/d；H 为田面水位与沟底高程之差，即排水沟的作用水头，m；q 为设计要求的稻田渗漏强度，m/d；ϕ_0 为稳定渗流情况下，排水沟排水地段的渗流阻抗系数；H_d 为排水沟的有效深度，m；T 为排水地段含水层的平均厚度，m。

需要指出的是，稻田排水应根据淹灌期适宜的渗漏强度，和落干晒田期要求的地下水位下降速度，分别按稳定流和非稳定流确定排水沟的间距，选择二者中的较小值。

（3）水稻区田面有淹水层、吸水管内充满水、稳定渗流情况下的吸水管间距可按式（6-24）、式（6-26）计算（图6-8中虚线表示吸水管）：

$$\phi_0\approx\frac{1}{\pi}\ln\sqrt{\frac{8T}{\pi d}\tan\frac{\pi H_\mathrm{d}}{2T}-1} \tag{6-26}$$

式中：L 为吸水管间距，m；H_d 为吸水管埋深，m；H 为吸水管作用水头，m，管内为有压水时，H 为田面水位与吸水管承压水位之差，管内为无压水时，H 为田面水位与吸水管中心高程之差；d 为吸水管外围直径，m；ϕ_0 为稳定渗流情况下，吸水管地段的渗流阻抗系数；其余符号意义同前。

3. 非稳定流条件下末级排水沟间距计算

（1）旱作区或水旱轮作区田面无淹水层，地下水位逐渐降落，起始地下水面形状近似二次方曲线，不考虑蒸发影响，非稳定渗流情况下的排水沟间距可按式（6-27）～式（6-29）计算，如图6-9所示。

$$L=\frac{Kt}{\mu\Omega\phi\ln\frac{H_0}{H_t}} \tag{6-27}$$

当 $D \leqslant L/2$ 时
$$\phi = \frac{1}{\pi}\ln\frac{2D}{\pi B_0} + \frac{L}{8D} \quad (6-28)$$

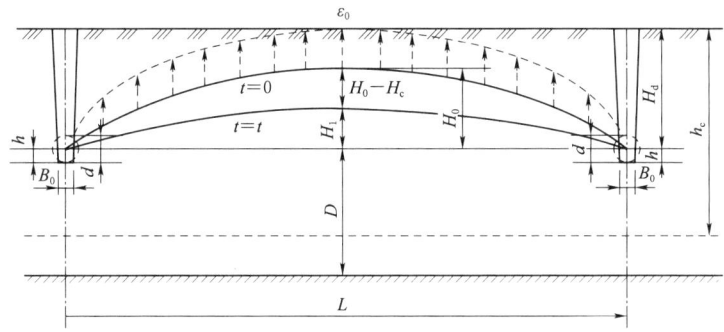

图 6-9　排水沟（管）间距计算示意图

当 $D > L/2$ 时
$$\phi = \frac{1}{\pi}\ln\frac{2L}{\pi B_0} \quad (6-29)$$

式中：H_0 为地下水位降落起始时刻，排水地段中部地下水位高于沟内水面的作用水头，m；H_t 为地下水位降落到 t 时刻，排水地段中部地下水位高于沟内水面的作用水头，m；H_d 为排水沟内水面至地面的垂直距离，即排水沟的有效深度，m；t 为设计要求地下水位由 H_0 降落到 H_t 的历时，d；μ 为地下水面变动范围内的土层平均给水度；Ω 为地下水面形状校正系数，采用 $\Omega \approx 0.7 \sim 0.8$；$\phi$ 为非稳定渗流情况下，排水沟排水地段的渗流阻抗系数；D 为沟内水面至水平不透水层表面的垂直距离，m；B_0 为沟内水面宽度，m。

若计算的是吸水管间距（图 6-9 中虚线表示吸水管），可用式（6-27），但式中 $\Omega \approx 0.8 \sim 0.9$，$B_0$ 以 $2\sqrt{\Omega \overline{H} d}$ 代替，$\overline{H}$ 为非稳定渗流情况下吸水管排水地段的作用水头，m，可按下式计算：

$$\overline{H} = \frac{H_0 - H_t}{\ln\frac{H_0}{H_t}} \quad (6-30)$$

（2）旱作区或水旱轮作区田面无淹水层，地下水位逐渐降落，如图 6-9 所示，起始地下水面形状近似四次方曲线，不考虑蒸发影响，非稳定渗流情况下的排水沟间距可按式（6-31）计算：

$$L = \pi\sqrt{\frac{kDt}{\mu\left(1+\frac{8D}{\pi B}\ln\frac{D}{P}\right)\ln\left(1.16\frac{H_0}{H_t}\right)}} \quad (6-31)$$

$$P = b + 2(1+m^2)^{1/2}h \quad (6-32)$$

式中：P 为排水沟梯形过水断面湿周，m；b 为沟底宽度，m；h 为沟内水深，m；m 为边坡系数。

若计算的是吸水管间距（图 6-9 虚线表示吸水管），可用式（6-31），但式中 $P = \pi d$。

（3）旱作区或水旱轮作区田面无淹水层，地下水位逐渐降落，起始地下水面形状近似二次方曲线，考虑蒸发影响，地下水蒸发强度与埋深关系指数 $n \geqslant 1$，非稳定渗流情况下的排水沟间距可按式（6-33）计算，如图6-9所示（图中虚线箭头表示地下水蒸发沿程分布）。

$$L = \frac{Kt}{\mu \Omega \phi \sum C_{ni}}$$

$$\sum C_{ni} = \sum_{i=0}^{\overline{m}} \frac{C(H_0 - H_t)}{2\overline{m}\left[\frac{\Omega \varepsilon_0}{k} B\phi \left(1 - \frac{H_d - H_t}{h_\varepsilon}\right)^n + H_i\right]}$$

$$H_i = H_0 - i\frac{H_0 - H_t}{\overline{m}} = H_t + (\overline{m} - i)\frac{H_0 H_t}{\overline{m}} \tag{6-33}$$

式中：$\overline{m}$ 为地下水下降幅度 $H_0 - H_t$ 的等分数，$\overline{m}$ 取值越大，计算结果精度越高，通常 $\overline{m} = 5 \sim 10$；i 为等分 $H_0 - H_t$ 的排列序号，即 $i = 0、1、2、3、\overline{m}$；C_0 为相应于排列序 i 的正整数值，当 $i = 0$ 和 $i = \overline{m}$ 时，$C = 1$；当 $i = 1、2、3、\overline{m} - 1$ 时，$C = 2$；H_i 为排列序号为 i 的排水地段中部地下水位高于沟内水面的作用水头，m；ε_0 为地下水埋深为零时的蒸发强度，m/d，若不考虑蒸发影响时，$\varepsilon_0 = 0$；h_ε 为地下水停止蒸发时的水位埋深，m；n 为地下水蒸发强度与水位埋深关系指数，通常 $n \geqslant 1$。

若计算的是吸水管间距（图6-9虚线表示吸水管），可用式（6-33），但式中 $\Omega \approx 0.8 \sim 0.9$，$B_0$ 以 $2\sqrt{\Omega \overline{H} d}$ 代替。

由于农田入渗与蒸发作用是交替进行的，根据地下水运动理论同样可得到考虑蒸发作用的排水沟间距计算公式，但在相同排水标准条件下，考虑蒸发作用求得的排水沟间距，略大于不考虑蒸发作用求得的排水沟间距，因此在实际工程规划设计中，可不考虑蒸发作用，以保证计算结果偏于安全。

【例6-5】 某水旱轮作区田面无淹水层，排水沟深2.2m，沟内水深0.2m，地下水位在地面以下2.0m处，不透水层埋深为12.0m。降雨后，地下水位上升趋近于地面。雨停后地下水位逐渐降落，起始地下水面形状近似二次方曲线，不考虑蒸发影响。根据作物防渍排水要求，降雨停止后4天，地下水位下降0.8m。已知 $\mu = 0.05$，$K = 1.0$m/d，沟内水面宽度为0.8m，地下水面形状校正系数 $\Omega = 0.7$，试计算排水沟的间距。

解：已知 $K = 1.0$m/d，$t = 4$d，$\mu = 0.05$，$\Omega = 0.7$，根据图6-9可知，$H_0 = 2.0$m，$H_t = 1.2$m，$B_0 = 0.8$m，$D = 10.0$m，代入式（6-27），可求得

$$L = \frac{Kt}{\mu \Omega \phi \ln \frac{H_0}{H_t}} = \frac{1 \times 4}{0.05 \times 0.7 \times \phi \times \ln \frac{2.0}{1.2}} = \frac{4}{0.01785\phi} \tag{1}$$

假定 $D \leqslant L/2$，则

$$\phi = \frac{1}{\pi} \ln \frac{2D}{\pi B_0} + \frac{L}{8D} = 0.66 + 0.0125L \tag{2}$$

解由式（1）、式（2）组成的方程组，可求得 $L = 114.96$m。将 $L = 114.96$ 代入式（2）可得

$\phi_1 = 2.10$，并代入式（1）得 $L_1 = 106.71$m。将 L_1 值再代入式（2）得

$\phi_2=1.99$，并代入式（1）得 $L_2=112.6\mathrm{m}$。将 L_2 再代入式（2）得 $\phi_3=2.07$，并代入式（1）得 $L_3=108.26\mathrm{m}$。

上述计算结果表明 L 基本在110m左右，故取排水沟间距为110m。

第三节 排水沟的设计水位

排水沟道系统的设计，要求既能满足安全顺畅地通过排涝设计流量，又能满足除涝、排渍、防治盐碱、通航、养殖等方面的水位要求，达到兴利除害的目的。排水沟道的设计水位包括排渍设计水位（习惯称日常水位）和排涝设计水位（习惯称最高水位），分别与排渍设计流量和排涝设计流量相对应，是排水沟道设计的重要内容。

一、日常水位

为控制地下水位排水沟道需要维持的水位称为日常水位（或排渍设计水位）。日常水位通常根据作物防渍、防止土壤盐碱化或通航等各方面的要求综合确定。

为了保证排水畅通，不产生壅水现象，各级排水沟道需要保持一定的比降，并且预留通过建筑物的局部水头损失，因此农沟、斗沟、支沟、干沟的日常水位将逐级降低。为推算日常水位，首先要确定农沟（末级固定排水沟）的有效沟深和排渍参考点。农沟的有效沟深等于作物要求的地下水埋深加上 $0.2\sim0.3\mathrm{m}$ 作用水头，或者等于农沟沟深减去农沟的日常水深。排渍参考点是指在控制区域内排渍最困难的点，在地面平坦的情况下，排渍参考点一般位于离排水沟道系统出口最远处。

根据参考点地面高程、农沟的有效沟深、各级沟道的沟底比降和沿线各种局部水头损失，逐级进行推算，可得到排水沟道系统出口处的日常水位（图 6-10），计算公式为

$$Z_{日常}=A_0-D_{农}-\sum Li-\sum \Delta Z \tag{6-34}$$

式中：$Z_{日常}$ 为排水沟道系统出口处的日常水位，mm；A_0 为排渍参考点的地面高程，m；$D_{农}$ 为农沟的有效沟深，m；L 为各级排水沟道的长度，m；i 为各级排水沟道的沟底比降；ΔZ 为各级排水沟道中的局部水头损失，m，一般过闸取 $0.05\sim0.10\mathrm{m}$，上、下级排水沟道衔接处的水位落差取 $0.1\sim0.2\mathrm{m}$。

推算日常水位时，根据排水区的地形特点，若不易确定最难控制的点，可以选择几个地面参考点，分别计算出要求的排渍水位，取其中最小者作为日常水位。

在自流排水区，按式（6-34）推算的干沟沟口日常水位应高于外河的平均枯水位，至少应与之持平。否则，要适当减少各级沟道的比降，重新进行计算。对经常受外河水位顶托、无自排条件的地区，应采用抽排，使各级排水沟道经常维持在日常水位，以满足控制地下水位和预留滞蓄容积的要求。在抽排情况下，为了减小水泵扬程，各级沟道应采用较小的比降。

二、最高水位

最高水位是指排水沟通过设计排涝流量时的水位，也称排涝设计水位。最高水位应根据沟道比降及水位衔接处的水头损失等，综合考虑沟道沿线地面高程和容泄区水位，从田间到容泄区逐级进行推算。为了降低运行成本，减少管理费用，推求最高水位时应尽量争取自流排水。

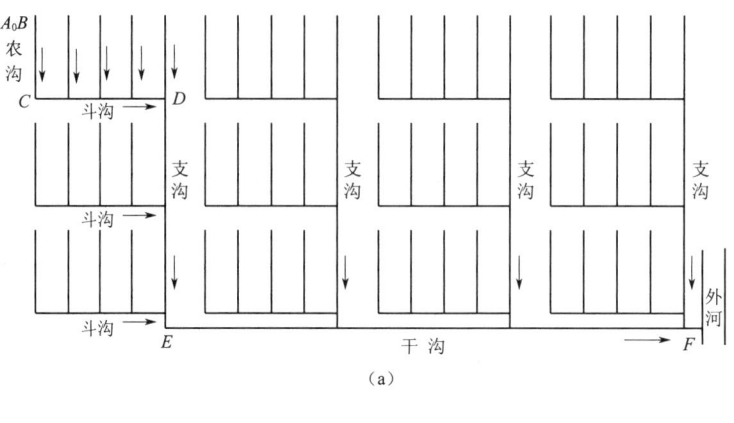

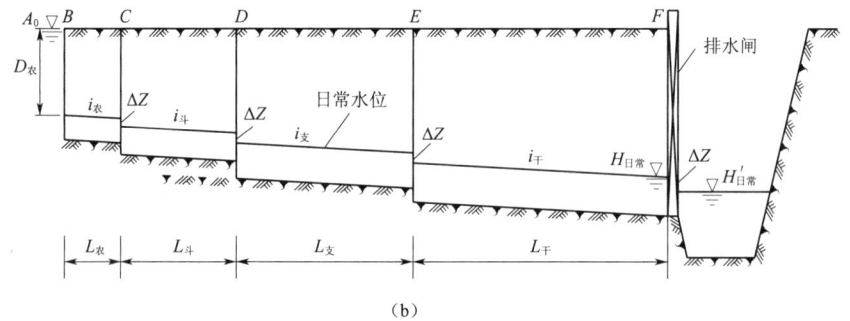

图 6-10 各级排水沟道排渍水位衔接示意图
(a) 各级排水沟排水流向平面布置示意图；(b) 各级排水沟水位衔接要求断面示意图

汛期的外河（容泄区）水位的高低是确定最高水位的重要依据，外河设计水位可选用排涝期间的平均高水位或根据排水区防洪规划的要求确定。最高水位可根据外河洪水位的高低和排涝区内部排水规划的要求确定，具体方法有以下几种：

(1) 当外河汛期水位较低、排水条件较好时，可以自排的情况下，各级排水沟道排涝水位的推求比较简单，可按下式推算至排水沟出口处最高水位：

$$Z_{最高}=A_0'-D_{农}'-\sum Li-\sum \Delta Z' \tag{6-35}$$

式中：$Z_{最高}$ 为排水沟道系统出口处的最高水位，mm；A_0' 为排涝参考点的地面高程，m；$D_{农}'$ 为地面至农沟最高水位的高差，m；$\Delta Z'$ 为排涝过程中各级排水沟道的局部水头损失，m。

对于兼具排涝排渍功能的排水沟，排涝参考点与排渍参考点一般是同一点。$D_{农}'$ 一般取 0.2~0.3m，自流条件较差的地区，可与地面齐平，即取 $D_{农}'=0$。关于 $\Delta Z'$ 的取值，一般过闸仍取 0.05~0.10m，但可不考虑上、下级排水沟道衔接处的水位落差，即上下级沟道水位衔接可以持平。

也可以根据外河设计水位，先确定出能够自流外排的干沟出口处的最高水位，然后从这个水位开始逐级推求出符合自排要求的干沟、支沟、斗沟及农沟的排涝水位。若推算得参考点附近的农沟的最高水位低于地面 0.2~0.3m，则说明各级沟道的排涝水位是适宜的。

(2) 当外河汛期水位较高，经反复推算干沟出口水位仍稍低于外河水位时，排水干沟

第三节 排水沟的设计水位

部分沟段乃至部分支沟将产生壅水现象，使排水沟道中的水流成为非均匀流。此时，壅水段的排涝水位应按壅水水位线设计。壅水水位线可按水力学中的分段求和法求得，壅水后的水位可能高于两岸农田，为使两岸耕地不受淹，沟道两岸常需筑堤束水，其断面形式如图 6-11 所示。

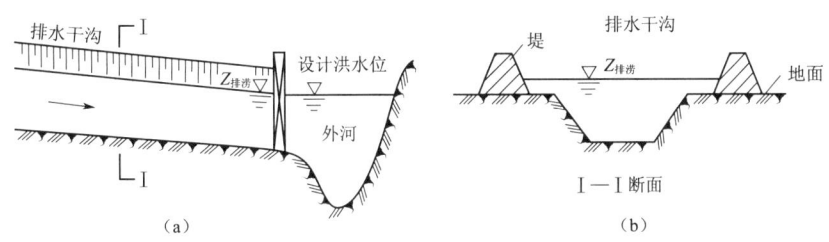

图 6-11 排水出口壅水时干沟的半填半挖断面示意图
(a) 沿渠长纵剖面图；(b) 垂直渠长横断面图

（3）当汛期外河水位很高，且持续时间很长，根本无法进行自流排水时，干沟出口处必须建闸防止外水倒灌，在没有抽排设施的情况下，涝水只能靠排水沟网的预留容积滞蓄，此时，排涝水位应满足滞涝要求，一般以低于 0.2~0.3m 为宜，部分地段最高只能与地面齐平，当外河水位下降至可以自排的水位时，再开闸排水；在有抽排条件时，可通过抽排，控制排水沟道系统的最高水位，防止发生涝灾。在抽排情况下，为减少排涝泵站规模，允许农田短时间受淹，但要求在规定的排涝历时内将涝水排除，当外河水位下降至可以自排的水位时，则应开闸抢排。

三、设计外水位和承泄区的选择

1. 设计外水位的选择

上述由式（6-34）和式（6-35）确定的分别是在排渍情况下和排涝情况下的设计内水位，即排水出口处的沟道通过排渍流量和排涝流量时的水面高程。而设计外水位是指承泄区的水位，承泄区的设计水位可采用与排水区设计暴雨重现期相应的洪水位或与设计排水历时相应的多年平均高水位。目前我国部分地区设计外水位的采用情况见表 6-13，可供参考。设计外水位的选择主要考虑以下 4 点：

（1）当排水区设计暴雨与承泄区（承泄河道）洪水位同时遭遇的可能性较大时，承泄区（承泄河道）的设计水位可采用与排水区设计暴雨重现期相应的洪水位，但应考虑排水时引起的水位壅高。

（2）当排水区设计暴雨与承泄区（承泄河道）洪水位同时遭遇的可能性不大时，承泄区（承泄河道）的设计水位应根据各地区的具体情况确定，可采用与设计排水历时相应的多年平均高水位。如从偏于安全出发，也可采用与排水区设计暴雨重现期相应的洪水位。

（3）承泄区为外湖时的设计水位一般需经调节计算确定。有时还需根据区地形条件和防洪安全要求等分析确定。

（4）承泄区为感潮河段时，其设计潮位的确定原则上与一般承泄河道设计水位确定的方法相同，但应考虑潮汐的影响，即一般可取排涝设计标准为 5~10a 重现期、排水历时为 3~5d 的平均高潮位作为承泄河道的设计水位。

近年来，由于江河湖泊泥沙淤积逐年加剧以及其他原因的影响，在流量相同的情况下，其水位逐年增高。在确定设计外水位时，要考虑这种因素以便留有余地。

表 6-13　　　　　　　　　　我国部分地区设计外水位

省、市及地区	设计外水位/m	备注
广东珠江、韩江三角洲地区	采用年最高洪水位的多年平均值	洪水区
	采用 5 年一遇年最高水位	湖区
湖南洞庭湖区	采用外江 6 月最高水位的多年平均值；以 5—8 月最高水位多年平均值中的最高值进行校核	大型排水站
湖北	采用与排水设计标准同频率、与设计暴雨同期出现的旬平均水位或采用暴雨设计典型年排涝期间相应的日平均水位，也有采用江河警戒水位的	
江西鄱阳湖地区	采用 10 年一遇 5 日最高平均水位	
	采用年最高水位的多年平均值	大型电排站
安徽	采用 5~10 年一遇汛期日平均水位	
江苏	采用历年汛期平均最高外水位设计，按历年汛期最高外水位校核	中小型排水站
	采用 20 年一遇汛期最高外水位	大型电排站
福建	采用 5 年一遇洪水位	闽江下游
	采用 10 年一遇洪水位	九龙江下游
河南安阳地区（黄河）	采用黄河 3 年一遇水位	考虑黄河淤积至1970 年时的水位
河南信阳地区（淮河）	采用河道堤防保证水位（5~20 年一遇）	
黑龙江	采用 20 年一遇汛期最高日平均水位	
天津	采用汛期最高洪水位	

2. 承泄区的选择

设计外水位的选择与承泄区密不可分。承泄区的选定应符合：干沟排水应具备良好的出流条件；承泄区应有足够的承泄能力或滞涝容积；以河道、湖泊作为承泄区，应有稳定的河槽（或湖床）和安全的堤防。不能满足这 3 条，应采取以下工程处理措施：

（1）在条件允许情况下，可在承泄区上游修建水库，以消减排入承泄区的洪峰流量，降低承泄区水位，为干沟排水创造良好的条件。

（2）扩大原有承泄河道或开挖新河，以增加承泄河道的承泄能力或滞涝容积。

（3）疏浚承泄河道的河槽和岸边浅滩，清除河槽和浅滩上的阻水障碍；对过于弯曲的河段，应予裁弯取直，以利通畅排水。

（4）对不稳定的堤防险段必须进行加固，防止溃决造成意外的损失。

第四节　排水沟纵横断面设计

排水沟的设计流量和设计水位确定以后，就可以进行排水沟的断面设计。其主要任务是确定排水沟纵横断面尺寸和水位衔接条件，并按不冲不淤和综合利用的要求进行校核。不同地区排水系统的任务不同，断面设计的要求不同。干旱和半干旱地区多采用一般排水系统，排水沟断面主要是按照排除地表径流的要求进行设计；平原湿润区或低洼圩垸区的河网化排水系统，排水沟断面应先按除涝防渍的要求进行设计，再以滞涝、通航、养殖和引水灌溉等的要求进行校核，最后选用能同时满足各种不同要求的水深和底宽。

排水沟纵横断面设计是相互联系的，需要相互兼顾，以期消除设计中可能出现的矛盾。下面分别介绍横断面和纵断面设计的基本方法和步骤。

一、横断面设计

排水沟横断面通常按照明渠均匀流公式进行计算。水力计算方法与灌溉渠道基本相同，这里不再赘述，仅介绍有关设计参数的选用和断面校核等问题。

(一) 设计参数的选用

1. 沟底比降 i

排水沟沟底设计比降应根据沿线地形、地质条件，上、下级沟道的水位衔接条件，不冲、不淤要求，以及承泄区水位变化情况等确定，并尽量与沿线地面坡度接近，以减少工程量。规划布置时应注意以下几点：①为了避免沟道在排水过程中发生冲刷和淤积，应根据沿线土质选择适宜的比降，轻质土比降宜缓些，黏质土比降宜陡些；②在外河水位较高的地区，应选择较缓的比降，尽量使排水沟能够自流排水；③对于灌排两用有反向输水灌溉任务的沟道，比降宜平缓，结合灌溉、通航、滞涝和养殖的综合利用沟道，可采用平底；④为了便于施工，同一沟道最好采用同一比降，尽可能减少变化；⑤平原地区，一般排水沟沟底比降的取值范围是干沟 1/30000～1/10000，支沟 1/10000～1/5000，斗沟 1/5000～1/2000，农沟 1/2000～1/1000。

2. 沟道糙率 n

排水沟糙率应根据沟槽材料、地质条件、施工质量、管理维修情况等确定。新挖排水沟可取 0.02～0.025；有杂草的排水沟可取 0.025～0.030；排洪沟可比排水沟相应加大 0.0025～0.0050。但是，由于排水沟长期有水，沟坡湿润，容易滋生杂草，沟坡易坍塌，清淤维护困难，所以排水沟的糙率值比渠道的糙率值大些。对于大型排水沟道的糙率，应通过试验或专门研究确定。对于一般的排水沟道，不同流量情况下，排水沟道和排洪沟道糙率的选取可参考表 6-14。

表 6-14　　土 沟 糙 率

类　型	流量 $Q/(m^3/s)$			
	>25	25～5	5～1	<1
排水沟道	0.0225	0.025	0.0275	0.030
排洪沟道	0.025	0.0275	0.030	0.035

3. 边坡系数 m

土质排水沟边坡系数应根据开挖深度、沟槽土质以及地下水情况等，经稳定分析计算后确定。开挖深度不超过 5m、水深不超过 3m 的沟道，最小边坡系数按表 6-15 确定。淤泥、流沙地段的排水沟边坡系数宜取高值。沟深大、土质疏松，边坡系数应大些。由于降雨时坡面径流的冲刷，地下水汇入沟道时产生的渗透压力，以及沟内积水时波浪的侵蚀等原因，沟坡容易坍塌，因此排水沟的边坡系数应比渠道的边坡系数大些。排水沟开挖深度大于5m时，应从沟底以上每隔3~5m设宽度不小于0.8m的戗道。

表6-15 土质排水沟最小边坡系数

土 质	开 挖 深 度/m			
	<1.5	1.5~3.0	3.0~4.0	>4.0
黏土、重壤土	1.0	1.2~1.5	1.5~2.0	>2.0
中壤土	1.5	2.0~2.5	2.5~3.0	>3.0
轻壤土、砂壤土	2.0	2.5~3.0	3.0~4.0	>4.0
砂土	2.5	3.0~4.0	4.0~5.0	>5.0

4. 不冲不淤流速

为了防止泥沙淤积，抑制杂草滋生，排水沟和排洪沟的最小流速不宜小于0.3m/s。允许不冲流速的大小，主要取决于沟道的土质情况，可参考表6-16选用。与灌溉渠道相比，排水沟往往滋生更多的杂草，这些杂草的密集根系有利于制止冲刷，维护沟道的稳定。因此，具有良好的草坡护坡的排水沟，其不冲流速的取值可适当偏大。

表6-16 排水沟允许不冲流速

土质	轻壤土	中壤土	重壤土	黏土	淤泥	细砂	中砂	粗砂
不冲流速/(m/s)	0.6~0.8	0.65~0.85	0.7~0.95	0.75~1.0	0.15~0.25	0.2~0.4	0.3~0.7	0.5~0.8

以上允许不冲流速只针对顺直沟道，在沟道转弯处，需降低允许不冲流速。一般微弯沟道降低5%，中等弯曲的降低13%，特别弯曲的降低22%。为减轻冲刷，保证沟道稳定，沟道转弯处的半径应不小于表6-17规定的数值。有护坡情况下，最小半径可以采用3倍底宽，其他情况下，弯曲半径均不应小于3倍底宽。

表6-17 沟道转弯处的最小弯曲半径

沟道排水流量/(m³/s)	最小半径	沟道排水流量/(m³/s)	最小半径
<10	3×底宽	17~20	6×底宽
10~14	4×底宽	≥20	7×底宽
14~17	5×底宽		

（二）排水沟水力计算步骤

在排水沟道的比降、糙率、边坡系数及不冲不淤流速选定以后，有排渍流量时，一般按下列步骤进行计算：

（1）根据排渍设计流量$Q_{渍}$计算沟底宽$b_{排渍}$和日常水深$h_{日常}$，按下式确定沟底高程$Z_{底}$：

$$Z_{底}=Z_{日常}-h_{日常} \tag{6-36}$$

式中：$Z_{底}$为设计断面的沟底高程，m；$Z_{日常}$为设计断面的日常水位，m，按式（6-39）推算；$h_{日常}$为设计断面的日常水深，m，通过水力计算确定。

（2）根据排涝设计流量$Q_{涝}$校核排涝过水断面。具体方法是以排涝设计水位和沟底高程之差作为最大水深$h_{最大}$，以$b_{排渍}$作为沟底宽，计算所能通过的流量Q及其流速v。

第四节 排水沟纵横断面设计

1) 若 $Q \geqslant Q_{涝}$，$v \leqslant v_{不冲}$，则说明按日常流量确定的断面满足通过排涝设计流量的要求。此时，设计断面的底宽 $b_{排渍}$、日常水深 $h_{日常}$、最大水深 $h_{最大}$ 和沟底高程 $Z_{底}$ 便全部确定。

2) 若 $Q < Q_{涝}$ 或 $v > v_{不冲}$，说明排水沟不能满足排涝要求。此时，若 $Q < Q_{涝}$，则以最大水位和沟底高程之差作为最大水深 $h_{最大}$，再根据 $Q_{涝}$ 和 $h_{最大}$ 计算沟底宽度，并校核流速；如果 $v > v_{不冲}$，则要减小沟底比降，重新计算，直到满足要求。

有时没有可靠准确排渍设计流量，只有排水沟要求的日常水深和日常水位。这时，要按排涝流量初定排水沟断面，按排渍水位校核该断面能否满足排渍要求。

如果按排渍和排涝要求计算出的断面相差悬殊，应设计成复式断面，利用下部的小断面控制地下水位，通过排渍流量，利用全部断面通过排涝设计流量。

(三) 综合利用沟道断面设计

综合利用沟道除排水任务外，还担负水产养殖、航运、滞涝及引水灌溉等多方面的要求。因此，综合利用的排水沟道还应根据养殖、航运、滞涝与灌溉等方面的要求，对断面尺寸进行校核验算。

1. 校核水产养殖和通航要求

水产养殖要求沟道经常保持一定的水深，一般应大于 1.0m。若排渍水深不能满足要求，应按水产养殖要求的水深适当增加排水沟深度。

平原地区，特别是水网圩区，航运是重要的交通运输手段。因此，排水沟道，特别是干、支两级排水沟道通常都有通航任务。排水沟道的排渍水深和底宽应满足船只的航行要求，即排水沟在排泄日常流量时，应保持一定的水深和水面宽度。

通航水深 $h_{航}$ 是船只的吃水深度与富余深度之和。吃水深度与船只的吨位有关，富余深度是船底至沟底的距离，一般为 0.2~0.3m。通航要求的水面宽度在船只对开的情况下，应为 $B_{航} = 2d + 3c$，d 为船只宽度，c 为船只对开时两船之间以及船只与沟坡之间的距离，一般可采用 $c = 0.2d$。若排水沟的排渍水深及相应的水面宽度不能满足通航要求，则应修改断面尺寸，使之满足要求。

一般要求干沟通过 50~100t 的船只，支沟能通过 50t 以下的船只，相应要求的水深和底宽可参考表 6-18。对于通航大型船只的河沟，应按航运部门的有关要求确定。

表 6-18　　　　　　　　　通航与养殖要求的水深和底宽

沟　名	通　航　要　求		养殖水深/m
	水深/m	底宽/m	
干沟	1.0~2.0	5~15	1.0~1.5
支沟	0.8~1.0	2~4	1.0~1.5
斗沟	0.5~0.8	1~2	—

2. 校核滞涝能力

平原水网圩区汛期外河水位一般较高，圩内涝水无法自流排出，为了防止外水倒灌，必须设闸挡水。在关闸期间，可利用抽水设施提水抢排，但为了减少装机容量，可利用排水沟网和洼地湖塘滞蓄涝水，以便在外河水位下降后开闸自排。排水沟滞蓄水量可用下式计算：

$$h_{沟蓄} = P - h_{田蓄} - h_{湖蓄} - h_{抽排} \quad (6-37)$$

$$V_{沟蓄} = 0.001 h_{沟蓄} F \quad (6-38)$$

式中：$h_{沟蓄}$ 为排水沟道滞蓄的水深，mm；P 为按除涝标准确定的设计降雨量，mm；$h_{田蓄}$ 为田间蓄水量，mm，水田区可用水稻耐淹深度与田面水层深下限之差值，一般可取 30～50mm，对于旱田可用大田蓄水能力确定；$h_{湖蓄}$ 为湖泊、洼地、坑塘蓄水深，mm，可根据圩垸区内部现有的或规划的湖泊蓄水面积及蓄水深度确定，并把算得的蓄水量除以总排水面积折算成全排水面积上的蓄水深度；$h_{抽排}$ 为排涝站抢排水量，mm；$V_{沟蓄}$ 为排水沟道滞蓄的水量，m³；F 为排水区的总面积，km²。

按排涝设计流量确定的沟通断面的实际滞蓄总容积 $V_{滞蓄}$ 为

$$V_{滞蓄} = \sum bhL \quad (6-39)$$

式中：b 为沟道平均蓄水宽度，m；h 为沟道的滞涝水深，m，为最高滞蓄水位（最高与地面齐平）与排渍水位（或汛期预降水位）之间的水深，可取 0.8～1m；L 为各级滞涝沟道的长度，m。

当 $V_{滞蓄} \geqslant V_{沟蓄}$，说明前面确定的断面尺寸满足滞涝要求，否则说明沟道滞蓄容积不足，需采取以下措施修正断面尺寸，增加滞蓄容积：增加抽排量，减少滞蓄水量；通过增大边坡系数、底宽或采用复式断面，加大滞蓄沟道断面；增加沟道密度，提高排水区的水面率。

3. 校核蓄引水灌溉能力

排水沟用于灌溉时常有两方面作用：一是利用排水沟拦蓄部分降雨径流作为灌溉用水；二是利用排水沟引水灌溉。

对需要拦蓄径流用于灌溉的排水沟，按该排水沟所应分担的蓄水容积进行校核，使排水沟断面在日常设计水位到通航或养殖所需的最低水位之间的容积满足灌溉蓄水要求。

在水源不足或外河水位较大的地区，往往需要排水沟道在灌溉季节担负引水灌溉的任务。在这种情况下，应使排水沟正坡排水，反坡引水。对于这种有引水灌溉任务的排水沟，必须依据灌溉引水季节的外河（即承泄区，也就是灌溉水源）水位，按明渠非均匀流公式推算排水沟引水时的水面曲线，以便校核排水沟的输水距离和引水流量能够符合灌溉引水的要求。若不符合，则应调整排水沟的水力要素。水面曲线的计算方法详见水力学教材。

以上所述为综合利用排水沟设计的一般方法和步骤，在实际工作中，应根据设计要求和排水沟所承担的任务确定校核内容。例如，对于排水面积不大，但对通航、养殖要求较高的综合利用排水沟，其通航、养殖所需的沟道断面往往大于排涝要求的断面，因此在设计时可以先按通航、养殖的要求拟定断面，然后再按排涝和其他方面的要求进行校核。

二、纵断面设计

纵断面设计的主要任务是根据沟道沿线的地面高程、水位推算和横断面设计结果绘制纵断面图。设计的内容是确定沟道的最高水位线、日常水位线和沟底高程线，并为沟道配套建筑物提供设计水位、沟底高程和断面要素等设计资料。

为了有效地控制地下水位，一般要求通过日常流量时，不发生壅水现象，所以上下级沟道的日常水位之间、干沟出水口水位与承泄区水位之间要有 0.1~0.2m 的水面落差。在通过最大流量时，上下级沟道之间水位衔接可以持平，或出现短暂的壅水现象。但在设计时，应尽量使沟道中的最高水位低于两岸地面 0.2~0.3m，如图 6-12 所示。此外还应注意，下级沟道的沟底不能低于上级沟道的沟底，例如，支沟沟底不能低于干沟的沟底。

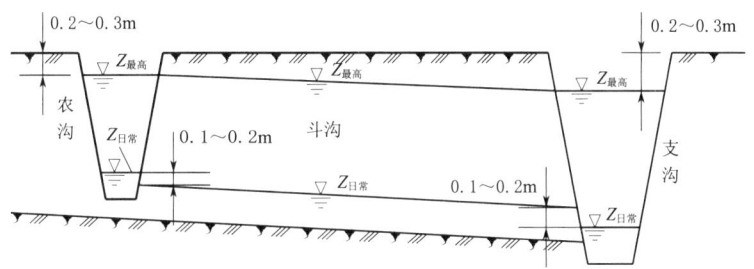

图 6-12 上下级排水沟水位衔接示意图

下面结合图 6-13 说明排水沟纵断面图的绘制方法与步骤。

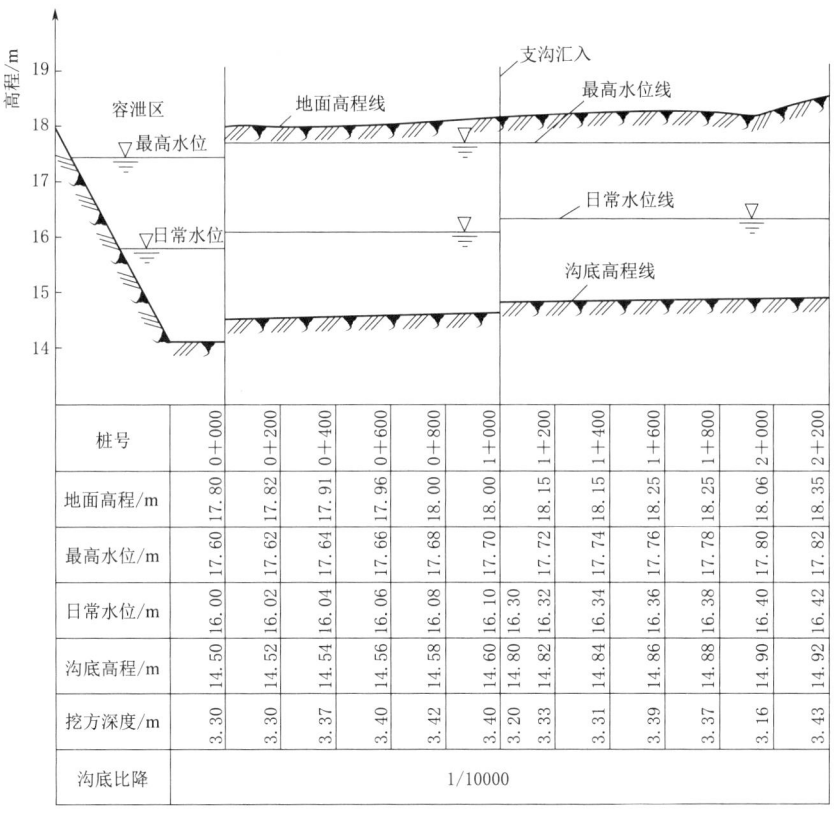

图 6-13 排水沟纵断面

桩号	0+000	0+200	0+400	0+600	0+800	1+000	1+200	1+400	1+600	1+800	2+000	2+200
地面高程/m	17.80	17.82	17.91	17.96	18.00	18.00	18.15	18.15	18.25	18.25	18.06	18.35
最高水位/m	17.60	17.62	17.64	17.66	17.68	17.70	17.72	17.74	17.76	17.78	17.80	17.82
日常水位/m	16.00	16.02	16.04	16.06	16.08	16.10	16.30	16.32	16.34	16.36	16.38	16.40	16.42
沟底高程/m	14.50	14.52	14.54	14.56	14.58	14.60	14.80	14.82	14.84	14.86	14.88	14.90	14.92
挖方深度/m	3.30	3.30	3.37	3.40	3.42	3.40	3.20	3.33	3.31	3.39	3.37	3.16	3.43
沟底比降	1/10000												

（1）根据排水沟道系统平面布置图，按沟道沿线各桩号地面高程，绘制出地面高程线。

（2）根据水位推算结果，逐段绘制出日常水位线。

(3) 自日常水位线向下，以日常水深为间距作平行线，绘出沟底高程线。

(4) 由沟底高程线向上，以最大水深为间距作平行线，绘出最高水位线。

(5) 当沟段有壅水现象需要筑堤束水时，还应从最高水位线（或壅水线）往上加一定的超高，定出堤顶线。

(6) 在纵断面图下方列表注明各特征点的桩号、地面高程、最高水位、日常水位、沟底高程、挖方深度、沟底比降等数据。

需注意，排水沟纵断面的桩号通常从排水沟出口处算起，且一般将水位线和沟底线由右向左倾斜，以与灌溉渠道的纵断面图相区别。

第五节 排水沟（河）生态修复技术

一、生态型排水沟（河）道的内涵及特征

生态型排水沟（河）道是指具有完整生态系统和较强社会服务功能的沟（河）道，包括利用自然生态沟（河）道和人工建设或修复的生态沟（河）道。生态型排水沟（河）道具有以下特征：

(1) 形态结构稳定。即保证沟（河）道在平面上不发生左右摆动，在横断面上保证河滩地和堤岸的稳定，在纵断面上不发生严重的冲刷或淤积，或保证冲淤平衡。

(2) 生态系统完整。即由湿地、湖泊等承泄区及干支（沟）等构成完整的沟（河）道形态，由动物、植物及各种浮游微生物构成沟（河）道完整的生物结构。

(3) 沟（河）道功能多样化。生态型排水沟（河）道在具备某些社会服务功能的同时，还具备栖息地功能、过滤屏功能、廊道功能和汇源功能等。

(4) 体现生物本地化和多样性。沟（河）道两岸应尽可能选择栽种本地的、土生土长的、成活率高的、便于管理的林草，必须极大地关注恢复或重建陆域和水体的生物多样性形态，尽可能地减少不必要的硬质工程。

(5) 体现形态结构自然化与多样化。沟（河）道以蜿蜒性为平面形态基本特征，以曲为美，水陆交错，蜿蜒曲折，体现自然沟（河）的形态结构，形成主流、支流、河湾、沼泽、急流和浅滩等丰富多样的生境，成为河流动植物和微生物生长、生活的宝贵栖息地。

(6) 体现人与自然和谐共处。生态型沟（河）道不能简单地认为就是亲水型的，以人为本不能涵盖人与自然的关系，而要提倡人与自然和谐共处，既要避免水利工程建设中的盲目性，也要避免水利工程园林化倾向。

二、排水沟（河）道生态修复的物理方法

(1) 底泥疏浚法。污染沟（河）道底泥中含有的有机物和氮、磷等营养盐在一定条件下会从底泥中释放到水体内，使水质恶化。底泥疏浚是通过挖除表层的污染底泥，从而减少污染物的释放。疏浚有见效快、能增加沟（河）道水体容量或提高沟（河）道过水能力及挟沙能力等优点。

(2) 调水稀释法。调水稀释是通过工程调水对污染水体进行稀释，通过稀释冲刷可以有效减少污染物浓度和负荷。该方法能增加流速和水体中氧的浓度，激活水流，使水体中微生物、植物的数量和种类也相应增加，从而达到净化水质的目的。

三、排水沟（河）道生态修复的生物方法

（1）植物生态修复法。该法主要利用水生植物修复污染的沟（河）道，即用特定的水生植物吸收、转化、清除或降解环境污染物，实现水体净化和生态效应的恢复。

水生植物分为挺水植物、沉水植物、浮叶植物与漂浮植物4类。通过其光合作用和生长带来的适宜栖息环境，使系统中生物多样性增加成为可能。利用水生植物净化沟（河）道主要是减缓河流的流速，促进颗粒物的沉降；吸附水中的氮、磷，控制水体富营养化，抑制藻类的生长。

采用植物生态修复法，必须加强管理，及时收割植物，否则腐烂后，营养物质又进入水体，起不到净化水体的效果。

（2）动物生态修复法。该法利用水体动物消除沟（河）道的污染物。其中螺、蚌等贝壳类动物和大量的底栖动物是水底清道夫；鱼类一方面使水体具有生机，另一方面可以控制浮游动物、浮游植物的数量，但要注意食草性、食杂性、食肉性鱼类的搭配。细菌、真菌、放线菌等生物种群的生存和繁衍，可以将水中的有机物质分解成无机物质和水，但它们需要充足的氧气，所以，应尽量用各种方法和手段进行曝氧，通过增加水体中氧气的方法来促使好氧细菌的生长繁殖，以达到增强和加快分解水中有机污染物的目的。

（3）稳定塘修复法。该方法是一种利用天然水体的自净能力，即利用细菌和藻类等微生物共同体处理污水的自然生物处理技术，其净化过程与自然水体净化过程相似。将稳定塘用于沟（河）道污染治理，可以得到以下效果：延长沟（河）道内水滞留时间，截留、降污染物，减少沟（河）道污染物总量和浓度；构建稳定塘生态系统，增进整个沟（河）道生态系统的稳定；如能人为控制稳定塘进出水，可以用稳定塘对沟（河）道水量进行季节上的再分配。

第七章 地　面　灌　溉

灌水技术，也称灌水方法，是把渠道或管道中的水分配到田间对作物实施灌水的方式与技术措施。根据是否全面湿润整个农田和按照水输送到田间的方式和湿润土壤的方式，灌水方法一般可分为全面灌溉和局部灌溉两大类。全面灌溉包括地面灌溉和喷灌。全面灌溉时湿润整个农田根系活动层内的土壤，主要适用于密植作物。局部灌溉一般包括渗灌和微灌等。局部灌溉时只湿润作物周围的土壤，比较适合于灌溉宽行作物、果树等。对于灌水方法的选择，应根据作物、土壤、地形和水源等情况，选择节水、省工、增产、环保的灌水技术。一般应是能保证及时按定额灌水，灌水均匀度和田间水利用率高，有利于保持和改善土壤肥力，有利于改善农田生态环境，便于与其他农业措施相结合，对地形适应性强、占地少、投资少、能耗低、宜推广。

本章主要介绍地面灌溉基本理论、传统地面灌水技术和节水型地面灌水技术的设计方法等。

第一节　地面灌溉理论简介

地面灌溉是灌溉水通过渠道或管道输入田间，水流呈连续薄水层或细小水流沿田面流动，在重力和毛管力作用下湿润土壤的灌水方法，又称重力灌水法。根据灌溉水向田间输送的形式和湿润土壤的方式不同，地面灌溉方法可分为畦灌、沟灌、淹灌和漫灌等。

一、地面灌溉灌水过程分析

（一）地面灌溉的灌水过程

地面灌溉的灌溉水由田间渠沟或管道连续进入田块后，迅速沿田面的纵方向推进，并形成一个明显的湿润前锋（即水流推进的前缘）。水流边向前推进，边向土壤中下渗。一般当湿润前锋到达田块尾端或到达田块某一距离，并已达到所要求的灌水定额时即停止向田块放水。此时，田面水流继续向田块尾端流动，田面水流深度不断下降，向土壤下渗的水量逐渐增加，而且田块首端水层首先下降至0，地表面形成一落干锋面，该锋面位置与时间的关系称为消退曲线，水流消退位置随田面水流和土壤入渗向下游移动，直至田块尾端或在田块某距离处与湿润锋相遇。当田面完全无水时，田间水流全部渗入土壤转化为土壤水，灌水过程结束，如图7-1所示。因此，地面灌溉水流推进、消退与下渗是一个随时间而变化的复杂过程。下面以末端封堵畦灌为例，说明灌水过程的几个阶段。

（1）推进阶段。从放水入畦时刻开始，到水流前锋到达畦尾前水流前锋一直向前推进，这一过程称为推进阶段。

（2）成池阶段。水流前锋到达畦尾，停止前进，田面开始积水成池，直到畦口切断水流为止,这一阶段称为成池阶段。

(3) 消耗阶段。从畦口切断水流时刻开始,随着土壤入渗,田面积水水深逐渐减小,直到畦口地表水深为零露出地面为止,这一阶段称为消耗阶段。

(4) 消退阶段。从畦口露出地面开始,到地面水层全部渗入土壤为止,称为消退阶段。这一阶段中,退水前锋逐渐由畦口向畦尾移动直至消失。

当田块末端为开端(未封堵),允许水流排出田块时,不产生成池阶段。

由图 7-1 可知灌水过程有如下特点:

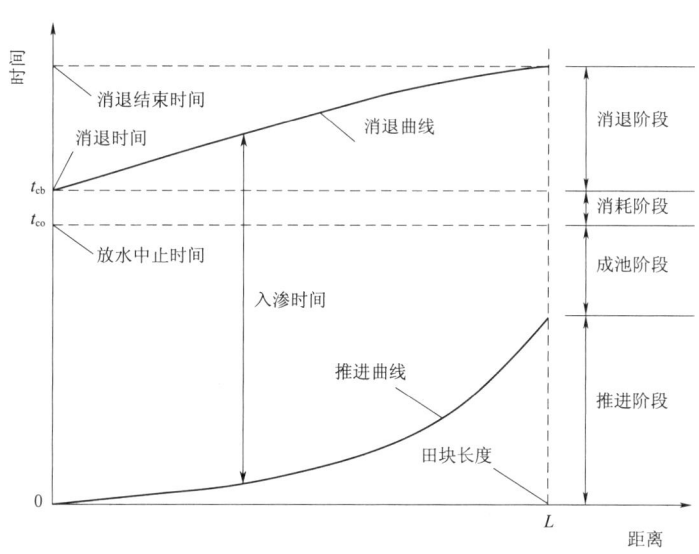

图 7-1 地面灌溉水流推进与消退过程示意图

(1) 水流推进速度变化较大。水流推进曲线斜率的倒数为水流前锋的推进速度,水流前锋的推进速度随着推进长度的增大而减小。水流前锋的推进速度与灌水流量大小正相关。

(2) 退水过程曲线变化较平缓。退水过程是在田间供水口断水以后,水流基本上是在田面表层饱和且光滑的田面上运动。由于田间供水口断水后,水流前锋的推进速度变得更为缓慢,且积水入渗发生在水流前锋与尾锋之间的地段上,使得田面上的水量减小速度较为均匀,因而退水速度较为均匀,退水过程的变化较为平缓。

(3) 田间各段面的积水入渗时间存在差异。在图 7-1 中,田面任一断面上,其退水时刻与推进时刻之差即为该断面的积水入渗时间。各断面上的积水入渗时间存在一定差异,结合入渗公式可知,各断面的累积入渗量亦存在差异,这种差异越大,灌水均匀度越低,灌水效果越差。

需要指出的是,并非所有地面灌溉都出现推进、成池、消耗、消退 4 个阶段。比如淹灌、水平沟灌、水平畦灌等,只有推进阶段、成池阶段和消耗阶段。在沟灌时,若沟中流量很小(即细流沟灌),可能没有明显的成池阶段和消耗阶段,只能看到推进阶段和消退阶段,有时消退阶段也可以忽略。因此,地面灌溉的阶段应根据实际情况加以分析。

(二) 地面灌溉灌水过程确定方法

1. 田间试验法

开展地面灌溉田间试验的目的，是针对一定的作物，根据当地条件，选择具有代表性的地块，采用田间对比试验的方法进行实地灌水，以探求作物省水、高产、低成本和高效益的畦灌、沟灌、淹灌、漫灌等地面灌水技术及其灌水技术要素最优组合。

在进行地面灌水的过程中，应针对每个试验区，准确观测向田间开始供水的时间和引入流量；准确观测田面水流到达各测点距离的时间，即到达各水流推进长度处的推进时间以及相应的水流深度和水流由各测点消退的时间。同时，还应在放水前和灌水 0.5d（对于砂土、砂壤土）后或灌水 1d（对于壤土、黏土）后，对应于水流推进各个测点，从地面起至计划湿润土层深度，每隔 10~20cm 深度分层测定土壤含水量，以便绘制入渗水量分布图。此外，还应在灌水试验前，在灌水试验区内，选择典型位置进行土壤入渗试验。

2. 理论分析法

地面灌溉水流运动的影响因素很多，而且各因素之间关系复杂。因此，要进行全面田间灌水试验，试验工作量非常大，这就有必要采取理论分析方法计算得出地面灌溉田面水流推进和消退曲线及田面土壤的入渗量曲线，从而对灌水质量做出评价。

地面灌溉田面水流属于渗透底板上的明渠非恒定流。描述地面灌溉水流运动的数学模型主要有：水量平衡模型、完整水流动力学模型、零惯量模型和运动波模型。

（1）水量平衡模型。在假定田面积水深度不变，且不计蒸发损失的情况下，根据质量守恒原理，认为进入到灌水畦（沟）的总水量应等于地面积水量与土壤中蓄水量之和。即

$$Qt = \int_0^x h(s,t)\mathrm{d}s + \int_0^x Z(s,t)\mathrm{d}s \tag{7-1}$$

式中：Q 为灌水流量，cm^3/h；t 为放水时间，h；x 为水流推进距离，m；$h(s,t)$、$Z(s,t)$ 为地表水深和入渗水深的时空分布函数。

（2）完整水流动力学模型。以质量守恒和动量守恒为原则，它是反映了明渠非恒定流的圣-维南方程（Saint - Venat Equation）。

$$\left.\begin{aligned} &\frac{\partial h}{\partial t} + \frac{\partial q}{\partial x} + i = 0 \\ &\frac{1}{g}\frac{\partial v}{\partial t} + \frac{v}{g}\frac{\partial v}{\partial x} + \frac{\partial h}{\partial x} = s_0 - s_f + \frac{vi}{2gh} \\ &i = \frac{\partial z}{\partial t} \end{aligned}\right\} \tag{7-2}$$

式中：h 为地表水深，m；v 为地表水流平均流速，m/s；q 为地表水流单宽流量，$m^3/(s \cdot m)$；x 为田面水流推进距离，m；i 为土壤入渗率，mm/s；s_f 为水流运动阻力坡降；s_0 为田面纵坡；g 为重力加速度。

（3）零惯量模型。该模型由 Strelkoff 和 Katapodes 于 1977 年提出，它是完整水流动力学模型忽略加速度项简化而来的，即

$$\left.\begin{aligned} &\frac{\partial h}{\partial t} + \frac{\partial q}{\partial x} + i = 0 \\ &\frac{\partial h}{\partial x} = s_0 - s_f \end{aligned}\right\} \tag{7-3}$$

(4) 运动波模型。该模型是零惯量模型的进一步简化，是基于连续原理和均匀流假定建立的，模型表达式为

$$\left.\begin{array}{l} \dfrac{\partial h}{\partial t}+\dfrac{\partial q}{\partial x}+i=0 \\ s_0=s_f \end{array}\right\} \quad (7-4)$$

这 4 种模型都是结合地面水流运动的特性，以不同程度的假定和简化处理为基础，利用田间灌水试验资料达到验证模型的目的，都体现了水流连续原理和动量守恒原理。

二、地面灌溉灌水质量评价指标

一般来说，灌入田间的水量沿畦（沟）长的分布是不均匀的，有的地方入渗水量过多，渗到计划湿润层深度以下，发生深层渗漏，造成了浪费，有的地方入渗水量偏小，出现欠灌。因此，这就需要根据灌溉水在农田的入渗量分布情况对地面灌溉灌水质量进行评价。目前，国外主要采用田间水利用系数、灌水供需比、灌水均匀系数、深层渗漏率和尾水渗漏率等 5 项指标进行评价。

1. 田间水利用系数 η_f

田间水利用系数为灌水后储存于作物根系土壤区内的水量与实际灌入田间的总水量的比值。即

$$\eta_f = \frac{W_s}{W_f} \times 100\% \quad (7-5)$$

$$W_s = AH\gamma(\theta - \theta_0) \quad (7-6)$$

式中：η_f 为田间水利用系数；W_s 为灌溉后储存于计划湿润层中的水量，m^3；W_f 为灌入田间的总水量，m^3；A 为试验区面积，m^2；γ 为土壤容重，t/m^3；θ 为灌后土壤含水率（以占干土重的百分比计）；θ_0 为灌前土壤含水率（以占干土重的百分比计）；H 为土壤计划湿润层深度，m。

2. 灌水供需比 E_s

灌水供需比为灌水后储存于计划湿润层的水量与灌前计划湿润层所需的水量的比值。

$$E_s = \frac{W_s}{W_n} \times 100\% \quad (7-7)$$

$$W_n = A\gamma H(\theta_{\max} - \theta_0) \quad (7-8)$$

式中：E_s 为灌水供需比；W_n 为灌水前土壤计划湿润层中所需要的总水量，m^3；$\theta_{\max}$ 为土壤田间持水率（以占干土重的百分比计）；其余符号意义同前。

3. 灌水均匀系数 C_u

灌水均匀度为灌水后田间灌溉水湿润作物根系土壤区的均匀程度。

$$C_u = \left(1 - \frac{\Delta \overline{Z}}{\overline{Z}}\right) \times 100\% \quad (7-9)$$

$$\Delta \overline{Z} = \frac{1}{n} \sum_{i=1}^{N} |Z_i - \overline{Z}| \quad (7-10)$$

式中：C_u 为灌水均匀系数；$\Delta \overline{Z}$ 为灌水后沿畦沟测点土壤实际蓄水深度与平均储水深度的差值，mm；$\overline{Z}$ 为灌后土壤平均储水深度，mm；Z_i 为灌后第 i 点土壤中的实际储水深

度，mm；n 为试区内土壤储水深度测点总数目。

4. 深层渗漏率 E_d

$$E_d = \frac{W_d}{W_n} \times 100\% \qquad (7-11)$$

式中：W_d 为渗入到计划湿润层以下损失的水量，m³；其余符号意义同前。

5. 尾水渗漏率 E_t

$$E_t = \frac{W_t}{W_n} \times 100\% \qquad (7-12)$$

式中：W_t 为尾水损失的水量，m³；其余符号意义同前。

以上 5 项灌水质量指标分别从不同角度评估灌水质量的好坏。其中前 3 项是评价地面灌水质量和进行理论分析的重要指标，实际评价时，至少应计算这 3 项指标，一般要求田间水利用系数应达到 0.90 以上，灌水供需比和灌水均匀系数应达到 0.85 以上，说明灌水技术方案才是合理的。在一定灌水定额前提下，灌水质量指标是相互联系和制约的，单独使用其中一项指标难以全面评价田间灌水质量。

第二节 传统地面灌溉技术

一、畦灌

畦灌是用田埂将灌溉土地分隔成一系列矩形小畦，灌水时，将水引入畦田后，在畦田上形成很薄的水层，沿畦长方向流动，在流动过程中主要借助于重力作用逐渐湿润土壤，如图 7-2（a）所示。畦灌主要适用于小麦、谷子等窄行密播作物以及牧草和某些蔬菜等。

实施畦灌时，要求不断提高灌水技术，即要根据地面坡度、土地平整程度、土壤透水性能、农业机具等因素合理选定畦田规格、入畦流量、放水时间、改水成数等技术要素。

1. 畦田布置

畦田布置应主要依据地形条件，并结合考虑耕作方向，一般认为以南北方向布置为最好，但应保证畦田沿长边方向有一定的坡度。一般适宜的畦田田面坡度为 1‰～5‰，最大以不产生土壤冲刷为原则。畦田布置有两种形式，在南北方向地面坡度较平缓的情况下，畦田的长边方向与地面等高线垂直，如图 7-2（b）所示。若土地平整较差，南北方向地面坡度较大时，畦田也可与地面等高线斜交或基本上与地面等高线方向平行，如图 7-2（c）所示。根据输水垄沟或毛渠向畦田的供水方式，畦田可分为单向灌水和双向灌水两种形式。

2. 畦田规格

（1）畦宽。畦宽应按当地农机作业宽度的整数倍确定，不宜超过 4m。为了灌水均匀，一般要求畦田田面无横向坡度，以免水流集中，冲刷畦田田面土壤。

（2）畦长。畦长应参考相近情况灌区试验资料综合确定，无资料时应参考表 7-1 选取。自流灌区，一般畦长不宜超过 75m。在提水灌区和井灌区，畦长不宜超过 50m。

第二节 传统地面灌溉技术

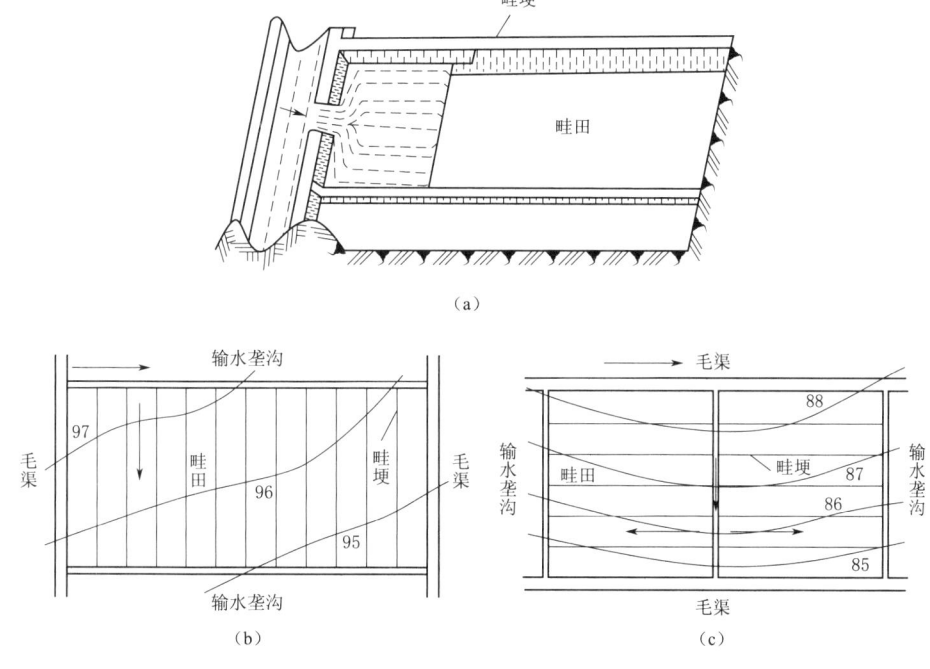

图 7-2 畦田布置示意图
(a) 畦田示意图；(b) 畦田与地面等高线垂直布置；(c) 畦田与地面等高线平行布置

表 7-1　　　　　　　　　灌水畦技术要素（引自 GB 50288—2018）

土壤透水性/(m/h)	畦田比降/‰	畦长/m	单宽流量/[L/(s·m)]
强（>0.15）	<2	40~60	5~8
	2~5	50~70	5~6
	>5	60~100	3~6
中（0.10~0.15）	<2	50~70	5~7
	2~5	70~100	3~6
	>5	80~120	3~5
弱（<0.10）	<2	70~90	4~5
	2~5	80~100	3~4
	>5	100~150	3~4

（3）畦埂。畦埂断面一般为三角形或梯形，畦埂高不宜低于 20cm，底宽 0.3~0.4m。为防止畦埂跑水，在畦田地边和路边最好修筑固定的地边畦埂和路边畦埂，其埂高不应小于 0.3m，底宽 0.5~0.6m，顶宽 0.2~0.3m。

3. 畦灌灌水技术

（1）入畦流量。入畦流量应根据最大可供水流量的限制、土壤类型、田面地形条件等因素综合确定。入畦流量既应保证不冲刷土壤，又应保证能分散覆盖于整个田面，其最大单宽流量应根据试验确定，无资料时可按式（7-13）计算：

$$q_{\max}=\frac{31.39}{S_0^{0.75}} \tag{7-13}$$

式中：$q_{\max}$ 为最大单宽流量，L/(m·s)；S_0 为田面坡度，‰。

入畦单宽流量应根据试验确定，无资料时可参考表 7-1 确定。田面坡度小，土壤入渗能力强，入畦单宽流量宜大些；反之，入畦单宽流量宜小些。

当入畦流量较小、畦长较大时，可采用长畦分段灌溉，改水时间应根据灌水定额和灌水流量来确定。

(2) 改水成数。为了使畦田上各点土壤湿润均匀，就应使水流在畦田各点停留的时间相同，从而使畦田各点渗入土壤中的水量基本相等。为此，实践中常采用改水成数法，所谓改水成数是指畦田灌溉供水时间内的畦田田面水流长度与畦长的比值。控制畦首供水时间，水流到达畦长的一定距离时封堵畦田入水口，并改水灌溉另一块畦田。

改水成数不宜低于 0.75，一般可采用八成、九成或满流封口改水措施。应避免出现畦田尾部漏灌或跑水的现象。据各地灌水经验，在一般土壤条件下，畦长 50m 时宜采用八成改水，畦长 30~40m 时宜采用九成改水，畦长小于 30m 应采用十成改水。

(3) 灌水延续时间。灌水延续时间取决于灌水定额、土壤入渗能力、畦长等因素。进入畦田的灌水量应与畦长上达到灌水定额所需的水量相等，即

$$60qt=ml \tag{7-14}$$

可求得

$$t=\frac{ml}{60q} \tag{7-15}$$

式中：q 为入畦单宽流量，L/(m·s)；t 为灌水延续时间，min；m 为灌水定额，mm；l 为畦长，m。

二、沟灌

沟灌是指在作物种植行间开挖灌水沟，水由输水沟或毛渠进入灌水沟后，在流动的过程中主要借土壤毛细管作用湿润土壤。如图 7-3 所示。与畦灌相比，其优点是不会破坏作物根部附近的土壤结构，不会导致田面板结，能减少土壤蒸发损失和深层渗漏；在多雨季节，还可以利用灌水沟汇集地面雨水，并起排水沟的作用；开灌水沟时还可对作物兼起培土作用，对防止作物倒伏效果显著。但是，沟灌法需要开挖灌水沟，劳动强度较大。沟灌适用于灌溉宽行距的中耕作物。

1. 灌水沟的种类及布置形式

(1) 依地形坡度大小划分，灌水沟有顺坡沟和横坡沟两种。在大多数情况下，灌水沟都沿地面坡度方向，即基本上垂直于地面等高线，故称顺坡沟。但是，若地面坡度较大时，也可使灌水沟与地面坡度方向成锐角，使灌水沟能获得适宜的比降，以有利于在田间自流灌水，故称横坡沟，又称等高线沟。

(2) 依灌水沟断面尺寸及沟深划分，灌水沟有深灌水沟和浅灌水沟两种。深灌水沟常用于灌溉多年生深根行播作物；浅灌水沟一般适用于土壤下渗速度较缓慢的土质及窄行距作物。一般认为，灌水沟深度宜为 10~25cm，底宽大于 0.3m 的灌水沟，称为深灌水沟；沟深小于 0.25m，底宽小于 0.3m 的灌水沟，称为浅灌水沟。

(3) 依灌水沟沟尾是否封闭划分，有封闭沟和流通沟两种。灌水沟沟尾用土埂封堵死

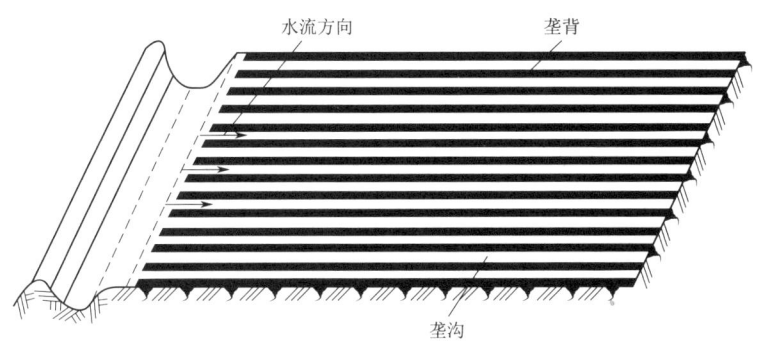

图 7-3 沟灌示意图

的，称封闭沟。当灌溉水流入封闭灌水沟后，其在流动的过程中一部分水量下渗入土壤内；而在放水停止后，沟中仍将存蓄一部分水量，再经过一段时间，才逐渐完全渗入土壤内。所以，封闭沟适用的地面坡度应较小，一般地面坡度以小于 1/200 的地区为宜。灌水沟的尾部不封闭，称为流通沟。在流通沟情况下，灌溉水流入灌水沟后，在流动的过程中全部渗入土壤内，灌水停止后，沟中不需要存蓄部分水量。因此，流通沟适用于地面坡度较大或地面坡度虽小但土壤透水性亦小的地区。

我国沟灌技术主要采用封闭沟灌水，基本布置形式如图 7-4 所示。我国细流沟灌的灌水沟仍可以归属于封闭沟类型，主要是因为实施中其灌水沟尾经常用低土埂适当封堵，以防万一灌水控制不当，发生沟尾泄水流失现象，但其灌水沟中一般放水停止后将不存蓄灌溉水。

2. 灌水沟的规格

（1）沟距。沟距即是灌水沟的间距，应和沟灌的湿润范围相适应，并应满足农业耕作和栽培方面的要求。

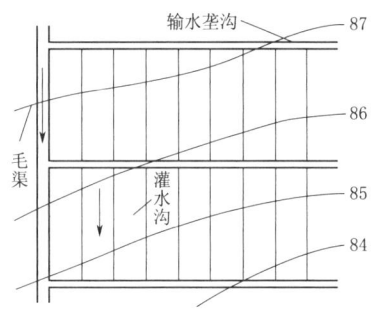

图 7-4 封闭灌水沟布置图

沟灌灌水时，灌水沟中的水流同时受重力和毛管力的作用向土壤入渗。重力作用主要使沿灌水沟流动的灌溉水垂直下渗，而毛细管力的作用除使灌溉水向下浸润外，亦向四周扩散，甚至向上浸润。对于透水性强的轻质土壤，灌水沟中的水流垂直下渗速度较快，而向灌水沟四周沟壁的侧渗速度相对较弱，所以其土壤湿润范围呈长椭圆形。而对于毛管力作用较强烈的重质土壤上，灌水沟中水流通过沟底的垂直下渗与通过沟壁的侧渗接近平衡，故其土壤湿润范围呈扁椭圆形，如图 7-5 所示。

为了使土壤湿润均匀，灌水沟的间距应使土壤的浸润范围相互连接。因此，在透水性较强的轻质土壤上，其灌水沟沟距应较窄；而透水性较弱的重质土壤上，其沟距应适当加宽。不同土质条件下的灌水沟间距见表 7-2。

（2）灌水沟的长度。灌水沟的长度应根据田面坡度、土壤入渗能力、入沟流量、土地平整程度及农机作业效率等因素，参考相近情况的试验资料综合确定。无资料时可参考表 7-3 选取。

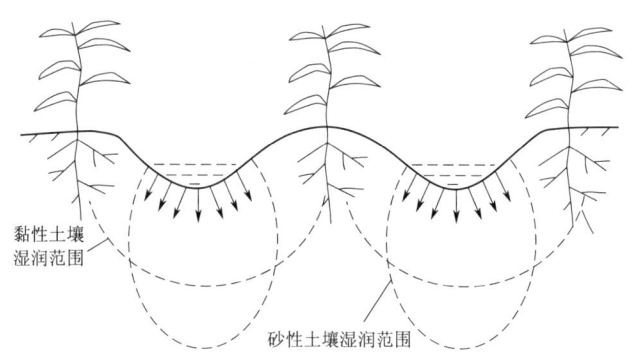

图 7-5 灌水沟水流湿润土壤范围示意图

表 7-2 不同土质条件下的灌水沟间距

土 质	轻质土壤	中质土壤	重质土壤
间距/cm	50~60	60~70	70~80

表 7-3 灌水沟技术要素（引自 GB 50288—2018）

土壤透水性/(m/h)	沟底比降/‰	入沟流量/(L/s)	沟长/m
强（>0.15）	<2	1.0~1.5	30~40
	2~5	0.7~1.0	40~60
	>5	0.7~1.0	50~100
中（0.10~0.15）	<2	0.6~1.0	40~80
	2~5	0.6~0.8	60~90
	>5	0.4~0.6	70~100
弱（<0.10）	<2	0.4~0.6	60~80
	2~5	0.3~0.5	80~100
	>5	0.2~0.4	90~150

（3）灌水沟的断面形状、深度与上口宽度。灌水沟形状一般可为 V 形、梯形、抛物线形和 U 形。灌水沟深度与上口宽度应依据土壤质地、田面坡度和作物类型等确定。深度宜为 0.01~0.25m，上口宽度宜为 0.30~0.50m。较窄行距的棉花多采用 V 形断面，宽行距的玉米，多采用梯形断面。沟中水深一般为沟深的 1/3~2/3。梯形断面灌水沟实施灌水后，往往会改变成为近似抛物线形断面。

3. 沟灌灌水技术

（1）入沟流量。沟灌入沟流量一般采用单沟流量来表示。入沟流量应根据土壤质地、沟底坡度、沟长、土壤渗透能力等要素确定，宜符合表 7-3 的规定。对于易侵蚀的土壤，灌水沟的流速不应超过 0.13m/s；对于不易侵蚀的土壤，灌水沟的流速不应超过 0.22m/s。

（2）改水成数。为保证沿灌水沟长度各点湿润土壤均匀，就应严格控制沟灌的灌水时间，使各点处的土壤入渗时间大致相等。与畦灌类似，在沟灌生产实践中，灌水时间的控制方法通常采用改水成数的方法来控制。改水成数应在满足灌水质量要求的基础上,根据土壤质地、入沟流量和田面地形条件及群众灌水经验确定。改水成数一般不宜低于0.7,避免出现灌水沟尾部漏灌或泡水的现象。

(3) 灌水延续时间。灌水持续时间取决于灌水定额、土壤入渗能力、沟长等因素。目前,我国沟灌技术主要采用封闭沟灌水,其灌水过程分两种情况:①停水改口,沟内有存水,即沟中水流除在灌水期间渗入到土壤的一部分水流外,停水后还在沟中存蓄一部分水量;②细流沟灌,即沟中水流在灌水期间全部渗入到土壤中,放水停止后沟中不存水。

进入沟内的灌水量应与沟长上达到灌水定额所需的水量相等,即

$$60qt = mal \tag{7-16}$$

可得

$$t = mal/60q \tag{7-17}$$

式中:q 为入沟流量,L/s;t 为灌水延续时间,min;m 为灌水定额,mm;a 为灌水沟间距,m;l 为畦长,m。

三、淹灌（格田灌）

淹灌是指灌溉水在格田中形成比较均匀的水层,靠重力作用渗入土壤的灌水方法。因此淹灌又称格田灌。淹灌主要适用于水稻、水生植物及盐碱地冲洗灌溉。旱作物严禁使用淹灌方法,以免产生深层渗漏,损失浪费灌溉水。

1. 格田灌布置

格田灌（淹灌）通常用于水稻及盐碱地冲洗灌溉。格田布置应尽量整齐,一般为长方形,如图7-6所示。格田的纵向坡度应均匀,且不宜超过0.5‰,横向应水平,田面高差应不大于±3cm。每个格田均应有自己独立的进水口和出水口,由毛渠或农渠供水,将废泄水直接排入毛沟或农沟,防止串灌串排。格田的进水口设计应考虑防止入田流速过大冲刷土壤、冲毁作物等问题。为有效地控制格田灌排,应在格田内设置田间水尺或采用自动给水栓和泄水门,以自动控制格田中的水层深度。

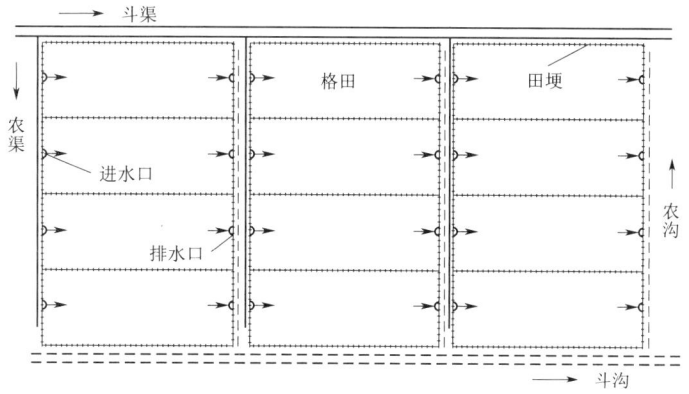

图7-6 格田灌示意图

2. 格田规格

格田的面积视地形、地面坡度等情况而定,还要满足适应机耕、便于灌排、方便管理、利于作物生长等要求。平原稻区格田长度宜为60~120m,宽度宜为20~30m。山丘

区可根据地形、土地平整及耕作条件进行调整。盐碱地冲洗灌溉长度宜为 50～100m，宽度宜为 10～20m。对无水层的格田灌溉，土壤入渗能力强，灌溉水流推进较慢时，可适当减小格田规格。

3. 格田灌水技术

（1）灌水流量。格田灌水流量应根据试验确定，无资料时可按式（7-18）计算：

$$q = \left(\frac{h}{t} + \bar{i}\right)A \tag{7-18}$$

式中：q 为格田灌水流量，m^3/h；h 为格田需要建立的水层深度，m；t 为建立水层深度 h 所需的时间，h；$\bar{i}$ 为土壤的平均入渗速度，m/h；A 为单个格田面积，m^2。

（2）淹灌水深。格田灌水深度应按照作物生长要求灵活掌握，宜符合科学灌溉的原则。

（3）当格田内微地形空间变异较大时，可采用开设导灌沟的方法提高推进速度。

四、漫灌

漫灌是指灌溉水在较大的田面上漫流，借重力作用浸润土壤的灌水方法。即漫灌是在田间不修任何畦、沟、埂，灌水时任其在地面漫流，借重力作用浸润土壤，是一种比较粗放的灌水方法。其特点是：灌水均匀性差，水量浪费大；围绕着农田筑堤，使其形成一个坑塘，任水顺坡漫流的一种粗放灌溉方式；易破坏土壤结构，提高地下水位，导致渍害和土壤次生盐碱化等危害。目前农田灌溉一般已不再采用漫灌。但在改良盐渍化土壤时，可采用大水漫灌，使土壤中的盐分能随水渗入地下水中，达到减少表层土壤含盐量的目的。

第三节　节水型地面灌溉技术

人们在长期灌水实践过程中，针对传统的地面灌水效率低、均匀度差等缺点，提出了节水型地面灌溉技术，常见的有水平畦灌、波涌灌溉、膜上灌、长畦分段灌溉、小畦灌等。

一、水平畦灌

水平畦灌是指田间做成水平的畦，水以较大流量流入畦内，并均匀分布后由重力作用渗入根区的土壤。

1. 水平畦灌的特点

水平畦灌具有灌水均匀、深层渗漏小，方便田间管理和适宜于机械化耕作，以及直接应用于冲洗改良盐碱地等优点。具体特点如下：

（1）田面各方向的坡度都很小（≤1/3000）或为 0，整个田面可看作是水平田面。所以，水平畦田上的薄层水流在田面上的推进过程将不受畦田田面坡度的影响，而只借助于薄层水流沿畦田流程上水深变化所产生的水流压力向前推进。

（2）入畦总流量很大，以便入畦薄层水流能在短时间内迅速布满整个畦田。

（3）进入畦田的薄层水流主要以重力作用、静态方式逐渐入渗到作物根系土壤区域内，而与一般畦灌主要靠动态方式下渗不同，故它的水流消退曲线为一条水平直线。

（4）由于水平畦田首末两端地面高差很小或为 0，所以对水平畦田田面的平整程度要求很高,故一般情况下,水平畦田不会产生田面泄水流失或出现畦田首端入渗水量不足及畦田末端发生深层渗漏现象,灌水均匀度高。在土壤入渗率较低的条件下,田间水利用率可达90%以上。

2. 水平畦灌布置

水平畦灌宜建立在精细土地平整基础上,田面应基本水平,田块四周应封闭,可为任意形状。根据地块原有平整程度的好坏,可采用粗平机械和精平机械。由于水平畦灌供水量和畦宽都较大,故在水平畦田进水口处还需要有较完善的防冲保护措施。同时,为保证沿水平畦田全宽度都能按确定的单宽流量均匀灌水,必须采取与之相适应的田间配水方式、配水装置及田间配水技术措施。

3. 水平畦田规格

(1) 田面平整度。田面相对高程标准差宜小于2cm。

(2) 畦田长度和宽度。畦田长度和宽度宜根据渠道可供水量、田间输配水系统布置和当地实际条件确定,应保证灌溉水流快速覆盖整个田面。

(3) 畦埂高度。畦埂高度宜根据畦田规格和最大灌水深度确定。

4. 水平畦灌灌水技术

水平畦灌灌溉水流宜从畦田四周多点进入。入畦单宽流量应根据畦田宽度和土壤质地确定,应确保水流覆盖整个田面的时间远小于灌溉供水时间。水平畦灌的供水时间可按式(7-19)计算:

$$t_{c0} = \frac{Z_{req}L - 800Y_0L}{60q_{in}} + t_L \quad (7-19)$$

式中:t_{c0}为供水时间,min;Z_{req}为设计灌水定额,mm;L为畦田长度,m;Y_0为畦田首部地表水深,m;q_{in}为入畦单宽流量,L/(s·m);t_L为水流覆盖整个田面所需时间,min。

水平畦灌宜在地势平坦、土壤具有中等至低透水性地区的各种作物灌溉采用。尤其适用土壤入渗速度较低的黏性土壤,也可用于砂性土壤。

二、波涌灌溉

波涌灌溉即为波涌灌或间歇灌,采用间歇交替方式向畦田或灌水沟放水,以湿润土壤的灌水方法。即波涌灌是利用间歇阀向沟(畦)间歇地供水,在沟(畦)中产生波涌,加快水流的推进速度,缩短沟(畦)首尾受水时间差,使土壤得到均匀湿润。

(一)波涌灌溉的特点

(1) 波涌灌溉的优点。田间试验证明,波涌灌溉比连续灌溉平均节水20%以上,且节水率随着畦长的增加而增大。波涌灌溉灌水均匀,其灌水均匀度可达80%以上。波涌灌溉水流推进速度快,对灌溉水质要求不高,没有堵塞问题。波涌灌溉减少了深层渗漏,保肥增产。可实行长畦(沟)灌水。可以较少投资实现自动化灌溉。

(2) 波涌灌溉的缺点。与常规的地面灌水方法相比,需要一定的投资费用。波涌灌溉需要较高的管理水平。波涌灌溉装置维护和保养要求较高。水中的杂质会使某些阀门的控制失灵,而阀门故障会导致灌溉水分配发生偏差。

(二) 波涌灌溉系统组成

波涌灌溉一般由水源、波涌阀、控制器和输配水管道等组成,其中波涌阀和控制器是整个系统的核心设备。如图7-7所示。

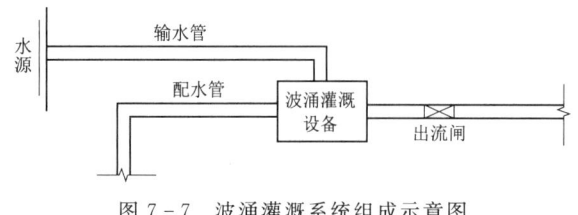

图7-7 波涌灌溉系统组成示意图

(1) 水源。能按时按量供给符合作物需水要求且符合灌溉水质要求的水库、河流、湖泊、塘坝和地下水等,可作为波涌流灌溉的水源。

(2) 波涌阀。波涌阀按动力供给形式分为水力驱动式和太阳能(蓄电池)驱动式两类,按结构型式分为单向或双向阀两类,如图7-8、图7-9所示。

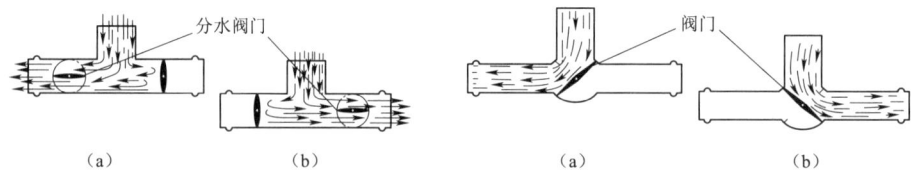

图7-8 单阀叶蝶形机械阀
(a) 转向左侧分水;(b) 转向右侧分水

图7-9 双阀叶蝶形机械阀
(a) 转向左侧分水;(b) 转向右侧分水

(3) 控制器。控制器由微处理器、电动机、可充电电池及太阳能板组成,采用铝合金外罩保护。控制器用来实现波涌阀开关的转向,定时控制双向供水时间并自动完成切换,实现波涌灌水自动化控制器的参数输入形式以旋钮式和触键式为主,具有数字输入及显示功能,内置计算程序可自动设置阀门的关断时间间隔。

(4) 田间配水管道。配水管通常采用PE软管或PVC硬管。在配水管上设有小闸口装置,每个闸口对应小畦或沟,并可通过闸板调节闸孔流量大小。将波涌阀进水口与低压输水管道出水口或农渠分水口相连,在波涌阀两侧出水口安装带有闸孔的配水管道(即闸管),起到传统毛渠的配水作用。

(三) 波涌灌溉的灌水方式

(1) 定时段—变流程方式,也称时间灌水方式。这种田间灌水方式是在灌水的全过程中,每个灌水周期(一个供水时间和一个停水时间构成一个灌水周期)的放水流量和放水时间一定,而每个灌水周期的水流推进长度则不相同。这种方式对灌水沟(畦)长度小于400m的情况很有效,需要的自动控制装置比较简单、操作方便,而且在灌水过程中也很容易控制。因此,目前在实际灌溉中,涌流灌溉多采用此种方式。

(2) 定流程—变时段方式,也称距离灌水方式。这种田间灌水方式是每个灌水周期的水流推进长度和放水流量相同,而每个灌水周期的放水时间不相等。一般,这种灌水方式比定时段—变流程方式的灌水效果要好,尤其是对灌水沟(畦)长度大于400m的情况,灌水效果更佳。但是,这种灌水方式不容易控制,劳动强度大,灌水设备也相对比较复杂。

（3）定流程—变流量方式，也称增量灌水方式。这种灌水方式是以调整控制流量来达到较高灌水质量的一种灌水方式。这种方式是在第一个灌水周期内增大流量，使水流快速推进到灌水沟（畦）总长度3/4的位置处停止供水。然后在随后的几个灌水周期中，再按定时段—变流程方式或定流程—变时段方式，以较小的流量来满足计划灌水定额的要求。主要适用于土壤透水性能较强的条件。

（四）波涌灌灌水技术

（1）波涌畦灌。波涌畦灌田面纵向坡度宜为1‰～6‰，畦宽与畦灌畦宽相同，畦长宜为60～240m。单宽流量的选取宜符合表7-4的规定。波涌畦灌周期数（灌水周期数是指完成一次波涌灌溉全过程所需的循环次数）宜根据畦长确定，畦长在160m以上时，以3个周期或4个周期数为宜；160m以下时，以2个周期或3个周期数为宜。波涌畦灌的循环率宜为1/2或1/3（在一个灌水周期内，放水时间t_{on}和停水时间t_{off}之和称为周期时间t_c，而放水时间t_{on}和周期时间t_c之比称为循环率r）。

表7-4　　　　　　　　　　　波涌畦灌技术要素

土壤透水性/(m/h)	畦田比降/‰	畦长/m	单宽流量/[L/(s·m)]
强（>0.15）	<2	60～90	4～6
	2～4	90～120	4～7
	3～5	120～150	5～7
	>5	150～180	6～7
中（0.10～0.15）	<2	70～100	3～6
	2～4	90～130	4～6
	3～5	120～160	4～7
	>5	160～210	5～8
弱（<0.10）	<2	80～120	3～5
	2～4	100～140	3～5
	3～5	140～180	4～6
	>5	180～240	4～7

（2）波涌沟灌。波涌沟灌的沟距，轻质土壤宜为50～60cm，中质土壤宜为60～70cm，重质土壤宜为70～80cm。沟长宜为70～250m。入沟流量的选取宜符合表7-5的规定。波涌沟灌的灌水周期数与波涌畦灌的灌水周期确定方法相同，循环率宜为1/2或1/3。波涌沟灌的放水总时间、周期时间、周期停水时间及一个沟所需灌水总时间与波涌畦灌确定方法相同。

表7-5　　　　　　　　　　　波涌沟灌技术要素

土壤透水性/(m/h)	沟底坡度/‰	沟长/m	入沟流量/(L/s)
强（>0.15）	<2	70～100	0.7～1.0
	2～4	100～130	0.7～1.0
	3～5	130～160	0.8～1.2
	>5	160～200	1.0～1.4

续表

土壤透水性/(m/h)	沟底坡度/‰	沟长/m	入沟流量/(L/s)
中 (0.10~0.15)	<2	80~120	0.6~0.8
	2~4	100~140	0.6~1.0
	3~5	140~180	0.8~1.2
	>5	180~220	0.9~1.2
弱 (<0.10)	<2	90~130	0.6~0.9
	2~4	120~160	0.6~0.9
	3~5	160~200	0.7~1.0
	>5	200~250	0.9~1.2

三、膜上灌

膜上灌是将地膜平铺于畦中或沟中，畦、沟全部被地膜覆盖，利用地膜输水，田面水流通过作物放苗孔和专用渗水孔只给作物灌水的方法，属局部灌溉。膜上灌具有节水、增产、灌水质量好和生态环境优等优点，适用于棉花、玉米、花生、豆类、瓜类，以及粮棉套种（小麦＋棉花）和粮油套种（小麦＋花生）等灌溉。

膜上灌有开沟扶埂膜上灌、打埂膜上灌、膜孔灌、膜缝灌等多种。

1. 开沟扶埂膜上灌

开沟扶埂膜上灌是在铺好地膜的棉田上，在膜床两侧用开沟器开沟，并在膜侧堆出小土埂，以避免水流流到地膜以外去。一般畦长为80~120m，入膜流量0.6~1.0L/s，埂高10~15cm，沟深35~45cm。这种膜上灌溉技术，膜床土埂低矮，水流容易穿透土埂或漫过土埂进入灌水沟内，既浪费灌溉水量又影响农机作业。

2. 打埂膜上灌

打埂膜上灌是将原来使用的铺膜机前的平土板，改装成打埂器，刮出地表5~8cm厚的土层，在畦田侧向构筑成高20~30cm的畦埂。其畦田宽0.9~3.5m，膜宽0.7~1.8m。根据作物栽培的需要，铺膜形式可分为单膜或双膜。对于双膜，其中间或膜两边各有10cm宽的渗水带，这种膜上灌技术，畦面低于原田面，灌溉时水不易外溢和穿透畦埂，故入膜流量可加大到5L/s以上。膜缝渗水带可以补充供水不足。这种膜上灌形式应用较多，主要用于棉花和小麦田上。双膜或宽膜的膜畦灌溉，要求田面平整程度较高，以增加横向和纵向的灌水均匀度。

3. 膜孔灌

膜孔灌分为膜孔沟灌和膜孔畦灌两种。膜孔灌溉也称膜孔渗灌，它是指灌溉水流在膜上流动，通过膜孔（作物放苗孔或专用灌水孔）渗入到作物根部土壤中的灌水方法。

膜孔畦灌的地膜两侧必须翘起5cm高，并嵌入土埂中。膜畦宽度根据地膜和种植作物的要求确定，双行种植一般采用宽70~90cm的地膜；3行或4行种植一般采用宽180cm的地膜。作物需水完全依靠放苗孔和增加的渗水孔供给，入膜流量为1~3L/s。该灌水方法提高了灌水均匀度，节水效果好。膜孔畦灌一般适合棉花、玉米和高粱等条播作物。

4. 膜缝灌

常见的膜缝灌有膜缝沟灌、膜缝畦灌和细流膜缝灌3类。

膜缝沟灌是对膜侧沟灌进行改进,将地膜铺在沟坡上,沟底两膜相会处留有2~4cm的窄缝,通过放苗孔和膜缝向作物供水。膜缝沟灌的沟长为50m左右。这种方法减少了垄背杂草和土壤水分的蒸发,多用于蔬菜,其节水增产效果都很好。

膜缝畦灌是在畦田田面上铺两幅地膜,畦田宽度为稍大于2倍的地膜宽度,两幅地膜间留有2~4cm的窄缝,水流在膜上流动,通过膜缝和放苗孔向作物供水。入膜流量为3~5L/s,畦长以30~50m为宜,要求土地平整。

四、长畦分段灌溉

1. 长畦分段灌溉的概念

长畦分段灌溉是将一条长畦分成若干个没有横向畦埂的短畦,采用地面纵向输水沟或塑料薄壁软管,将灌溉水输入畦田,然后自下而上或自上而下依次逐段向短畦内灌水,直至全部短畦灌完为止,如图7-10所示。

长畦分段灌,若用输水沟输水和灌水,同一条输水沟第一次灌水时,应由长畦尾端短畦开始自下而上分段向各个短畦内灌水;第二次灌水时,应由长畦首端开始自上而下向各分段短畦内灌水,输水沟内一般仍可种植作物。长畦分段灌若用低压塑料软管输水和灌水,每次灌水时可将软管直接铺设在长畦田面上,软管尾端出口放置在长畦的最末一个短畦的上端放水口开始灌水,该短畦灌水结束后可采用软管"脱袖法"脱掉一节软管,自下而上逐个分段向短畦内灌水,直至全部短畦灌水结束为止。

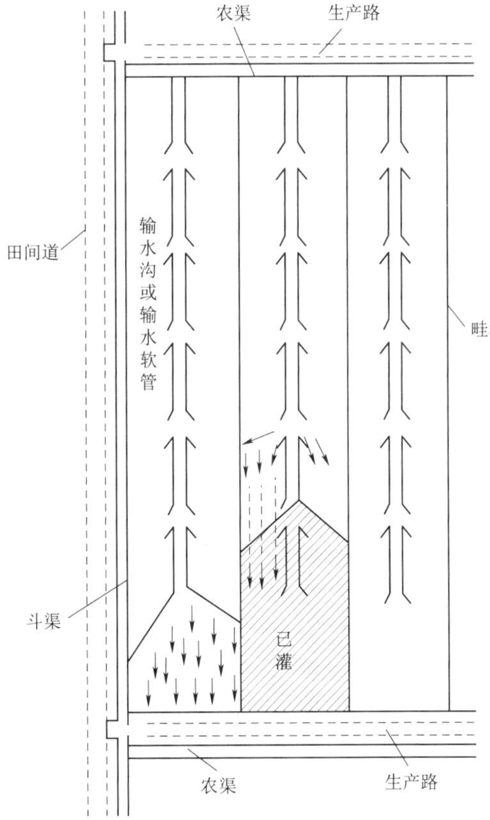

2. 长畦分段灌的优点

与畦田长度相同的传统畦灌技术相比较,长畦分段灌可节水40%~60%;可省去1~2级田间输水渠沟,且畦数量少,节约耕地;可以灵活适应地面坡度、糙率和种植作物的变化,可以采用较小的单宽流量,减少土壤冲刷,适应性强;投资省、易推广。

图7-10 长畦分段灌溉示意图

3. 长畦分段灌的灌水技术

长畦分段灌的畦宽可以宽至5~10m,畦长可达200m以上,一般均在100~400m左右。长畦分段灌要求正确确定入畦灌水流量、侧向分段开口的间距(即短畦长度与间距)和分段数。这些参数宜根据实验资料测定,无实验资料时可参考表7-6综合确定。

表 7-6 长畦分段灌灌水技术要素

输水沟或灌水软管流量/(L/s)	灌水定额/(m³/亩)	畦长/m	畦宽/m	单宽流量/[L/(s·m)]	单畦灌水时间/min	长畦面积/亩	分段长度×段数/(m×段)
15	40	200	3	5.00	40.0	0.9	50×4
			4	3.75	53.3	1.2	40×5
			5	3.00	66.7	1.5	35×6
17	40	200	3	5.67	35.0	0.9	65×3
			4	4.25	47.0	1.2	50×4
			5	3.40	58.8	1.5	40×5
20	40	200	3	6.67	30.0	0.9	65×3
			4	5.00	40.0	1.2	50×4
			5	4.00	50.0	1.5	40×5
23	40	200	3	7.67	26.1	0.9	70×3
			4	5.75	34.8	1.2	65×3
			5	4.60	43.5	1.5	50×4

五、小畦灌

小畦灌灌水技术主要是指畦田"长畦改短畦，宽畦改窄畦，大畦改小畦"的"三改"畦灌灌水技术。

1. 小畦灌主要技术要素

小畦灌的畦宽，自流灌区以 2~3m 为宜，机井提水灌区以 1~2m 为宜。小畦灌的畦长，自流灌区以 30~50m 为宜，最长不超过 70m；机井和高扬程提水灌区以 30m 左右为宜。畦田适宜地面坡度为 1/400~1/100，畦埂高度一般为 0.2~0.3m，底宽 0.4m 左右，地头埂和路边埂可适当加宽培厚。入畦单宽流量为 2.0~4.5L/(s·m)，灌水定额为 20~45m³/亩。

2. 小畦灌的优点

与常规畦灌相比，小畦灌可节水 20%~30%、增产 10%~15%；小畦灌畦块面积小，水量易于控制，灌水均匀度可达 80%以上；深层渗漏少，可有效防止土壤次生盐碱化；小畦灌畦块面积小，因而可大幅度地减少平地的土方工程量和用工量。

第八章 有压管道灌溉

第一节 喷 灌

一、喷灌的概念及优缺点

喷灌是喷洒灌溉的简称,是利用专门设备将有压水流送到灌溉地段,通过喷头以均匀喷洒方式进行灌溉的方法。其突出优点是对地形的适应性强,机械化程度高,灌水均匀,灌溉水利用系数高,尤其适用于透水性强的土壤,并可调节空气湿度和温度,改善田间生态环境,比地面灌溉节水、增产、省地省工。但投资较高,而且受风的影响较大。

二、喷灌系统的组成

喷灌系统一般由水源、水泵及动力设备、管道系统和喷头等部分组成,如图 8-1 所示。

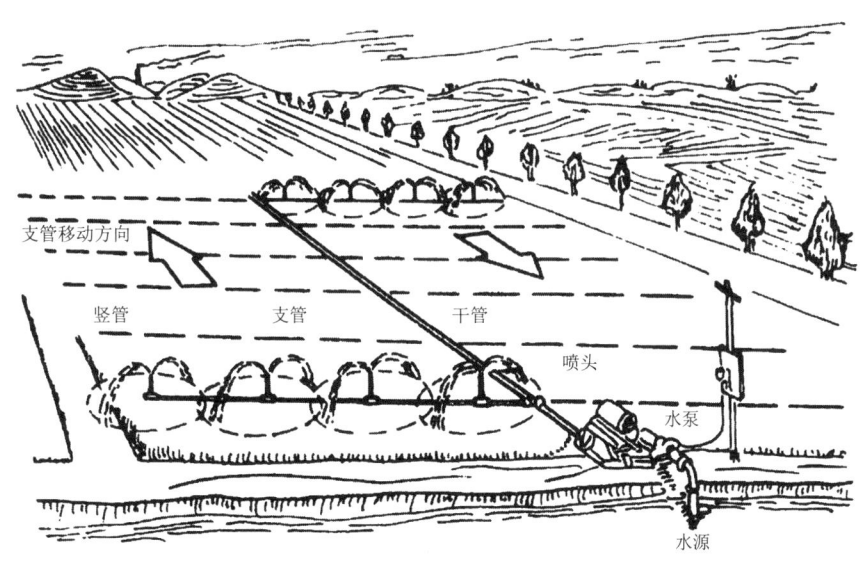

图 8-1 喷灌系统示意图

三、喷灌系统的分类

喷灌系统按系统设备组成可分成管道式喷灌系统和机组式喷灌系统;按系统获得压力的方式可分为机压式喷灌系统和自压式喷灌系统;按喷洒特征可分成定喷式喷灌系统和行喷式喷灌系统。本书以第一类分类介绍喷灌系统的具体分类。

(一) 管道式喷灌系统

管道式喷灌系统是指以各级管道为主体组成的喷灌系统。根据系统中主要组成部分是否移动和移动的程度可分为固定式喷灌系统、移动式喷灌系统和半固定式喷灌系统3类。

(1) 固定式喷灌系统。该系统的各组成部分除喷头外，全部管道在整个灌溉季节，甚至常年都是固定不动的。固定式喷灌系统的优点是操作方便，易于管理养护，生产效率高，运行费用低，工程占地少。缺点是工程投资大，设备利用率低，固定在田间的竖管对机耕有一定的妨碍。

(2) 移动式喷灌系统。水泵、动力、各级管道和喷头都可移动的喷灌系统称为移动式喷灌系统。在一个灌溉季节里，一套设备可以在不同的地块上轮流使用，提高了设备利用率，降低了单位面积设备投资；操作比较灵活。但田间所需渠、路多，占地多，管理、劳动强度大。

(3) 半固定式喷灌系统。半固定式喷灌系统的干管、动力设备和水泵是固定的。在干管上安装有多个给水栓用以连接支管，支管、竖管和喷头是移动的。这种喷灌系统比固定式喷灌系统设备利用率高、投资也较省，操作起来比移动式喷灌系统劳动强度低，生产率也高一些。因此，目前我国多采用半固定式喷灌系统。

(二) 机组式喷灌系统

机组式喷灌系统是将喷灌系统中有关部件组装成一体，组成可移动的机组进行作业。该系统具有集成度高、配套完整、机动性好、设备利用率高和生产效率高等优点，在农业机械化程度高的国家较多采用。机组式喷灌系统按其运行方式可分为行喷式喷灌机和定喷式喷灌机两类。

1. 行喷式喷灌机

行喷式喷灌机在灌溉过程中一边喷洒一边移动，在灌水周期内灌完计划灌溉面积。主要类型有时针式喷灌机、平移式喷灌机和绞盘式喷灌机等。

(1) 时针式喷灌机。时针式喷灌机又称中心支轴式喷灌机，是将喷灌机的转动支轴固定在灌溉面积的中心，固定在钢筋混凝土支座上，支轴座中心下端与井泵出水管或压力管相连，上端通过旋转机构（集电环）与旋转弯管连接，通过桁架上的喷洒系统向作物喷水的一种节水增产灌溉机械。该系统是将装有喷头的喷灌管道支承在间距为25~70m 的可以自动行走的若干塔架上（图8-2）的一种多支点大型喷灌机。

工作时喷灌管道就像时针一样围绕中心支轴旋转，管道上的喷头同时喷水，旋转一周可以灌溉一个半径略大于喷灌管道长度的圆形面积，所以它也是一种行喷式喷灌机。常用的喷灌管道长度为400~500m，旋转一周为2~10d，可灌溉800~1000亩。

(2) 平移式喷灌机。平移式喷灌机外形和中心支轴式喷灌机很相似，也是由十几个塔架支承一根很长的喷洒支管，一边行走一边喷洒。但它的运动方式和中心支轴式不同，中心支轴式的支管是转动，而平移式的支管是横向平移。它的喷灌管道与中心支轴式一样，喷头与横管置于塔架上，横管的一端由一活动给水栓供水，活动给水栓由缆索牵引卷盘的自走拖车组成（活动给水栓通过一根长的软管与配水点连接），或由沿充满水的渠道自走的内燃机作动力的抽水装置组成，但是塔架不绕某一中心旋转，而是作平行移动，如图8-3所示。

(3) 绞盘式喷灌机。绞盘式喷灌机是指由软管供水，通过绞盘卷绕软管或钢索，牵引

第一节　喷　　灌

图 8-2　中心支轴式喷灌机

图 8-3　平移式喷灌机

喷头车移动喷灌的喷灌机。通过软管牵引的绞盘式喷灌机包括绞盘车和喷头车两部分，如图 8-4 所示。绞盘车停在干管旁边并通过高压半软管与干管相连。绞盘车与喷头车之间也用高压半软管相连，软管直径多为 50~125mm，长约 100~300m。喷头车上一般只有一个大喷头，少数的也有带几个喷头。钢索牵引绞盘式喷灌机则是由绞盘缠绕钢索来移动喷头车。绞盘式喷灌机结构紧凑、成本较低、机动性好、适应性强，但耗能大、占地较多、受风影响大。

图 8-4　软管牵引绞盘式喷灌机
1—给水栓；2—供水干管；3—卷盘车；4—自动控制装置；5—聚乙烯半软管；6—喷头车

217

2. 定喷式喷灌机

定喷式喷灌机灌溉时，喷灌机在一个固定位置喷洒，待灌水量达到灌水定额后，按预定的移动方案移动到另一个位置进行喷洒。定喷式喷灌机一般包括滚移式喷灌机、手抬式喷灌机和拖拉机悬挂式喷灌机。

(1) 滚移式喷灌机。以支管为轮轴沿渠道或暗管方向滚动前进的喷灌机，如图 8-5 所示。其支管支撑在直径为 1~2m 的许多大轮子上，以支管本身作为轮轴，轮距一般为 6~12m。支管长度达 150~500m，在管子上每隔 12m 左右安装一个滚轮，滚轮既是支管的支撑，又是滚移式喷灌机的行走装置。

图 8-5 滚移式喷灌机

(2) 手抬式喷灌机。手抬式喷灌机一般是把水泵、动力机安装在一个机架上，再用软管连接水泵与喷头，如图 8-6 所示。这种喷灌机一般较轻，机架上有专门的手柄，移动时两个人手抬搬移。对移动道路要求不高，只要能够行走、可以搬移即可，适用于山丘区和水网地区田块小而分散的作物喷灌。

图 8-6 手抬式喷灌机示意图

1—柴油机或汽油机；2—自吸泵；3—机架；4—手柄；5—滤网；6—吸水软管；7—输水软管；8—支架；9—喷头

第一节 喷 灌

(3) 拖拉机悬挂式喷灌机。大、中型拖拉机配套的喷灌机一般由水泵、吸水管、输水管及喷头等组成，图 8-7 为手扶拖拉机配套的悬挂式喷灌机。这类喷灌机的优点是可以使拖拉机一机多用，结构简单、紧凑，拆装方便，机动性好。缺点是机械振动大，受风影响较大，而且耗能较大，运行成本较高，机行道占地较多。

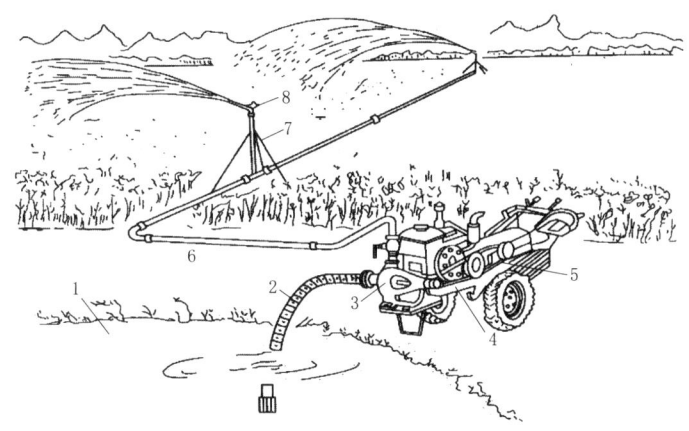

图 8-7 手扶拖拉机配套的悬挂式喷灌机
1—水源；2—吸水管；3—水泵；4—手扶拖拉机；5—皮带传动系统；6—输水管；7—竖管及支架；8—喷头

四、喷灌设备

喷灌设备又称喷灌机具，主要包括喷头、管道及其附件、动力设备、水泵、组装的喷灌机等。本书只简要介绍喷头与管道设备。

(一) 喷头

喷头又称喷洒器，其作用是把压力水流喷射到空中，形成细小的水滴并均匀地洒落在地面上。喷头的种类很多，通常按工作压力和结构型式进行分类。

1. 喷头的种类

按其工作压力及控制范围的大小，可分为低压喷头（近射程喷头）、中压喷头（中射程喷头）和高压喷头（远射程喷头），各类喷头工作压力和射程范围分类见表 8-1。目前国内用得最多的是中压喷头，因为它的能耗较小且容易得到较好的喷灌质量。

表 8-1 各类喷头工作压力和射程范围分类表

类型	工作压力 /kPa	射程 /m	流量 /(m³/h)	特点及适用条件
低压喷头	<200	<15.5	<2.5	射程近、水滴打击强度低，主要用于苗圃、菜地、温室、草坪园林、自压喷灌的低压区或行喷式喷灌机
中压喷头	200~500	15.5~42	2.5~32	喷灌强度适中，适用范围广，果园、草地、菜地、大田及各类经济作物均可使用
高压喷头	>500	>42	>32	喷洒范围大，但水滴打击强度也大。多用于对喷洒质量要求不高的大田作物和牧草等

喷头按结构型式与水流形状划分，主要有旋转式喷头、固定式喷头和喷灌带 3 种类型。

(1) 旋转式喷头。旋转式喷头又称为射流式喷头，一般由喷嘴、喷管、粉碎机构、转动机构、扇形机构、弯头、空心轴和轴套等部分组成。压力水流通过喷管及喷嘴形成一股集中的水舌射出，由于水舌内存在涡流，又在空气及粉碎机构（粉碎螺钉、粉碎针或叶片）的作用下，水舌被粉碎成细小的水滴，并且通过转动机构使喷嘴围绕竖轴缓慢旋转，使水滴均匀地喷洒在喷头的四周，形成一个半径等于喷头射程的圆形或扇形湿润面积。

旋转式喷头由于水流集中，所以射程较远（一般可达 80m 以上），是中、远射程喷头的基本形式。转动机构和扇形机构是旋转式喷头的重要组成部分，因此常根据转动机构的特点将旋转式喷头分为摇臂式、叶轮式和反作用式等几种形式。其中摇臂式喷头使用最多。又可以根据是否装有扇形机构（亦即是否能作扇形喷灌）而分成全圆周转动的喷头和可以进行扇形喷灌的喷头两大类，在平坦地区的固定式系统，一般用全圆周转动的喷头；而在山坡地上和移动式系统及半固定系统以及有风时喷灌，则要求作扇形喷灌，以保证喷灌质量和留出干燥的退路。

摇臂式喷头，其喷头的转动机构是一个装有弹簧的摇臂。在摇臂的前端有一个偏流板和一个勺形导水片，喷灌前偏流板和导水片置于喷嘴的正前方，当开始喷灌时水舌通过偏流板或直接冲到导水片上，并从侧面喷出，由于水流的冲击力摇臂转动 60°～120°并把摇臂弹簧扭紧，然后在弹簧力作用下摇臂又回位，使偏流板和导水片进入水舌，在摇臂惯性力和水舌对偏流板的切向附加力的作用下，敲击喷体（即喷管、喷嘴、弯头等组成的一个可以转动的整体）使喷管转动 3°～5°，于是又进入第二个循环（每个循环周期为 0.2～2.0s 不等），如此周期往复就使喷头不断旋转，其结构型式如图 8-8 所示。

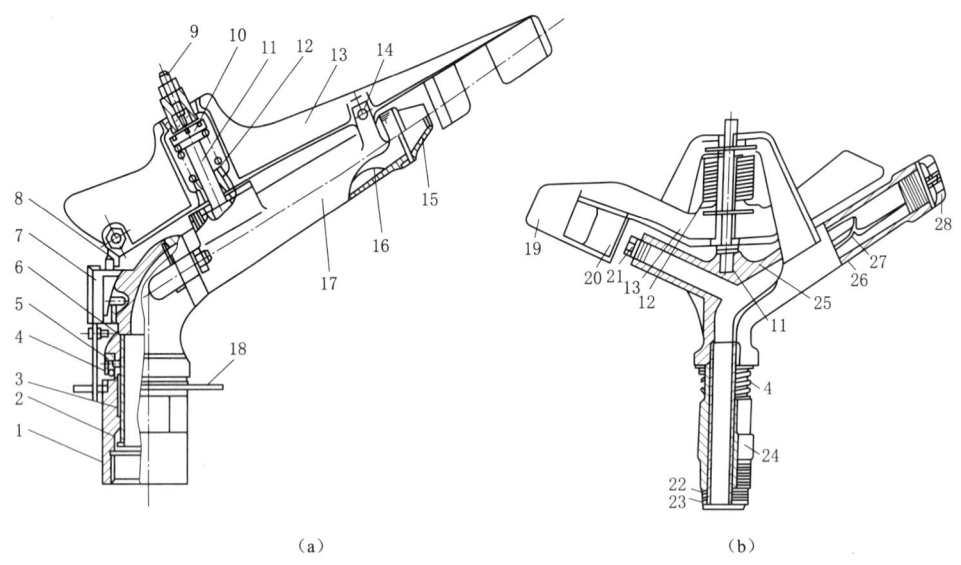

图 8-8 摇臂式喷头结构图

(a) 单嘴带换向机构的摇臂式喷头结构图；(b) 双嘴摇臂式喷头的典型结构

1—空心轴套；2—减磨密封圈；3—空心轴；4—防砂弹簧；5—弹簧罩；6—喷体；7—换向器；
8—反转钩；9—摇臂调位螺钉；10—弹簧座；11—摇臂轴；12—摇臂弹簧；13—摇臂；
14—打击块；15—喷嘴；16—稳流器；17—喷管；18—限位环；19—导水板；
20—挡水板；21—小喷嘴；22—层垫圈；23—空心轴；24—轴套；
25—摇臂垫圈；26—大喷管；27—整流器；28—大喷嘴

第一节 喷 灌

摇臂式喷头在有风与安装不水平（或竖管倾斜）的情况下旋转速度不均匀，喷管从斜面向下旋转时（或顺风）转得较快，而从斜面向上旋转（或逆风）则转动得比较慢，这样就严重影响了喷灌均匀性。但是它结构简单，便于推广，在一般情况下，尤其是在固定式系统上使用的中射程喷头运转比较可靠。因此，现在这种喷头农业上使用得最普遍。

表 8-2 列出了常用的 ZY 系列摇臂式喷头性能参数，可供设计时参考。

表 8-2　　　　　　　　　ZY 系列部分摇臂式喷头性能参数表

型 号	接头形式及尺寸 /in	喷嘴直径 /mm	工作压力 /kPa	喷头流量 /(m³/h)	喷头射程 /m
ZY-1	管螺纹 3/4	5.0	200	1.33	14.4
			300	1.64	16.0
			350	1.77	16.6
		6.0	200	1.93	15.3
			300	2.37	16.9
			350	2.56	17.6
ZY-1 (双喷嘴)	管螺纹 3/4	5.0×2.8	200	1.96	14.4
			300	2.36	16.0
			350	2.54	16.6
		6.0×3.2	200	2.47	15.3
			300	2.98	16.9
			350	3.20	17.6
ZY-2	管螺纹 1（内）	7.0	250	2.91	18.2
			300	3.21	19.3
			350	3.46	20.3
		7.5	250	3.35	18.7
			300	3.67	19.9
			350	3.96	20.6
		8.0	250	3.81	19.2
			300	4.19	20.4
			350	4.51	21.3
		9.0	250	4.82	20.1
			300	5.29	21.7
			350	5.70	22.5
ZY-2 (双喷嘴)	管螺纹 1（内）	7×3.1	250	3.51	18.2
			300	3.83	19.2
			350	4.13	20.3
		8×3.1	250	4.38	19.3
			300	4.82	20.4
			350	5.17	21.2
		9×3.1	250	5.92	21.7
			300	6.38	22.6
			350	6.81	23.4

(2) 固定式喷头。固定式喷头的特点是在整个喷灌过程中所有部件都固定不动。喷洒水流呈全圆或扇形散开。和旋转式喷头比较，优点是结构简单，工作可靠，一般工作压力较低，造价便宜，一般水滴水流较细，常用在公园、草地、苗圃、温室等处。缺点是射程小（5～10m）、喷灌强度大（15～20mm/h 以上）、水量分布不均，喷孔易被堵塞。固定式喷头按结构可分为折射式喷头、缝隙式喷头和离心式喷头 3 类。

1) 折射式喷头。一般由喷嘴、折射锥和支架组成，如图 8-9 所示。水流由喷嘴垂直向上喷出，遇到折射锥即被击散成薄水层沿四周射出，在空气阻力作用下即形成细小水滴散落在四周地面上。

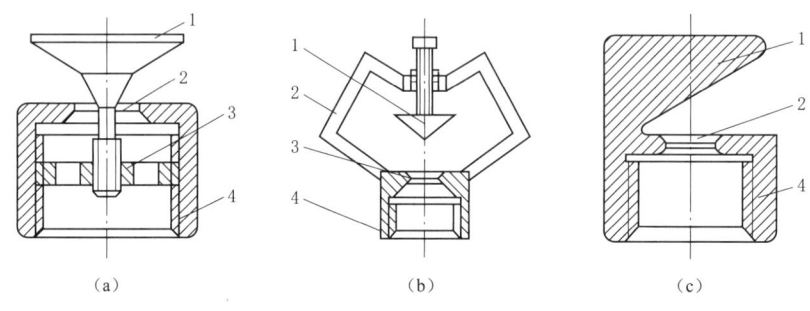

图 8-9 折射式喷头
(a) 内支架式；(b) 外支架式；(c) 整体式
1—折射锥；2—喷嘴；3—支架；4—管接头

2) 缝隙式喷头。其结构如图 8-10 所示，就是在管端开出一定形状的缝隙，使水流能均匀地散成细小的水滴，缝隙与水平面成 30°，使水舌喷得较远。其工作可靠性比折射式要差，因为缝隙易被污物堵塞，所以对水质要求较高，水在进入喷头之前要经过认真的过滤。但是这种喷头结构简单，制作方便。一般用于扇形喷灌。

3) 离心式喷头。由喷嘴、锥形轴（螺旋轴）和蜗壳等构成，如图 8-11 所示。工作时水流沿切线方向或螺旋孔道进入蜗壳，并绕垂直轴旋转，这样经过喷嘴射出的水膜，同

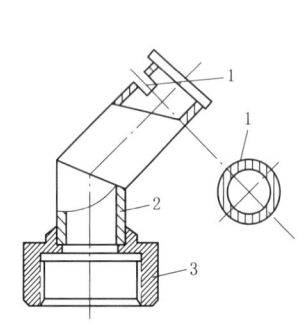

图 8-10 缝隙式喷头结构图
1—缝隙；2—喷体；3—管接头

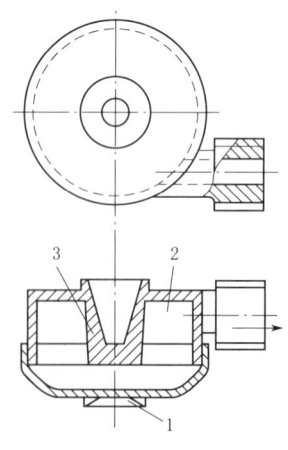

图 8-11 离心式喷头
1—喷嘴；2—蜗壳；3—锥形轴

时具有离心速度和圆周速度,所以水膜离开喷嘴后就向四周散开,在空气阻力作用下,水膜被粉碎成小水滴,散落在喷头的四周。

(3) 喷灌带。喷灌带是以低密度聚乙烯为主要原料生产的塑料薄壁软管,通过机械或激光在单面上直接打出出水小孔制成的(图 8-12)。喷灌带又称多孔软管、喷水带、微喷带、喷水管等,其优点是抗堵塞性能强,运行水压低,流量较大,灌水时间较短,安装、收藏、运输都较为方便,价格便宜。缺点是管材强度低,易损坏、易老化,一般普通型使用寿命为 1~2 年,加强护翼型 5~7 年。其工作原理是将水用压力经过输水管和微喷管带送到田间,通过微喷带上的出水孔,在重力和空气阻力的作用下,形成细雨般的喷洒效果。

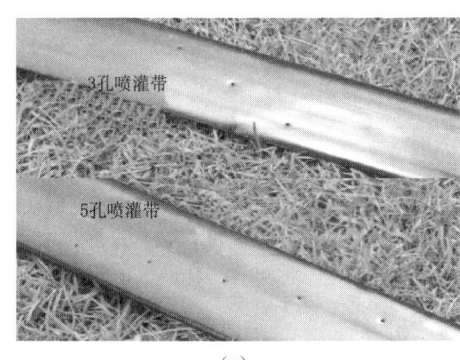 

(a) (b)

图 8-12 喷灌带及喷水示意图
(a) 斜 3 孔、斜 5 孔喷灌带;(b) 使用中的喷灌带

2. 喷头的主要水力参数

喷头的水力参数有工作压力和喷嘴压力、喷头流量、射程等,它们是选择喷头的主要依据。

(1) 工作压力 H 和喷嘴压力 H_z。喷头的工作压力是指喷头正常工作时,在距其进口下方 200mm 处的实测压力值,单位为 kPa。喷头工作压力减去喷头内的水头损失等于喷嘴出口处的压力,简称喷嘴压力。工作压力与喷嘴压力差值的大小,反映了喷头设计和制造水平,是评价喷头质量好坏的指标之一,二者间的差值应小于 49kPa。

(2) 喷头流量 q。单位时间内喷头喷出的水量称为喷头流量,也称喷水量,单位为 m^3/h。影响喷头流量的主要因素是工作压力和喷嘴直径,在一定条件下,喷头流量与工作压力和喷嘴直径的大小成正比。喷嘴直径系指喷头出水口最小截面直径,单位为 mm。

(3) 射程 R。射程是指喷灌正常工作时,喷洒有效湿润范围的半径,单位为 m。在喷头试验中指喷灌强度为 0.3mm/h(喷头流量小于 250L/h 的喷头为 0.15mm/h)的那一点至喷头旋转中心水平距离的平均值,单位为 m。影响喷头射程的主要因素有喷头工作压力和喷头流量,也受喷射仰角、喷嘴形状、喷体结构、稳流器、旋转速度、水舌性状、风速风向等因素的影响。在一定压力范围内,射程随压力增大而增大,随着旋转速度和风速增大而减小。但超出一定压力范围后,压力增加而射程不会增加,只会提高喷头的雾化程度。

(二) 管材与管件

管道是喷灌系统的基本组成部分,管道投资一般占喷灌工程投资的70%左右,因此选好管材十分重要。管材必须保证能承受设计要求的工作压力和通过设计流量,且不造成过大的水头损失,经济耐用,耐腐蚀,便于运输和施工安装等。管材应根据价格、配套性、可靠性、使用寿命、安装维修方便性等,择优选择。

(1) 管材。喷灌用的管道按其使用条件分为固定管道和移动管道两类;按材质可分为金属管和非金属管两大类。目前喷灌用金属管主要是薄壁镀锌管和薄壁铝管等,非金属管主要有硬塑料管、涂塑软管和钢筋混凝土管等。

1) 硬塑料管。喷灌常用的有硬聚氯乙烯(U-PVC)管、聚乙烯(PE)管、聚丙烯(PP)管等。其中以硬聚氯乙烯管材最为常用。表8-3为常用硬聚氯乙烯(U-PVC)管的规格参数。

表8-3　　　　　常用硬聚氯乙烯(U-PVC)管的规格参数

公称外径 /mm	公称压力/MPa						
	0.6	0.8	1.0	1.2	1.6	2.0	2.5
	公称壁厚/mm						
20						2.0	2.3
25					2.0	2.3	2.8
32				2.0	2.4	2.9	3.6
40			2.0	2.4	3.0	3.7	4.5
50		2.0	2.4	3.0	3.7	4.6	5.6
63	2.0	2.5	3.0	3.8	4.7	5.8	7.1
75	2.3	2.9	3.6	4.5	5.6	6.9	8.4
90	2.8	3.5	4.3	5.4	6.7	8.2	10.1
110	2.7	3.4	4.2	5.3	6.6	8.1	10.0
125	3.1	3.9	4.8	6.0	7.4	9.2	11.4
140	3.5	4.3	5.4	6.7	8.3	10.3	12.7
160	4.0	4.9	6.2	7.7	9.5	11.8	14.6
180	4.4	5.5	6.9	8.6	10.1	13.3	16.4
200	4.9	6.2	7.7	9.6	11.9	14.7	18.2
225	5.5	6.9	8.6	10.8	13.4	16.6	
250	6.2	7.7	9.6	11.9	14.8	18.4	
280	6.9	8.6	10.7	13.4	16.6	20.6	
315	7.7	9.6	12.1	15	18.7	23.2	

注　公称壁厚根据设计应力12.5MPa确定。

其优点是耐腐蚀,使用寿命长,重量轻,内壁光滑,水力性能好,施工容易,有一定的韧性,能适应一定的不均匀沉陷等。缺点是材质受温度影响大,易老化。

2) 钢筋混凝土管。分为自应力钢筋混凝土管和预应力钢筋混凝土管,其工作压力分

第一节 喷 灌

别为 0.4~1.2MPa 和 1.0MPa 以下。因其重量大、不便搬运和接头易漏水等缺点,一般大口径干管采用塑料管,投资过大难以承受时,才选用钢筋混凝土管。

3) 薄壁铝合金管。具有强度高,重量轻,耐腐蚀,搬运方便等优点,广泛用作喷灌系统的地面移动管道。其缺点是价格较高,管壁薄,容易碰撞变形。

4) 薄壁镀锌钢管。其优点是强度高、抗冲击力强、韧性好、寿命长。但价格较高,重量也较铝管和塑料管大,移动不如铝管、塑料管方便。目前,薄壁镀锌钢管多用作于竖管及水泵进、出水管。

5) 涂塑软管。用于喷灌的涂塑软管主要有锦纶塑料管和维塑软管两种。这两种管子重量轻,便于移动,价格低,但易老化,不耐磨,怕扎、怕折。涂塑软管多用作机组式喷灌系统的进水管和输水管。

(2) 管件。管件又称连接件,其作用是根据需要将管道连接成一定形状的管网。常用管件有弯头、正三通、异径三通、等径接头、异径接头和堵头等。

(三) 附属设备

附属设备可分为两大类:①控制件,其作用是根据灌溉的需要来控制管道系统中水流的流量和压力;②安全件,其作用是保护喷灌系统安全运行,防止事故的发生。

1. 控制件

(1) 闸阀。其优点是阻力小,开关力小,水可从两个方向流动。缺点是结构复杂,密封面容易被擦伤而影响止水功能,高度尺寸较大。

(2) 球阀。多安装于竖管上,用来控制喷头的开启或关闭。其优点是结构简单,体积小,质量轻,对水流阻力小。缺点是启闭速度不易控制,从而使管内产生较大的水锤压力。

(3) 给水栓。给水栓由上下两部分组成,下部为阀体,与固定管的出水口连接,上部为阀开关,与移动支管连接,可任意水平旋转 360°,如图 8-13 所示。

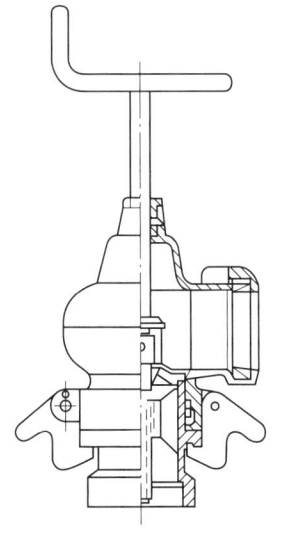

图 8-13 给水栓

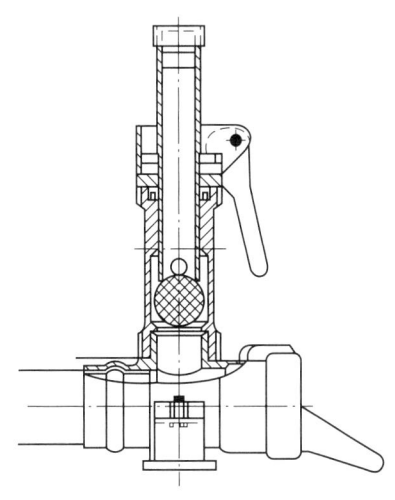

图 8-14 竖管快接控制阀

(4) 竖管快接控制阀。又称方便体，如图 8-14 所示。连接竖管与输水支管，工作时将装好喷头的竖管插上，出水控制阀自动打开，停止工作时，取出竖管，控制阀自动关闭。

2. 安全件

(1) 逆止阀。又叫止回阀或单向阀，是一种根据阀前阀后压力差而自动启闭的阀门。常用在水泵出口处安装，以避免突然停机时水倒流。

(2) 进排气阀。其作用是当管道内存有空气时，自动打开通气口；管内充水时可进行排气，排气后封口块在水压的作用下自动封口；当管内产生真空时，在大气的压力作用下打开通气口，使空气进入管内，防止负压破坏。

(3) 减压阀。其作用是在设备或管道内的水压超过规定的工作压力时，自动打开降低压力。如在地势很陡、管轴线急剧下降、管内水压力上升超过了喷头的工作压力或管道的允许压力时，就要用减压阀适当降低压力。

五、喷灌质量控制参数

喷灌的主要质量控制参数有喷灌强度、喷灌均匀度及水滴打击强度（或水滴直径）等几项指标，是衡量喷灌质量的重要标准和设计喷灌系统的重要依据。

1. 喷灌强度

喷灌强度指单位时间内喷洒在地面上的水深，单位是 mm/h 或 mm/min。

(1) 平均喷灌强度 $\overline{\rho_i}$。是指一定湿润面积上各点在单位时间内喷灌水深的平均值，以平均喷灌水深 $\overline{h}$ 与相应时间 t 的比值表示：

$$\overline{\rho_i} = \frac{\overline{h}}{t} \tag{8-1}$$

无风条件下单喷头全圆喷洒时，平均喷灌强度 $\overline{\rho_\text{全}}$ 为

$$\overline{\rho_\text{全}} = \frac{1000 q \eta_p}{A} \tag{8-2}$$

式中：q 为喷头流量，m³/h；η_p 为田间喷洒水利用系数，风速低于 3.4m/s，$\eta_p = 0.8 \sim 0.9$，风速为 3.4～5.4m/s，$\eta_p = 0.7 \sim 0.8$；A 为全圆转动时，一个喷头的湿润面积，m²。

(2) 点喷灌强度 ρ_i。是指一定时间 Δt 内喷洒到某一点土壤表面的水深 Δh 与 Δt 的比值，即

$$\rho_i = \frac{\Delta h}{\Delta t} \tag{8-3}$$

(3) 设计喷灌强度。喷灌时一般都是多个喷头同时喷洒，各喷头湿润面积有所重叠，这时湿润面积小于单喷头喷洒湿润面积，另外随着风速增加，湿润面积也会减少，这时就应考虑到其系统多喷头组合后的设计喷灌强度。

$$\rho = K_w \frac{1000 q \eta_p}{A_\text{有效}} \tag{8-4}$$

式中：ρ 为设计喷灌强度，mm/h；$A_\text{有效}$ 为喷头有效湿润面积，m²，计算方法见表 8-4；K_w 为风系数，见表 8-5；其余符号意义同前。

第一节 喷 灌

表8-4　　　　　　　　　　　不同运行情况下的喷头有效控制面积

运 行 情 况	有效控制面积 A
单喷头全圆喷洒	πR^2
单喷头扇形喷洒（扇形中心角为 α）	$\pi R^2 \dfrac{\alpha}{360}$
单支管多喷头同时全圆喷洒	$\dfrac{\pi R^2 [90-\arccos(a/2R)]}{90} + \dfrac{a\sqrt{4R^2-a^2}}{2}$
多支管多喷头同时全圆喷洒	ab

注　表内各式中 R 为喷头射程，a 为喷头间距，b 为支管间距。

表8-5　　　　　　　　　　　不同运行情况下的风系数 K_w 值

运 行 情 况		K_w
单喷头全圆喷洒		$1.15v^{0.314}$
单支管多喷头	支管垂直风向	$1.08v^{0.194}$
同时全圆喷洒	支管平行风向	$1.12v^{0.302}$
多支管多喷头同时喷洒		1

注　1. 式中 v 为风速，以 m/s 计。
　　2. 单支管多喷头同时喷洒，若支管与风向既不垂直又不平行时，可近似地用线性插值方法求取 K_w。
　　3. 本表适用于风速 v 为 1～5.5m/s 的情况。

在喷灌工程设计中，定喷式喷灌系统的设计喷灌强度不得大于土壤的允许喷灌强度，不同类别土壤的允许喷灌强度可按表8-6确定。当地面坡度大于5%，允许喷灌强度按表8-7进行折减。行喷式喷灌系统的设计喷灌强度可略大于土壤的允许喷灌强度。

表8-6　各类土壤允许喷灌强度

土壤类别	允许喷灌强度/(mm/h)
砂土	20
砂壤土	15
壤土	12
黏壤土	10
黏土	8

注　有良好覆盖时，表中数值可提高20%。

表8-7　坡地允许喷灌强度降低值

地面坡度/%	允许喷灌强度降低值/%
5～8	20
9～12	40
13～20	60
>20	75

2. 喷灌均匀度

喷灌均匀度是指喷灌面积上喷洒水量分布的均匀程度。喷灌均匀度一般用均匀系数来表示。喷灌均匀系数在有实测数据时按式（8-5）进行计算：

$$C_u = 1 - \frac{\Delta h}{h} \quad (8-5)$$

式中：C_u 为喷灌均匀系数，即克里斯琴森（Christiansen）系数；h 为喷洒水深的平均值，mm；Δh 为喷洒水深的平均离差，mm。

喷灌工程设计要求，定喷式喷灌系统喷灌均匀系数不应低于0.75，行喷式喷灌系统不应低于0.85。喷灌均匀系数在设计中可通过控制喷头的组合间距、喷头的喷洒水量分布和喷头工作压力来实现。

在喷灌工程设计中，一般只要按照规范规定的方法（表8-8）确定喷头组合间距，即可满足喷灌均匀度要求。

表8-8　喷头组合间距（引自GB/T 50085—2007《喷灌工程技术规范》）

设计风速 /(m/s)	组　合　间　距/m	
	垂直风向（喷头间距 a）	平行风向（支管间距 b）
0.3~1.6	(1.1~1.0)R	1.3R
1.6~3.4	(1.0~0.8)R	(1.3~1.1)R
3.4~5.4	(0.8~0.6)R	(1.1~1.0)R

注　1. R 为喷头射程。
　　2. 在每一档风速中可按内插法取值。
　　3. 在风向多变采用等间距组合时，应选用垂直风向栏的数值。

3. 水滴打击强度

水滴打击强度是指在喷头喷洒范围内、单位受水面积上一定量的水滴对土壤或作物的打击动能，也就是单位时间内、单位受水面积所获得的水滴撞击能量。它与水滴大小、降落速度和密集程度有关。这一参数目前实测比较困难，因此，实践中一般用雾化指标来间接反映水滴打击强度。雾化程度是指以喷头工作压力与喷嘴直径的比值表示的喷射水流的碎裂程度。喷灌的雾化指标可按式（8-6）进行计算：

$$W_h = \frac{100 h_p}{d} \tag{8-6}$$

式中：W_h 为喷灌雾化指标不同作物的适宜雾化指标见表8-9；h_p 为喷头的工作压力，kPa；d 为喷头的喷嘴直径，mm。

表8-9　不同作物的适宜雾化指标

作　物　种　类	W_h
蔬菜及花卉	4000~5000
粮食作物、经济作物及果树	3000~4000
饲草料作物、草坪	2000~3000

雾化值 W_h 越大，说明其雾化程度越高，水滴直径就越小，打击强度也越小。

【例8-1】　已知喷头喷嘴直径为9mm，设计工作压力为350kPa，设计流量为5.7m³/h，设计射程为23.4m。喷灌区土壤为壤土，地形平坦，作物为果树。风向垂直于支管，设计风速4m/s。喷头工作方式为单支管多喷头同时喷洒。要求：（1）校核喷头雾化指标；（2）确定喷头组合间距；（3）校核喷灌强度。

解：（1）校核喷头雾化指标。已知喷头工作压力为350kPa，喷嘴直径为9mm，根据式（8-6）计算喷灌雾化指标：

$$W_h = \frac{100 h_p}{d} = \frac{100 \times 350}{9} = 3889$$

根据表8-9，果树适宜的喷灌雾化指标为3000~4000，实际雾化指标在适宜雾化指标范围内，因此喷灌雾化指标满足要求。

（2）确定喷头组合间距。已知设计风速为4m/s，风向垂直于支管，根据表8-8，按内插法确定喷头间距。当风速为 $v_1 = 3.4$m/s，支管上喷头间距和支管间距分别为

$$a_1=0.8R=0.8\times23.4=18.72(\text{m});b_1=1.1R=1.1\times23.4=25.74(\text{m})$$

当风速为 $v_2=5.4\text{m/s}$ 时，支管上喷头间距和支管间距分别为

$$a_2=0.6R=0.6\times23.4=14.04(\text{m});b_2=R=23.4(\text{m})$$

在设计风速情况下，支管上喷头间距和支管间距分别为

$$a=a_1-\frac{v-v_1}{v_2-v_1}(a_1-a_2)=18.72-\frac{4.0-3.4}{5.4-3.4}\times(18.72-14.04)=17.3(\text{m})$$

$$b=b_1-\frac{v-v_1}{v_2-v_1}(b_1-b_2)=25.74-\frac{4.0-3.4}{5.4-3.4}\times(25.74-23.4)=25.0(\text{m})$$

根据上述计算结果，结合 U-PVC 管一般长度的规定，取 $a=18\text{m}$，$b=24\text{m}$。

(3) 校核喷灌强度。在单支管多喷头全圆喷洒且支管垂直于风向时，风系数为

$$K_w=1.08v^{0.194}=1.08\times4^{0.194}=1.41$$

已知 $a=18\text{m}$，$R=23.4\text{m}$，则喷头的有效控制面积为

$$A_{\text{有效}}=\frac{\pi R^2[90-\arccos(a/2R)]}{90}+\frac{a\sqrt{4R^2-a^2}}{2}$$

$$=\frac{3.14\times23.4^2\times[90-\arccos(18/2\times23.4)]}{90}+\frac{18\sqrt{4\times23.4^2-18^2}}{2}$$

$$=820.9(\text{m}^2)$$

田间喷洒水利用系数取 0.75，则喷灌强度为

$$\rho=K_w\frac{1000q\eta_P}{A_{\text{有效}}}=1.41\times\frac{1000\times5.70\times0.75}{820.9}=7.34(\text{mm/h})$$

由表 8-6 可知，壤土的允许喷灌强度为 12mm/h，设计喷灌强度小于允许喷灌强度，因此喷灌强度满足要求。

六、管道式喷灌系统规划设计

(一) 收集规划设计资料

(1) 地形资料。以 1/2000～1/1000 比例尺地形图为佳，地形图上应标明行政区划、灌区范围以及现有水利设施等。

(2) 气象资料。包括气温、降雨和风速风向等。

(3) 土壤资料。包含土壤的质地、干密度和土壤田间持水率等内容。

(4) 水文资料。主要包括河流、库塘、井泉的历年水量、水位以及水温和水质等。

(5) 作物种植结构及需水特点。必须了解灌区内各种作物的种植比例、种植行向、生育阶段划分、需水临界期及其需水强度等。

(6) 动力和机械设备资料。了解电力供应情况和可取得电源的最近地点。为了估算工程投资与进行经济比较，也应了解设备、材料的供应情况与价格、电费与柴油价格等。

(二) 喷灌系统选型

喷灌系统应综合考虑水源、动力、地形地貌、土壤、气象、水文地质、作物、社会经济状况、生产管理体制、劳动力状况及使用管理者素质等条件进行选型。

对于地形起伏较大，灌水频繁，劳动力缺乏，灌溉对象为经济作物及园林、果树、花卉和绿地等的情况，宜选择固定管道式；对于地形较为平坦，灌溉对象为大田作物，气候

严寒、冻土层较深的情况，宜选择半固定管道式或移动管道式。

对于土地开阔连片、田间障碍物少，使用管理者技术水平较高，灌溉对象为大田作物、牧草等，集约化经营程度相对较高的情况，宜选用大中型机组式；对于丘陵地区零星、分散耕地，水源较为分散、无电源或供电保证程度较低的情况，宜选择轻小型机组式。

（三）管道系统总体布置

1. 管道布置基本要求

(1) 应符合喷灌工程总体设计的要求。

(2) 加压泵站尽量布置在喷灌区的中心或中间位置，使管道总长度尽量最短。

(3) 满足各用水单位的需要且管理方便。

(4) 在垄作田内，应使支管与作物种植方向一致；在丘陵山区，应使支管沿等高线布置；在梯田上喷灌，支管一般要求沿梯田水平方向布置；在可能的条件下，支管宜垂直主风方向。

(5) 管道的纵剖面应力求平顺，减少折点；有起伏时应避免产生负压；高寒地区应根据需要对管道设置专用防冻措施。

2. 管道布置结构要求

(1) 在连接地埋管和地面移动管的出地管上，应设给水栓；在地埋管道的阀门处应建阀门井；在管道起伏的低处及管道末端应设泄水装置。

(2) 固定管道的末端及变坡、转弯和分叉处，以及管径较大且有一定坡度的管道宜设镇墩；管段过长或基础较差时，应设支墩。

(3) 对刚性连接的硬质管道，为避免因温度变形和不均匀沉陷，应设伸缩装置和柔性接头。

(4) 固定管道一般应埋设在地下，其埋设深度应大于最大冻土层和最大耕作深度，以防管道被损坏。

(5) 固定管道的坡度依地形、土质和管径而定。一般管径大、土质差时管坡应缓；反之可陡一些。从土壤稳定性和便于施工考虑，管坡不宜大于 1:1。

(6) 管道随地形变化而有起伏时，应在管道的高处设置进排气装置，其进排气量应能满足该管段进排气要求。

(7) 各级管道的首端应设置控制阀。公称通径大于 DN50mm 的开关阀宜采用闸阀、截止阀等不宜快速开启和关闭的阀门。当管道过长或压力变化过大时，应在适当部位设置节制阀或压力调节装置。

(8) 各级管道首端和管道压力变化较大的部位应设置测压点，所选压力表的最大量程应与喷灌系统设计工作压力相匹配，并不得小于测压点可能出现的最高压力。

3. 管网的布置形式

(1) 树状管网。该种布置形式简单，水力计算也较简单，适用于土地分散，地形起伏的地区。根据地形及水源位置不同，树状管网一般可分为"丰"字形、梳齿形。树状管网在运行中若一处管道出现故障时，有时会影响到几条甚至全系统运行。

(2) 环状管网。由许多闭路环组成，故又称闭路网。其优点是如果某一水流方向上的管道出现事故，可由另一方向管道继续供水。缺点是水力计算较复杂，管道用量相对较多。

（四）喷头的选择与布置形式

（1）基本要求。喷头应根据灌区地形、土壤、作物、水源和气象条件以及喷灌系统类型，经技术经济比较择优选用。农田灌溉宜优先采用中压喷头。灌溉季节风大的地区或实施树下喷灌时，宜采用低仰角喷头。草坪宜采用地埋式喷头。为了满足边界和角地喷洒需要，应备有一定数量带有扇形机构的喷头。

（2）喷头的喷洒方式。喷头的喷洒方式视喷头的类型和附属设备的不同可有多种，如全圆喷洒、扇形喷洒、矩形喷洒、带状喷洒等。在管道式喷灌系统中，主要采用全圆喷洒，而在田边路旁或房屋附近则使用扇形喷洒。半固定式与移动式喷灌系统中，一般采用单喷头或多喷头扇形喷洒。另外，在固定式喷灌系统的地边地角，要采用180°、90°或其他角度的扇形喷洒，以避免喷到界外和道路上，造成浪费。在坡度较陡的山丘区喷灌时，一般应顺坡向下作扇形喷洒，以免冲刷坡面土壤；当风力较大时，应作顺风向的扇形喷洒，以减少风的影响。

（3）喷头的布置形式。喷头布置形式亦称喷头的组合形式，根据全圆喷洒和扇形喷洒一般有4种基本组合形式，如图8-15所示。采用等腰三角形和正三角形组合布置形式，可能导致田块边缘部分区域漏喷，因此在实际应用中，一般采用矩形和正方形布置形式。若有稳定风向且风向与支管垂直或平行，宜采用 $b>a$ 的矩形布置；若风向多变或风向与支管成45°，采用正方形布置，在这种情况下，支管上喷头间距和支管间距均采用垂直风向栏的数值。无论采用何种组合，应尽可能使支管间距 b 大于喷头间距 a，这样可以节省支管用量，降低系统投资或避免频繁移动支管（对半固定式、移动式喷灌系统）。

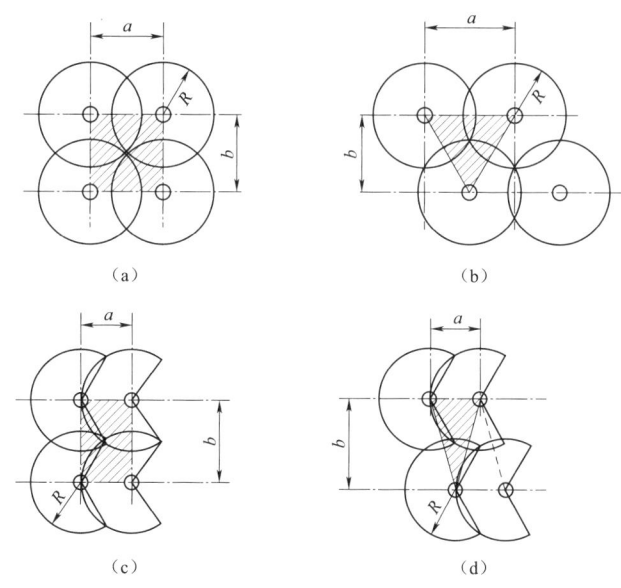

图8-15 喷头组合方式示意图
(a) 全圆喷洒正方形组合；(b) 全圆喷洒正三角形组合；
(c) 扇形喷洒矩形组合；(d) 扇形喷洒等腰三角形组合

(4) 喷头组合间距的确定。喷头组合间距应根据所选喷头及喷头的组合形式，计算组合间距。组合间距应当使喷洒均匀度满足要求，并尽量做到经济合理。GB/T 50085—2007《喷灌工程技术规范》依据以往 PY_1 系列实测资料和 ZY-1、ZY-2、30PSH 等型号旋转式喷头的实测资料，在满足均匀系数 $C_u=75\%$ 条件下的组合间距见表 8-8。

根据表 8-8 计算得到喷头间距 a 和支管间距 b 后，还应根据管道的规格长度进行调整。移动支管的规格长度多为 4m、5m、6m，喷头间距 a 应向最近的节长整数倍调整。调整后的长度还应满足组合喷灌强度的要求。

（五）拟定喷灌工作制度

1. 最大灌水定额 m_s

$$m_s = 1000H(\theta_{\max} - \theta_{\min}) \tag{8-7}$$

式中：m_s 为最大灌水定额，mm；H 为计划湿润层深度（一般大田作物取 0.4～0.5m，蔬菜取 0.2～0.3m，果树取 0.6～0.8m），m；$\theta_{\max}$ 为适宜土壤含水量上限（体积百分比）；$\theta_{\min}$ 为适宜土壤含水量下限（体积百分比）。

2. 设计灌水定额 m

设计灌水定额应根据作物的实际需水要求和试验资料按式 (8-8) 选择：

$$m \leqslant m_s \tag{8-8}$$

式中：m 为设计灌水定额，mm。

3. 设计灌水周期 T 和灌水次数

灌水周期和灌水次数应根据当地试验资料确定。缺少试验资料时灌水次数可根据设计代表年按水量平衡原理拟定的灌溉制度确定；灌水周期可按式 (8-9) 计算：

$$T = \frac{m}{ET} \tag{8-9}$$

式中：T 为设计灌水周期，计算值取整，d；ET 为作物日需水量，取设计代表年灌水高峰期平均值，mm/d；m 为设计灌水定额，mm。

4. 设计灌溉定额 M

设计灌溉定额是作物全生育期各次灌水定额之和。设计灌溉定额应依据设计代表年的灌溉试验资料确定，或按水量平衡原理确定。

5. 喷灌工作制度的拟定

在灌水周期内，为保证作物适时适量的获得所需要的水分，必须制定一个合理的喷灌工作制度。灌溉工作制度包括喷头在一个喷点上的喷洒时间，每次需要同时工作的喷头数以及确定轮灌分组和轮灌顺序等。

(1) 设计日灌水时间。设计日灌水时间宜按表 8-10 取值。

表 8-10　　　　　　　　　　设计日灌水时间

喷灌系统类型	固定管道式			半固定管道式	移动管道式	定喷机组式	行喷机组式
	农作物	园林	运动场				
设计日灌水时间/h	12～20	6～12	1～4	12～18	12～16	12～18	14～21

第一节 喷 灌

(2) 喷头在一个喷点的喷洒时间。一个工作点上喷洒的时间应按式 (8-10) 计算：

$$t = \frac{abm}{1000 q_p \eta_p} \tag{8-10}$$

式中：t 为喷头在一个工作点上喷洒的时间，h；a 为喷头沿支管的布置间距，m；b 为支管的布置间距，m；m 为设计灌水定额，mm；q_p 为喷头设计流量，m^3/h；其余符号意义同前。

(3) 一天轮灌组数。一天轮灌组数应按式 (8-11) 计算：

$$n_d = \frac{t_d}{t} \tag{8-11}$$

式中：n_d 为一天工作位置数；t_d 为设计日灌水时间，h，可参考表 8-10；其余符号意义同前。

(4) 同时工作的喷头数。同时工作的喷头数应按式 (8-12) 计算：

$$n_p = \frac{N_p}{n_d T} \tag{8-12}$$

式中：n_p 为同时工作的喷头数；N_p 为灌区内喷头总数；其余符号意义同前。

(5) 同时工作的支管数。同时工作的支管数按式 (8-13) 计算：

$$N_支 = \frac{n_p}{n_支} \tag{8-13}$$

式中：$N_支$ 为同时工作的支管数；$n_支$ 为一根支管上的喷头数。

如果计算结果 $N_支$ 不是整数，则应考虑减少同时工作的喷头数或适当调整支管的长度。

(六) 确定支管轮灌方案

支管轮灌方式不同，干管中通过的流量也不同，适当选择轮灌方式，可以减小一部分干管的管径，降低投资。对于半固定式系统，支管轮灌方式就是支管移动方式。例如，有两根支管同时工作时，可以有以下 3 个方案：

(1) 两根支管从地块的一头齐头并进，如图 8-16 (a)、(b) 所示，干管从头到尾的最大流量都等于整个系统的全部流量（两根支管流量之和）。

(2) 两根支管由地块两端向中间交叉前进，如图 8-16 (c) 所示。

(3) 两根支管由地块中间向两端交叉前进，如图 8-16 (d) 所示。

后两种方案中，只有前半根干管通过的最大流量等于整个系统的全部流量，而后半根干管通过的最大流量只等于整个系统的一半（等于一根支管的流量），显然应当采用后两种方案。当 3 根支管同时工作时，每根支管分别负责 1/3 面积的方案较为有利，如图 8-16 (e) 所示，这样只有 1/3 的干管的最大流量等于全部流量，1/3 的干管（1～2 段）的最大流量等于两根支管的流量，最末的 1/3 干管（2～3 段）的最大流量只等于一根支管的流量。

在选定喷头后，根据喷头流量和一根支管上的喷头数，即可计算入口处的流量。根据支管流量、同时工作的支管数和支管轮灌方式，即可分段确定干管流量。然后通过水力计算确定喷灌系统的总扬程。

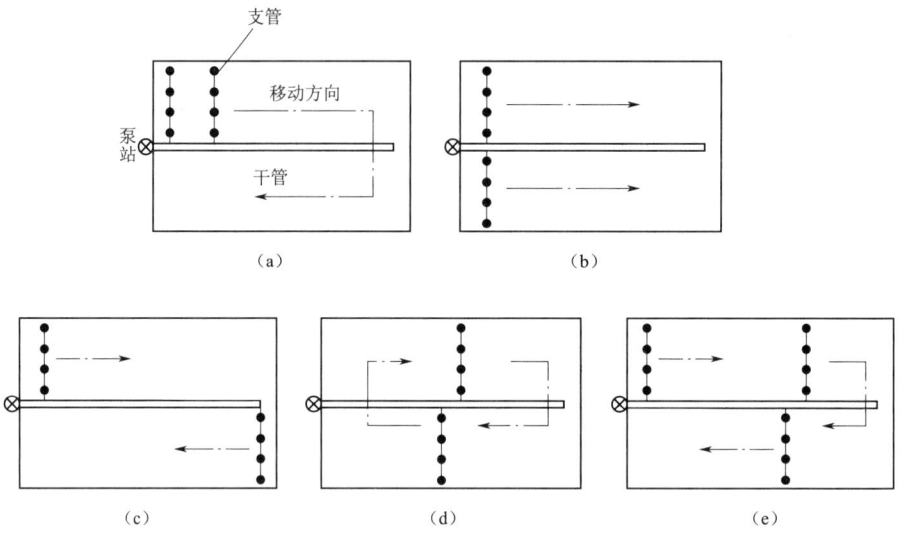

图 8-16 支管轮灌方式布置图
(a)、(b)、(c)、(d) 两根支管同时工作的布置方案；(e) 3 根支管同时工作的布置方案

(七) 管道设计

1. 干管管径的确定

干管管径通常是在满足下一级管道流量和压力的前提下按综合年费用最小的原则选择。随着管径的增大，管道的投资将随之增高，其折算年值也相应增加，而管道的年运行费随之降低。管道的综合年费用为投资的折算年值和年运行费之和。管道的综合年费用必存在一个最小值，该最小值所对应的管径即经济管径。干管一般应采用经济管径。在实际应用当中，经济管径一般根据经济流速或经验公式确定。

(1) 根据经济流速确定干管管径。根据 $A_{经} = \dfrac{Q}{V_{经}}$ 和 $A_{经} = \dfrac{\pi D_{经}^2}{4}$ 可以得到

$$D_{经} = 18.8\sqrt{\dfrac{Q}{V_{经}}} \tag{8-14}$$

式中：$D_{经}$ 为经济管径，mm；Q 为管道设计流量，m^3/h；$V_{经}$ 为管道经济流速，一般塑料管经济流速为 1.0~1.8m/s，混凝土管经济流速为 0.5~1.5m/s。

(2) 采用经验公式确定干管经济管径：

当 $Q < 120 m^3/h$ 时 $\qquad D_{经} = 13\sqrt{Q}$ (8-15)

当 $Q \geqslant 120 m^3/h$ 时 $\qquad D_{经} = 11.5\sqrt{Q}$ (8-16)

式中各符号意义同前。

一般情况下，应根据经济流速来确定干管管径，对于规模不算太大的喷灌工程，常用经验公式估算管道的管径。但由于喷灌管道系统年工作小时数少，而所占投资比例又大，此时在喷灌所需压力能得到满足的情况下，选用尽可能小的管径是经济的。但为了保证管道的安全，钢管流速应控制在 2.5m/s 以下，塑料管流速应控制在 1.8m/s 以下。

2. 支管管径的确定

支管的管径计算，除与支管的设计流量有关外，还要受允许压力差的限制，按照 GB/T 50085—2007《喷灌工程技术规范》：同一条支管上任意两个喷头之间的工作压力差应在设计喷头工作压力的 20% 以内。显然，支管若在平坦的地面上铺设，其首末两端喷头间的工作压力差应最大。若支管铺设在地形起伏的地面上，则其最大的工作压力差不一定发生在首末喷头之间。考虑地形高差 ΔZ 的影响时上述规定可用公式表示为

$$h_w + \Delta Z \leqslant 0.2 h_p \tag{8-17}$$

式中：h_w 为同一支管上任意两喷头间支管段水头损失，m；ΔZ 为与 h_w 对应的两喷头的进水口高程差，m；顺坡铺设支管时，ΔZ 的值为负，逆坡铺设支管时，ΔZ 的值为正；h_p 为喷头设计工作压力水头，m。

从式（8-17）可看出：逆坡铺设支管时，允许的 h_w 的值较小，即选用的支管管径应比在平地上大些；顺坡铺设支管时，因 ΔZ 的本身为负值，其实际允许的 h_w 的值要比 $0.2h_p$ 大一些，因此选用的支管管径要比平地上小一些。为此，支管一般应顺坡布置，避免逆坡布置。

式（8-17）中同一支管上任意两个喷头间支管段水头损失 h_w 即为这两个喷头间支管段的沿程水头损失和局部水头损失之和。沿程水头损失应按式（8-18）计算：

$$h_f = \frac{fLQ^m}{d^b} \tag{8-18}$$

式中：h_f 为沿程水头损失，m；f 为摩阻系数；L 为管道长度，m；Q 为流量，m³/h；d 为管内径，mm；m 为流量指数；b 为管径指数。

各种管材的 f、m 和 b 可按表 8-11 取值。

表 8-11 喷灌用沿程水头损失系数、指数表

管　材		f	m	b
混凝土管、钢筋混凝土管	$n=0.013$	1.312×10^6	2	5.33
	$n=0.014$	1.156×10^6	2	5.33
	$n=0.015$	1.749×10^6	2	5.33
旧钢管、旧铸铁管		6.250×10^5	2.9	5.1
石棉水泥管		1.455×10^5	1.85	4.89
硬塑料管		0.948×10^5	1.77	4.77
铝质管及铝合金管		0.861×10^5	1.74	4.74

注　n 为粗糙系数。

在喷灌系统中，沿支管安装有许多喷头，使支管的流量自上而下逐渐减小。因此，计算沿程水头损失应分段计算。但为简化计算，常以进口最大流量计算沿程水头损失，然后乘以多口系数进行修正，便得多口管道实际沿程水头损失，即

$$h'_f = h_f F \tag{8-19}$$

$$F = \frac{N\left(\dfrac{1}{m+1} + \dfrac{1}{2N} + \dfrac{\sqrt{m-1}}{6N^2}\right) - 1 + X}{N - 1 + X} \tag{8-20}$$

式中：h'_f 为多口出流支管沿程水头损失，m；F 为多口系数；N 为喷头数（孔口数）；X 为多口出流支管首孔位置系数，即该段支管入口至第一个喷头的距离与喷头间距之比；其他符号同前。

不同管材其多口系数不同，表 8-12 列出了常用管材的多口系数值。

表 8-12　　　　　　　　　　多口系数 F 值表

N	$m=1.74$		$m=1.77$		$m=1.9$		$m=2$	
	$X=1$	$X=0.5$	$X=1$	$X=0.5$	$X=1$	$X=0.5$	$X=1$	$X=0.5$
2~3	0.600	0.496	0.596	0.492	0.582	0.474	0.572	0.461
4~5	0.485	0.420	0.481	0.416	0.466	0.398	0.455	0.386
6~7	0.446	0.399	0.442	0.395	0.426	0.378	0.415	0.366
8~11	0.420	0.388	0.416	0.383	0.400	0.366	0.389	0.354
12~20	0.397	0.378	0.394	0.374	0.378	0.357	0.366	0.345

管道局部水头损失按式 (8-21) 计算：

$$h_j = \xi \frac{v^2}{2g} \quad (8-21)$$

式中：h_j 为局部水头损失，m；ξ 为局部阻力系数；v 为管道流速，m/s；g 为重力加速度，9.81m/s²。

在实际的工程设计中，通常局部水头损失按沿程水头损失的 10%~15% 计。若取管道局部损失为沿程损失的 15%，则式 (8-17) 可表示为

$$1.15 f \frac{LQ^m}{d^b} F + \Delta Z \leqslant 0.2 h_p \quad (8-22)$$

由上式可解得

$$d \geqslant \sqrt[b]{\frac{1.15 f L Q^m F}{0.2 h_p - \Delta Z}} \quad (8-23)$$

由式 (8-25) 可得支管最小管径，再根据管径规格，确定支管实际采用的管径。

【例 8-2】 某 U-PVC 支管总长 108m，布置 5 个喷头，沿支管方向地形平坦，喷头间距为 24m，支首至第一个喷头的距离为 12m，喷头设计工作压力为 350kPa，喷头设计流量为 4.51m³/h，试确定支管的管径。

解： 根据表 8-11，U-PVC 塑料管的摩阻系数 $f=0.948 \times 10^5$，流量指数 $m=1.77$，管径指数 $b=4.77$。

自第一个喷头到支管末端的长度 $L=24 \times 4=96(m)$，该管段的孔口数为 $N=4$，入口至第一个喷头的距离与喷头间距之比 $X=1$，由此查表 8-14 得多口系数 $F=0.481$。该管段入口流量 $Q=4.51 \times 4=18.04(m^3/s)$，喷头工作压力 $h_p=350kPa=350/9.81=35.7(m)$，首、末喷头高差 $\Delta Z=0$。将以上数据代入式 (8-23) 得

$$d \geqslant \sqrt[b]{\frac{1.15 f L Q^m F}{0.2 h_p - \Delta Z}} = \sqrt[4.77]{\frac{1.15 \times 0.948 \times 10^5 \times 96 \times 18.04^{1.77} \times 0.481}{0.2 \times 35.7 - 0}} = 49.2(mm)$$

根据表 8-3，选择公称压力为 0.63MPa、公称管径为 63mm 的 U-PVC 塑料管，壁

厚为 2.0mm，内径为 59mm。

（八）选择水泵和动力

为了选择水泵和动力，首先要确定喷灌系统的设计流量和扬程。喷灌系统设计流量应为全部同时工作的喷头流量之和［式（8-24）］。

$$Q = \sum_{i=1}^{n_p} q_p / \eta_G \tag{8-24}$$

式中：Q 为喷灌系统设计流量，m^3/h；n_p 为同时工作的喷头数量，个；q_p 为设计工作压力下的喷头流量，m^3/h；η_G 为管道系统水利用系数，取 0.95～0.98。

选择最不利轮灌组及其最不利喷头，并以最不利喷头为典型喷头。通过典型喷头推算系统的设计扬程 H：

$$H = h_p + h_s + \sum h_f + \sum h_j + Z_d - Z_s \tag{8-25}$$

式中：H 为喷灌系统设计水头，m；h_p 为典型喷点喷头的工作压力，m；h_s 为典型喷点的竖管高，m；$\sum h_f$ 为由水泵进水管到典型喷点喷头进口处之间管道的沿程水头损失之和，m；$\sum h_j$ 为由水泵进水管到典型喷点喷头进口处之间管道的局部水头损失之和，m；Z_d 为典型喷点的地面高程，m；Z_s 为水源水面高程，m。

确定了喷灌系统的设计流量和设计扬程，即可选择水泵，再根据水泵的配套功率选配动力设备。电动机运行管理比较方便，应尽量采用电动机，但在电源供应不足的地区，才考虑采用柴油机。

（九）水锤压力计算

喷灌用水泵有起动水锤、关闭阀门产出的水锤和停泵产生的水锤，其中后两种水锤危害较大。防止关闭阀门产生水锤的措施是缓慢关闭阀门；防止停泵产生水锤的措施是在水泵出水管取消逆止阀。下面主要介绍为防止水关阀水锤需要控制的关阀时间。

均质管水锤波传播速度按式（8-26）计算：

$$a_w = \frac{1425}{\sqrt{1 + \dfrac{K}{E} \cdot \dfrac{D}{e}}} \tag{8-26}$$

式中：a_w 为水锤波传播速度，m/s；K 为水的体积弹性模数，GPa，常温时为 2.025GPa；E 为管材的纵向弹性模量，GPa，各种管材的纵向弹性模量见表 8-13；D 为管径，m；e 为管壁厚度，m。

表 8-13　　　　　　　　　各种管材的纵向弹性模量

管材	PVC 管	PE 管	铝管	钢筋混凝土管	钢管	球墨铸铁管	铸铁管
E/GPa	2.8～3	1.4～2	69.58	20.58	206	151	108

水锤波在管路中往返一次所需的时间称为一个相长。水锤相长按式（8-27）计算：

$$\mu = \frac{2L}{a_w} \tag{8-27}$$

式中：μ 为水锤相长，s；L 为管长，m。

当阀开关闭时间等于或小于一个水锤相长时，所产生的水锤为直接水锤，否则为间接水锤。间接水锤产生的水锤压力要比直接水锤产生的水锤压力小得多，不会造成严重危害，为此一般应使关阀时间大于一个水锤相长。

为了管理方便及安全起见，在设计时应保证管道有足够的抗压等级。一般管道的压力等级应比管道设计工作压力高一个等级，流速不要超过允许流速。

第二节 微 灌

一、微灌的概念及其优缺点

微灌是指通过管道系统与安装在末级管道上的灌水器，将水和植物生长所需的养分以较小的流量，均匀、准确地直接输送到植物根部附近土壤的一种灌水方法，包括滴灌、微喷灌和涌泉灌等。滴灌是指利用专门灌溉设备，灌溉水以水滴状流出而浸润植物根区土壤的灌水方法。微喷灌是指利用专门灌溉设备将有压水送到灌溉地块，通过安装在末级管道上的微喷头进行喷洒灌溉的方法。涌泉灌是指利用流量调节器稳流和小管分散水流或利用小管直接分散水流实施灌溉的灌水方法，也称小管出流灌溉。与传统的全面积湿润的地面灌和喷灌相比，微灌只以较小的流量湿润作物根区附近的土壤，因此，又称为局部灌溉技术。其优点是比地面灌溉省水33%～50%，比喷灌省水15%～25%；其灌水器要求的工作压力比喷灌低；灌水均匀度高，一般可达85%以上；一般较其他灌水方法可增产30%左右；通过调压和调流可在各种复杂地形条件下有效灌水；可有条件的利用咸水灌溉。缺点是易堵塞、会积盐、造价高。

二、微灌系统的组成

微灌系统系由水源工程、首部枢纽、输配水管网和微灌灌水器等部分组成的灌溉系统，如图8-17所示。

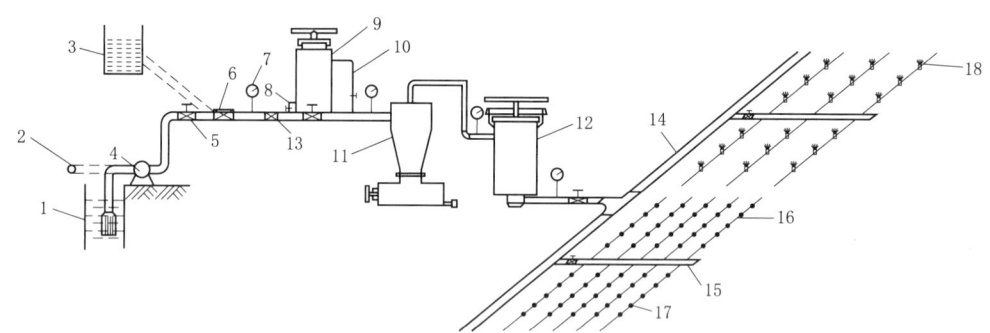

图8-17 微灌系统组成示意图

1—水源；2—供水管；3—蓄水池；4—水泵；5—闸阀；6—水表；7—压力表；8—施肥罐进水管；
9—压差式施肥罐；10—施肥罐输肥装置；11—离心式过滤器；12—筛网式过滤器；
13—逆止阀；14—干管；15—支管；16—毛管；17—滴头；18—微喷头

（1）水源工程。水量和水质符合微灌要求的河流、湖泊等均可作为微灌的水源。

（2）首部枢纽。首部枢纽是指集中安装在微灌系统入口处的过滤器、施肥（药）装置及量测、安全和控制设备的总称。

(3) 输配水管网。微灌系统的输配水管网一般分干管、支管、毛管3级管道。毛管是直接向灌水器配水的管道。支管是直接向毛管配水的管道。干管是向支管供水的管道。通常干管、支管是埋入地下的，承担输配水的任务，毛管承担田间灌水任务，可放在地表，也可将毛管埋入地下，以延长毛管的使用寿命。

(4) 微灌灌水器。微灌灌水器是指微灌系统末级出流装置，包括滴头、滴灌管（带）、微喷头、微喷带和涌水器等。

三、微灌设备

(一) 微灌灌水器

(1) 滴头。滴头是指将有压水以水滴状或细流状断续滴出的灌水器。滴头的流量一般不大于12L/h。对滴头的要求是：出流流量小，均匀而稳定，受外界因素影响小；结构简单，便于安装与拆卸，价格低廉；制造精度高，坚固耐用；不易堵塞。

1) 孔口式滴头。是由一个孔口和一个盖子组成，水流从孔口射出，冲在盖子上以达到消能的目的，孔口一般较小（0.5～1.0mm），工作压力也较低（20～30kPa），是一种结构简单、工作可靠、价格低廉的灌水器，但灌水均匀性差，易堵塞。

2) 管间式滴头。这种灌水器串接在两段毛管之间，成为毛管的一部分，又简称管式滴头。如图8-18所示。

3) 压力补偿式滴头。其消能原理是借助水流压力使滴头内弹性硅胶片改变出水口断面，当水压力较大时，弹簧片使出水口变小，反之亦反，从而使滴头出水稳定。该类滴头灌水均匀度高，具有自动清洗功能，特别适用于起伏地形、压力不均衡和毛管较长的情况。

(2) 滴灌管（带）。滴灌管（带）是指滴头与毛管制成一体，兼有输水和滴水功能的软管（带）。按滴灌管（带）的结构可分为内镶式滴灌管和薄壁滴灌带两种。其中内镶式滴灌管是在毛管制造过程中，将预先制造好的滴头镶嵌在毛管内，内镶滴头有两种，一种是片式，另一种是管式；薄壁滴灌带有两种，一种是在0.2～1.0mm厚的薄壁软管上按一定间距打孔，灌溉水由孔口喷出湿润土壤。另一种是在薄壁管的一侧热合出各种形状的流道，灌溉水通过流道以滴流的形式湿润土壤。如边缝式薄膜毛管滴头，压力水流通过毛管，再经其边缝上的细微通道滴入土壤，如图8-19 (a) 和图8-19 (b) 所示。

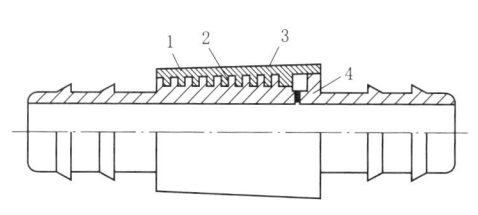

图8-18 管式滴头
1—滴头套；2—滴头芯；3—螺纹流道槽；4—进水口

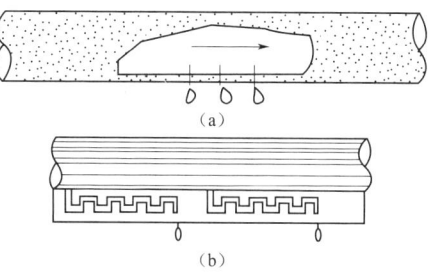

图8-19 边缝式薄膜毛管滴头
(a) 滴灌管；(b) 滴灌带

(3) 微喷头。微喷头是指将有压水流粉碎成细小水滴，实行喷洒灌溉的微小喷头。微喷头也是喷头的一种，只是它具有体积小、压力低、射程短、雾化好等特点。小的微喷头外形尺寸只有 0.5～1.0cm，大的也只有 10cm 左右；其工作压力一般在 50～300kPa 左右。因此微喷头的结构一般要比喷头简单得多，多数是用塑料一次压注成形的，复杂一些的也只有五六个零件。也有用金属做的或采用一些金属部件。喷嘴直径一般小于 2.5mm；单个微喷头的喷水量一般不大于 300L/h。由于微喷头主要是作为一种局部灌水方法，所以不要求微喷头具有很大的射程，一般微喷头的射程从 0.1～0.5m 到 6～7m 不等。

按照结构和工作原理，微喷头分为射流旋转式（图 8-20）、折射式（图 8-21）、离心式（图 8-22）和缝隙式（图 8-23）4 种。

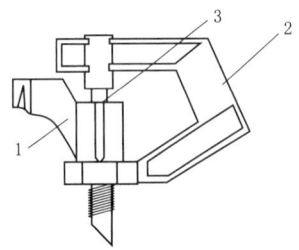

图 8-20 射流旋转式微喷头
1—旋转折射臂；2—支架；3—喷嘴

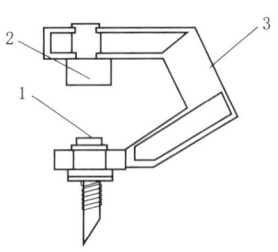

图 8-21 折射式微喷头
1—喷嘴；2—折射锥；3—支架

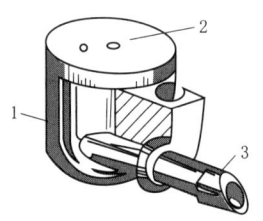

图 8-22 离心式微喷头
1—离心室；2—喷嘴；3—接头

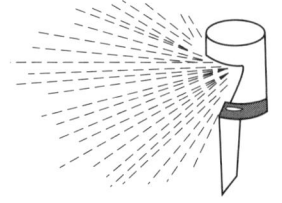

图 8-23 缝隙式微喷头

(4) 微喷带。微喷带是指微灌中兼有输水和喷水功能的末级管（带）。微喷带又称多孔软管、喷水带、喷水管和喷灌带。详见第一节喷灌设备中的喷灌带。

(5) 涌水器。涌水器也叫小管出流灌水器，简称小管灌水器，是指由 ϕ4mm 的小塑料管和连接插入的毛管壁而成。如图 8-24 所示。它的工作水头低，孔口大，不容易被堵塞。为增加毛管铺设长度，减少毛管首末端流量的不均匀性，通常在小塑料管上安装稳流器，如图 8-24（b）所示。这种稳流器在一定压力范围内（30～400kPa），出流量保持不变。

灌水器应根据水质情况分析评价其堵塞的可能性，并根据分析结果对水质做相应处理。微灌灌水器堵塞评价可按表 8-14 执行。

第二节 微 灌

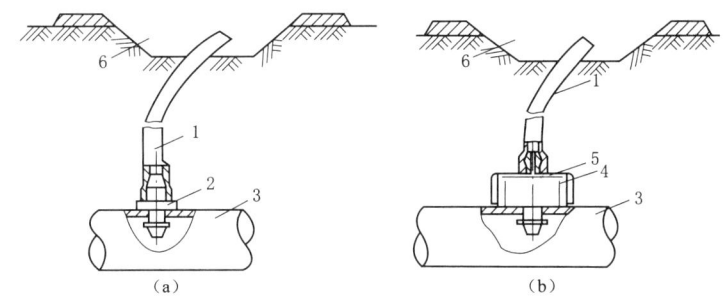

图 8-24 小管灌水器
(a) 无稳流器的小管灌水器; (b) 安装稳流器的小管灌水器
1—小管; 2—接头; 3—毛管; 4—稳流器; 5—胶片; 6—渗水沟

表 8-14 微灌灌水器堵塞评价

水质分析指标	堵 塞 的 可 能 性		
	低	中	高
悬浮固体物/(mg/L)	<50	50~100	>100
硬度/(mg/L)	<150	150~300	>300
不溶固体/(mg/L)	<500	500~2000	>2000
pH 值	5.5~7.0	7.0~8.0	>8.0
Fe 含量/(mg/L)	<0.1	0.1~1.5	>1.5
Mn 含量/(mg/L)	<0.1	0.1~1.5	>1.5
H_2S 含量/(mg/L)	<0.1	0.1~1.0	

(二) 过滤器

过滤器是指安装在微灌系统中过滤水体中杂质的装置,包括砂过滤器、筛网过滤器、叠片过滤器、离心式过滤器等。筛网过滤器是指用筛网滤除灌溉水中杂质的设备。砂石过滤器是指用砂石介质滤除灌溉水中杂质的设备。叠片过滤器是指叠在一起的表面具有细线槽的塑料片滤除灌溉水中杂质的设备。离心式过滤器是指利用旋流使水和砂粒分离的设备,又称为旋流水砂分离器。

(1) 砂过滤器。又称介质过滤器,是利用砂石作为过滤介质的一种过滤设备。分为单罐反冲洗砂过滤器和双罐反冲洗砂过滤器两种,如图 8-25 和图 8-26 所示。这种过滤器主要用于水库、塘坝、沟渠、河流及其他敞开水面水源。可分离水中的水藻、漂浮物、有机杂质及淤泥等。

(2) 筛网过滤器。它的过滤介质是尼龙筛网或不锈钢筛网,主要由进水口、滤网、出水口和排污冲洗口等组成,如图 8-27 所示。主要用于灌溉水质较好或水质较差时与其他类型过滤器的组合使用,作为末级过滤设备。筛网过滤器价格低、结构简单、使用方便,在国内外微灌系统中使用最为广泛。

(3) 叠片过滤器。叠片过滤器是用数量众多的带沟槽的薄塑料圆片作为过滤介质。工作时水流通过叠片,泥沙被拦截在叠片沟槽中,清水通过叠片的沟槽进入下游,结构如图 8-28 所示。其特点是过滤能力大,结构简单,维护方便,适用于有机物含量较高的水质

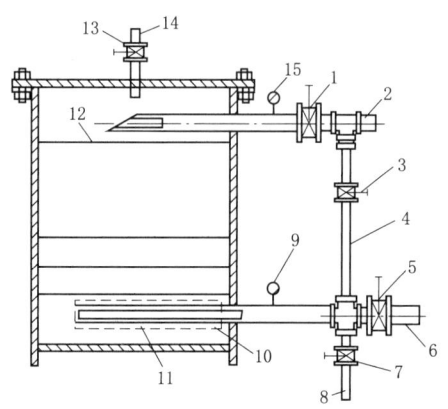
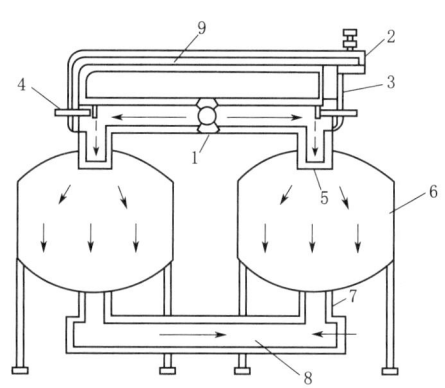

图 8-25 单罐反冲洗砂过滤器
1—进水闸；2—进水管；3—冲洗阀；4—冲洗管；
5—输水阀；6—输水管；7—排水阀；8—排水管；
9—压力表；10—集水管；11—150目网；12—过
滤砂；13—排污阀；14—排污管；15—压力表

图 8-26 双罐反冲洗砂过滤器
1—进水管；2—排污管；3—反冲洗管；
4—三向阀；5—过滤罐进口；6—过滤
罐体；7—过滤罐出口；8—集水管；
9—反冲洗管

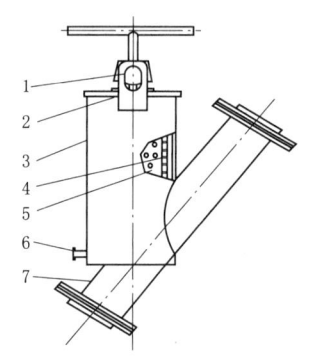
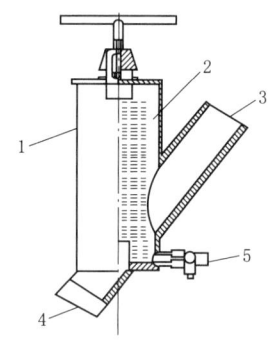

图 8-27 筛网过滤器
1—拆装口；2—密封件；3—罐体；4—进水口；
5—网芯；6—冲洗口；7—出水口

图 8-28 叠片过滤器
1—壳体；2—塑料叠片；3—进水口；
4—出水口；5—冲洗阀

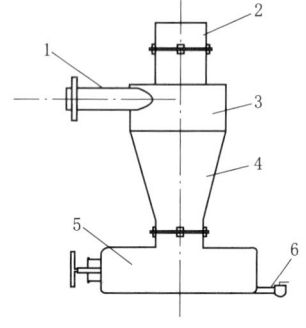

图 8-29 旋流式水砂
分离器（圆锥形）
1—进水管；2—出水管；3—旋流室；
4—分离室；5—储污室；6—排污管

条件。叠片式过滤器的冲洗也有手动和自动两种方式。

（4）旋流式水砂分离器。又称离心式过滤器，利用了旋流和离心原理分离水砂的过滤器，适用于被分离颗粒的密度大于水的密度时。因此，旋流式水砂分离器主要用于含沙水流的初级过滤，即过滤系统的第一级处理设备，靠近水井和水泵安装，最适宜去除水中的泥沙和石屑。旋流式水砂分离器结构如图 8-29 所示。

上述四大类过滤器应根据水质状况和灌水器的流道尺寸进行选择。一般要求过滤器的滤孔大小应为灌水器孔径大小的 1/10～1/7。根据杂质浓度及粒径大小，按表 8-15 选择过滤器类型及组合方式。过滤器的过流量应根据微灌系统设计流量、工作压力、水质、组合方式、配套数量及冲洗周期的要求选择。

表 8-15 过 滤 器 选 型

水 质 状 况			过滤器类型及组合方式
无机物	含量	<10mg/L	网式过滤器或叠片过滤器； 砂石过滤器＋网式过滤器或叠片过滤器
	粒径	<80μm	
	含量	10～100mg/L	离心过滤器＋网式过滤器或叠片过滤器； 离心过滤器＋砂石过滤器＋网式过滤器或叠片过滤器
	粒径	80～500μm	
	含量	>100mg/L	沉淀池＋网式过滤器或叠片过滤器； 沉淀池＋砂石过滤器＋网式过滤器或叠片过滤器
	粒径	>500μm	
有机物		<10mg/L	砂石过滤器＋网式过滤器或叠片过滤器
		>10mg/L	拦污栅＋砂石过滤器＋网式过滤器或叠片过滤器

(三) 施肥（药）装置

施肥（药）装置是指用于向灌溉水加入肥料（药）的装置。微灌系统在施肥（药）装置上游的主管路上应设置防回流装置，下游应设置过滤器，并在过滤器进出口安装压力测量装置。施肥（药）装置应根据设计流量、肥料和化学药物及其灌溉植物要求选择。对于分散小型的微灌系统施肥（药）装置，可选择文丘里注入器、压差式施肥罐，并宜有注肥量指示装置；对于规模大采用集中注肥的微灌系统，可选择注入式施肥（药）泵。

(1) 压差式施肥罐。一般由储液罐（化肥罐）、进水管、供肥液管和调压阀等组成，如图 8-30 所示。其优点是加工制造简单、造价较低和不需外加动力设备。缺点是在注肥过程中罐内溶液浓度逐渐变稀、罐体容积有限、添加化肥次数频繁且较麻烦以及输水管道因设有调压阀而造成一定的水头损失。主要用于田间、果园及蔬菜大棚的施肥灌溉。

(2) 文丘里注入器。如图 8-31 所示，其优点是构造简单，造价低廉，使用方便，主要适用于小型灌溉系统（如温室微灌）向管道注入肥料或农药。缺点是如果直接装在骨干管道上注入肥料，则水头损失较大，将文丘里注入器与管道并联安装可以克服这个缺点。

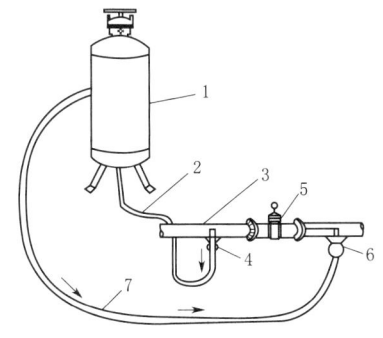

图 8-30 压差式施肥罐
1—储液罐；2—进水管；3—输水管；4—阀门；
5—调压阀门；6—供肥液管阀门；7—供肥液管

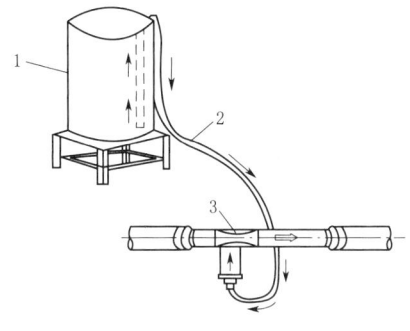

图 8-31 文丘里注入器
1—开敞式化肥罐；2—输液管；
3—文丘里注入器

(3) 施肥（药）泵。是指将肥料（药）溶液注入灌水管道中的泵机组。其优点是肥液浓度稳定不变、施肥质量好、效率高，并且可以实现灌溉液 EC、pH 值实时自动控制，即可严格控制混合比。但其吸入量不易调节且调节范围有限，工作稳定性较差、系统压力损失较大。图 8-32、图 8-33 分别为机械驱动和水力驱动施肥装置组装图。

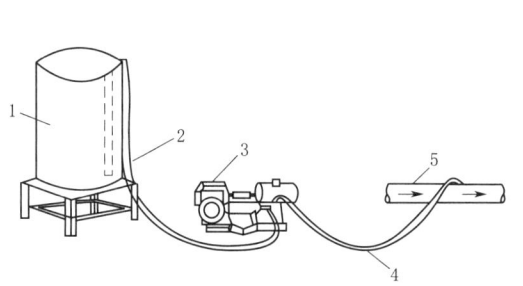
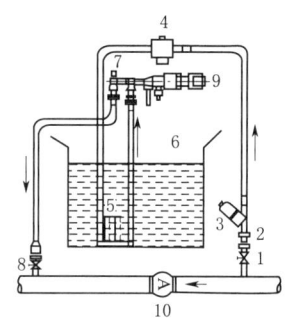

图 8-32　机械驱动活塞施肥装置组装图
1—化肥桶；2—输液管；3—活塞泵；
4—输肥管；5—输水管

图 8-33　水力驱动施肥装置组装图
1—进水阀；2—接头；3—过滤器；4—进水管；
5—肥液吸头；6—肥液；7—空气释放阀；
8—送肥阀；9—排水口；10—检查阀

(4) 开敞式肥料罐。在自压微灌系统中，使用开敞式肥料箱非常方便，只需要把肥料箱放置于自压水源（如蓄水池）的正常水位下适当的位置上，将肥料箱供水管（及阀门）与水源相连接，将输液管及阀门与微灌主管道连接，打开肥料箱供水阀，水进入肥料箱可将化肥溶解成肥液。关闭供水管阀门，打开肥料箱输液阀，化肥箱中的肥液就自动地随水流输送到灌溉管网及各个灌水器，对作物施肥。

(5) 比例式施肥泵。比例式施肥泵（又称定比稀释器）直接安装在供水管上，无须电力，而以水压作为工作的动力，只要打开水源即可。"比例性"是保持恒定的精确剂量的关键，无论流进管线的水流量和压力如何变化，注入的溶液剂量总是与流进水管的水量成正比，外部调节比例，灵活方便。抗腐蚀，安装简单，操作方便。

(四) 控制、量测与保护装置

微灌系统中的进排气阀、冲洗排污阀门、压力表、流量表等控制、量测与保护装置大部分属于供水管网的通用部件，这里只对微灌中使用的特殊装置做介绍。

(1) 压力调节器。压力调节器是指在一定工作压力范围内，上游压力变化时，能保持下游管道压力基本稳定的装置。该设备用于灌溉系统的压力偏高，而管道进口又需要一个较低的恒定压力的情况。支管进口处应有压力调节装置，以使管网压力保持稳定。

(2) 流量调节器和排污阀。流量调节器是指在一定工作压力范围内，上游压力变化时，可以自动改变过流断面，以保持流量基本稳定的装置。在支管进口处应安装流量调节装置，以控制和调节管网流量。在地埋干支管的末端、低点应设冲洗排水阀，可定期冲洗管道、排污管道中的沉积物，防止系统堵塞。

(五) 管道与连接件

(1) 对管道与连接件的基本要求。主过滤器以下至田间的管道应具有防腐功能，压力应满足设计要求，规格尺寸与公差符合技术标准，安装施工方便，抗老化、连接可靠，地表管道应不透光。支管及上游各级管道的首端应设置控制阀，地埋管道的阀门处宜设阀门井。

（2）微灌管道的种类。微灌常用的塑料管主要有 3 种：聚乙烯管（PE）、聚丙烯管（PP）和硬聚氯乙烯管（U-PVC），通常 $\phi63mm$ 以下的管采用聚乙烯管，$\phi63mm$ 以上（含 $\phi63mm$）的管采用硬聚氯乙烯管。在首部枢纽中也使用一些镀锌钢管等其他管材。最常用的毛管直径为 10～16mm。毛管一般选用同一直径，中间不变径。微灌常用 PE 管规格参数见表 8-16。

表 8-16　　　　　　　　微灌系统常用 PE 管规格参数

公称外径 /mm	公称压力/MPa				
	0.32	0.4	0.6	0.8	1.0
	公称壁厚/mm				
16					2.3
20				2.3	2.3
25			2.3	2.3	2.3
32			2.3	2.4	2.9
40		2.3	2.3	3.0	3.7
50		2.3	2.9	3.7	4.6
63	2.3	2.5	3.6	4.7	5.8
75	2.3	2.9	4.3	5.6	6.8
90	2.8	3.5	5.1	6.7	8.2
110	3.4	4.2	6.3	8.1	10.0
125	3.9	4.8	7.1	9.2	11.4
140	4.3	5.4	8.0	10.3	12.7
160	4.9	6.2	9.1	11.8	14.6
180	5.5	6.9	10.2	13.3	16.4
200	6.2	7.7	11.4	14.7	18.2
225	6.9	8.6	12.8	16.6	20.5
250	7.7	9.6	14.2	18.4	22.7
280	8.6	10.7	15.9	20.6	25.4
315	9.7	12.1	17.9	23.2	28.6

（3）微灌管道连接件。连接件是连接管道的部件，亦称管件。管道种类及连接方式不同，连接件也不同。主要有接头、三通、四通、弯头、堵头、旁通、插杆和密封紧固件等。其材料应与管道使用材料相同，结构应达到连接牢固、密封性好，便于运输和安装等要求。

四、微灌主要技术参数

（一）灌溉设计保证率和灌溉利用系数

（1）灌溉设计保证率。以地下水为水源的微灌工程，其灌溉设计保证率不应低于

90%；其他情况下灌溉设计保证率不应低于85%。

(2) 灌溉水利用系数。灌溉水利用系数是指灌到田间用于植物蒸腾蒸发的水量与灌溉供水量的比值。滴灌不应低于0.9，微喷灌、涌泉灌不应低于0.85。

(二) 设计土壤湿润比

土壤湿润比是指在计划湿润层内，湿润土体与总土体的体积比（一般用百分数表示）。微灌设计土壤湿润比应根据自然条件、植物种类、种植方式及灌水方式，并结合当地试验资料确定。无实测资料时可按表8-17选取，并根据灌水器设计参数和毛管布置方式等对所选取湿润比进行复核。

表8-17　　　　　　　　　微灌设计土壤湿润比参考值　　　　　　　　　%

植物种类	滴灌、涌泉灌	微喷灌	植物种类	滴灌、涌泉灌	微喷灌
果树	30~40	40~60	人工灌木林	30~40	—
乔木	25~30	40~60	蔬菜	60~90	70~100
葡萄、瓜类	30~50	40~70	小麦等密植作物	90~100	
草灌木（天然的）	—	100	马铃薯、甜菜、棉花、玉米	60~70	
人工牧草	60~70	—	甘蔗	60~80	

注　干旱地区宜取上限值。

(三) 设计需水强度

设计需水强度是指设计年植物需水高峰期的日平均需水量。设计需水强度应由当地试验资料确定。无实测资料时，可通过计算或按表8-18选取。

表8-18　　　　　　　　　设计需水强度参考值　　　　　　　　　单位：mm/d

植物种类	滴灌	微喷灌	植物种类	滴灌	微喷灌
葡萄、树、瓜类	3~7	4~8	蔬菜（保护地）	2~4	—
粮、棉、油等植物	4~7	—	蔬菜（露地）	4~7	5~8
冷季型草坪	—	5~8	人工种植的紫花苜蓿	5~7	
暖季型草坪	—	3~5	人工种植的青储玉米	5~9	

注　1. 干旱地区宜取上限值。
　　2. 对于在灌溉季节敞开棚膜的保护地，应按露地选取设计需水强度值。
　　3. 葡萄、树等选用涌泉灌时，设计需水强度可参照滴灌选择。
　　4. 人工种植的紫花苜蓿和青储玉米设计需水强度参考值适用于内蒙古、新疆干旱和极度干旱地区。

(四) 灌水均匀度

灌水均匀度是表示微灌系统中同时工作的灌水器出水量的均匀程度。微灌的灌水均匀度有多种表示方法。

1. 流量偏差率 q_v

微灌系统是由多个灌水小区组成的，每个灌水小区中有支管和多条毛管，每条毛管上又有几十个甚至上百个滴头或灌水器，由于水流在管道中流动产生水头损失的缘故，每个灌水器的出流量都不相同。当地形坡度为零时，工作水头最大的是距离支管进口最近的第一条毛管的第一个灌水器，工作水头最小的为距离支管进口最远的一条毛管的最末一个灌水器，微灌系统的灌水均匀度是通过限制灌水小区中灌水器的最大流量差来保证。这个流量差异，一般用流量偏差率来表示，见式（8-28），也可用水头偏差率进行计算，见式（8-29）。微灌系统灌水小区内灌水器设计允许流量偏差率不应大于20%。

$$q_v = \frac{q_{\max} - q_{\min}}{q_d} \times 100 \tag{8-28}$$

$$h_v = \frac{h_{\max} - h_{\min}}{h_d} \times 100 \tag{8-29}$$

式中：q_v 为流量偏差率，%；$q_{\max}$、$q_{\min}$ 分别为灌水器最大和最小流量，L/h；q_d 为灌水器设计流量，L/h；$h_{\max}$、$h_{\min}$、h_d 分别为灌水器最大工作水头、最小工作水头和设计水头，m。

灌水器工作水头偏差率与流量偏差率之间的关系可用式（8-30）表示：

$$h_v = \frac{q_v}{x}\left(1 + 0.15 \frac{1-x}{x} q_v\right) \tag{8-30}$$

式中：x 为灌水器流态指数，其余符号意义同前。

2. 克里斯琴森均匀系数 C_u（Christiansen，1942）

微灌灌水均匀系数 C_u 公式可用式（8-31）表示：

$$C_u = 1 - \frac{\sum_1^N |q_i - \bar{q}|}{\frac{N}{\bar{q}}} \tag{8-31}$$

式中：$\bar{q}$ 为灌水器平均流量，L/h；q_i 为同时灌水的第 i 个灌水器的流量，L/h；N 为灌水器个数。

由式（8-31）可以看出，C_u 反映的是工程结束后系统应用时的灌水均匀程度。

微灌灌水均匀系数 C_u 与灌水器的流量偏差率 q_v 之间的关系见表 8-19。

表 8-19　　　　　　　　　　　C_u 与 q_v 的关系

C_u/%	98	95	92
q_v/%	10	20	30

3. Keller 灌水均匀度

美国农业部土壤保持局推荐使用一种考虑水头差异和制造偏差两个因素后的灌水均匀度表达式，称为 Keller 灌水均匀度（Keller，1975）E_u，即式（8-32）：

$$E_u = \left(1 - 1.27 \frac{C_v}{\sqrt{n}}\right)\left(\frac{q_{\min}}{q_d}\right) \tag{8-32}$$

式中：E_u 为灌水均匀度，%；C_v 为灌水器的制造偏差；n 为每株作物下安装的灌水器数目；q_d 为灌水器的平均或设计出水流量，L/h；$q_{\min}$ 为灌水小区中灌水器最小流量，L/h。

当设计灌水均匀度 E_u 确定后，由式（8-33）可以求出灌水小区中允许的最小流量 $q_{\min}$。

$$q_{\min}=\left(\frac{E_u q_d}{1-1.27\frac{C_v}{\sqrt{n}}}\right) \tag{8-33}$$

进而利用灌水器流量压力关系式（8-34）计算出灌水小区中与最小流量对应的灌水器最小水头。

$$h_{\min}=\left(\frac{q_{\min}}{k_d}\right)^{1/x} \tag{8-34}$$

式中：k_d 为灌水器流量压力关系中的流量系数；其余符号意义同前。

而灌水小区中灌水器的最大水头和最小水头与流量偏差率的关系表达式为式（8-35）：

$$\left.\begin{array}{l}h_{\max}=(1+0.65q_v)^{1/x}h_d\\ h_{\min}=(1-0.35q_v)^{1/x}h_d\end{array}\right\} \tag{8-35}$$

4. 设计灌水均匀度的确定

设计均匀度一般用流量偏差率 q_v 进行计算，且 q_v 应小于20%，然后用 C_u 和 E_u 进行校核，即 $C_u=0.95\sim0.98$，$E_u=0.9\sim0.95$。

五、微灌工程规划设计

（一）微灌工程规划

(1) 勘测和收集基本资料。包括水源、气象、地形、土壤、植物、灌溉试验、能源与设备、社会经济状况和发展规划等方面的基本资料。

(2) 根据工程所处地理位置、气候条件、水土资源条件、种植作物种类、社会经济发展等实际情况，进行分区。

(3) 根据水源位置、地形和作物种植情况，进行水源工程、系统选项、首部枢纽和管网规划。具有信息监测管理和自动控制灌溉功能的系统，规划时应纳入相关内容。

(4) 提出规划报告。报告除包括以上（1）～（3）项内容外，还应包括论证工程建设的可行性论证、工程概算和规划成果图等。

（二）水源工程规划

(1) 分析水源水量、水位和水质，确定设计供水能力。

(2) 水源水量丰富时，可不做供水量计算，但应进行年内水位变化和水质分析。

(3) 以小河、山溪和塘坝为水源时，应分析计算设计水文年的径流量和年内分配。

(4) 以井、泉为水源时，应根据已有资料分析确定供水能力；无资料时，应对水井进行抽水试验，对泉水进行调查、分析、计算确定供水能力。

(5) 以水窖等雨水集蓄利用工程为水源时，应根据当地降雨和径流资料、水窖蓄水容积及复蓄状况等，分析确定供水能力。

（三）微灌系统选型与首部枢纽布置

(1) 系统选型。灌水方式应根据水源、气象、地形、土壤、植物、社会经济、生产管理水平、劳动力等条件，因地制宜地选择滴灌、微喷灌、涌泉灌等。

(2) 首部枢纽布置。首部枢纽是整个微灌系统操作控制的中心，一般首部枢纽均与水源工程相结合，具体布置应以投资少、管理方便和综合运行成本低为原则。若水源距灌区较远，首部枢纽可根据水质、水量等单独布置在灌区附近或灌区中心，也可采用组合布置，以缩短输水干管的长度、降低灌溉系统成本或系统运行成本。

（四）各级管道和灌水器的布置

微灌系统通常在地形图（比例尺一般为 1/1000～1/500）上做初步布置，然后将初步布置方案带到实地与实际地形作对照，并进行必要的修正。微灌管网布置应符合微灌工程总体要求，综合考虑地形植物、用户类型、控制方式、管理维护等因素，通过方案比较确定。管道应避免穿越障碍物，避开地下电力、通信等设施。输配水管道宜沿地势较高位置布置；支管宜垂直于植物种植行向布置，毛管宜顺植物种植行向布置。对于地形复杂或规模较大的管网，应根据地形、灌溉方式、压力要求、运行管理等进行压力分区。

在灌区很小的情况下也可在实地进行布置，但应绘制微灌系统布置示意图。

（1）毛管和灌水器布置。毛管和灌水器的布置方式取决于作物种类、生长阶段和所选用灌水器的类型。一般有单行毛管直线布置，单行毛管带绕树管布置，双行毛管平行布置，单行毛管带微管布置。

（2）干管、支管的布置。在山丘地区，干管多沿山脊或等高线布置，支管则垂直于等高线向两边的毛管配水。在水平地形，干管、支管应尽量双向控制，两侧布置下级管道，以节省管材。当地形水平并采用"丰"字形布置时，干管、支管可分别布置在支管和毛管的中部，如图 8-34 (a) 所示。当沿毛管方向有坡度时，支管应向上坡方向移动，使上坡毛管长度短于下坡毛管，即存在一个支管定位的问题，如图 8-34 (b) 所示。

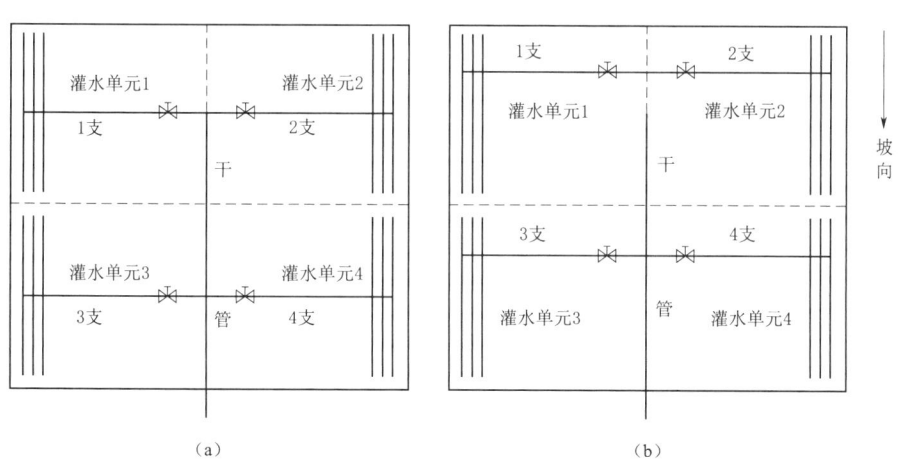

图 8-34　干管、支管布置示意图
(a) 水平地形布置；(b) 沿毛管方向有坡度

（五）灌溉制度和工作制度的拟定

1. 微灌灌溉制度的确定

（1）最大净灌水定额 m_{max}。m_{max} 可按式（8-36）计算：

$$m_{max} = \gamma H p (\theta_{max} - \theta_{min}) \tag{8-36}$$

式中：m_{max} 为最大净灌水定额，mm；γ 为土壤容重，g/cm³；H 为土壤计划湿润层深度，mm；p 为设计土壤湿润比，%；θ_{max} 为适宜土壤含水率上限（占干土重量的百分比），取田间持水量的 80%~100%；θ_{min} 为适宜土壤含水率下限（占干土重量的百分比），取田间持水量的 60%~80%。

(2) 设计灌水周期 T。设计灌水周期 T 可按式 (8-37) 计算：

$$\left.\begin{array}{l} T \leqslant T_{max} \\ T_{max} = \dfrac{m_{max}}{ET} \end{array}\right\} \tag{8-37}$$

式中：T_{max} 为最大灌水周期，d；T 为设计灌水周期，d；ET 为设计需水强度，mm/d；其余符号意义同前。

(3) 设计灌水定额 m_d。设计灌水定额 m_d 可按式 (8-38) 计算：

$$m_d = T \cdot ET \tag{8-38}$$

$$m' = \dfrac{m_d}{\eta} \tag{8-39}$$

式中：m' 为设计毛灌水定额，mm；m_d 为设计净灌水定额，mm；η 为灌溉水利用系数；其余符号意义同前。

(4) 一次灌水延续时间 t。t 可按式 (8-40) 计算：

$$t = \dfrac{m' S_e S_l}{q_d} \tag{8-40}$$

对于 n_s 个灌水器绕植物布置时

$$t = \dfrac{m' S_r S_t}{n_s q_d} \tag{8-41}$$

式中：t 为一次灌水延续时间，h；S_e 为灌水器间距，m；S_l 为毛管间距，m；S_r 为植物的行距，m；S_t 为植物的株距，m；n_s 为每株植物的灌水器个数；其余符号意义同前。

(5) 灌水次数和灌溉定额。应用微灌灌水，作物全生育期（或全年）的灌水次数比地面灌和喷灌等灌水次数要多，并与所灌植物、系统类型、水源条件等密切相关。灌水次数应根据当地试验资料或调查群众的灌水经验进行确定。全生育期（或全年）微灌各次灌水定额之和即为微灌灌溉定额。

2. 微灌系统工作制度的确定

微灌系统的工作制度有续灌和轮灌两种方式。不同的工作制度要求系统的流量不同，因而工程费用也不同。在确定工作制度时，应根据作物种类、水源条件和经济状况等因素做出合理选择。

(1) 续灌。续灌是对系统内全部管道同时供水的一种工作制度，对于微灌系统而言，一般指干管进行续灌。其优点是管理简单，灌溉供水时间短，有利于其他农事活动的安排。缺点是干管流量大，工程投资和运行费用高，设备利用率低，适用于水源不足时的小面积灌溉。

(2) 轮灌。轮灌是将支管分成若干组，由干管轮流向各组支管供水，而各组支管内部同时向毛管供水。其优点是工程投资小，设备利用率高，系统流量小，适用于面积较大的地块微灌。

(3) 轮灌组数的确定。按照作物的需水要求，全系统的最大轮灌组数 N 为

$$N \leqslant \frac{CT}{t} \quad (8-42)$$

式中：C 为系统日工作时间，要根据当地水源和农业技术条件确定，一般不超过22h；其余符号意义同前。

（六）微灌系统流量计算

(1) 毛管流量计算。一条毛管的进口流量为灌水器或出水口流量之和。

(2) 支管流量计算。支管流量一般分段计算，支管各段流量等于该段上同时工作的毛管流量之和。

(3) 干管流量的推算。对于支管续灌时，任一干管的流量等于该段干管以下支管流量之和；而对于支管轮灌时，任意一段干管流量等于该段干管以下最不利情况时的同时工作支管的流量之和。

(4) 灌水小区流量 Q_q。灌水小区的流量 Q_q 按式（8-43）计算：

$$Q_q = \frac{n_e q_d}{1000} \quad (8-43)$$

式中：Q_q 为灌水小区的流量，m^3/h；n_e 为灌水小区的灌水器个数；其余符号意义同前。

(5) 系统设计流量 Q。即系统中同时工作的灌水小区流量之和，按式（8-44）计算：

$$Q = \sum_{i=1}^{n_m} Q_{qi} \quad (8-44)$$

式中：Q_{qi} 为同时工作的第 i 个灌水小区的流量，m^3/h；n_m 为同时工作的灌水小区数量。

（七）微灌系统水力计算

1. 管道水力计算

(1) 沿程水头损失计算。微灌系统沿程水头损失可按式（8-45）计算：

$$h_f = f \frac{Q_g^m}{d^b} L \quad (8-45)$$

式中：h_f 为沿程水头损失，m；L 为管长，m；Q_g 为管道流量，L/h；d 为管道内径，mm；f 为沿程水头损失系数；m 为流量指数；b 为管径指数。

应当指出的是，式（8-45）与式（8-18）形式是相同的，但考虑到微灌的特殊性，管内流量 Q 的单位采用了与喷灌不一样的单位（L/h），相应地，与式（8-45）相应的微灌用各种管材的 f、m、b 值见表 8-20。

表 8-20   微灌用管道沿程水头损失系数、指数表

管　　材			f	m	b
硬塑料管			0.464	1.77	4.77
低密度聚乙烯管（LDPE）	$d>8mm$		0.505	1.75	4.75
	$d \leqslant 8mm$	$Re>2320$	0.595	1.69	4.69
		$Re \leqslant 2320$	1.75	1.00	4.00

注　Re 为雷诺数。

微灌系统的支管、毛管为等距、等量分流且末端无出流的多孔道时，其沿程水头损失可按式（8-46）多口系数法计算：

$$h'_f = h_f F \tag{8-46}$$

式中：h'_f 为等距、等量分流多孔道沿程水头损失，m；F 为多口系数，可查表 8-12。

(2) 局部水头损失计算。局部水头损失的计算公式为

$$h_j = \xi \frac{v^2}{2g} \tag{8-47}$$

式中：h_j 为局部头损失，m；ξ 为局部水头损失系数；v 为管中流速，m/s；g 为重力加速度，取 9.81m/s²。

当参数缺乏时，局部水头损失也可按沿程水头损失的一定比例估算。支管、毛管宜为 10%～20%。

【例 8-3】 有一滴灌支管，内径 $d=32$mm，管长 $L=100$m，上面有 20 条毛管，毛管的间距 $S=5$m，每条毛管的流量 $q=200$L/h，试计算该支管的沿程水头损失。

解：(1) 计算管道流量 Q：$Q=20 \times q = 20 \times 200 = 4000$(L/h)

(2) 计算管道沿程水头损失。由表 8-20 查得，沿程水头损失系数 f 以及指数 m、b 分别为 0.505、1.75 和 4.75，支管的局部水头损失按沿程水头损失的 15% 考虑，根据式（8-45）有

$$h_f = k \times 0.505 \times \frac{Q_g^{1.75}}{d^{4.75}} L = 1.15 \times 0.505 \times \frac{4000^{1.75}}{32^{4.75}} \times 100 = 8.28(\text{m})$$

(3) 计算支管实际水头损失。支管的出水口 $N=20$，查表 8-12 得 $F=0.396$（$x=1$），则

支管沿程水头损失 $\Delta H = h_f \times F = 8.28 \times 0.396 = 3.28(\text{m})$

2. 管网水力计算

管网水力计算是微灌系统设计的中心内容，它的任务是在满足水量和均匀度的前提下，确定管网布置中各级（段）管道的直径、长度及系统扬程，进而选择水泵型号。

(1) 微灌灌水小区中允许水头差的分配。灌水小区灌水器设计工作水头偏差应在支管、毛管间分配。当灌水小区内的灌水器为非压力补偿式或部分压力补偿式时，分配比例应通过技术经济比较确定，初估时，可各按 50% 考虑；采用全压力补偿式灌水器时，允许工作水头偏差分配给支管，即

$$\Delta H_{\text{毛}} = \Delta H_{\text{支}} = 0.5 \Delta H_s \tag{8-48}$$

$$\Delta H_{\text{支}} = \Delta H_s \tag{8-49}$$

式中：ΔH_s 为灌水小区允许的最大水头差，m；$\Delta H_{\text{毛}}$ 为毛管允许的水头差，m；$\Delta H_{\text{支}}$ 为支管允许的水头差，m。

(2) 毛管水力计算。毛管水力计算的任务是根据灌水器的流量和规定的允许流量偏差率，计算毛管的最大允许长度和实际使用长度，并按使用长度计算毛管的进口水头。

1) 毛管总水头损失的计算。微灌系统的毛管属于多口出流管，总水头损失为

$$\Delta H_{\text{毛}} = K \Delta H_{f\text{毛}} = K F h_{f\text{毛}} \tag{8-50}$$

式中：$\Delta H_{f毛}$ 为毛管的沿程水头损失，m；$h_{f毛}$ 为无旁孔出流时毛管的沿程水头损失，m；K 为考虑局部损失的加大系数，对于毛管，可取 $K=1.1\sim1.2$；其余符号意义同前。

2）毛管极限长度与实际长度的确定。满足设计均匀度要求的最大毛管长度称为毛管允许的极限长度或最大铺设长度。充分利用这个长度来布置管网，可以节省投资。

对于地形坡度为 0 的情况，毛管允许的极限长度 L_m 为

$$L_m = \text{INT}\left(\frac{5.446\Delta H_{毛} D^{4.75}}{KSq_a^{1.75}}\right)^{0.364} S \tag{8-51}$$

式中：S 为毛管上出水孔间距，m；D 为毛管内径，mm；K 为毛管局部水头损失加大系数；其余符号意义同前。

式（8-51）计算得到的是毛管极限长度，田间布置的实际长度必须小于极限长度。当确定了毛管的实际铺设长度，并考虑地形高差后，计算出毛管实际的水头差 $\Delta H_{毛实际}$，此时，支管允许的水头差变为

$$\Delta H_{支实际} = \Delta H_s - \Delta H_{毛实际} \tag{8-52}$$

（3）支管水力计算。如果将每条毛管（毛管单向布置）或每对毛管（毛管双向布置）看作是支管上的一个出水口，则支管也为多口出流管。如果支管上每个出口的流量相同，即支管每个出口所带的毛管长度相同，则支管为多口等流量出流管道。如果假定了支管直径，则支管的水头损失可以算出。由于支管向两侧毛管供水，属于沿程出流管，支管内的流量自上而下逐步减少，因此支管既可采用等径管，也可采用变径管。等径支管的水头损失计算同毛管水头损失的计算。为了节省管材，减少工程投资，通常将一条支管分段设计成几种直径，这种支管称为变径支管。在计算每一段支管的水头损失时，可以将某段支管及其以下的长度看成与计算段直径相同的支管，对于最后一段支管，则按均一管径支管计算。具体计算方法可参考 GB/T 50485—2020《微灌工程技术标准》附录 B。

（4）干管水力计算。当支管进口安装有压力调节装置时，干管或分干管的管径选择不受灌水小区内允许的压力变化的影响，管径的选择主要基于投资和能耗而定。支管以上各级管道管径的确定，一般按经验公式（8-15）和式（8-16）估算。

干管水力计算按两个阶段进行，首先按最不利的轮灌组从下而上计算水头损失，确定各段干管的直径和干管进口水头。由于干管上的分水口间距大，自下而上逐段按沿程无分流管计算水头损失。待确定了干管入口工作水头和系统水泵型号后，再由上而下逐段计算其他轮灌组工作条件下支管分水口处的干管压力，然后根据支管分水口处的干管压力与支管进口的压力要求，确定分干管管径或支管进口压力调节器的规格和型号。

3. 微灌系统设计水头计算

微灌系统设计水头，应在最不利轮灌组条件下按式（8-53）计算：

$$H = Z_p - Z_b + h_0 + \sum h_f + \sum h_j \tag{8-53}$$

式中：Z_p 为典型灌水小区管网进口的高程，m；Z_b 为系统水源的设计水位，m；h_0 为典型灌水小区进口的工作水头，m，包括小区的过滤、施肥（药）等附属设施所消耗的压力水头；$\sum h_f$ 为系统进口至典型灌水小区进口的管道沿程水头损失，m，含首部枢纽沿程水头损失；$\sum h_j$ 为系统进口至典型灌水小区进口的管道与设备的局部水头损失，m，含首部枢纽局部水头损失。

4. 初选泵型和动力

根据式（8-44）计算的系统设计流量和式（8-53）计算的设计扬程，可从水泵样本中选取相应的水泵型号。一般水源设计水位或最低水位与水泵安装高度（泵轴）间的高差超过8.0m以上时，宜选用潜水泵；反之，则可选用离心泵等。并应根据水泵的要求，选配适宜的动力机。在电力有保证的条件下，动力机应首选电动机。

5. 水泵工况点校核与节点的压力均衡

根据最不利轮灌组选定水泵型号后，还应核算其他轮灌组的水泵工作点，以确定水泵是否在高效区工作。

计算其他轮灌组工作条件下干管在各支管分水口处的压力，然后根据支管分水口处的干管压力与支管进口的压力要求，确定分干管管径或支管进口压力调节器的规格和型号，也可在支管进口与第一条毛管之间安装一定长度的较小管径规格的毛管段来消去支管进口多余的水头。

第三节 管 道 输 水 灌 溉

一、管道输水灌溉的概念及优缺点

管道输水灌溉是由水泵加压或自然落差形成的有压水流通过管道输水到田间给水装置，采用地面灌溉的方法，简称管灌。输水管道设计工作压力一般小于1.0MPa，最不利点给水装置出口压力小于0.02MPa。它是以管网来代替明渠输水、配水，而在田间灌水上，仍然采用畦灌、沟灌和格田灌等地面灌水方法。

管道输水过程中管道水利用系数不低于0.95，管道输水灌溉又比喷灌和微灌要求的压力低，节能效果明显。管道输水灌溉一般可减少占地2%～4%，且输水速度快，浇地效率可提高一倍，用工减少一半以上。管道输水灌溉，减少了水量损失，可有效地扩大灌溉面。管道输水比渠道输水供水及时，有利于适时适量灌溉，从而为作物增产增收创造了条件。

管道输水灌溉仍属于地面灌溉范畴，如何更好地与地面节水技术有效衔接，需要不断地探索与实践。

二、管道输水灌溉系统的组成与类型

1. 管道输水灌溉系统的组成

管道输水灌溉系统是指通过管道将水从水源送到田间进行灌溉的各级管道及附属设施组成的系统。一般可将输水灌溉系统分为水源与取水工程、输配水管网、田间灌水系统、附属建筑物和装置等4部分。

（1）水源与取水工程。管道输水灌溉系统的水源有井、泉、渠道、塘坝、河流、湖泊和水库等。水质应符合GB 5084—2021《农田灌溉水质标准》要求，且不含有大量杂草和泥沙等杂物。

管道输水灌溉系统取水工程的形式主要取决于水源种类，其作用是从水源取水，并进行处理以符合管网与灌溉在水量、水质和水压3方面的要求。

（2）输配水管网。输配水管网是指管道输水灌溉系统中的各级管道、管件（出水口、

三通、四通、变径接头、弯头等)、分水设施、保护装置和其他附属设施。在面积较大的灌区，管网可由干管、分干管、支管、分支管等多级管道组成。

(3) 田间灌水系统。田间灌水系统是指分水口以下的田间部分。作为整个管道输水灌溉系统，田间灌水系统是节水灌溉的重要组成部分，为达到灌水均匀、减少田间输水及灌水损失，提高整个系统水的利用系数的目的，灌溉田块通常应进行土地平整，采用改进地面节水型灌溉技术，如将长畦(沟)改为短畦(沟)，水平畦灌，膜上灌，波涌灌，闸管灌，或给水栓接移动软管。其中闸管系统是解决向畦中灌水水量损失较好的措施之一。

(4) 附属建筑物和装置。由于管道输水灌溉系统一般都有 2~3 级地埋固定管道，因此必须设置各种类型的建筑物或装置。例如引水取水建筑物、分水配水建筑物、交叉建筑物、田间出水口和给水栓、管道附件等。

2. 管道输水灌溉系统的分类

按管道形式可分为开敞式管道系统、封闭式管道系统和半封闭式管道系统；按系统可移动程度可分为固定式、半固定式和移动式；按管网形式可分为树枝状管网和环状管网。

三、管材及附件

1. 管材

(1) 管材与管件选用的基本要求。同一区域宜选用同一种管材；管线复杂或前后段压力相差 1 倍时可分段选择不同材质的管材；管径小于 400mm 时宜选用塑料管材，地形复杂或寒冷地区宜选用聚乙烯塑料管道；管径大于 400mm 时可选用混凝土管、钢筋混凝土管、玻璃钢管、钢筒混凝土管、球墨铸铁管等；山丘区等需要明铺管时，宜选用球墨铸铁管、钢管、或钢筋混凝土管；塑料管材允许工作压力不应低于管道设计工作压力的 1.5 倍。

(2) 管材类型。按管道材质用途可分为地埋暗管管材和地面移动管材两类。地埋暗管管材主要有：塑料硬管；薄壁聚氯乙烯硬管；聚氯乙烯双壁波纹管；水泥制品管、石棉水泥管；灰土管；混凝土管、钢筋混凝土管、钢筒混凝土管；玻璃钢管；球墨铸铁管等。地面移动管材主要有：塑料软管，NG 涂塑软管。

2. 管件与附属设施

(1) 管件。管件包括弯头、接头、堵头、三通、四通、变径管、闸阀及给水立管等。从材质上又分为混凝土、塑料、钢、铸铁等不同原材料制成的管件。

1) 塑料管件。一般情况下都是与管路尺寸相配套的定型产品，有时也可用塑料管进行加工、焊接，满足特殊部位的要求，当地面易发生不均匀沉陷时，个别部位需制作钢管件。

2) 混凝土管件。混凝土管件的接口一般做成子母口型的母(承)口，其形状和尺寸可参考Ⅲ型混凝土管承口的设计规范。

3) 钢管管件。一般公称直径小于 50mm 者可采用螺纹连接；对公称直径大于 50mm 者，为了与水表、闸阀等管件连接，可采用法兰连接。

(2) 附属设备。附属设备主要包括出水口及给水栓、安全保护装置、分水和退水装置、量测装置等。

1) 出水口及给水栓。出水口是指把地下管道系统的水引出地面进行灌溉的放水口，一般不能连接地面移动软管,如图8-35所示;给水栓则能与地面软管连接,可调节出水流量,如图8-36、图8-37所示。

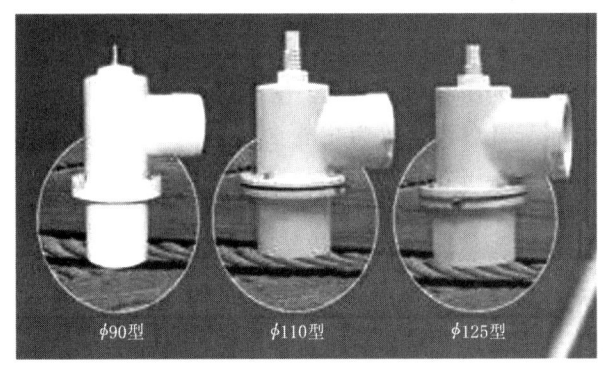

图 8-35 出水口

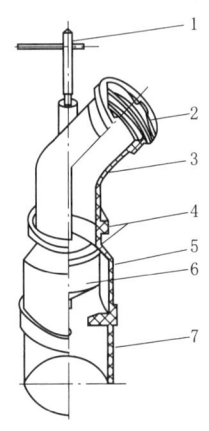 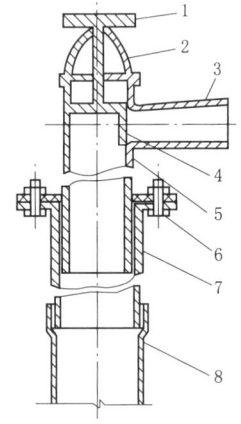

图 8-36 G1Y1-S型球阀移动式给水栓　　图 8-37 G2G1-S型平板阀固定式给水栓
1—操作杆;2—快速接头;3—上栓壳;　　　1—开关手轮;2—冲土冒;3—出水嘴;
4—密封胶圈(垫);5—下栓壳;　　　　　　4—阀门;5—升降管;6—双层橡胶圈;
6—浮子;7—连接管　　　　　　　　　　　7—外套管;8—立管

2)安全保护装置。主要有进(排)气阀(图8-38)、多功能保护装置(图8-39)、安全阀、调压装置、逆止阀等,它们与管材、管件连成一体组成完整的管网系统。

3)分水装置。分水装置主要有箱式控水阀和分水闸门。箱式控水阀是一种集控制、调节、汇水、分水于一体的控制装置,其作用主要是将管网系统分成几个独立的部分。当其中一部分管道需要维修时,可关闭该部分管道而不影响其余管线的正常工作,从而提高供水保证率,如图8-40所示。分水闸门根据连接管道的不同有多种类型,图8-41所示为主要适用于混凝土管道系统的分水闸门,用于控制支管的输水和配水。

4)退水装置。退水装置是管道灌溉的必须装置。地下管道部分,安装退水装置,在管道需要维修时或北方的管道工程过冬时,将管道中的积水排出。常见的退水装置有设于管道末端的排水井和设于首部的退回水井。

第三节 管道输水灌溉

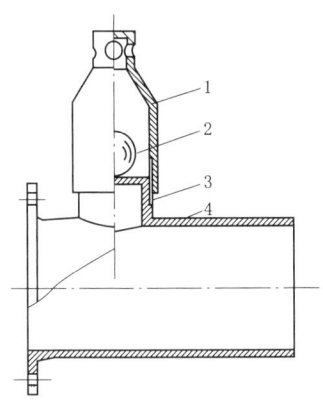

图 8-38 JP3Q-H/P 型球阀进（排）气阀
1—阀室；2—球阀；3—球算管；4—法兰管

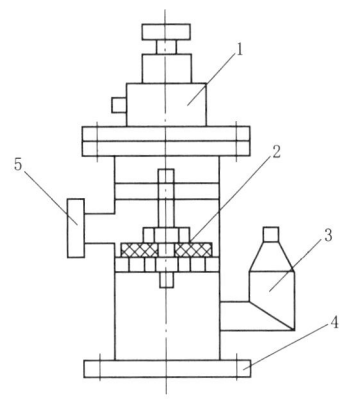

图 8-39 AJD 型多功能保护装置结构示意图
1—安全阀；2—止回阀阀瓣；3—进（排）气阀；
4—与水泵连接的法兰；5—与地下管道连接的法兰

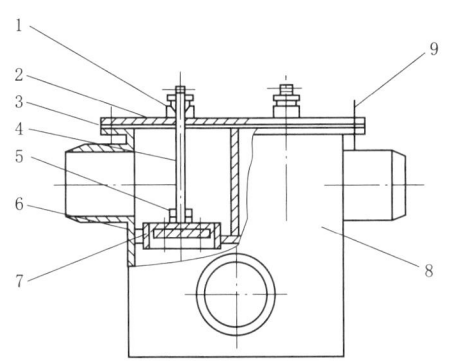

图 8-40 三通式 JN 型箱式控水阀
1—填料函；2—阀顶盖板；3—密封胶垫；4—螺杆；
5—活节套；6—阀瓣；7—阀座；8—箱体；9—螺栓

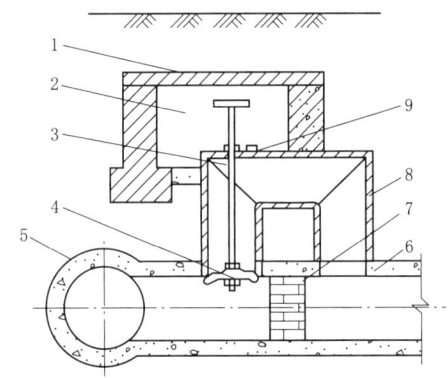

图 8-41 分水闸示意图
1—盖板；2—保护井；3—操作杆；4—阀瓣；5—干管；
6—支管；7—截流板；8—铸铁弯管；9—挂环

5) 量测装置。管道灌溉系统中常用的量测装置有压力表和流量计。

四、管道输水灌溉系统规划布置

（一）规划的主要内容和主要技术参数

(1) 规划的主要内容。①在广泛收集基本资料的基础上，论证工程建设的必要性和可行性；②确定引水水源和布置取水枢纽；③进行水量平衡分析，确定工程规模和系统控制范围；④选定最佳管道输水灌溉系统规划布置方案，进行管网水力计算；⑤进行管道结构设计，计算水泵扬程，选配水泵及动力；⑥做好田间工程规划及相关工程设计；⑦进行投资预算与效益分析。

(2) 管道输水灌溉主要技术参数。①管道系统水利用系数设计值应不低于 0.95；②田间水利用系数旱作区应不低于 0.90，水稻灌区应不低于 0.95；③计划湿润层深度宜根据当地灌溉试验资料确定；④土壤适宜含水量上下限应根据当地灌溉试验资料确定，无试验资料时,上限宜为田间持水率的85%~95%,下限宜为田间持水率的60%~70%,粮食、棉花、油料作物和果树宜取小值,蔬菜和保护地作物宜取大值;⑤设计需水强度应根据当地灌溉试验资料确定,无试验资料时,应根据气象资料采用作物系数方法分作物生育阶段计算,从中选择灌水临界期内作物最大日需水量值。缺乏气象资料时,可按表8-21选取。

表8-21　　　　　　　　　　设计需水强度

作 物	需水强度/(mm/d)	作 物	需水强度/(mm/d)
果树	5~7	蔬菜(露地)	6~8
葡萄、瓜类	4~7	粮食、棉花作物	6~8
蔬菜(保护地)	3~4	油料作物	5~7

(二) 管道系统布置

1. 地埋暗管管网布置形式

(1) 树状管网。由干管、支管或干管、支管、农管组成,并均呈树枝状布置。树状管线总长度较短,构造简单,投资较低,但管网内的压力不均匀,各条管道间的水量不能相互调剂。

1) 当控制面积较大、地块近似正方形、作物种植方向与灌水方向相同或不相同时,可布置成梳齿形(图8-42)或鱼骨形(图8-43)。

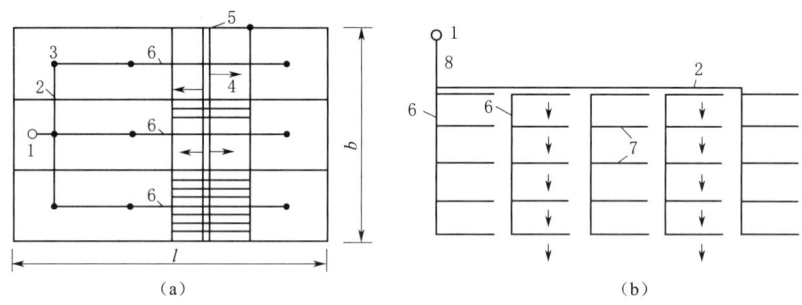

图8-42　树状管网梳齿形布置示意图
(a) 水源双向供水;(b) 水源单向供水
1—水源;2—干管;3—出水口或给水栓;4—灌水方向;5—双向控制毛渠或移动管;
6—支管;7—农管;8—主管

2) 水源位于田块一侧,树枝状管网呈"一"字形布置(图8-44)、T形(图8-45)、L形(图8-46)布置。这3种形式主要适用于控制面积较小的井灌区,一般井的出水量为20~40m³/h,控制面积45~105亩,田块的长宽比(l/b)不大于3的情况,多用地面移动软管输水和浇地,管径为100mm左右,长度不超过400m。

(2) 环状管网。干管、支管均呈环状布置。其优点是供水安全可靠,管网内水压力较均匀,各条管道间水量调配灵活,有利于随机用水;但管线总长度较长,投资高于树状管网。

1) 水源位于田块一侧,控制面积在150~300亩的布置形式,如图8-47 (a) 所示。

2) 水源位于田块中心,控制面积为100~150亩、田块长宽比不大于2的布置形式,如图 8-47 (b) 所示。

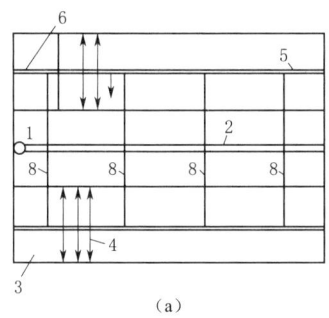
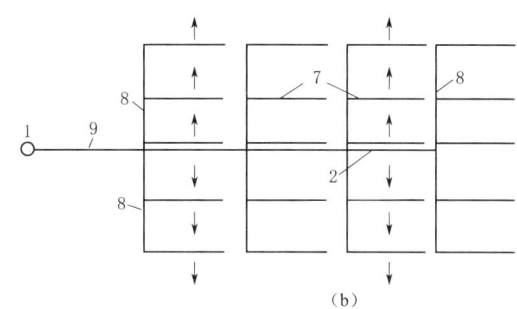

图 8-43 树状管网鱼骨形布置示意图
(a) 支管直接向毛渠或移动管供水双向灌溉；(b) 支管向农管供水单向灌溉
1—水源；2—干管；3—灌水畦（沟）；4—灌水方向；5—出水口或给水栓；
6—双向控制毛渠或移动管；7—农管；8—支管；9—主管

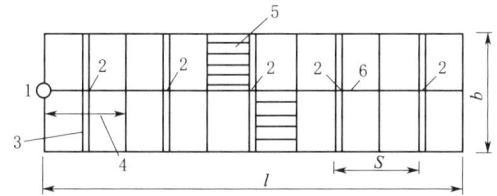
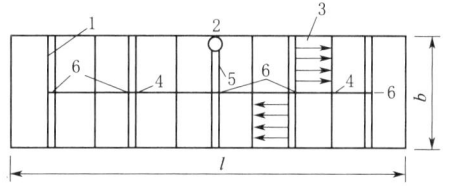

图 8-44 树状管网"一"字形布置示意图
1—水源；2—出水口或给水栓；3—双向控制毛渠或移动管；
4—灌水方向；5—灌水畦（沟）；6—干管

图 8-45 树状管网 T 形布置示意图
1—双向控制毛渠或移动管；2—水源；3—灌水畦（沟）；4—支管；5—干管；6—出水口或给水栓

(3) 树枝-环状混合管网。当地形复杂时，常将环状与树枝状管网混合使用，形成混合状。这类管网结构复杂，管理运营不方便。大型灌区输配水管道系统一般不用考虑水量相互调配问题，所以也不采用环状管网。

2. 地面移动管网的布设和使用

地面移动管网一般只有一级或两级，其管材通常有移动软管、移动硬管和软管硬管联合运用 3 种。常见的布设形式及相应的使用方法有以下几种：

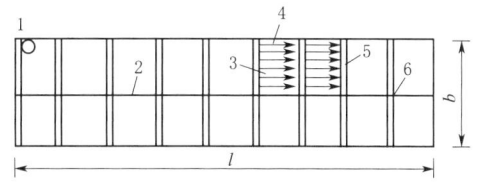

图 8-46 树状管网 L 形布置示意图
1—水源；2—干管；3—灌水畦（沟）；4—灌水方向；5—单向控制毛渠或移动管；6—出水口

(1) 长畦短灌。又称为长畦分段灌，详见第七章地面灌水技术。

(2) 长畦短灌双向灌溉。如图 8-48 所示，是在长畦短灌的基础上由一个出水口放水双向灌地的方法。其单口控制面积为 1.5~3 亩，移动管长 20m 左右。

(3) 长畦短灌单向灌溉。地面坡度较陡，灌水不宜采用双向控制时采用，如图 8-49 所示。

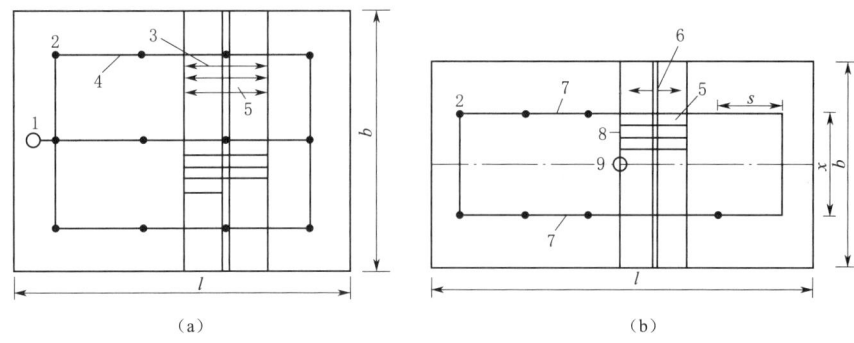

图 8-47 环状管网布置示意图
(a) 水源位于田块一侧；(b) 水源位于田块中心
1—井；2—出水口或给水栓；3—灌水方向；4—环状管道；5—灌水畦（沟）；
6—双向控制毛渠或移动管；7—支管；8—干管；9—水源

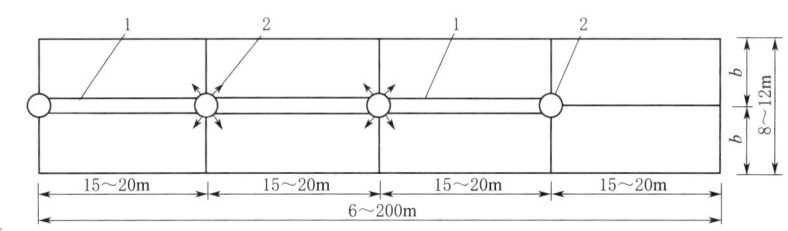

图 8-48 长畦短灌双向灌溉
1—移动管；2—出水口

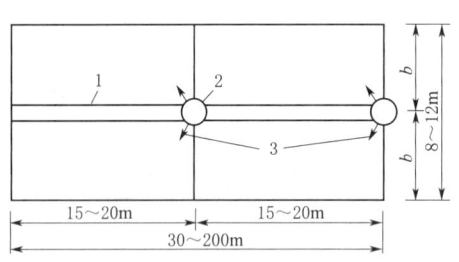

图 8-49 长畦短灌单向灌溉
1—移动管；2—出水口；3—灌水方向

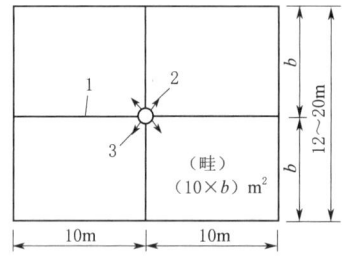

图 8-50 方畦双向灌溉
1—移动管；2—出水口；3—灌水方向

(4) 方畦双向灌溉。地面坡度小，畦的长宽比约等于 1（或 0.6～1.0）时可采用方畦双向灌溉。移动管长不宜大于 10m，畦长亦不宜大于 10m，如图 8-50 所示。

(5) 移动闸管。移动闸管是在移动管（软管或硬管）上开孔，孔上设有控制闸门，以调节放水孔的出流量。移动闸管可直接与井泵出水管口相连接，也可与地埋暗管上的给水栓相连接。闸管顺畦长方向放置。闸管长度不宜大于 20m。畦的规格及灌水方法均与移动管网相同。移动软管上的开孔间距视灌水畦、沟的布置而定。

(三) 灌溉制度设计

(1) 设计灌溉定额。设计灌溉定额应依据当地灌溉试验资料、水量平衡计算或地方相关定额标准确定。

(2) 设计净灌水定额。应按当地灌溉试验资料确定。无试验资料时,可参考邻近地区资料确定,也可按式 (8-54) 计算确定:

$$m = 1000\gamma h(\theta_{max} - \theta_{min}) \tag{8-54}$$

式中:m 为设计净灌水定额,mm;γ 为计划湿润层土壤的干容重,g/cm^3;h 为土壤计划湿润层深度,m;θ_{max} 为土壤适宜含水量上限(重量百分比);θ_{min} 为土壤适宜含水量(重量百分比)下限。

(3) 设计灌水周期。设计灌水周期应根据当地灌溉试验资料确定。无试验资料时,可参考邻近地区试验资料确定,也可按式 (8-55) 计算:

$$T_0 = \frac{m}{ET} \quad T \leqslant T_0 \tag{8-55}$$

式中:T_0 为计算灌水周期,d;T 为设计灌水周期,d;ET 为灌溉控制区内作物最大日需水量,mm/d。

(4) 给水装置的灌水延续时间。一个给水装置的灌水时间宜按式 (8-56) 计算:

$$t = \frac{mab}{1000q\eta_f} \tag{8-56}$$

式中:t 为给水装置的灌水延续时间,h;a 为支管布置间距,m;b 为给水装置布置间距,m;q 为给水装置设计流量,m^3/h;η_f 为田间灌溉水利用系数。

(5) 设计流量。给水装置设计流量应与采用的地面灌水技术要素相匹配,采用相应的方法进行计算。

(6) 给水装置 1d 工作的数量。给水装置 1d 工作的数量宜按式 (8-57) 计算:

$$n_d = \frac{t_d}{t} \tag{8-57}$$

式中:n_d 为给水装置 1d 工作数量,个;t_d 为系统日工作小时数,h。

(7) 灌溉系统同时工作给水装置数。灌溉系统同时工作给水装置数按式 (8-58) 计算:

$$n_g = \frac{N_g}{n_d T} \tag{8-58}$$

式中:n_g 为灌溉系统同时工作给水装置数,个;N_g 为灌溉系统布设的给水装置总数,个。

(8) 系统轮灌组数目的确定。管道输水灌溉宜采用轮灌方式进行灌溉,其轮灌组的划分宜按下列原则:同一轮灌组内作物种类和种植方式宜相同;每个轮灌组内工作的管道宜集中;各个轮灌组的总流量宜接近,离水源较远的轮灌组总流量可小些,但变动幅度应平稳;地形地貌变化较大时,可将高程相近地块分在同一轮灌组,同组内压力宜相近;同一轮灌组内各给水装置出口压力宜相近。轮灌组数目应根据管网系统灌溉设计流量、给水装置的设计流量及整个系统的给水装置总数,按式 (8-59) 计算确定:

$$N = \text{INT}\left(\frac{N_g}{n_g}\right) + 1 \qquad (8-59)$$

式中各符号意义同前。

(四) 设计流量确定

(1) 灌溉系统设计流量。灌溉系统的设计流量应由调整后的灌水率确定，或按式 (8-60) 计算：

$$Q_0 = \sum_{i=1}^{e}\left(\frac{\alpha_i m_i}{T_i}\right)\frac{A}{t_d \eta} \qquad (8-60)$$

式中：Q_0 为灌溉系统设计流量，m^3/h；α_i 为灌水高峰期第 i 种作物的种植比例；m_i 为灌水高峰期第 i 种作物的灌水定额，m^3/hm^2；A 为设计灌溉面积，hm^2；η 为灌溉水利用系数；e 为灌水高峰期同时灌水的作物种类数。

(2) 各级管道设计流量。

1) 树状管网各级管道或管段的设计流量，应按式 (8-61) 计算：

$$Q_{ij} = \frac{n}{n_g} Q_0 \qquad (8-61)$$

式中：Q_{ij} 为某级管道的设计流量，m^3/h；n 为管道控制范围内同时开启的给水装置个数，个；n_g 为全系统同时开启的给水装置个数，个。

2) 环状管网管道流量，按式 (8-62) 计算：

$$Q_i + \sum q_{ij} = 0 \qquad (8-62)$$

式中：Q_i 为节点 i 的节点流量，m^3/h；q_{ij} 为连接点 i 的第 j 段流量（流入节点的流量为正，流出的为负），m^3/h。

管道系统、各级管道或管段及给水装置的流量，应在管道布置及管径已定的条件下，通过水力计算确定；水泵加压的管道系统，应通过水泵工作点计算确定。

管网系统水力设计，应使同时工作各给水装置的流量满足式 (8-63) 的要求：

$$Q_{\min} \geqslant 0.75 Q_{\max} \qquad (8-63)$$

式中：$Q_{\max}$、$Q_{\min}$ 分别为同时工作给水装置中的最大流量和最小流量，m^3/h。

(五) 管道水力计算

管道水力计算的任务是计算管道水头损失，包括沿程水头损失和局部水头损失两部分。沿程水头损失的计算公式与喷灌管道水头损失计算公式相同，且 f、m、b 系数值也相同，可用式 (8-19) 和表 8-11 计算，局部水头损失也与喷灌管道局部水头损失计算相同，不再重复。

(六) 设计水头的确定

(1) 管道系统的设计工作水头，按式 (8-64) 计算：

$$H_0 = Z_g - Z_0 + h_0 + \sum h_f + \sum h_j + h_g \qquad (8-64)$$

式中：H_0 为管道系统设计工作水头，m；Z_0 为管道系统进口高程，m；Z_g 为参考点给水装置的地面高程，在平原区，参考点一般为距水源最远的给水装置的位置，m；h_0 为参考点给水装置出口中心线与地面的高差，给水装置出口中心线的高程应为其控制的田间最高地面高程加 0.15m，m；$\sum h_f$、$\sum h_j$ 分别为管道系统进口至参考点给水装置的管路沿程水头损失与局部水头损失，m；h_g 为给水装置工作水头，m。

(2) 给水装置的工作水头，应按试验或厂家提供的资料确定；无资料时，可取 0.005～0.02MPa，一般，水稻田放水口工作压力可取 0.5m 工作水头，若是给水栓工作压力可取 2m 工作水头。

(3) 管道输水灌溉系统的水泵运行扬程与流量范围，应通过水泵工作点计算确定，并使其位于水泵高效区内。水泵的设计扬程按式 (8-65) 计算：

$$H_p = H_0 + Z_0 - Z_d + \sum h_{f0} + \sum h_{j0} \tag{8-65}$$

式中：H_p 为灌溉系统水泵的设计扬程，m；Z_d 为泵站前池水位或机井动水位，m；$\sum h_{f0}$、$\sum h_{j0}$ 分别为水泵吸水管进口至管道系统进口之间的管道沿程水头损失与局部水头损失，m。

(4) 自压管道输水灌溉系统应满足以下条件：

1) 通过高位水池供水的自压灌溉管道系统应根据田间需水要求及水源供水能力，合理确定蓄水池容积及高程。

2) 从水库取水的自压管道输水灌溉系统应校核设计水位能否满足系统压力水头需求。

3) 管道设计压力不应小于工作压力与残余水击压力之和，并不应小于静水压力。

(七) 选择水泵与动力

根据计算所得的设计流量和设计扬程，查水泵的性能曲线或型谱图，选取合适的水泵，也可查水泵样本或相关的书籍选取合适水泵。采用的水泵额定流量应大于或等于管网的设计流量，额定扬程应大于或等于管网工程设计的总扬程。

水泵动力机的选配，首先考虑该地区的能源供应情况，然后结合工程实际选定。水泵最常用的动力机有电动机和柴油机。对于井泵而言，尤其是潜水泵，其水泵和电机为一体，一般为系列产品，选用时在满足设计流量和设计总扬程的前提下，选择功率较小的潜水泵型号。一般离心泵和长轴井泵的动力机可单独配置。动力机配套功率应按水泵运行可能出现的最大轴功率选配，并留有一定的储备，储备系数宜为 1.05～1.10。

第九章 暗管、鼠道及竖井排水

暗管、鼠道及竖井排水的主要作用是排除地下水和控制地下水位，是一种防治农田渍害和土壤盐渍化的有效工程技术措施。暗管排水适用于防治土壤盐渍化和排涝任务已基本解决条件下防止渍害的田间地下排水工程，鼠道排水仅适用于黏性土地区田间渍害的地下水排水，竖井排水特别适用于大面积降低地下水位，防治土壤次生盐碱化。

第一节 暗 管 排 水

一、暗管排水的概念及优缺点

利用埋设在地下的管道，排除农田土壤中多余水分的排水措施称为暗管排水。与明（暗）沟排水相比，暗管排水具有土地利用率高、管理工作量小、施工速度较快、有利于作物种植全程机械化、有利于控制地下水位和土壤脱盐、有利于提高作物产量和可用于引水灌溉等优点；另外，与竖井排水相比，暗管排水不仅能够有效解决水平不透水隔层的排水问题，且在多数情况下可自流排水，节省能源。暗管排水主要缺点是只能排地下水，不能同时排地表水，工程投资较大，施工技术要求较高，暗管易堵塞，清淤或维修较为困难。

二、暗管排水系统的组成与布置形式

1. 暗管排水系统的组成

暗管排水系统一般由吸水暗管（一般称吸水管）、集水管（或明沟）、检查井和集水井等几部分组成，如图 9-1 (a) 所示，有的还有控制口门、节制井、通风井等。吸水管一般是指埋设在田间的最末一级暗管，用于吸收和接受土壤中多余的水分。集水管（沟）是用于汇集并排泄吸水管的来水。在集水管的纵坡变化处或吸水管与集水管连接处设置检查井，用于冲沙、清淤、控制水流和管道检修。当集水管出口处的外水位较高，集水不能自流排出时，需设置集水井汇集集水管的来水，由水泵排至下一级排水沟中。

2. 暗管排水系统的布置形式

根据集水管与吸水管之间的关系，暗管排水系统平面布置有以下几种形式：

（1）吸水管与集水管（沟）呈直角正交连接，如图 9-1 (a) 所示。这种形式适用于地势平坦、田块规整的平原湖区和土地平整良好的山丘冲垄地区。若排水地段土质均匀，排水要求大体上一致，则吸水管一般可等距离布置。

（2）吸水管与集水管（沟）呈锐角斜交连接，如图 9-1 (b) 所示，图中虚线所圈范围为湿地。集水管沿洼地或山冲的轴线布置，吸水管与集水沟保持一定的交角，使吸水管获得适宜的纵坡。这种布置适用于地形比较开阔，冲谷两侧坡度比较一致的山丘地区。

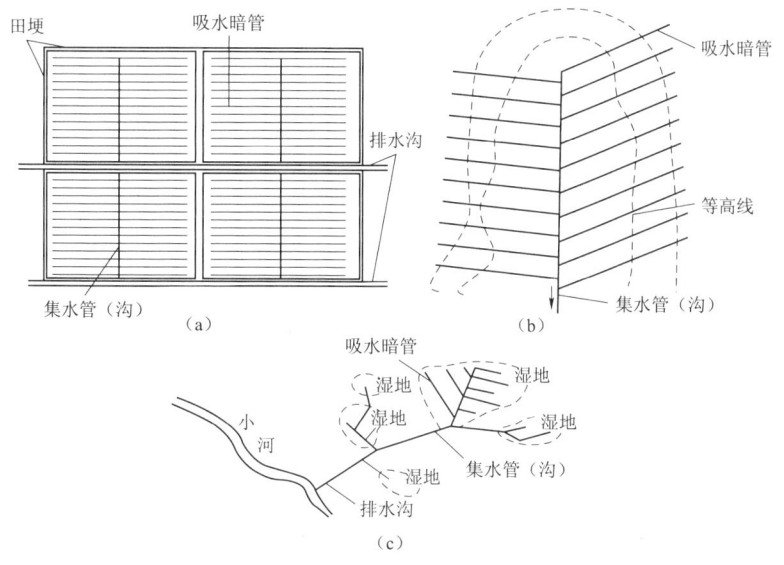

图 9-1 暗管排水系统布置形式图
(a) 吸水管与集水管正交布置示意图；(b) 吸水管与集水管斜交布置示意图；
(c) 暗管排水系统不规则布置示意图

(3) 排水系统不规则布置形式，如图 9-1 (c) 所示。在渍害田面积较小，且孤立分布，或有分散的泉水溢出点，需局部进行排水时，则需要根据地形、水文地质和土壤条件布置暗管，不要求形成等距和规则的排水系统。

3. 暗管排水系统的分类

(1) 根据暗管系统的组成，可分为单级暗管排水和多级暗管排水两种类型。

1) 单级暗管排水系统。吸水管与排水明沟（末级固定排水沟）直通时称单级暗管排水系统，如图 9-2 所示。一些地区目前田块一般宽 12～30m，长 80～100m，每个田块布设 1～2 条暗管，大的田块有时可布设 3 条暗管。这种形式具有布置简单、施工容易、投资较少、便于检查和清理的优点。缺点是出口众多，易于损坏。

2) 多级暗管排水系统。吸水管与集水管连接时称双级或多级暗管排水系统。即除吸水管外，还有 1～2 级以上的集水暗管，田间吸水管吸水后不直接排入明沟，而是由集水管的出水口排入明沟或下级集水管。也有的集水管不仅起输水作用，同时通过管端缝隙进水，也起排水作用，如图 9-3 所示。这种暗管排水系统明沟的长度大为减少，进一步节省了耕地，有利于机耕，节省了明沟的养护维修费。但这种暗管排水系统布置比较复杂，增加了检查井的数量，投资一般高于单级系统，且若某些管段发生堵塞，影响范围较大，也不便于检查与维修。多级暗管

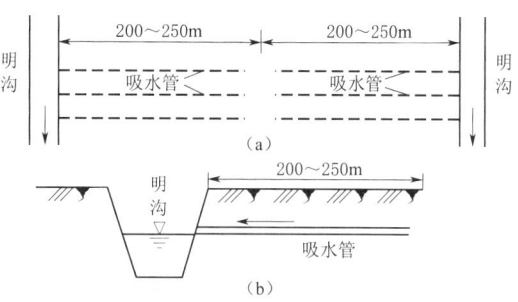

图 9-2 单级暗管排水系统
(a) 平面图；(b) 剖面图

排水系统一般要求较大的坡降，暗管出口需有较大的埋深或需修泵站抽排。

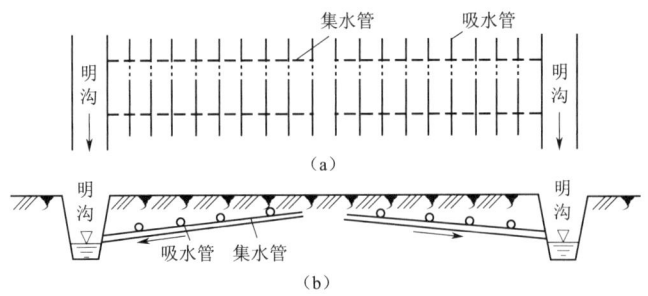

图 9-3 多级暗管排水系统
(a) 平面图；(b) 剖面图

(2) 按集水管接纳吸水管汇流的方式，可分为单向布置和双向布置暗管排水系统。

1) 单向布置暗管排水系统。一条集水管（沟）只接纳一侧吸水管的来水。如图 9-4 所示。在地面坡度较大，或受田块及其他条件限制时采用这种形式。

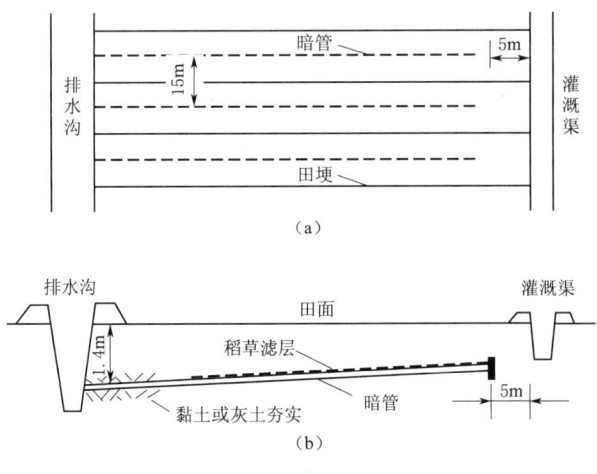

图 9-4 单向布置暗管排水系统
(a) 平面布置；(b) 纵断面图

2) 双向布置暗管排水系统。一条集水管（沟）汇集两侧吸水管的来水，这种布置可以扩大集水管控制面积，减少集水管的条数，在地势平坦的平原地区多采用这种形式。

三、暗管排水系统设计

暗管排水系统设计主要包括暗管管材的选择、暗管外包滤料、暗管的埋深与间距、暗管的设计流量、排水暗管的水力计算、检查井设计和暗管出口建筑物等。

1. 暗管管材

(1) 瓦管。瓦管是我国很早就广泛使用的一种暗管，是用普通的黏土烧制而成，一般为圆形或内圆外方形，内径 60～80mm，每节长 300～500mm，外断面 120～140mm，适宜作吸水管，也可以进行土壤排盐，如图 9-5 所示。其特点是就地取材，施工技术易掌握，造价低，但使用年限短。

(2) 水泥土管。将黏土、砂子、水泥按一定的重量配比，加适量的水混合，经挤压凝结而成型的管材。如图9-6所示，它具有良好的防水性能，抗渗性好、安全流动性高、安装方便、绿色环保、抗外压能力强、顶进施工允许顶力大、生产效率高。

(3) 灰土管。是以石灰和黏土为原料，按一定的配合比混合，并加水拌匀，经人工或机械挤压成型的管材。具有就地取材、制造和铺设简便、造价低廉等特点。灰土管一般为马蹄形或内圆外方形。管顶留有孔眼可以进水，也可靠接缝处预留缝隙进水。

(4) 混凝土管。混凝土管的种类很多，有用作排水的无砂混凝土管（也称多孔混凝土管）、带孔的水泥砂浆管（也称薄壁管）、石棉水泥管等，也有用作集水输水的普通混凝土管。其优点是制作周期比较短，硬度以及承压能力比较高，并且内壁光滑、通畅性好，但其缺点是重量大，运输不方便，易损坏，造价高，耐腐蚀性差。

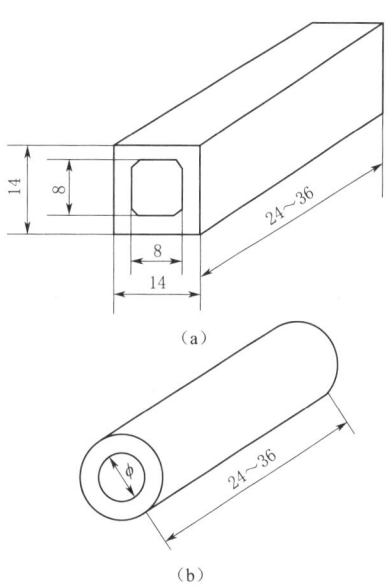

图9-5 瓦管示意图（单位：cm）
(a) 方形瓦管；(b) 圆形瓦管

(5) 塑料管。塑料管具有重量轻、耐腐蚀、易于搬运和铺设、联结简便等特点，按外形分有光滑管、波纹管（图9-7）和塑料片等3种。目前应用最多的为波纹管，它的原材料是高密度聚乙烯材料（HDPE）。波纹管有平行环状、单螺纹和双螺纹3种。环状波纹管技术参数见表9-1。用于暗管排水的波纹管在波谷内打有进水孔（缝），均匀分布于管壁周长，再加上外包滤料，可有效防止泥土淤积堵塞。

图9-6 水泥土管示意图

图9-7 波纹管示意图

表9-1　　　　　　　　　　环状波纹管技术参数

公称通径	管坯展开/mm	壁厚/mm	内径/mm	外径/mm	波距/mm
DN25	99	0.3	25±0.23	33±0.3	65±0.3
DN32	126		32±0.30	42±0.3	70±0.3
DN40	128		40±0.30	51.5±0.4	75±0.3

续表

公称通径	管坯展开/mm	壁厚/mm	内径/mm	外径/mm	波距/mm
DN50	159	0.4	50±0.30	63±0.4	90±0.3
DN65	204		65±0.30	81±0.4	104±0.4
DN80	251		80±0.30	98±0.4	114±0.4
DN100	315	0.5	100±0.30	125±0.5	145±0.4
DN125	394	0.6	125±0.40	151±0.5	180±0.5

2. 暗管外包滤料

暗管外包滤料是指包裹或充填在排水暗管周围的材料。其作用是阻止土壤颗粒进入暗管，以避免沉淀和暗管阻塞，稳定暗管周围的土壤，改善暗管通道的渗水能力，以提高暗管的排水功能。充填在暗管周围的一般称为滤层，主要用于防止土壤中的细颗粒进入暗管；放置在暗管上部或周围的外包层称为裹层，主要用于改善暗管的导水能力。

国内外使用的外包滤料一般有以下3类：①天然有机材料，如稻草、芦苇、棕皮、刨花、锯末、稻壳和泥炭等，多用于土壤淤积倾向较轻的地区；②无机材料，如砂砾、碎炉渣、碎砖瓦渣和贝壳等，无机材料耐久性好、适用性广，但重量大、用量多、运输和施工不便，且投资也较高；③人工合成材料，如透水泡沫塑料、玻璃纤维、土工织物等，其中土工织物使用较普遍，玻璃纤维一般不在铁、锰含量较高的土壤中使用。

3. 田间排水暗管的埋深与间距的确定

排水暗管的深度和间距应根据治渍或防治盐碱化的排水要求确定，吸水管的埋深应依据允许最小埋深和设计排水标准，结合灌排沟布置形式，与吸水管间距一并确定。季节性冻土地区尚应满足防止管道冻裂的要求。吸水管的允许最小埋深应为地下水位控制深度与剩余水头之和，如图9-8所示，计算公式采用式（9-1）。

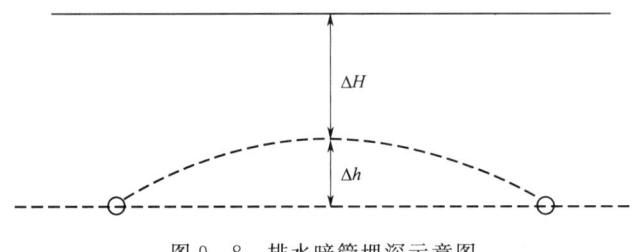

图9-8 排水暗管埋深示意图

$$h_d = \Delta H + \Delta h + h_0 \tag{9-1}$$

式中：h_d为调控地下水位的末级固定排水沟深度（吸水暗管的埋深），m；ΔH为排渍深度或防盐要求的地下水深度，m；Δh为剩余水头或滞流水头，一般采用0.2~0.3m；h_0为排地下水时暗管半径或管顶水头（当管内充满水时）。

吸水管间距的确定有3种方法：①田间排水试验法，可按SL 109—2015《农田排水试验规范》要求确定；②公式计算法，可按GB 50288—2018《灌溉与排水工程设计标准》附录G所列公式进行计算，经综合分析确定；③经验数值法，可按当地或类似地区实践经验值选用，也可按表9-2选用。

3 种方法各有优缺点,最好的办法是将三者结合起来,互相补充、验证。

表 9-2　　　　　　　　　　吸水管埋深和间距经验值

吸水管深度/m	吸水管间距/m		
	黏土、重壤土	中壤土	轻壤土、砂壤土
0.8～1.3	10～20	20～30	30～50
1.3～1.5	20～30	30～50	50～70
1.5～1.8	30～50	50～70	70～100
1.8～2.3	50～70	70～100	100～150

注　本表引自 GB 50288—2018。

集水管的埋深应保证吸水管在正常条件下自由出流,因此,集水管的埋深应低于集水管与吸水管连接处的吸水管埋深 100～200mm,间距应根据灌溉与吸水管的平面布置形式和地形确定。

4. 排水暗管的设计流量

排水暗管的设计流量可按式(9-2)进行计算。

$$Q = kqA \tag{9-2}$$

式中:Q 为暗管设计排水流量,m^3/d;k 为排水流量折减系数,可从表 9-3 查得;q 为地下水排水强度,m/d,可按 GB 50288—2018《灌溉与排水工程设计标准》附录 H 取值;A 为暗管控制排水面积,m^2。

表 9-3　　　　　　　　　　排 水 流 量 折 减 系 数

排水控制面积/hm²	<16	16～50	50～100	100～200
排水流量折减系数	1.00	1.00～0.85	0.85～0.75	0.75～0.65

与排水明沟的设计流量计算相似,排水暗管的设计流量也可按排水模数与排水控制面积的乘积进行计算,即

$$Q = qF = qBL \tag{9-3}$$

式中:Q 为排水暗管设计排水流量,m^3/s;F 为排水控制面积,km^2;q 为排水模数,$m^3/(s \cdot km^2)$;B 为暗管间距,m;L 为暗管长度,m。

5. 排水暗管的水力计算

排水暗管或其他断面形式的地下排水暗沟宜采用无压流,一般取充盈度为 0.6～0.8 的非满流输水,按均匀流公式进行计算:

$$Q = AC\sqrt{Ri} \tag{9-4}$$

式中:R 为水力半径,m;A 为暗管有效过水断面面积,m^2;C 为谢才系数,$m^{1/2}/s$;i 为管道比降,可采用管线的设计比降。

(1) 暗管的比降 i。暗管比降应保证管中流速不小于 0.3m/s 的要求。管内径(d)≤100mm 时,i 可取 1/600～1/300;当 d>100mm 时,i 可取 1/1500～1/1000。在地形平坦地区吸水管首末端高差不宜大于 0.4m,以防止首末排水不均匀。

(2) 暗管的管径 d。暗管管径大小的确定,应保证在无压流的情况下排除设计的排水

流量，结合多种因素确定。根据各地经验，通常塑料管内径为 50～75mm，当地材料管（如瓦管、水泥土管等）内径为 50～100mm。无经验数据情况下，可先行计算初定。

圆形吸水管和集水管的内径可分别按式（9-5）和式（9-6）计算：

$$d_1 = 2\left(\frac{nQ_1}{\alpha\sqrt{3i}}\right)^{3/8} \tag{9-5}$$

$$d_2 = 2\left(\frac{nQ_2}{\alpha\sqrt{i}}\right)^{3/8} \tag{9-6}$$

式中：d_1 和 d_2 分别为吸水管和集水管内径，m；n 为管的内壁糙率，光壁塑料管取 0.011，波纹塑料管取 0.016，钢筋混凝土管、混凝土管和陶土管取 0.013～0.014，石棉水泥管取 0.012；α 为与管内充盈度 a 有关的系数，可从表 9-4 得；i 为管的比降，可采用管线的比降；Q_1、Q_2 分别为吸水管和集水管的设计排水流量，m^3/s。

表 9-4　　　　　　　　管内水的充盈度 a 与系数 α 和 β 关系表

a	0.60	0.65	0.70	0.75	0.80
α	1.330	1.497	1.657	1.805	1.934
β	0.425	0.436	0.444	0.450	0.452

注　管内水的充盈度 a 为管内水深与管的内径之比值。管道设计时，可根据管的内径 d 值选取充盈度 a 值：当 $d<100$mm 时，取 $a=0.60$；当 $d=100～200$mm 时，取 $a=0.65～0.75$；当 $d>200$mm 时，取 $a=0.80$。

吸水管和集水管实际选用的内径应分别为计算内径的 1.2 倍和 1.1 倍，但最小选用值分别不得小于 50mm 和 80mm。非圆形吸水管或集水管可按断面积折算成圆形，实际采用的非圆形断面积应分别为折算断面积的 1.5 倍和 1.3 倍，并应据此进行水力计算。每条吸水管宜取同一管径，集水管可根据汇流情况分段变径。

（3）流速。圆形吸水管或集水管平均流速可按式（9-7）进行计算：

$$V = \frac{\beta}{n}\left(\frac{d}{2}\right)^{2/3} i^{1/2} \tag{9-7}$$

式中：V 为圆形吸水管或集水管平均流速，m/s；β 为与管内水的充盈度 a 有关的系数，可从表 9-4 中查得。

6. 检查井设计

修建在道路或渠、沟两侧的检查井，是为了便于检查和维修穿越道路或渠、沟段的管路而设置的。修建在集水管的纵坡变化处或集水管与吸水管连接处的检查井，是为了便于检查和维修纵坡变化段或连接段管路而设置的。

检查井的结构通常是由底板井室、盖板、调整块、井圈和井盖等部位组合而成。另外，吸水管长超过 200m，或集水管长超过 300m 应设一个检查井，以便检查、清淤和维修。井距不宜小于 50m，井径不宜小于 80cm，井的上一级管底应高于下一级管顶 10cm，井内应预留 30～50cm 的沉沙深度，以利沉沙。

7. 暗管出口建筑物

为了有效地控制地下排水系统的出流量，改善农田土壤的水分情况，一般都应该设置暗管出口排水控制设施，旱作地区可以不设或者少设。吸水管的暗管门可以逐条设置，也可以按田块多条合并设置，对于地形平坦，田面高程、作物种类和茬口、灌排要求等都一致的地段，宜在集水沟（管）出口设闸进行分区控制。

出口建筑物用来控制暗管出口排水流量，调节地下水位埋深，防止渗流冲刷破坏建筑物。暗管排水出口建筑物分为开敞式、竖井溢流式、插板式、竖井跌水式等，如图9-9所示。

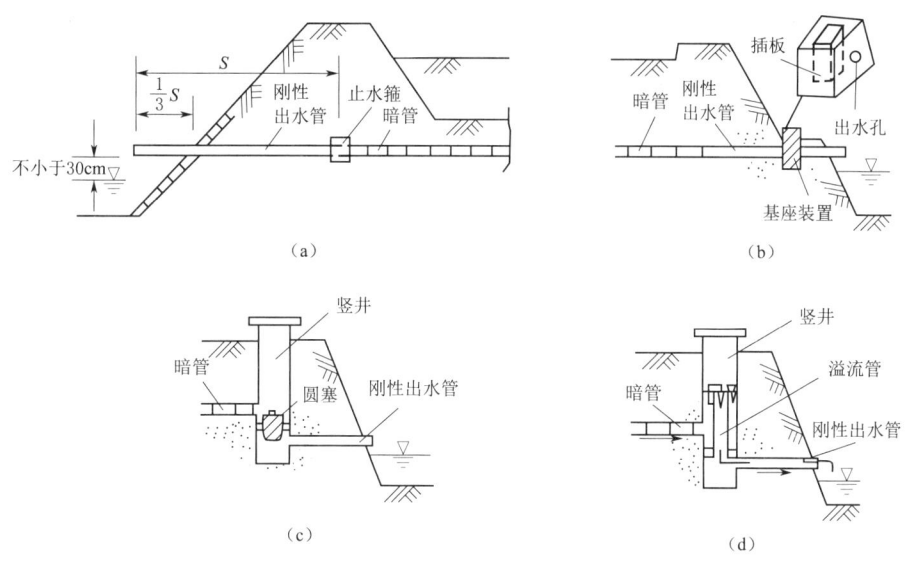

图9-9 暗管排水出口建筑物示意图
(a) 开敞式出口建筑物；(b) 插板式出口建筑物；(c) 竖井跌水式出口建筑物；(d) 竖井溢流式出口建筑物

第二节 鼠 道 排 水

一、鼠道排水概述

1. 鼠道排水的概念及原理

鼠道排水是指用特制的机具（鼠道犁）、在田面以下一定深度挤压土层，形成鼠洞状无衬砌通道，以排除土壤中多余水分的排水措施。一般也把鼠道排水归为暗管排水的一种形式。鼠道犁体由3部分组成，如图9-10所示：带有犁刀的联结板，其作用是将鼠道犁与拖拉机（或绳索牵引机）相连接，并切开土层，犁刀的厚度一般为10～20mm；安装在联结板下端的尖形钻孔器（或称弹头），长30～65cm，用以将土壤钻开小洞；挤压器是用铁链拖拉在弹头后面的圆柱形扩孔器，其作用是将弹头初步钻成的土洞挤压扩大。鼠道的形状有圆形、椭圆形、悬胆形和马蹄形等，根据我国各地经验，以悬胆形和椭圆形鼠道耐久性较好。

在鼠道犁通过时，浅层土壤由于剪力的作

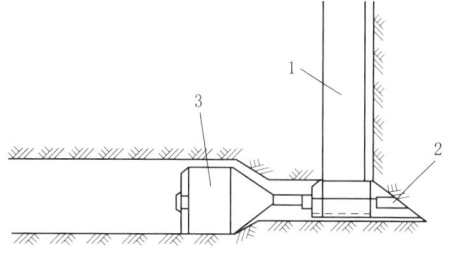

图9-10 鼠道犁体结构示意图
1—带有犁刀的联结板；2—钻孔器；3—挤压器

用被排挤向前、向两侧和向上移动，在弹头和顶部和地面之间形成一个与水平线成45°角的破坏线，如图9-11所示，使土壤形成裂缝并使土壤孔隙度和导水率增大。在降雨时地表积水和土壤中过多的水分便可通过鼠道周围和刀缝两侧的孔隙和裂隙渗入鼠道而排出。

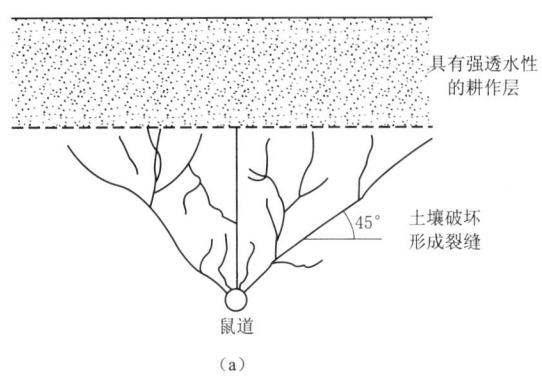

图9-11 鼠道排水原理示意图
(a) 鼠道排水原理概化图；(b) 鼠道实际剖面图

2. 鼠道排水的优缺点及适用条件

(1) 优点。排渍效果好，有利于作物增产。根据江苏省各地资料，小麦采用鼠道排水比明沟排水增产10%～20%，棉花、油菜、大豆增产10%～15%，冬瓜70%～120%，西瓜30%～40%。比明沟排水节省耕地，可提高土地利用率3%～5%；比暗管排水节省投资；机械化施工速度快，1d可施工20～40亩，节省了人力、物力，易于推广。

(2) 缺点。①使用年限较短，在黏质土壤或泥炭土中形成的鼠道，一般可维持一两年，有的可维持数年；②使用条件受限，在砂性土中打鼠道，则不易成形。

(3) 适用条件。①土质要有适宜的黏、砂粒含量，一般要求黏粒含量大于45%、砂粒含量应小于20%。黏粒含量在50%以上并具有一定塑性的黏质土，其鼠道一般可使用3～5年，有的可达10年以上；②土壤渗透系数应在0.01m/d与0.03m/d之间；③要求田面足够平整，因绝大多数鼠道施工均采用拖拉机牵引，鼠道犁造洞，且目前施工机具没有控制坡度的装置，所以施工前要进行土地平整。

二、鼠道排水的布置形式

1. 平面布置

鼠道排水系统一般由鼠道直接排入明沟或与暗管相通，然后再排入集水明沟。其布局与地形条件及排水沟网的分布有密切关系。布置在漫坡、漫岗地貌区的鼠道，其末端直接与明沟连接，称为一级鼠道排水系统（图9-12）；在线型洼地，鼠道与布置在洼地中轴线的集水暗管相通，再与周边明沟或承泄区连接，即为二级鼠道

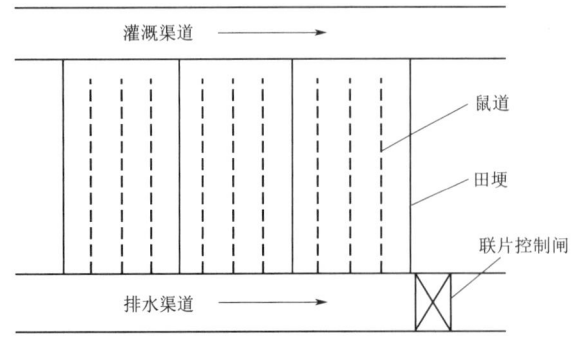

图9-12 一级鼠道排水系统示意图

排水系统（图9-13）。

2. 垂直布置

（1）单层鼠道排水。指布设在同一深度的鼠道排水系统（图9-14），其特点是施工简单，管理方便，投资较少，我国各地多采用这种形式。单层鼠道按其深度可分为浅层、中层和深层3种。其中，浅层鼠道深度一般为0.3～0.5m，间距为1～3m，由于犁刀缝穿透犁底层，洞孔在犁底层以下，有利于浅根作物排除层间滞水，所以施工机械功率可较小；中层鼠道深度为0.5～0.7m，间距为2～4m，刀缝穿破犁底层，洞孔在根系

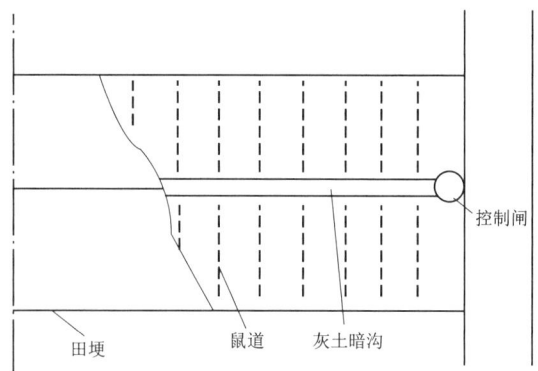

图9-13 二级鼠道排水系统示意图

密集层以下，有利于加快根层滞水的排除；深层鼠道深度为0.7～1.0m，间距为3～5m，除有利于排除土壤滞水外，也可起到降低潜水位的作用，但需要施工机械功率较大。目前我国多采用中层深度的鼠道。

（2）双层鼠道排水。指布设在深、浅不同的两个深度上，形成两个水平层次的地下排水系统（图9-15）。按剖面布置可分为同一剖面不同深度的双层鼠道和深浅相间的双层鼠道。双层鼠道排水治渍效果优于单层鼠道，但施工、管理均较复杂，投资也较大。

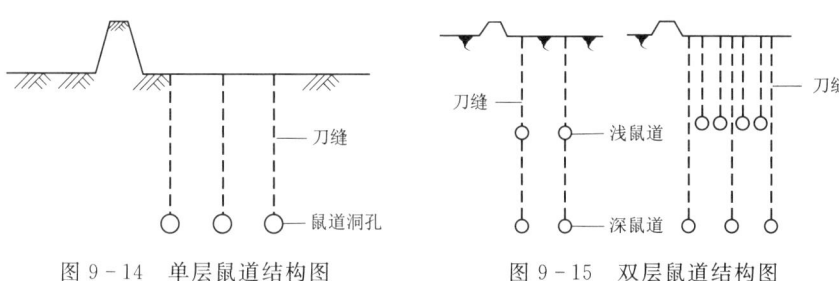

图9-14 单层鼠道结构图　　图9-15 双层鼠道结构图

三、鼠道的深度与间距

鼠道的深度主要由作物要求控制的地下水埋深决定的，同时也要考虑集水沟（管）、水位和土质的影响，再结合施工条件进行确定，但一般不应低于明沟的水位。我国各地麦田鼠道排水的科学试验和生产实践证明，一般浅层鼠道（洞深0.30～0.50m）适用于浅根作物；中层鼠道（洞深0.50～0.70m）和深层鼠道（洞深0.70～1.00m）适用于所有作物。

与明沟排水和暗管排水类似，同一种土壤，鼠道埋深越大，相应的间距就越大，埋深小，间距就要随之减小，二者联系紧密，互为前提。与明沟和暗管排水规划设计一样，一般先确定鼠道深度，再确定鼠道的间距。

因一般把鼠道排水归于暗管排水的一种形式，因此，鼠道间距的确定方法同样有田间排水试验法、公式计算法和经验数值法。田间试验法最能反映实际情况，但田间试验需要

投入试验经费和试验时间;公式计算需要较多的水文地质参数,因此使用时往往受限制;经验数据法采用规范推荐的鼠道洞深和间距,方法比较简便,估算精度略显粗略。表9-5为规范推荐使用的鼠道深度与间距经验值,设计时可参考选用。上述3种方法各有优缺点,最好的办法是将三者结合起来,互相补充和验证。

表 9-5　　　　　　　　　鼠道深度和间距（引自 GB 50288—1999）

鼠道深度/m	鼠道间距/m		
	黏土	重壤土、中壤土	轻壤土、砂壤土
0.45~0.50	2~3	3~4	4~5
0.50~0.70	3~4	4~5	5~6
0.70~1.00	4~5	5~6	6~7

注　SL/T 4—1999 无鼠道间距经验数据表,GB 50288—2018 也没再列鼠道间距经验数据表。

四、鼠道的坡降与长度

(1) 坡降。为了防止鼠道因阻水而破坏,鼠道应有一定的坡降,但因鼠道无任何衬砌保护,坡降过大又将引起冲刷,因此鼠道要有适宜的坡降。鼠道安全坡降为 2/1000~3/100。如果地面坡降在以上范围内,鼠道坡降可采用地面坡降。为了防止旱作过度排水和发生冲刷或稻作季节保持田面水层,鼠道出口应设有控制阀门,也可以用简单的控制方法,在出口插入长 2~3m 的暗管,在需要停止排水时用管塞塞住管口。鼠道与暗管连通处应设滤层,以防止吸水管被淤堵。

(2) 长度。鼠道的长度与反复充水条件下土壤的稳定性、鼠道的坡降、土壤的均匀性和施工条件有关,通常根据经验确定。在地面平整的条件下,鼠道的长度 L 与坡降 i 的关系为:当 $i<1/100$ 时,$L=40\sim60$m;当 $i=1/100\sim1/60$ 时,$L=60\sim100$m;当 $i=1/60\sim1/40$ 时,$L=100\sim300$m。

五、鼠道出口建筑物

鼠道出口建筑物是调节和控制鼠道排水的。鼠道排水在旱作地区,只要保持排水畅通,无需洞口控制。在稻麦地区,要做好开关方便,灵活可靠的洞口控制,所以鼠道的洞口控制门是稻麦轮作地区不可缺少的工程措施,其控制形式有单洞控制、联洞控制、集中控制。一般以联洞控制和集中控制为好。

(1) 单洞控制。每条鼠道有单独的出水口(图 9-16),鼠道出口宜用 1m 左右的暗管插接保护,并对出口处明沟坡面进行保护处理。暗管出口与暗管排水出口相同。

(2) 集中控制。鼠道直接与明沟相连通,以小沟为控制单元,在其下游设控制闸门,实行联片控制(图 9-17)。这种形式简单节省成本,管理方便,但要求田面高差不大。

(3) 联洞控制。各鼠道先汇入暗管,再集中排入明沟(图 9-18)。其优点为互不影响,管理方便。

六、鼠道的施工

(一) 施工机具

鼠道的施工均由拖拉机或牵引机带动的鼠道犁完成。鼠道犁机具主要由机架、鼠道犁体、限深机构、圆盘切刀机构组成(图 9-19),机架由主梁和悬挂机构组成,悬挂机构

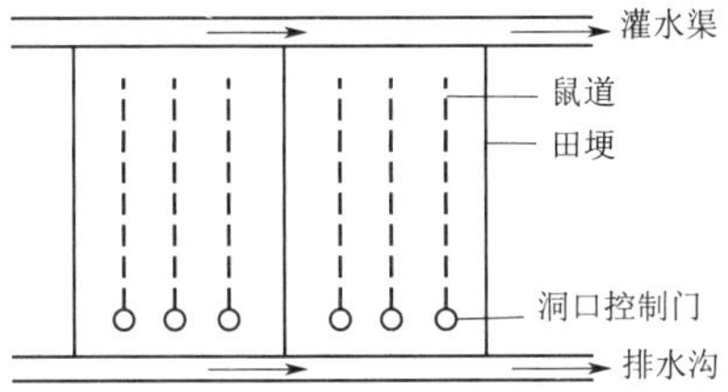

第二节 鼠道排水

图 9-16 单洞控制平面布置

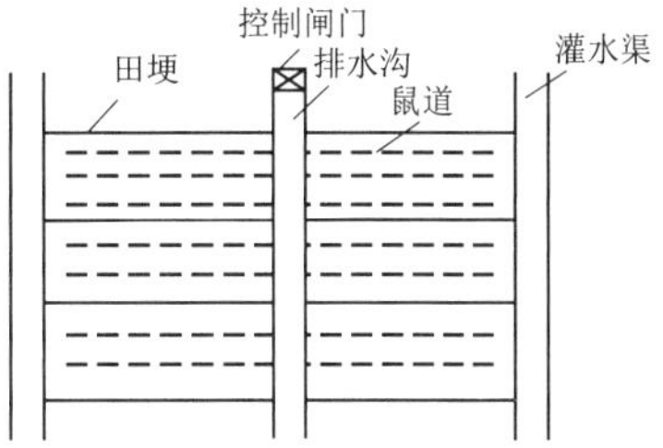

图 9-17 集中控制平面布置

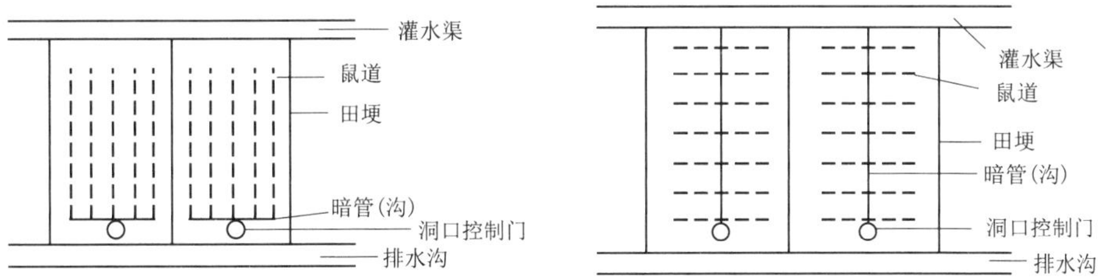

图 9-18 联洞控制平面布置

焊接在主梁上；鼠道犁体可根据作业需要安装多个，对称间隔布置安装在机架上。圆盘切刀机构和鼠道犁体前后依次布置，圆盘切刀机构安装于主梁前方、鼠道犁体安装于主梁后方。限深机构对称安装于主机后面，用于限制作业深度。作业时，拖拉机牵引机具行进，圆盘切刀机构进行滚动切土，利于减少耕作阻力，降低动力消耗。随后鼠道犁利用犁铲和塑孔器在土壤耕层以下一定深度拉

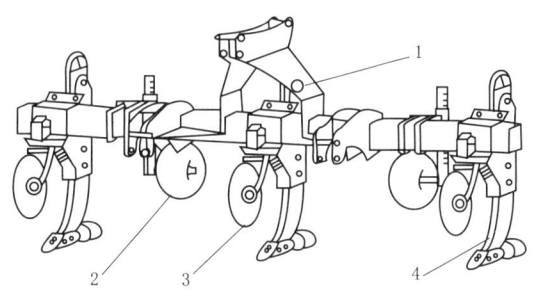

图 9-19 机具结构示意图
1—机架；2—限深机构；3—圆盘切刀机构；4—鼠道犁体

挤而成连续洞状通道，农田中的积水从耕地的洞状通道中排出。鼠道的施工方式有两种。

1. 整机式

鼠道犁安装在拖拉机尾部，成一整体（图 9-20）。每台拖拉机一般只安装一个犁刀板和扩孔器，在土质松软和鼠道间距埋深都很小的情况下，也可以安装两个以上的犁刀板和扩孔器，以提高施工工效。在质地黏重的土层难以划破的情况下，可采用振动式鼠道犁，减少划土成洞的阻力，以提高工效。鼠道排水施工机具操作简便，易于掌握使用，但消耗动力较多，机件磨损也较大。

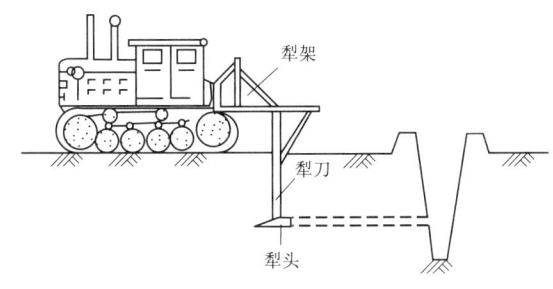

图 9-20 整机式鼠道犁示意图

2. 牵引式

将拖拉机固定在田头，通过绞盘和

回转滑轮,牵动钢丝绳,携带犁刀和扩孔器开成鼠道。其优点是操作比较简便,机械损耗小,但需要随时掌握调节犁刀的入土深度,以保持鼠道平直,且钢丝绳经常接触地面,易于磨损,耗费较大。

常熟县农机所研制了与东风12型手扶拖拉机配套的绳索牵引式鼠道犁(图9-21)。该型以手扶拖拉机作动力,将驱动轮右半轴用接轴加长,装上双向牙联离合器、钢丝绳绞盘、固定支撑架、活动车轮壳等部件。打洞时,用固定支撑架固定住拖拉机。发动机只驱动右半轴回转。将双向牙嵌离合器与绞盘啮合,右半轴通过双向牙嵌离合器带动绞盘,绞盘通过钢丝绳牵引工作部件打洞。

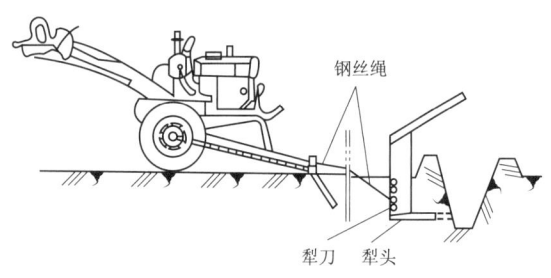

图9-21 牵引式鼠道犁示意图

(二) 施工要点

1. 线路平整

由于鼠道犁的深度在作业过程中不能调整,如地面是不规则的,在施工前需首先平整土地。重点平整机具运行的线路,如有低洼、土堆、田埂,应加以填挖修整。填平之后还应压实,使其与田面相平,从而保证鼠道平直。一般用拖拉机牵引鼠道犁,在田面下深0.4~1.0m处挤压成鼠道,行距2~5m。施工前要沿鼠道犁行进方向平整出需要的纵坡。

2. 土壤含水量适宜

鼠道排水是利用鼠道犁(塑孔器)挤压土壤而形成的洞道,依靠黏性土失水后形成自然裂隙汇集水流来排水,施工时土壤需保持适宜的含水量,土壤过湿形成的鼠道将缺少必需的裂缝和断裂;土壤太干,鼠道附近将产生过多的土壤碎片,易导致鼠道坍塌。施工时的适宜土壤含水量应为田间持水量的70%~90%。

3. 鼠道洞口处理

鼠道洞口处理是延长鼠道使用寿命的关键。如果洞口不加处理,鼠道排水无法进行控制,一旦洞口被堵将难以寻找。因此,要求在鼠道打成后,随即用刚性管(瓦管、石屑水泥管)或波纹塑料管装接到出口端,刚性管(或柔性管)埋进土中2~3m,另一头引出土坡,埋管是在开挖的沟槽中进行,暗管与鼠道的连接要紧密,埋好后应在周围用土夯实。

第三节 竖井排水

竖井是指由地面向下垂直开挖的井筒,也称立井。竖井排水就是抽汲井水以降低地下水位的排水措施,又称垂直排水。与水平排水相比,竖井排水具有许多优点:①对降低和控制地下水位比较迅速、灵活,特别是在水平排水有困难的复杂地区适宜采用竖井排水;②可以与井灌相结合,能够形成很大的地下水库,可蓄存多年的地面径流回灌水量,以备缺水期使用;③通过长时间抽水,可以形成区域性大面积的地下水降深,有效控制地下水位,从而防治灌溉土地次生盐碱化或排除高矿化度地下水;④竖井不需要开挖大量明沟,也不需要铺设稠密的管道,减少了田间排水系统和土地平整的土方工程量,占地少,便于机耕;⑤在有条件地区,可以与人工补给相结合,用于改造浅层咸水含水层;⑥利用抽排出的地下水进行灌溉,可使地面水和地下水均得到充分利用,对于水资源缺乏的地区,其经济效益尤为明显。正是由于竖井排水具备以上诸多优点,近年来竖井排水得到了较快发展,已经成为我国北方地区综合治理旱、涝、渍、碱的重要措施。

一、竖井排水的功能

1. 降低地下水位,防止土壤返盐

在井灌井排或竖井排水过程中,抽水使得地下水位被破坏而降低,地下水位的降低值一般包括两部分:一部分是由于水井(或井群)长期抽水,地下水补给不及,消耗一部分地下水储量,水井内外形成水头差,水井附近和井灌井排地区内含水层中的水便在此水头差的作用下径向汇入井内,使得水井周围形成了以井孔轴心为对称轴的降落漏斗,通常称此现象为静水位降,如图9-22中实线所示;另一部分是由于地下水向水井汇集过程中发生水头损失而产生的,距抽水井越近,其数值越大,在水井附近达到最大值,此值一般在3～6m以上,在水井抽水过程中形成的总水位降为动水位降,如图9-22中虚线所示。由于这两方面的作用,使得地下水位显著降低,有效地增加了地下水埋深,减少了地下水的蒸发,因而可以起到防止土壤返盐的作用。

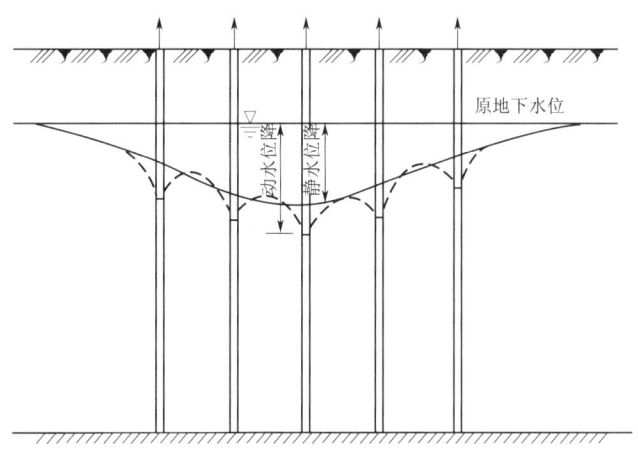

图9-22 井群抽水过程中的静水位降和动水位降

2. 防涝防渍,增加抗旱灌溉水源

在干旱季节,结合井灌大规模开发利用地下水会导致大面积大幅度的地下水位下降,使得部分含水层疏干,这样便为建立地下水库提供了有利的条件,有利于汛期大量存蓄入渗雨水,地下水位得以恢复,有力地保证了抗旱的灌溉水源。地下水位的降低,可以增加土壤蓄水能力和降雨的入渗速度。由于降雨时大量雨水渗入地下,这样便可以就地拦蓄,不必外排,且不会成灾,可以防止田面积水形成淹涝和地下水位过高造成土壤过湿,达到除涝防渍的目的。

3. 抽咸补淡,改善水源

竖井排水在水井影响范围内形成较深的地下水位下降漏斗。地下水位的下降,可以增加田面的入渗速度，因而为土壤的脱盐创造了有利条件。在有灌溉水源的情况下，利用淡水压盐可以取得良好的效果。例如：根据青海省德令哈农场尕海分场冲洗排水试验资料，在竖井排水影响范围内，硫酸盐氯化物盐渍土经冲洗后，0～30cm 土层脱盐率为 81.5%～84.4%，0～100cm 土层脱盐率为 66.3%～77.5%。而无井排地区冲洗脱盐率仅为竖井排水地区的 1/3～1/2。

华北滨海地区和内陆部分地区，浅层含水层分布面积很广，厚度达几十米甚至上百米，水位高，矿化度大，严重威胁农业生产。在这类地区，进行地面淡水补给或沟渠侧补给，可采用人工回补地下水的方法，排除咸水补充淡水，建立浅层淡水体，通称为抽咸补淡。如果抽咸补淡工程运用得好，利用这个淡水体的厚度，就可以建立一个良好的地下水库，调节地下水和地面水，控制地下水位，改善灌溉水源，解决涝、碱、咸等危害的问题，实现地表、地下水资源的统一管理。

尽管竖井排水具有许多优点和功能，但是与水平排水相比也存在一些不足。①竖井排水能源消耗大，运行费用高；②竖井排水需要有适宜的水文地质条件，在地表土层渗透系数过小或下部承压水压力过高时，均难以达到预期的排水效果；③如果抽出的地下水是高矿化度咸水，还必须修筑专门的输水沟道将咸水送至排水容泄区，提高了排水成本。

二、竖井排水的分类及其适用条件

（1）抽水井。在因降水和灌溉入渗补给引起潜水位过高和土壤过湿的情况下，应在潜水含水层中打井抽水以降低潜水位。其适宜的水文地质条件是：①浅层地质为透水性较好的单一构造；②浅层地质为成层构造。

（2）减压井（自流井）。当承压水头较高并越层补给潜水使地下水位过高时，可凿井入承压含水层内，自流排水以减少承压水对表层的越流补给，降低潜水位。

（3）吸水井（倒灌井）。当排水地区离容泄区较远，而在潜水底部的隔水层以下有透水性良好、厚度较大的砂砾层或有溶洞存在，且水位低于潜水位时，可打井穿透隔水层，使潜水通过水井向下排泄，这类井称为吸水井。

三、竖井的规划布置

1. 井深和井型结构的选择

（1）当浅层各类岩性的透水性较好，地下水比较丰富时，宜设置成直径为 0.5m 以上的管井，井管应全部采用过滤管，管井结构可与灌溉管井相同（参见李海燕主编的《地下水利用教材》第六章，中国水利水电出版社，2015，下同）。改良盐碱地或防治土壤盐碱化需要排除含盐地下水时，排水井的过滤管段宜控制在含盐地下水层内，并应封闭其他含水层段。

（2）浅层或深层地下水富水性较好时，可采用直径 0.5m 以下的各种管井。

（3）地层上部为有裂隙或块状黏土，透水性尚好，其下为砂层，深度不超过 10m，可采用插管井（真空井）。

（4）潜水不丰富，上部土层透水性较差，下有薄砂层，可采用辐射井。

（5）地下水位埋深较浅，土质黏重地区，可采用卧管井。

（6）潜水不丰富，单井出水量不能满足开泵的要求，可采用虹吸井。

（7）含水层为薄砂层，其顶板为一定厚度呈透镜体的黏土，可采用大骨料井。

第三节 竖井排水

井深主要根据能影响潜水位的含水层位置而定,一般为浅井。排灌结合的抽水井,井型与井深需考虑灌溉的要求而定。

2. 井数的确定

竖井排水区的设计参数应通过分区专门试验或采用试验与理论计算相结合的方法确定,缺少试验资料地区,可依据排水设计标准及要求,按下列方法确定井数。

(1) 当排水区只有采取集中时间排水才能在设计排水历时内将地下水位降至设计控制深度时,宜采用排水模数法确定排水井数,按式(9-8)和式(9-9)计算。

$$N = \frac{W_p}{QTt} \tag{9-8}$$

$$W_p = 8.64 \times 10^4 A_p q_h T \tag{9-9}$$

式中:N 为排水井数,眼;W_p 为设计排水量,m^3;A_p 为设计排水面积,km^2;q_h 为设计排水模数,$m^3/(s \cdot km^2)$;Q 为单井出水量,由现场抽水试验确定,m^3/h;T 为排水历时,依据排水设计标准确定,d;t 为日运行时数,h/d。

(2) 当排水区不需要采取集中时间排水,就可在设计排水历时内将地下水位降至设计控制深度时,宜采用平均排除法确定排水井数,按式(9-10)和式(9-11)计算。

$$N = \frac{W_n}{QT_n t} \tag{9-10}$$

$$W_n = W_1 + W_2 + W_3 \tag{9-11}$$

式中:W_n 为排水区年需排水量,m^3;W_1 为排水区入渗补给量,m^3;W_2 为排水区地下水设计下降深度相应排水量,m^3;W_3 为排水区侧向径流补给量,m^3;T_n 为排水井年运行历时,d;其余符号意义同前。

3. 井距的选定及井群布置

担负排水任务的水井,其规划布局应视地区自然特点、水利条件和水井的任务而定。在有地面水灌溉水源并实行井渠结合的地区,井灌井排的任务是保证灌溉用水、控制地下水位、除涝防渍、并防治土壤次生盐碱化。在这种情况下,井的间距一方面取决于单井出水量所能控制的灌溉面积,另一方面也取决于单井控制地下水位的要求。在利用竖井单纯排水的地区,井的间距则主要取决于控制地下水位的要求。排水井群布置形式可采用方格网形(正方形)、梅花形、圆弧形和线形等。在水文地质条件差异小、排水要求基本相同的地区或地段,可均匀布井;水文地质条件复杂时,井距应通过现场试验确定。按等边三角形或正方形布置时,由单井的有效控制面积可求得有效控制半径 R 和井距 L,如图 9-23 所示。采用等边三角形布置时,单井间距 $L = 3^{1/2} R$,当采用正方形布置时间距 $L = 2^{1/2} R$。

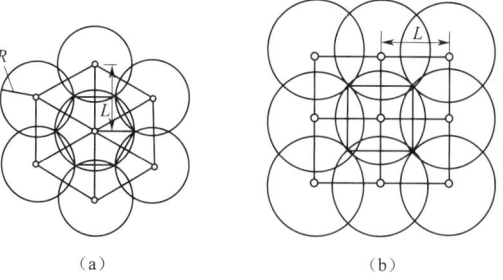

图 9-23 竖井布置示意图
(a) 按等边三角形布置;(b) 按正方形布置

在相同的水井间距和单井抽水量情况下,在抽水过程中局部井排对降低地下水位的作用不如大面积井排显著。且在水井停抽后,由于外区补给,地下水位回升较快。在局部井排情况下,初步拟定井距和布井方案之后,地下水位的动水位降深(S)可根据单井非稳定流公式进行计算:

$$S = \sum_{i=1}^{n} S_i = \sum_{i=1}^{n} \frac{Q_i}{4\pi T} W(u_i) \tag{9-12}$$

式中:S 为全部井抽水引起地下水位的动水位降深,m;S_i 为第 i 口井抽水引起的水位降深,m;Q_i 为第 i 口井的抽水流量,m³/d;T 为导水系数,是含水层的渗透系数 k(又称水力传导系数)与含水层厚度 h 的乘积,m²/d;$W(u_i)$ 为泰斯井函数 $W(u_i)=W(r_i^2/4at)$,可查井函数表得出;r_i 为第 i 口井与计算点的距离,m;μ 为潜水含水层给水度;a 为压力传导系数,$a=T/\mu$;t 为抽水时间,d。

大面积均匀布井排水时,外区补给微弱,每个单井控制相同的面积,在这一面积内各点地下水位降深的大小仅与井的出水量和含水层的水文地质参数 T、μ 有关,因此,每个井控制区可以单独考虑,如图 9-24 所示。在水井抽水时间较久($t \geqslant 0.4R^2/a$)时,任一点(与抽水井距离为 r)地下水动水位下降深度 S 可采用下式计算(张蔚榛等,1983):

$$S = \frac{Qt}{\mu\pi R^2} + \frac{Q}{2\pi kh}\left(0.5\frac{r^2}{R^2} - 0.75 + \ln\frac{R}{r}\right) \tag{9-13}$$

$$S = \frac{\varepsilon t}{\mu} + \frac{Q}{2\pi T}\left(0.5\frac{r^2}{R^2} - 0.75 + \ln\frac{R}{r}\right) \tag{9-14}$$

式中:ε 为单位面积的平均排水强度,m/d;h 为含水层厚度,m;R 为影响半径,m;其余符号意义同前。

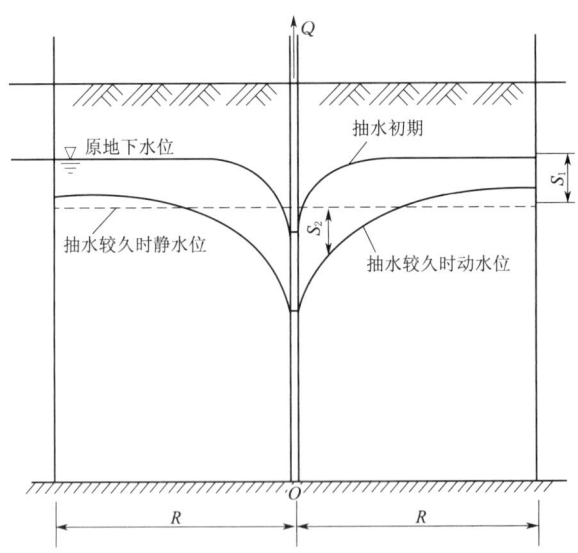

图 9-24 大面积均匀布井抽水时的地下水位降深示意图

式(9-14)可改写成:

第三节 竖井排水

$$S = S_1 + S_2 \qquad (9-15)$$

其中
$$S_1 = \frac{\varepsilon t}{\mu} \qquad (9-16)$$

$$S_2 = \frac{Q}{2\pi T}\left(0.5\frac{r^2}{R^2} - 0.75 + \ln\frac{R}{r}\right) \qquad (9-17)$$

式 (9-15) 中：S_1 为无侧向补给情况下因井排而引起的平均水位降或静水位降，m；S_2 为由于水量向抽水井汇集引起的动水位与平均水位的差值。

在 $r = R$ 处，即两眼井中间一点，$r/R = 1$，$\ln R/r = 0$，$S_2 = -Q/8\pi T$，则

$$S = \frac{\varepsilon t}{\mu} - \frac{Q}{8\pi T} = \frac{Qt}{\mu\pi R^2} - \frac{Q}{8\pi T} \qquad (9-18)$$

在 $r = r_\omega$（r_ω 为井半径）处，即在抽水井内，由于 $0.5\left(\frac{r_\omega}{R}\right)^2$ 趋近于 0，则

$$S_2 = \frac{Q}{2\pi T}\left(\ln\frac{R}{r_\omega} - 0.75\right) = \frac{Q}{2\pi T}\left(\ln\frac{R}{r_\omega} - \ln 2.115\right)$$

$$S_2 = \frac{Q}{2\pi T}\ln\frac{R}{2.115 r_\omega} = \frac{Q}{2\pi T}\ln\frac{0.473 R}{r_\omega}$$

$$S = \frac{\varepsilon t}{\mu} + \frac{Q}{2\pi T}\ln\frac{0.473 R}{r_\omega} \qquad (9-19)$$

当井距一定时，式 (9-19) 可用来确定地下水位降深，也可通过计算允许的期限 t 和要求的水位降深确定井距。如以两井中间一点水位降深为依据，按等边三角形布井，则由式 (9-18) 得

$$\frac{Qt}{\mu\pi R^2} = S + \frac{Q}{8\pi T}$$

$$R = \sqrt{\frac{Qt}{\mu\pi\left(S + \frac{Q}{8\pi T}\right)}}$$

$$L = \sqrt{3}R = \sqrt{\frac{3Qt}{\mu\pi\left(S + \frac{Q}{8\pi T}\right)}} \qquad (9-20)$$

【例 9-1】 井灌井排地区水井均质潜水含水层抽水，并在大面积内呈梅花形均匀布井，若根据灌溉要求选定井距为 346m，并已知含水层导水系数 $T = 150\text{m}^2/\text{d}$，土层的给水度 $\mu = 0.05$，单井出水量 $30\text{m}^3/\text{h}$，水井半径为 0.2m，试求抽水 10d 后单井控制范围内的平均水位降深、最大降深和最小降深。

解：首先计算含水层压力传导系数：

$$\alpha = \frac{T}{\mu} = \frac{150}{0.05} = 3000(\text{m}^3/\text{d})$$

单井控制面积的有效半径：

$$R = \frac{L}{\sqrt{3}} = \frac{346}{\sqrt{3}} \approx 200(\text{m})$$

在 $t=10\text{d}$ 时 $\bar{t}=\dfrac{\alpha t}{R^2}=\dfrac{3000\times 10}{40000}=0.75>0.4$

地下水位降深可用 $S=\dfrac{\varepsilon t}{\mu}+\dfrac{Q}{2\pi T}\ln\dfrac{0.473R}{r_\omega}$ 进行计算。

在 $t=10\text{d}$，平均水位降深为

$$S_1=\dfrac{Qt}{\mu\pi R^2}=\dfrac{30\times 24\times 10}{0.05\pi\times 40000}=1.15(\text{m})$$

动水位与平均水位的差值为

$$S_2=\dfrac{Q}{2\pi T}\ln\dfrac{0.473R}{r_\omega}=\dfrac{30\times 24}{2\pi\times 150}\ln\dfrac{0.473\times 200}{0.2}=4.71(\text{m})$$

在井孔附近（$r=r_\omega=0.2\text{m}$）发生最大降深为

$$S=S_1+S_2=1.15+4.71=5.86(\text{m})$$

在两井中间（$r=200\text{m}$）发生最小降深为

$$S=1.15-\dfrac{30\times 24}{8\pi\times 150}=1.15-0.19=0.96(\text{m})$$

第十章 灌溉排水管理

灌溉排水管理就是建立灌溉排水管理机构，制定法规，实施工程管理、用（排）水管理、组织管理、经营管理和环境管理的总称。加强灌溉排水管理，对保障灌排系统安全运行，充分发挥灌排系统功能，高效利用灌区水土资源，提高灌溉排水工程效益，提高科学用（排）水水平，保障灌区生态环境友好和粮食可持续高产稳产具有重要作用。灌溉排水管理包括工程管理、用（排）水管理、组织管理、经营管理和环境管理5个方面。灌溉工程管理是指对灌溉工程的检查、观测、养护、维修以及改建和防汛、抢险等工作的总称。灌溉用水管理是指调蓄灌溉水量和在地区间、渠系间进行调配，以及推行田间合理灌溉的管理工作；排水管理是指对保持已建成的灌区排水系统正常运行而进行的组织和技术管理工作，对排水系统进行正确运用和维修养护，以充分发挥其工程效益。组织管理是指灌排管理体制的确定、机构设置、人员配备、规章制度建立与健全、职工培训等内容的总称。经营管理是指以提高灌区工作效率及综合经济效益为目标的管理活动。灌区环境管理是指对灌区环境所采取的技术上或行政法规上的控制措施，包括灌区土地环境、农业环境、水环境、生活环境和工程环境的管理。上述5个方面中，工程管理是基础，用（排）水管理是中心，经营管理是手段，环境管理是巩固和发挥灌区效益、实现可持续发展的关键，组织管理是开展上述各项管理的组织保证，他们互相联系，不可分割，相互促进。由于灌溉排水管理涉及的内容十分广泛，本章仅择其主要方面加以介绍。

第一节 灌区量水技术

一、概述

灌溉工程的正常运行需要控制和量测水量，灌溉量水也是实行计划用水、合理调配水资源、实行科学用水和节约用水的一项必要措施。具体地说，灌区量水主要作用是：①可以准确地控制各级渠道的放水水量，有效避免配水不足或过多现象，减少水量浪费；②可运用计量结果分析各级渠道的输水能力和输水损失，统计计算各用水单位（户）的用水量和各种作物的灌溉定额，为改进配水方案提供理论依据；③为按水量征收水费增加了透明度，为实现节约用水、降低灌溉成本提供了有力保障。

做好灌区量水工作，必须科学布设量水站网。量水站网应根据灌区规模和运行特点，按照因地制宜、分类分级、密度合理、一站多能、逐步完善、经济实用的原则，全面、统一布设量水站网，规划量水测站位置。量水站网布设的具体要求是：①量水站布点顺序及控制范围宜遵循"由上到下"和"先粗后细"，逐步缩小监测单元；②交通、通信便利；

③渠道顺直、渠基稳固、断面规则，便于布置测流断面和安装量水设备；④水流平顺，不受闸门启闭和渠系建筑物壅水影响；⑤枢纽工程处设置测站时宜与枢纽工程管理部门相结合；⑥测流断面布置应便于节约用水管理。

二、主要量水方法

灌溉渠道系统宜采用流速仪量水、标准断面量水、渠系建筑物量水、量水堰量水、量水槽量水等方法。输水管道量水设施应根据管道级别选定。小口径管道宜采用接触式量测方式，大口径管道宜采用非接触式量测方式。下面仅就主要量水方法进行介绍。

（一）利用渠系建筑物量水

1. 利用闸涵量水

(1) 闸涵类别。可用作量水的闸涵有多种，较常见的有：带有平面直立闸门的矩形明渠放水口，闸宽等于入口宽度，底平，闸后无跌坎，如图 10-1 所示；带有平面直立闸门的管式放水口，其断面为圆形，如图 10-2 所示。

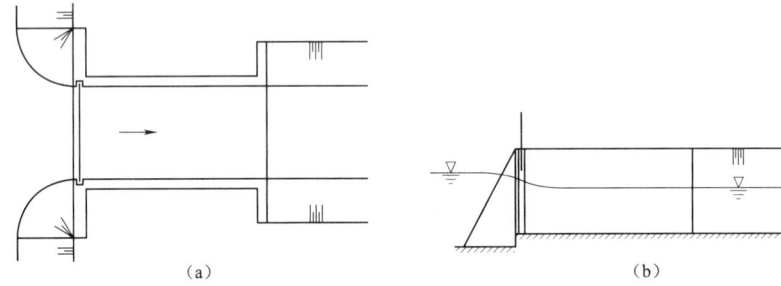

图 10-1 矩形明渠（无跌坎）放水口示意图
(a) 平面图；(b) 剖面图

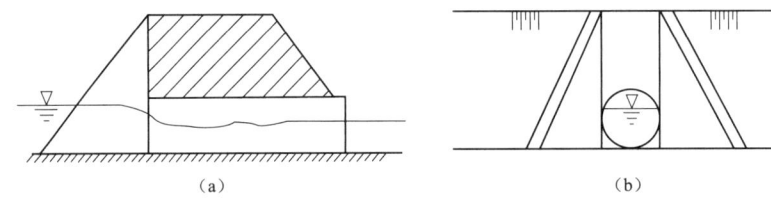

图 10-2 管式放水口示意图
(a) 剖面图；(b) 右视图

(2) 水尺安设位置。利用涵闸量水，必须正确地确定水尺或水位观测点的位置。上游水尺应该在上游距离建筑物约 3 倍最大闸前水深处，下游水尺应在水流出口以下距建筑物约为闸涵孔口宽的 1.5～2 倍单孔闸宽处，闸前水尺在闸前距闸板约 1/4 单孔闸宽处，闸后水尺在闸后距闸板约 1/4 单孔闸宽处，但这两种水尺距闸板不得小于 40cm。

(3) 启闸高度水尺。可刻画在闸槽上游边缘的边墩上。水尺的零点设在闸孔完全关闭时闸门顶端加上闸底的闸槽深处。对于有槛的闸涵，则需添设闸前水尺。

(4) 流量计算。不同类型的闸涵和不同的流态，计算流量所采用的公式各异。表 10-1 和表 10-2 列出了上述两类闸涵在不同流态时的流量公式。

第一节 灌区量水技术

表 10-1　　带有平面直立闸门的矩形明渠无跌坎放水口流量公式

水流形态	流量公式	流量系数			
		渐变翼墙	非渐变平翼墙	八字翼墙	平行侧翼墙
无闸自由流	$Q=mbH\sqrt{2gH}$	0.325	0.31	0.33	0.295
无闸潜流	$Q=\varphi bh\sqrt{2g(H-h)}$	0.85	0.825	0.86	0.795
有闸自由流	$Q=\mu be\sqrt{2g(H-0.65e)}$	0.60	0.58	0.62	0.61
有闸潜流	$Q=\mu' be\sqrt{2g(H-h_1)}$	0.62	0.60	0.64	0.63

注　表中 Q 为流量（m³/s），H 为闸前水深（m），h_1 和 h 分别为闸后水深和闸后渠道水深（m），e 为闸门开启高度（m），m、φ、μ、μ' 为流量系数，b 为闸孔宽（m）。

表 10-2　　带平面直立闸门的管式放水口流量公式

水流形态	流量公式	流量系数
无闸自由流	$Q=m\left(\dfrac{1.12H}{r}-0.25\right)r^2\sqrt{2gH}$	0.55
无闸潜流	$Q=\varphi\left(\dfrac{1.8h_下}{r}-0.25\right)r^2\sqrt{2g(H-h_下)}$	0.95
有闸自由流	$Q=\mu\left(\dfrac{1.8e}{r}-0.25\right)r^2\sqrt{2g(H-0.7e)}$	0.63
有压潜流	$Q=m'\left(\dfrac{1.8e}{r}-0.25\right)r^2\sqrt{2g(H-h)} \times \left\{0.06+\left[0.2\left(\dfrac{1.8e}{r}-0.25\right)\right]^2+\left[1-0.2\left(\dfrac{1.8e}{r}-0.25\right)\right]^2\right\}^{-0.5}$	0.63

注　表中 r 为涵管半径（m），$h_下$ 为下游水深，m' 为流量系数，其余符号意义同上表。

2. 利用渡槽量水

利用渡槽量水，渡槽下游不应有引起槽中壅水或降水的建筑物。测流断面面积及湿周应为渡槽中部、进口、出口断面的平均值。水尺应固定在渡槽中部侧壁上，水尺零点应与槽底齐平。流量计算按明渠均匀流公式进行计算。

（二）利用特设量水设施量水

1. 巴歇尔量水槽

巴歇尔量水槽是一种由明渠收缩构成的量水设备。量水槽由进口收缩段、喉道、出口扩散段三部分组成，如图 10-3 所示。全槽两壁直立，进口段槽底呈水平比渠底略有抬高，喉道部分槽底向下倾斜，在出口处又向上升起。量水槽的结构布置要保证在各种条件下控制段的水深均为临界水深。上下游水尺位于喉道上游、距喉道首端 2A/3 处，下游水尺位于喉道末段以上 5cm 处。

巴歇尔量水槽的计算公式为

$$Q=Ch_1^n \tag{10-1}$$

式中：Q 为流量，m³/s；C 为综合流量系数；h_1 为上游实测水深，m；n 为指数。

标准尺寸的巴歇尔量水槽有确定的系数和指数。根据量测的上游水深 h_1 和下游水深 h_2，判断出流状态。在自由出流（$h_2/h_1<0.7$）条件下，流量可按式（10-2）计算：

$$Q=0.372W\left(\dfrac{h_1}{0.305}\right)^{1.569W^{0.026}} \tag{10-2}$$

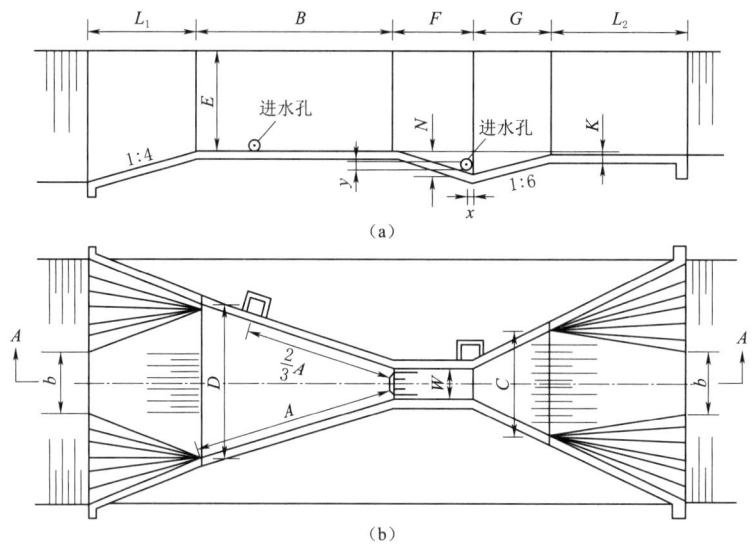

图 10-3 标准巴歇尔量水槽结构示意图
(a) A—A 剖面图；(b) 平面图

L_1—上游护底长度；B—量水槽中心线进口到喉道首端距离；F—喉道长度；G—量水槽中心线出口到喉道末端距离；L_2—下游护底长度；E—量水槽进口与上游渠底高差；N—喉道首末端高差；y—下游水尺进水口与喉道末端高差；x—下游水尺进水口与喉道末端距离；K—喉道首端与量水槽出口的高差；b—渠底宽度；D—量水槽进口宽度；W—喉道宽度；C—量水槽出口宽度；A—上游侧墙长度

式中：W 为喉道宽度，m；其余符号意义同前。

当喉道宽度 $W=0.5\sim 1.5$m 时，可简化为式（10-3）：

$$Q=2.4Wh_1^{1.57} \tag{10-3}$$

在淹没流（$0.7<h_2/h_1<0.95$）时，流量可按式（10-4）计算。

淹没流流量是用自由流计算出来的流量减去 ΔQ 修正得到的，即

$$Q_S=Q-\Delta Q \tag{10-4}$$

$$\Delta Q=0.0746\left\{\left[\frac{h_1}{\left(\frac{0.928}{S}\right)^{1.8}-0.747}\right]^{4.57-3.14S}+0.093S\right\}W^{0.815} \tag{10-5}$$

式中：Q 为自由流时的流量，m^3/s；Q_S 为淹没流时的流量，m^3/s；ΔQ 为流量修正值，m^3/s；S 为淹没度，其值为 h_2/h_1；其余符号意义同前。

2. 无喉道量水槽

无喉道量水槽是在巴歇尔量水槽的基础上改进成的一种新型量水设备。由于其喉道长度为 0，断面为矩形，平底，所以称为矩形平底无喉道量水槽，简称无喉道量水槽。

无喉道量水槽结构如图 10-4 所示。其进口段以 1:3 折角收缩，出口段以 1:6 折角扩散，进出口宽度相等。在距进口和出口为槽长 1/9 处设水尺，用以观测上、下游水深。小型量水槽（喉宽 W 在 0.80m 以下），水尺可设在侧墙壁上，大型量水槽（喉宽 W 在 1.00m 以上）水面波动大，不易准确看出水位，可在槽外设观测井进行水位观测。

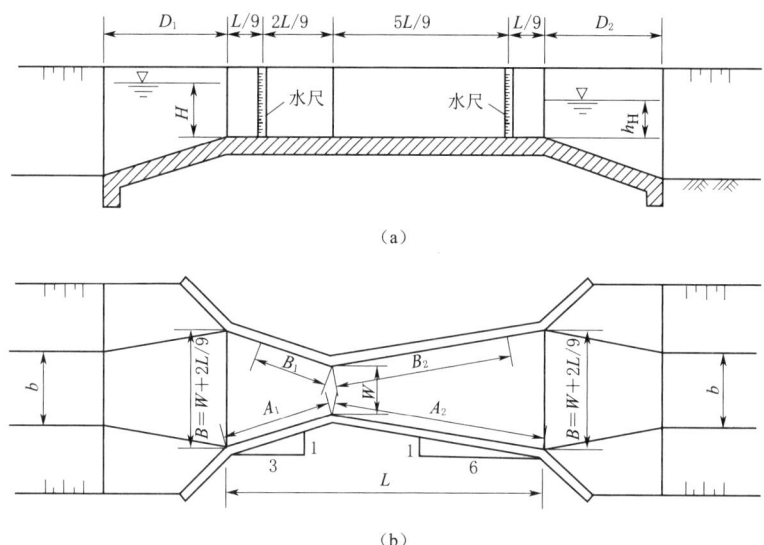

图10-4 无喉道量水槽结构图
(a) 纵剖面图；(b) 平面图

D_1—上游护坦长度；D_2—下游护坦长度；W—喉宽；L—槽长；A_1—上游侧墙长度；A_2—下游侧墙长度；
B_1—上游水尺位置；B_2—下游水尺位置；B—进、出口宽度；b—上、下游渠道底宽；
H—量水槽进口水深；h_H—量水槽出口水深

无喉道量水槽的主要尺寸有喉宽 W、槽长 L 及喉部侧墙转角，喉宽和槽长是两个相关的函数，二者的比值 W/L 的允许范围一般为 0.1～0.6。W/L 在 0.1～0.4 时，测流精度较高，至于喉部的折角，不论水槽大小，均固定不变。无喉段量水槽各部分尺寸见表 10-3。

表10-3 无喉段量水槽各部分尺寸表 单位：m

槽型 $W \times L$	喉宽 W	槽长 L	上游侧墙长度 A_1	下游侧墙长度 A_2	上游水尺位置 B_1	下游水尺位置 B_2	进、出口宽度 B	上游护坦长度 D_1	下游护坦长度 D_2
0.2×0.9	0.20	0.90	0.316	0.608	0.211	0.507	0.40	0.60	0.80
0.4×1.35	0.40	1.35	0.474	0.913	0.316	0.760	0.70	0.80	11.20
0.6×1.8	0.60	1.80	0.632	1.217	0.422	1.017	1.00	1.00	1.60
0.8×1.8	0.80	1.80	0632	1.217	0.22	1.014	1.10	1.20	2.00
1.0×2.7	1.00	2.70	0.950	1.825	0.632	1.014	1.60	1.40	2.40
1.2×2.7	1.20	2.70	0.950	1.825	0.632	1.521	1.80	1.60	2.80
1.4×3.6	1.40	3.60	1.265	2.433	0.843	1.521	2.00	1.80	3.20
1.6×3.6	1.60	3.60	1.265	2.433	0.843	2.028	2.20	2.00	3.60
1.8×3.6	1.80	3.60	1.265	2.433	0.843	2.028	2.10	2.20	4.00
2.0×3.6	2.00	3.60	1.265	2.433	0.843	1.028	2.60	2.40	4.40

对自由流：

$$Q = C_1 H^{n_1} \tag{10-6}$$

式中：H 为上游水深，m；C_1 为自由流系数；n_1 为自由流指数，可查表 10-4。

表 10-4　　　　　　　无喉段量水槽自由流系数和指数查用表

W/m	0.20	0.40	0.60	0.80	1.00	1.20	1.40	1.60	1.80	2.00
L/m	0.90	1.35	1.80	1.80	2.70	2.70	3.60	3.60	3.60	3.60
C_1	0.70	1.04	1.40	1.88	2.16	2.60	2.95	3.38	3.82	424
n_1	1.80	1.71	1.64	1.64	1.57	1.57	1.55	1.55	1.55	1.55
K_1	3.65	2.68	2.36	2.36	5.16	2.16	2.09	2.09	2.09	2.09

自由流系数按下式确定：

$$C_1 = k_1 W^{1.025} \tag{10-7}$$

式中：W 为喉宽，m；k_1 为自由流槽长系数，可查表 10-4。

对淹没流：

$$Q = \frac{C_2(H - h_H)^{n_1}}{(-\log S)^{n_2}} \tag{10-8}$$

其中　　　　　　　　　　　　$S = h_H / H$

式中：C_2 为淹没流系数；n_2 为淹没流态指数；S 为淹没度。

淹没流系数由式（10-8）确定：

$$C_2 = k_2 W^{1.025} \tag{10-9}$$

式中：k_2 为淹没流槽长系数。

以上 C_2、n_2、k_2 均可由表 10-5 查得。

表 10-5　　　无喉段量水槽淹没流系数、指数和临界淹没度（S_t）查用表

W/m	0.20	0.40	0.60	0.80	1.00	1.20	1.40	1.60	1.80	2.00
L/m	0.90	1.35	1.80	1.80	2.70	2.70	3.60	3.60	3.60	3.60
C_2	0.40	0.60	0.79	1.06	1.17	1.41	1.57	1.80	2.03	2.25
n_2	1.46	1.40	1.36	1.38	1.34	1.34	1.34	1.34	1.34	1.34
K_2	2.08	1.53	1.33	1.38	1.17	1.11	1.11	1.11	1.11	1.11
S_t	0.65	0.70	0.70	0.70	0.75	0.75	0.80	0.80	0.80	0.80

（三）自动量水设备

1. 潜水型电磁流量计

潜水型电磁流量计是根据法拉第电磁感应原理工作的。当导电流体在交变磁场中沿测量管路作与磁力线成垂直方向的运动时，导电流体切割磁力线产生感应电动势，在与测量轴线和磁场磁力线相互垂直的管壁上安装了一对检测电极，检测出感应电动势。感应电动势 e 与流量 q_v 成正比。流量信号输入电磁流量转换器，经放大转换成与流量信号成正比的直流信号（0～10mA 或 4～20mA）。

潜水型电磁流量变送器通过与外壳相连的平板法兰安装在带孔的闸板上。闸板完全拦断渠道流体，使流体只能从变送器中流过。整个变送器完全浸没在流体中。其测量原理如图 10-5 所示。

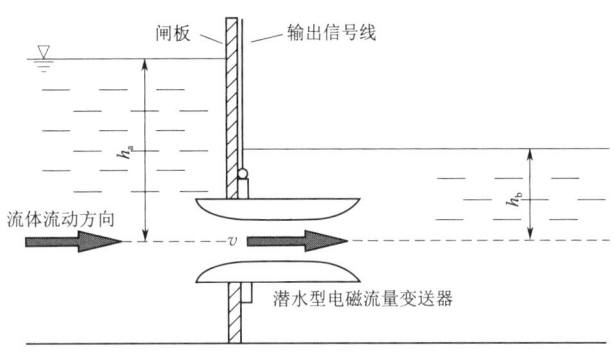

图 10-5 潜水型电磁流量计测流原理

2. 超声波流量计

超声波流量计是指一种基于超声波在流动介质中传播速度等于被测介质的平均流速与声波在静止介质中速度的矢量和的原理开发的流量计。超声波流量计由超声波换能器、转换器及流量、水量显示 3 部分组成。

根据对信号检测的原理,超声波流量计可分为传播速度差法(直接时差法、时差法、相位差法和频差法)、波束偏移法、多普勒法、相关法、空间滤波法及噪声法等类型。其中,噪声法原理及结构最简单,便于测量和携带、价格便宜,但准确率较低,适用于流量测量精度要求不高的场合。

直接时差法、时差法、相位差法和频差法的基本原理都是通过测量超声波脉冲顺流和逆流传报时的速度差来反映流体的流速,故又统称为传播速度差法。以时差法为例,该方法采用两个声波发送器(S_A 和 S_B)和两个声波接收器(R_A 和 R_B)。同一声源的两组声波在 S_A 与 R_A 之间和 S_B 与 R_B 之间分别传送。它们沿着管道安装(管径为 D)的位置与管道成 θ 角(一般 $\theta=45°$)(图 10-6)。由于向下游传送的声波被流体加速,而向上游传送的声波被延迟,它们之间的时间差与流速成正比。也可以发送正弦信号测量两组声波之间的相移或发送频率信号测量频率差来实现流速的测量。由于时差法和频差法克服了声速随流体温度变化带来的误差,准确度较高,所以被广泛采用。

根据实际应用的需要,超声波流量计又分为外夹式(图 10-7)、管段式、插进式 3 种。

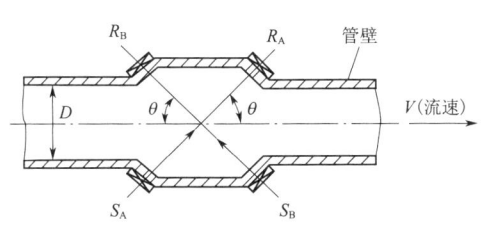

图 10-6 超声波流量计工作原理

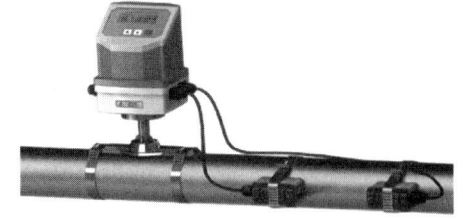

图 10-7 外夹式超声波流量计示意图

外夹式超声波流量计是生产最早、用户最熟悉且应用最广泛的超声波流量计,安装换能器无需管道断流,即贴即用,它充分体现了超声波流量计安装简单、使用方便的特点。

管段式超声波流量计是一种高精度、非侵入式和广泛适用的流量测量仪器。它是基于多普勒效应和超声波传播速度的变化,通过测量超声波的频率变化来计算流体的流速和流量。具有稳定性好、零点漂移小、测量精度高、量程比宽、抗干扰性强等特点。

插进式超声波流量计介于上述二者中间。在安装上可以不断流,利用专门工具在有水的管道上打孔,把换能器插进管道内,完成安装。由于换能器在管道内,其信号的发射、接收只经过被测介质,而不经过管壁和衬里,所以其测量不受管质和管衬材料限制。

第二节 用水计划编制与执行

灌溉用水管理的主要任务是在总量控制和定额管理基础上实行计划用水。灌溉计划用水是指根据作物需要和水源情况,有计划地在渠系或用水单位之间在不同的时间里进行水量调配,以及有组织地进行田间灌水的一项工作。这就需要在用水之前根据作物高产、优质、高效对水分的要求,充分考虑当地水源条件、工程状况、气象资料、历年作物种植面积、主要作物灌溉制度等因素编制灌溉用水计划。用水计划编制应充分利用灌区灌溉试验站资料,采取自上而下和自下而上相结合的方法编制。在执行用水计划过程中,视当时的具体情况(特别是当时的降雨条件),调整和修改用水计划,进行具体的蓄水、取水和配水工作。在每次和阶段灌溉结束后应进行计划用水工作小结,全年灌溉结束后应进行计划用水工作总结,为今后更好地推行计划用水积累经验。

一、灌溉用水计划的编制

灌溉用水计划是指灌区水源的取水计划和干渠向各级渠道的配水方式、顺序、时间、流量及水量的计划。用水计划是灌区引水和配水的依据,也是用水单位安排灌溉和组织生产的依据。

1. 灌区取水计划的编制

取水计划由全灌区的管理机构编制,它是在预测计划年份各时期(月、旬)水源来水量和灌区用水量的基础上,进行可供水量与需水量的平衡分析计算。通过协调、修改,确定计划年内的灌溉面积、取水时间、各时期内的取水水量、取水天数和取水流量等。对于水库灌区,其取水计划就是水库的年度供水计划。以下仅介绍引水(或提水)灌区取水计划的编制方法。

(1)渠首可引水量的分析。渠首可能引取的水量取决于河流水源情况及工程条件。应依据区域水资源条件,遵循科学调配、节约用水、高效利用的原则,兼顾生活、生产和生态用水需要,合理调配水源。因此,应首先分析灌溉水源。在无坝引水和抽水灌区,需分析和预测水源水位和流量;在低坝引水灌区,一般只分析和预测水源流量;对于含沙量较大的水源,还要进行含沙量分析和预测。

1)水源供水量的分析与预测。主要是确定计划年内的径流总量及其季、月、旬(或5日)的分配,即水源供水水量或流量过程预报。目前采用的方法主要有成因分析法、平均流量法和经验频率法等。

2)河源含沙量的分析与预测。对于从多沙河流引水的灌区,为了防止渠系淤积,在超过允许限度的高含沙量时，往往要停止引水或进行其他安排（如引洪淤灌等），故要分析和预测不同含沙量的出现次数、日期及延续时间。其分析方法，可以采用分段真实年法，也可采用与水源流量相同年份的含沙量资料。

3）渠首可引水量的确定。对于低坝引水灌区，当水源供水流量大于渠首引水能力时，即以渠首引水能力作为可能引入流量；当水源供水流量小于渠首引水能力时，即以水源供水流量作为可能引入流量。无坝引水和抽水灌区，还要根据水源水位与引取流量的关系来分析各段可能引取的流量。若水源同时供给几个灌区用水，则应根据统一确定的河流分水比例来确定各灌区的引水流量。

(2) 计划引取水量的确定。通过分析和预测，确定了渠首可引流量和灌区需水流量后，将两者进行平衡分析，最后确定计划引取水量的过程。

在平衡分析中，若某阶段可能的引取流量等于或大于灌溉需要的流量，则以灌溉需要的流量作为计划的引取流量；若可能的引取流量小于灌溉需要的流量，就需要通过调整作物灌溉制度、种植结构，或挖掘其他水源潜力等措施来降低用水需求，从而使最后确定的引水流量过程，满足任何阶段的计划引取流量均不超过可能引取流量。

2. 灌区配水计划的编制

灌区配水计划就是干渠向各级渠道的配水方式、顺序、水量、时间和流量的计划。

(1) 配水方式。配水方式一般有续灌和轮灌两种。原则上按渠道设计时确定的工作方式执行，即干渠和支渠采用续灌，斗渠和农渠采用轮灌。但当水源来水量大幅度减少，渠首引水流量降到正常流量的 30%～40% 时，干渠、支渠道也不宜采用续灌，而需采用轮灌配水方式。

(2) 配水顺序。干渠、支渠道采用续灌，不存在配水顺序问题。轮灌渠道（一般为斗渠以下渠道）配水顺序亦应按渠道设计时确定的顺序。宜根据工程状况、区域位置、地形条件、作物种类等合理安排灌水次序。原则上是先灌远田，后灌近田；先灌高田，后灌低田；先灌成片田，后灌零星分散；先灌急需灌水的田，后灌一般田；按市场规则根据水费缴纳情况确定优先配水顺序。考虑到灌区的实际情况十分复杂，在实际灌水过程中还必须根据具体情况，灵活掌握。

(3) 配水水量。配水水量可按毛灌溉用水量比例和灌溉面积比例两种方法分配。毛灌溉用水量比例法考虑了各配水点控制范围内的作物种类、土壤、地形、气候条件、渠系水损失和内部供水能力的差异等，分配比较准确，但计算工作量大；灌溉面积比例法方法简单，缺点是未考虑各配水点控制面积中上述各因素的差异，成果比较粗略，适用于作物比较单一灌区的水量分配。

(4) 配水流量和配水时间。在续灌条件下，渠首取水灌溉的时间就是各续灌渠道的配水时间，无需另行计算；配水流量与配水水量的计算方法一样，有按灌溉面积分配与按毛灌溉用水量分配两种方法。轮灌条件下的配水时间是指一个轮灌期内各条轮灌渠道（集中轮灌时）或各个轮灌组（分组轮灌时）所需要的灌水时间，一般也是按灌溉面积比例或毛灌溉用水比例进行计算。各轮灌渠道（或轮灌组）轮灌时间的总和等于一个轮灌期。

(5) 配水计划表的编制。根据渠系选择的配水方式，计算出控制范围内各配水点的配水水量、配水流量和配水时间（轮灌时间）后，就可以编制配水计划表。根据配水计划表，各管理站可编制其所属范围内的支渠、斗渠配水计划，称为二级配水计划，其编制方法与上述相同。

【例 10-1】 某灌区总灌溉面积为 14.82 万亩。有南、北两条干渠，南干渠控制面积为 9.68 万亩，北干渠为 5.14 万亩。南干渠控制的面积大，且跨两个用水镇乡，因此，又将南干渠分为上、下两段配水，如图 10-8 所示。上段控制面积为 6.30 万亩，下段为 3.38 万亩。在南、北干渠渠首和南干上下段分界处设立①、②、③三级配水点。第一次放水的渠首供水量为 1260 万 m^3，渠首取水流量为 14.48 m^3/s，其他基本情况见表 10-6；第二次灌水南、北干渠实行轮灌，取水流量为 8.63 m^3/s，渠首取水时间总计为 12d。试按灌溉面积比例和灌区毛灌溉用水量比例两种方法计算各配水点的配水量、配水流量和配水时间，并编制配水计划表。

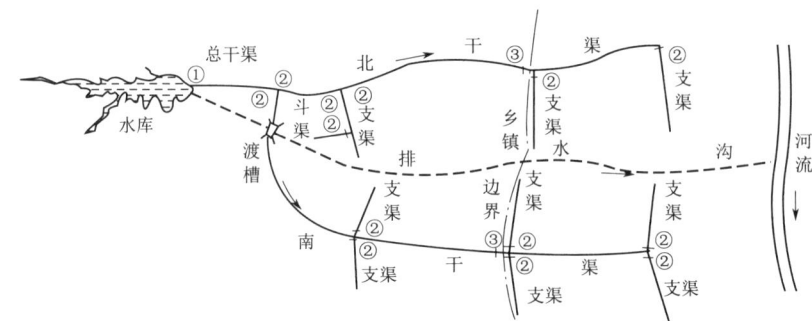

图 10-8 灌区骨干渠系布置示意图

解：（1）第一次配水。

1）按灌溉面积的比例分配。

南干渠配水量　　　　$W_南 = \dfrac{9.68}{14.82} \times 1260 = 823.00 (万\ m^3)$

北干渠配水量　　　　$W_北 = \dfrac{5.14}{14.82} \times 1260 = 437.00 (万\ m^3)$

南干上段配水　　　　$W_{南上} = \dfrac{6.30}{9.68} \times 823 = 535.63 (万\ m^3)$

南干下段配水　　　　$W_{南下} = \dfrac{3.38}{9.68} \times 823 = 287.37 (万\ m^3)$

第一次灌水各配水点配水水量计算结果见表 10-6 最后一列。

表 10-6　　　　　　　　某灌区各配水单位第一次配水基本情况

配水单位	灌溉面积 /万亩	综合净灌水定额 /(m^3/亩)	灌区内部引蓄工程 供水量/万 m^3	渠系水利用 系数	按灌溉面积比例 配水水量/万 m^3
南干渠	9.68	70	180	0.70	823.00
北干渠	5.14	60	60	0.75	437.00
南干上段	6.30	70	120	0.65	535.63
南干下段	3.38	70	60	0.73	287.37

2) 按灌区毛灌溉用水量的比例分配。灌区毛灌溉用水量比例计算结果见表10-7。

表 10-7 某灌区南北干渠配水量计算表

配水单位		灌溉面积/万亩	综合净灌水定额/(m³/亩)	田间净灌溉用水量/万 m³	内部工程可供水量/万 m³	渠道净灌溉用水量/万 m³	灌溉水利用系数	要求的渠道毛配水量/万 m³	配水百分比/%
(1)		(2)	(3)	(4)=(2)×(3)	(5)	(6)=(4)-(5)	(7)	(8)=(6)/(7)	(9)计算值取整
南干渠	上段	6.30	70	441.00	120	321.00	0.65	493.85	67
	下段	3.38	70	236.60	60	176.60	0.73	241.92	33
	合计	9.68	70	677.60	180	497.60	0.6763	735.77	69
北干渠		5.14	60	308.40	60	248.40	0.75	331.2	31
全灌区合计		14.82		986.00	240	746.00		1066.97	

注 (9) 列计算举例：67=493.85/735.77；31=330.80/1066.57。

根据表10-7计算结果，因第一次供水为1260万 m³，则按灌区毛灌溉用水量的比例分配如下：

北干渠配水量 $W_{北} = 31\% \times 1260 = 390.60$（万 m³）

南干渠配水量 $W_{南} = 69\% \times 1260 = 869.40$（万 m³）

南干上段配水 $W_{南上} = 67\% \times 869.4 = 582.50$（万 m³）

南干下段配水 $W_{南下} = 33\% \times 869.4 = 286.90$（万 m³）

3) 计算配水流量和配水时间。第一次灌水时渠首的取水流量为 14.48m³/s，则

a. 按灌溉面积比例计算配水流量的结果为

北干渠配水流量 $Q_{北} = 5.14/14.82 \times 14.48 = 5.02(m^3/s)$

南干渠配水流量 $Q_{南} = 9.68/14.82 \times 14.48 = 9.46(m^3/s)$

南干上配水流量 $Q_{南上} = 6.30/9.68 \times 9.46 = 6.16(m^3/s)$

南干下配水流量 $Q_{南下} = 3.38/9.68 \times 9.46 = 3.30(m^3/s)$

b. 按毛灌溉用水量的比例计算配水流量结果为

$$Q_{北} = 31\% \times 14.48 = 4.49(m^3/s)$$

$$Q_{南} = 69\% \times 14.48 = 9.99(m^3/s)$$

$$Q_{南上} = 67\% \times 9.99 = 6.69(m^3/s)$$

$$Q_{南下} = 33\% \times 9.99 = 3.30(m^3/s)$$

在续灌条件下，渠首取水灌溉时间就是各续灌渠道的配水时间，不必另行计算。

(2) 第二次配水。

已知第二次灌水南、北干渠实行轮灌，取水流量为 8.63m³/s，渠首取水时间总计为12d，则配水总量为 8.63×12×24×3600=895（万 m³）（取整）。本次配水仅介绍按毛灌溉用水量的比例分配。

1) 配水水量：

北干渠配水量　　　　$W_{北}=895×31\%=277(万\ m^3)$（取整）

南干渠配水量　　　　$W_{南}=895×69\%=618(万\ m^3)$（取整）

南干上配水量　　　　$W_{南上}=67\%×618=414(万\ m^3)$（取整）

南干下配水量　　　　$W_{南下}=33\%×618=204(万\ m^3)$（取整）

2）配水流量和配水时间的计算结果见表10-8，过程从略。

把两次配水计算结果均列入表10-8即为某灌区第一次、第二次灌水干渠配水计划表。

表10-8　　　　　　　某灌区第一次、第二次灌水干渠配水计划表

灌水次数、日期、历时	第一次、6月1—10日、共8d17h				第二次、7月4—15日、共12d整			
配水方式	续灌				轮灌			
渠首取水流量/(m³/s)	14.48				8.63			
配水渠道名称	北干	南干			北干	南干		
配水比例/%	31	69	上段 下段	67 33	31	69	上段 下段	67 33
配水量/万 m³	390.60	869.40	上段 下段	582.50 286.90	277	618	上段 下段	414 204
配水流量/(m³/s)	5.02	9.46	上段 下段	6.16 3.30	8.63	8.63	上段 下段	8.63 8.63
配水时间	8d 17h				3.72d	8.28d	上段 下段	5d 13h 2d 18h

二、用水计划的执行

编制各级用水计划，只是灌区实行计划用水管理的第一步，更重要的是要贯彻执行用水计划。

1. 执行用水计划的基本要求

加强党对计划用水的统一领导，建立健全各种用水规章制度。充分激发农民用水户协会等农村用水合作组织在区域内配水和用水的责任意识和田间灌水的组织协调作用。及时上报用水计划，逐级下达灌区配水调度指令，按时向上一级调度机构反馈执行情况。做好各控制点的量水工作及田间灌水前的各项准备工作。做好渠道和建筑物的检查、整修工作。制定好调度方案，与用水户签订用水协议。

2. 执行用水计划的应对措施

（1）明渠输水，在风力达到6~8级，可适当减水；风力达到8级以上时，应立即停水。

（2）灌水期间连续降雨，可视降雨持续时间、强度和范围，采取适当措施，中到大雨时应停灌。

（3）有冬灌需求的地区，宜按土壤墒情、气温变化和渠系防冻能力等确定冬灌时间。

（4）当渠首实际引入流量与计划引入流量相差不超5%、5%~25%、超过25%时，可分别采取执行原计划，修正配水计划（可减少灌水定额），将续灌渠道改为轮灌重新划分轮灌组等非常措施并及时上报原批准机构审批。

(5) 利用计算机编制动态用水计划，根据灌区水源来水与灌溉用水的预测预报，适时调整用水计划，及时指导灌区用水管理。

3. 做好渠系水量调配工作

(1) 水量调配的原则。坚持对灌区上、中、下游用水统筹兼顾、合理配置的原则。

(2) 配水工作要求。配水工作必须做到"统一领导，水权集中，专职调配"。在引水、配水中要做到水位流量相对稳定，水量调配要准确及时，各单位用水均衡，要根据气象及水源变化灵活调配水量。

(3) 水量调配方法。各灌区实际灌水期间，一般由各基层管理站在每天规定时间内向灌区配水中心提出第二天的需水流量申请，由配水中心按渠系布置，由下而上逐级推算全灌区各级渠系所需流量及渠首的需水流量，并依据水源的来水流量及工程引水条件确定出渠首的引水流量，通过来用水比较确定出配水方案。多水源灌溉工程，宜按水源使用权的规定，在受益范围内统一调配。河湖库主要水源引水水量不足时，可用当地水源补充，水量有余时，可蓄补当地水源。

4. 加强观测记载和水账结算

各级测站应严格按规定的时间、次数、方法观测渠道水位、土壤水分状况和地下水位及水盐动态，计算流量，测定灌水定额及各级渠道和田间水的利用系数等，并填报调度日记、大事记。

水账是平衡水量和按量计费的依据。各分水闸、配水点、干支渠段、斗口都要建立配水日志，定时观测水位流量；当水位流量变化时，要加测加记。各级管理组织根据记载的水位、流量及时结算水账，做到日清轮结，定期平衡水量。

三、灌区计划用水总结

根据灌区用水实际，应及时进行以下 4 种不同时段及要求的用水总结。

(1) 某一天的用水总结。由灌区配水中心及时分析打印出全灌区各管理站及各干支渠分水口某一日的实配水量，并算清各级渠道实配的斗口水量，所灌溉的面积等。

(2) 某一轮期的用水总结。某一轮期用水结束，应及时结算各站及各干支渠段的实配斗口水量、实结斗口水量、水量的对口率；田间实结水量、各主要作物实际的灌溉面积、斗渠水利用系数、净灌水定额、毛灌水定额、应结的水费、实结的水费、水费对口率以及单位面积受水单价、斗口每立方米水单价等。

(3) 某一灌季的用水总结。各轮期用水总结是灌季用水总结的基础，灌季用水总结的实质是将灌季内各轮期的用水总结信息汇总，其总结的项目与轮期用水基本相同。

(4) 年度用水总结。全年用水总结是将各灌季的用水总结资料进行归纳分析，因而其总结项目也与轮期用水总结基本一致。

第三节 排水及水环境管理

一、排水管理

(一) 排水管理的主要任务

排水管理的主要任务是：正确地控制运用排水系统；养护维修各级排水沟道和建筑

物，保证排水系统的通畅；及时排除涝水，免除作物受淹、减产；降低和控制地下水位，排除土壤渍水；在有盐碱化威胁地区，防治土壤盐碱化；做好灌区地下水盐动态的观测和分析。

(二) 田间排水管理

1. 排水实施方案和工程运行管理方案的编制

(1) 根据排水区暴雨的汇水面积、排水面积，河网、湖泊的调蓄能力，排灌工程及涵闸等排水工程的设计标准以及排水区域内多年水文气象资料、灾情等，编制不同雨情、汛情的排水实施方案。

(2) 根据当年实际作物各生育期的耐涝渍和耐盐碱能力，制定年度农田排水工程运行管理方案。有条件的排水区，可利用计算机模型进行长系列排水水文模拟，分析排水区内不同土壤类型、种植结构以及水文气象条件变化对排水流量和水质的影响，完善运行管理方案。

(3) 更新排水理念，倡导控制排水。控制排水是指通过设置在排水出口的水位控制装置来调控排水出流量，既可保持作物生长适宜的土壤水分条件，又可减少农田污染物通过排水沟（管）排出，是绿色环保理念在排水管理中的具体体现。

2. 田间除涝排水管理

(1) 水稻晒田和落干期应按水稻长势、天气状况和适宜的地下水埋深，严格控制排水时间；汛期降雨应按滞涝蓄水要求和水稻耐淹能力进行排水；施肥或喷施农药后应控制排水。

(2) 旱作物应根据排涝标准和作物耐淹能力，根据排涝标准排除地面积水，积水排除后应按作物不同生育期的适宜地下水埋深和降速要求进行排水；旱作物苗期应控制排水，保持适宜的土壤水分。

(3) 干旱半干旱地区应根据防治盐渍化的地下水位临界深度要求调控地下水位。

(4) 井灌井排区的地下水位汛前应结合灌溉降至防涝蓄水深度以下，汛期应调控在排渍深度以下，汛后应在强烈返盐期前排降至临界深度以下。

(5) 排水区发生超标准暴雨时，应结合涝渍伴生或涝碱相随的自然特点，及时分析涝情发展趋势，提出预警、避灾、减灾措施及工程的非常规运行方案，并按照非常规运行方案进行管理。

(6) 排水宜与灌溉统筹考虑，适时实行控制排水，增加对雨水或地下水的利用，减少农业面源污染。

3. 农田防渍排水管理

(1) 根据当地降水规律，结合作物生长特点，在作物不同生育期及非生长期对排水沟（或暗管出口）水位进行调控。

(2) 在作物播种期和收获期，应根据机耕作业要求以及当地土壤排水特性，提前 15~30d 将田间地下水埋深降至 0.8m 左右，并保持排水沟排水通畅。

(3) 应根据当地或邻近地区丰产经验与试验资料，确定水稻各生育阶段适宜地下水埋深和稻田适宜日渗漏量；在水稻的泡田、返青期、分蘖初期控制排水，施肥期间和施肥后应控制排水，控制时间宜为 3~4d。

(4) 旱作物生长旺季，宜将排水出口水位控制在距地表 0.6m 左右。

(5) 在作物非生长季节，可将排水出口水位控制在接近地表，保持农田地下水位在较高水平。

4. 防止土壤盐碱化的排水管理

(1) 根据土壤盐分年内分布特点，应选择适宜灌溉时间或利用集中降水淋洗土壤盐分。在作物生长旺季，可通过抬高排水沟水位降低排水强度。

(2) 在干旱半干旱区，可在作物生长期将排水出口水位控制在离地面 1.0m 以内，在非生长期控制在离地面 1.5m 左右。

(3) 对于滨海盐碱地排水，排水出口控制水位可适当高于上述条款中的有关数值。

二、灌区水环境管理

(一) 灌溉排水对水环境的影响

1. 灌溉排水对地表径流的影响

大规模灌溉排水工程的建设，必将对区域地表径流产生一定程度的影响。蓄水工程在拦蓄洪水、提高枯水期径流、使径流年内变化趋于均匀的同时，也减少了河川径流量。引水或跨流域调水工程改变了径流的地区分布，引水量中的大部分用于灌溉而耗于作物蒸腾，小部分渗入地下或回归河流，使整个区域的径流有所减少。随着径流量的减少，洪涝灾害减轻，而干旱灾害加剧，导致灌溉用水量增加，致使许多水库蓄水不足和洼淀面积缩小，出现了区域性变干、水环境恶化问题。如华北平原随着大型灌溉工程的兴建和上游用水量的增加，进入下游平原的水量大大减少，呈现出明显的区域变干趋势。表 10-9 为河北省自 20 世纪 50—90 年代的入境水量和产水量。

表 10-9　　　　　　　　　　河北省入境水量和产水量

项　　目	1950—1959 年	1960—1969 年	1970—1979 年	1980—1985 年
年均入境水量/($10^9 m^3/a$)	9.98	7.08	5.52	3.12
年均产水量/($10^9 m^3/a$)	23.32	19.32	14.38	7.1

2. 灌溉排水对地下水环境的影响

灌区地下水位的多年和年内变化，明显地受灌溉影响。灌水后地下水位上升，停灌后下降；灌水量多，则上升幅度高；灌水量少，则上升幅度低。灌区内排水则是对灌溉的反调节，排水系统完善，灌溉引起的地下水位上升就可以控制在一定的范围内。平原地区灌区，若灌水量过大、渠系水利用率不高、排水系统不完善或无排水系统，会使地下水补给量越来越多，致使地下水位越来越高，开灌后数年之内地下水位就可接近地表。

井灌对地下水环境的影响与渠灌相反。引用水量越多，水位就下降越多，下降面积越大，继续发展下去，可能破坏区域地下水资源，造成地下水枯竭，地层下沉等问题。在一些以井灌为主的灌区，由于灌溉大量开采地下水，造成地下水位下降，地下水漏斗扩大等问题。表 10-10 为我国部分地区地下水开采造成的漏斗区和地面沉降。降落漏斗的出现带来了诸如地面沉降、海水入侵等一系列问题。

表 10-10　　　　　我国部分地区地下水开采造成的漏斗区和地面沉降

项目	北京	天津	河北平原	唐山	太原	西安	苏州—常州
漏斗面积/km²	800	9080	2600	2400	1000	1413	
最大沉降量/m	0.6	2.63	1.0	0.15	1.8	1.5	1.1

3. 灌溉排水对农田水分状况的影响

合理灌溉可通过对土壤水分状况的调节，实现以水调温、以水调气、以水调肥，为作物生长创造良好的土壤环境；反之，灌水过多，有效养分就可能随水流失，还会破坏土壤结构，形成沼泽化、盐碱化，恶化土壤环境。

4. 灌溉回归水对水质影响

灌溉回归水以不同的方式影响河流的水质，使河水的盐分、养分、农药、水量、悬浮和沉淀物质等增加，在向下游流动过程中，对沿途和容泄区造成相应的环境影响。如将高矿化度的回归水排入河流，可形成河流水盐污染，影响下游用水；将含有大量养分和有毒农药的回归水排入河中，使承泄河水的湖泊水库形成富营养化，危害渔业和畜牧业，影响航运；灌溉回归水的悬浮物和泥沙，可使沟渠、水道、承泄区内淤积等。

5. 灌溉对土壤盐碱化的影响

大量的引水灌溉，使河流入海水量和盐量逐步减少，大量盐分在灌溉的土壤和地下水中不断积累。据粗略估算，我国干旱区每年仅灌溉用水一项携入灌区的盐分即达 3000 万 t 以上，使约占总灌溉面积一半以上的耕地遭受不同程度的盐渍化威胁。在平原地区，大量引水灌溉将会导致地表径流量变小，致使绝大部分降雨通过入渗转化成了土壤水和地下水，又通过自然蒸发和人工开采而消耗，形成土壤盐分的垂直运动而流出很少，使外来水源带来的盐分在平原地区不断积累。

6. 灌溉排水可能导致大面积农业面源污染

面源污染是指溶解态或颗粒态的污染物从非特定的地点，经降水（或融雪）冲刷作用，通过径流过程而汇入受纳水体（包括河流、湖泊、水库和海湾等）并引起水体污染。灌溉排水对土壤中有害物质的淋溶、冲洗，造成地面和地下水污染是一个非常值得关注的农业面源污染问题。各种作物对肥料的平均利用率，一般氮为 40%～50%，磷为 10%～20%，钾为 30%～40%，其余大部分通过淋失而进入水体。农业排水造成的污染影响至少与工业排放污染同等重要，但农业污染治理难度更大。

（二）减小灌排负效应的措施

加强灌区水资源管理，合理开发和优化利用灌区水资源是改善灌区水环境的根本途径，进行合理灌溉并采用先进的灌水技术是减小灌溉负效应的主要措施。

1. 合理开采地下水，科学控制地下水位

①要全方位节约用水，减少地下水开采量；②要深中浅井联合，多个含水层协调利用，以缓解区域性地下水位下降趋势；③采取人工回灌方式增加地下水补给量，防止海水（咸水）入侵。

预防灌区土壤次生盐碱化，关键在于控制地下水位，一方面要采取营造农田防护林、加强土地整理、做好渠道防渗等措施，以减少地下水的补给；另一方面，应完善排水系统,及时采取排水措施,降低地下水位。

2. 有效控制污染源

①推广化肥减量化技术,减少农田面源污染;②优化作物种植制度,积极推广轮作制度休耕制度;③优化土壤耕作,积极采用保护性耕作方法,减少地表产流次数和径流量,降低氮磷养分流失;④施用土壤调理剂,提高土壤保水供水能力;⑤大力推广节水灌溉技术、农药减量化与残留控制技术、氨挥发控制技术、农田废弃物处理技术、作物秸秆炭化技术等。

3. 科学运用控制排水技术

(1) 推广控制排水与节水灌溉相结合、灌溉排水与沟塘湿地调蓄净化相结合、排水资源循环灌溉再利用与除涝抗旱相结合的农田排水管理模式,既可保证作物生长适宜的土壤水分条件,又能减少土壤养分的流失,进而可提高田间水肥资源的利用效率。

(2) 将稻田暗管排水的吸水管设置控制口门,利用控制口门实施控制排水,可实现保水、保肥和按水稻生理需水进行不同生育期的田间水管理。

(3) 设置排水控制建筑物,控制排水量和地下水位,以尽量避免水肥流失,提高农田水肥利用效率。

4. 科学调控地下水位和排水沟水位

旱作区正常情况下按作物不同生育期的适宜地下水埋深和地下水排降速率要求进行排水和蓄水控制,干旱季节应根据墒情和防治盐碱要求调控地下水位和沟水位;稻作区晒田和落干期应按当时的气候情况和要求的地下水埋深进行蓄排水控制。

科学控制运用灌溉排水系统。出现洪涝水时,及时泄流排水;汛末适时拦蓄径流尾水,抬高沟水位,冬春季节控制适宜于农业生产的沟水位和农田地下水位;多雨季节遇有降雨天气预报时,适时预降沟内水位。

5. 因地制宜采用组合排水方式

在农田排水中,全部采用暗管不够经济合理,而全部采用明沟则又难以保证排水效果。因而修建涝水明排、渍水暗排、明暗结合的组合排水系统,是经济可行的优化排水方案。

采用组合排水方式进行控制排水不仅能够显著提高排水标准,满足作物生长和现代农业耕作、栽培及管理对排水的要求,而且能够最大限度地减少占地,利于实施控制排水与排水再利用,降低土壤养分的流失,提高耕地及水、肥资源的利用率,减轻排水系统对水土生态环境产生的负面影响。

6. 发挥农田排水沟塘湿地系统的截污减污功能

农田排水毛沟、斗沟,是农业面源污染截留和净化的第一道屏障,尤其是毛沟。农田施用的化肥、农药随地表径流或田面排水首先进入毛沟,然后再汇入农沟、斗沟以及串联其中的塘堰湿地系统。因此,利用农田排水沟渠和塘堰湿地系统去除农业面源污染,应在毛沟、斗沟尾端或塘堰出水口修建控制排水闸、低坝,低坝中间设置排水孔,在沟渠或塘堰中种植当地的优势植被。生态护岸、护底是支沟、干沟减污功能的重要组成部分。排水闸、退水闸等可为生态排水沟渠充分发挥减污效果提供诸如延长水力停留时间、加大水深等有利条件,以便设计的减污型排水沟渠充分去除净化水中氮磷等污染物。

7. 推广应用农田面源污染过程控制技术

(1) 生态田埂。选用具备主埂、支埂和毛埂的农田，以3种田埂为界，将农田围成面积300m² 以上的封闭区域，每个区域设有一个进水口和一个出水口。主埂、支埂和毛埂的植物配置依据水旱轮作区和雨养旱作农田两类来进行配置，水旱轮作区的农田植物配置选择耐涝品种，雨养旱作区选择耐旱的植物品种；草本经济植物条带实行每季成熟后收获，然后再进行新一轮播种。氮磷富集植物、观赏景观植物选用多年生植物种类。

(2) 生态拦截带。以生态学理论为依据，通过生态拦截带、菜地生态拦截沟构建、牧草后续利用及维护3项技术的集成，实现生态拦截控制菜地氮磷向水体迁移。在河道、湖、池塘与蔬菜地之间，设置宽度为4~6m的生态拦截带，在拦截带内种植经济型牧草，不施肥。在毗邻的蔬菜地块之间设置用于灌溉和排水的生态拦截沟，沟的宽度与深度为20~30cm。沟渠底部和两边侧壁种植经济型牧草，配施叶面肥。牧草就近供应渔业养殖的需要。

(3) 农田径流氮磷生态拦截沟渠。生态拦截型沟渠系统主要由工程部分和生物部分组成，工程部分主要包括渠体及生态拦截坝、节制闸等，生物部分主要包括渠底、渠两侧的植物。渠体断面设计、拦水节制闸坝设计和透水坝设计均需根据具体情况进行。植物是生态拦截型沟渠的重要组成部分。选择对氮磷营养元素具有较强吸收能力，生长旺盛，具有一定的经济价值或易于处置利用，并可形成良好生态景观的植物。

第四节　灌　溉　排　水　试　验

灌溉排水试验为农业节水、水资源优化配置与高效利用服务，为农田合理灌溉与高效用水，灌排工程规划、设计、施工、改造、管理，灌溉效率和效益分析，非常规水安全利用，灌水方法与灌水技术参数选择，环境保护与生态建设，以及作物种植结构调整等提供科学依据。

一、田间灌排试验概述

1. 试验的基本方法

田间灌排试验一般采取对比试验法，即把田块划分成许多个对比试区（小区或大区），把需要进行比较的因素，划分成若干个水平。以不同因素的不同水平，组成若干试验处理，把各个处理安排到试区中去，对各处理试区进行试验指标的观测。以所观测的指标成果，判别各处理的优劣，选择出优良处理。

2. 试验的处理与重复

上述试验基本方法中提到的因素也称因子，是指影响试验结果需要进行研究比较的各种条件；因素的水平就是因素在试验中所取的等级，可以是数量或状态；处理是指试验中需要比较的各种因素水平的组合。

为了提高试验的准确性，每个试验处理一般均要设置重复。所谓重复就是一个试验处理同时进行的次数。每个处理在田间同时布置了几个小区，则称为几次重复。增加重复次数，能够减少土壤肥力差异和其他基础条件或措施的差异所造成的误差，提高成果的可靠性；而且，通过不同重复间的差异，可以估算出试验的误差，这是鉴定与正确分析试验结果所必需的数据。要求田间灌排试验的重复次数不宜少于3次，实践中可根据试验地块大小、试验要求精度和土壤差异等情况决定重复次数的多少。当条件受到限制时，宁可安排的处理少一些，或是小区面积小一些，也要安排重复试验。

3. 田间灌排试验的种类

田间灌排试验除按试验的内容划分外，一般还按试验因素的多少划分为单因素试验和多因素试验。

（1）单因素试验（或单因子试验）：即在各试验处理中，只改变一种因素的水平，比较其优劣，而其余因素取相同水平。单因素试验在设计上较简单，目的明确，所得结果易于分析，但不能了解几个因素之间的相互关系。通常，基层的灌溉试验站或在开展试验的初期，宜采用单因素试验。

（2）多因素试验：在同一试验中同时研究两个或两个以上因素。可把这些因素都分为不同水平，并以各因素不同水平组合成为试验的处理。多因素试验中，按各因素的水平所安排的情况，可分为等水平试验和不等水平试验（或称混合水平试验）。前者，试验中各种因素安排的水平数目相等，后者，对不同的因素所安排的水平数目不同。

4. 试验场地的选择与小区的布置

（1）对试验场地的要求。田间灌排试验应有专用试验场地，包括田间试验区和气象观测区。试验场内的气象、地形、地貌、土壤、水文地质和农业生产等方面的条件，应具有较好的区域代表性。试验站不宜靠近水库、湖泊、河道、骨干渠沟、铁路、骨干公路、突出的地形地物以及对试验有影响的工厂和污染源。试验田的周围如有房屋、围墙、树林等物障，则试验田与其距离应大于物障高度的5倍。

试验场区域内的地面宜平坦，试验田的土壤结构及其肥力应相对均匀。试验场建设如需平整土地，应不扰乱原有土壤结构。试验站的道路布置应满足生产、生活、田间管理和观测记载的需要。

（2）试验小区布置。应根据试验场地总面积、土壤肥力分布状况，并结合试验的设计任务，统一规划试验小区。试验小区规划包括各项试验的试区布置，每个试验区的小区排列，保护区、隔离区的布置，渠道、沟道及附属建筑物的布置等。

在同一重复试区内，各处理试验小区的形状、方向、面积应保持一致，并使各小区之间的自然条件差异最小。对于作物蒸发蒸腾量、灌溉制度、作物水分生产函数、劣质水安全利用、灌溉方法、灌水技术和灌溉效益试验，低矮或种植密度大的作物每个试验小区面积应大于$60m^2$，植株高大或种植密度小的作物每个试验小区面积应大于$130m^2$。灌溉方法试验中若有喷灌，其试区面积应根据喷头类型和组合方式确定：采用摇臂式喷头，试区面积应大于$300m^2$；采用折射式喷头，试区面积应大于$60m^2$。设施农业条件下的灌溉试验，应结合温室或大棚内的小气候条件和栽培管理要求等安排试区，小区面积可适当减小。

小区排列应有利于消减土壤差异带来的误差，宜采用随机排列、随机区组排列或拉丁方排列，不应采用顺序排列和集中排列。对于矩形试验小区，其长边应顺着土壤差异（肥力差异、潜水、坡度等）大的方向。

整个试验区中与小区长边平行的两端应设保护区，每一保护区的宽度不宜小于小区宽度的一半。与小区短边方向平行的两端应设保护带，宽度宜为1~2m。保护区中应安排与相邻小区同样的处理，保护带的处理应与所在的小区相同。保护区、保护带不计入试区面积。对于旱作，当田埂防渗条件差时，应在每两个小区之间设置1~2m宽的隔离带。

喷灌试验各小区之间以及喷灌与其他灌溉方法的试区之间，应设置隔离区，其宽度的确定应使相邻小区的喷洒水滴不发生相互交叉。隔离带及隔离区中种植与试验区内相同的作物，但不计入试验区面积。

试验区应有独立的灌溉、排水系统和完整的水量控制、量测设施，灌溉、排水系统设置应符合相关规范要求。有条件的试验站，宜采用衬砌渠道或管道供水到每个试验小区，计量并记录每个小区的灌溉水量。

二、作物蒸发蒸腾量试验

作物蒸发蒸腾量试验的任务是测定主要粮食作物、经济作物、瓜果蔬菜及林草的蒸发蒸腾量和深层渗漏量。

1. 试验方法

作物蒸发蒸腾量宜采用蒸渗仪（包括测坑和测筒）测定，如图10-9所示。地下水埋深大于2.5m（砂壤土）或3.5m（黏土、壤土）的旱田，也可直接在田间试验小区中测定作物蒸发蒸腾量，这种方法也称为田测法。

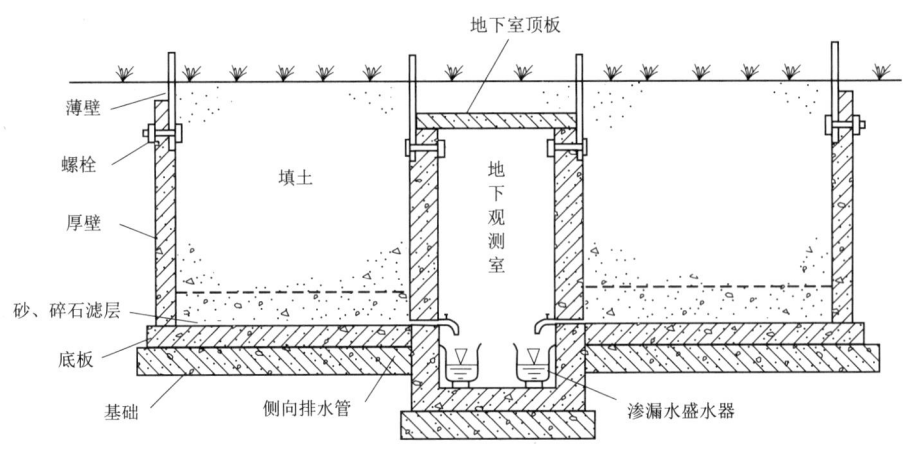

图10-9 直接测量土壤含水率变化的非称重式蒸渗仪示意图

蒸渗仪测定作物蒸发蒸腾量时，应测量一定时段内进出蒸渗仪的所有水量，也可用称重法或传感器法测出一定时段内蒸渗仪的总质量变化，或者测定时段内蒸渗仪中土壤含水率变化，用水量平衡法计算出一定时段内的作物蒸发蒸腾量。

2. 旱作物蒸发蒸腾量和地下水补给量

旱作物蒸发蒸腾量试验应在不同供水水平和不同覆盖条件下进行，林草蒸发蒸腾量试验方法及要求与旱作物试验基本相同。对设施栽培，考虑到条件限制，其蒸发蒸腾量试验设施面积可适当减小。

对于地下水埋深小于2.5m（砂壤土）或3.5m（黏土、壤土）的旱田，在观测蒸发蒸腾量的同时，应对地下水补给量进行观测。地下水补给量可通过同时使用有底蒸渗仪与无底蒸渗仪（或观测小区）测定。两者中的作物、土壤以及各时期内土壤含水率等条件应相同。有底蒸渗仪应测出作物蒸发蒸腾量，无底蒸渗仪（或观测小区）应测出作物蒸发蒸腾量与地下水补给量的差值，两者相减得地下水补给量。

地下水补给量也可直接测定。在有底蒸渗仪中应根据试验要求确定地下水位，蒸发蒸腾引起蒸渗仪中地下水位下降时，向地下水位以下的含水层补水，所补充的水量即为地下水补给量。

3. 水田作物蒸发蒸腾量和渗漏量

水田作物蒸发蒸腾量试验应在不同供水水平下进行，可采用有底蒸渗仪（图10-10）与小区相结合的方法测定蒸发蒸腾量与渗漏量。小区测定蒸发蒸腾量与田间渗漏量之和，蒸渗仪测定蒸发蒸腾量，两者之差算出渗漏量。有条件的测站可安装自动量测排水量装置及数据自动采集系统测定田间渗漏量。也可采用涡度相关法、波文比法等实现作物蒸发蒸腾量的自动观测。

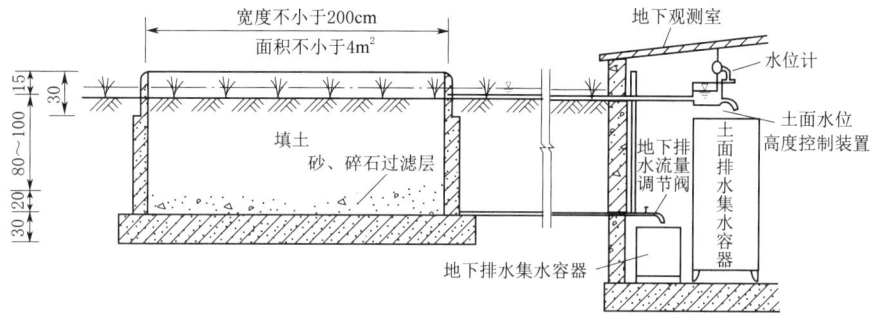

图10-10　直接测量田面水位变化的非承重式蒸渗仪-水田测坑构造示意图（单位：cm）

三、灌溉制度试验

灌溉制度试验的目的是探求在一定条件下能够使作物高产，促进土壤改良和省水规律的灌溉制度。一般是根据实际需要，初步选定几种处理方式进行对比，测定各种处理方式的产量、植株性状、田间小气候等，并将资料进行分析、综合，得出合理的灌溉制度。

（一）旱作物灌溉制度试验

（1）试验方法。旱作物灌溉制度试验应采用对比法。由于旱作物灌溉制度与灌水方法密切相关，故灌溉制度试验应针对不同的灌水方法进行。对于同一种作物，灌水方法不同，灌溉制度也不同。

（2）试验处理。旱作物灌溉制度试验一般采取灌水次数、灌水时间和灌水定额三因素，先固定两个因素，做单因素不同水平试验，再作两因素、三因素不同水平组合试验。也可按不同土壤含水率下限标准或根据作物的不同水分生理指标，确定不同的灌溉制度。

（3）观测时间。应每隔5～10d在各小区测定土壤含水率一次，其中作物生育前期和后期观测时间可采用10d，生育盛期和浅根蔬菜类作物每5d观测一次；灌水前后、降水前后和生育阶段转变时应加测。土壤层次明显的，应按层次测定土壤含水率；层次不明显的，从地表起至主要根系活动层止，每隔10～20cm，分层进行观测。

（4）观测项目：①各次灌水日期、定额，灌水前后的土壤含水率；②定期观测土壤含水率及蒸发蒸腾量；③作物生育日期，考种、测产；④主要气象要素（降水、水面蒸发、气温、空气湿度、风向风速、日照），按《地面气象观测规范》要求的时间、方法进行观测；⑤各阶段作物生长发育形状及重要作物水分生理指标；⑥土壤理化性状，有关的农田小气候因素。

（二）水稻灌溉制度试验

水稻灌溉制度试验分为秧田灌溉制度试验、泡田用水试验和本田灌溉制度试验。

1. 试验方法与处理

水稻本田期的灌溉制度试验，应根据田间水分控制方式（淹水、湿润、落干、晒田等），田面水层深度或土壤水分控制上、下限，晒田和落干的次数、时间及程度等因素安排处理，进行小区、蒸渗仪（测坑或测筒）对比试验，确定适宜的水分控制方式、水层标准、土壤水分适宜控制指标、晒田技术及相应的灌溉制度。泡田用水试验应针对不同的泡田技术（泡田用水与耕、耙、荙田的配合方式等）与灌水定额进行。秧田的灌溉制度试验，宜根据当地条件，选择2～3种育秧方法以及相应的灌溉制度，安排成不同的处理进行对比小区、蒸渗仪（测坑或测筒）试验。

2. 观测时间要求

应每日8时定时观测田间水层，灌水、降水及排水前后应加测，读数精度应达到0.1mm。在晒田落干期间，耕作层土壤含水率应3～5d观测一次，灌水前后、降水前后和生育阶段转化时应加测，土壤层次明显的，应按层次测定土壤含水率；层次不明显的，从地表起至主要根系活动层止，每隔10～20cm，分层进行观测。

3. 主要观测项目

除旱作物灌溉制度观测项目外，水稻田有水层时应定期观测水层的变化。

4. 本田期水层的上、下限和晒田程度

（1）水层标准。湿润：0～20cm土层内平均土壤含水率为饱和含水率的90%至田面水层深度为10mm。田面水层浅、中、深分别为10～30mm、30～60mm、大于60mm。

（2）晒田标准。轻晒、中晒和重晒晒田末时0～20cm土层内平均土壤含水率分别为：不低于饱和含水率的80%、饱和含水率的60%～80%、低于饱和含水率的60%。

四、作物水分生产函数与灌溉环境效应试验

（1）作物水分生产函数。采用坑测法或筒测法进行试验。针对不同阶段的不同缺水程度安排处理，安排任何阶段均不缺水的处理作为对照。依据不同阶段、不同土壤含水率下限或者依据不同的灌水次数与灌水定额设计形成3～4种缺水水平，将不同阶段的各种缺水水平组合成试验处理。同时，应安排不同缺水水平下阶段间连续受旱或间隔受旱的处理。各处理安排3次以上重复，且各处理的重复次数应相等。

（2）灌溉对农田水土环境的影响。宜采用田间对比试验，观测分析灌溉（包括灌水技术、灌溉水质、灌溉制度等）对农田水土环境的影响。可以结合灌溉制度试验、作物受旱试验、作物水肥生产函数试验等，增加灌溉对环境影响的观测及其分析。也可针对不同的灌水技术、灌溉制度及其农业措施，专门开展灌溉对环境的影响试验。灌溉对农田水土环境的影响试验应连续进行多年（至少5年以上）试验观测。

第四节 灌溉排水试验

五、灌水技术试验

(1) 畦灌灌水技术。畦灌灌水技术试验应针对一定的土质、灌水定额，对灌水技术要素（畦田纵坡、畦长、入畦单宽流量、放水时间、改水成数）及这些要求之间的最佳组合进行对比试验。

(2) 沟灌灌水技术。沟灌灌水技术试验宜采用对比试验法，可分项或几个项目结合在一起试验，每个处理应重复3次。主要试验内容包括：灌水沟类型、断面形式与灌水方法试验，沟灌灌水技术要素试验，沟深、沟距试验。

(3) 格田灌水技术。水稻采用格田淹灌时，其灌水技术试验应包括秧田和本田的灌水技术试验，田间渠沟布置和格田进水、排水建筑物等试验。格田灌水技术试验应与水稻灌溉制度试验结合进行，采取小区对比试验法或小区对比与大田调查相结合的方法。

(4) 喷灌灌水技术。喷灌灌水技术应针对一定的土壤、作物、地形和喷灌设备等条件，对喷灌强度、喷灌均匀度及喷头的合理布置进行田间对比试验。主要试验内容包括：喷头工作水头与出流量，喷头射程，喷头的布置方式和形式，喷灌强度，喷灌的灌水均匀度，喷灌的漂移损失，喷灌的水滴分布与水滴打击强度，喷灌作物的生长发育状况和产量。

(5) 微灌灌水技术。微灌灌水技术试验应根据可供灌溉水源、气象、地形、土壤、作物种植、社会经济和生产管理水平等条件，对微灌灌水方法及毛管和灌水器的合理布置进行田间对比试验。主要试验内容包括：灌水均匀度，毛管布置方式、形式和规格，毛管上的灌水器间距，灌溉后湿润体与灌溉湿润比，灌水器工作水头与出流量，灌水器堵塞状况和防堵措施。

六、农田排水试验

(一) 作物耐涝渍与耐盐碱试验

(1) 作物耐淹试验。测定作物在各生育阶段淹水程度（不同淹水深度和淹水历时）对作物生长发育造成的影响，建立作物淹水程度与产量的关系，为确定除涝排水设计标准提供依据。主要包括旱作物耐淹试验和水稻耐淹试验。

(2) 作物耐渍试验。测定作物在不同生育阶段、不同受渍程度对作物生长发育的影响，建立不同渍水程度与产量的关系，为确定排渍设计标准及排水管理提供依据。包括旱作物耐渍试验和水稻耐渍试验。

(3) 涝渍兼治试验。测定作物在涝渍综合作用下涝渍影响程度与产量的关系，为确定涝渍兼治排水设计标准及排水水管理提供依据。

(4) 作物耐盐碱试验。测定不同作物对不同含盐类型（及含盐量）土壤的耐盐能力、对不同碱类土壤的耐碱能力，为确定盐渍地和碱地排水工程设计标准和管理运用提供依据；测定一年中容易返盐的季节（临界期）不同地下水控制埋深情况下，耕层土壤反盐状况，求得临界期地下水埋深与耕层土壤返盐量的关系，为确定控盐排水设计标准提供依据；测定在降雨（或灌水）后，不同地下水位回落速度情况下，作物受盐碱危害的程度，为确定控盐碱排水设计标准提供依据。

(二) 田间排水工程技术试验

(1) 明沟排水试验。针对确定的排水标准和当地条件，进行不同田间排水沟深度与间距组合的试验和分析，为田间排水工程设计提供依据。

（2）暗管排水试验。针对确定的排水标准和当地条件，进行不同田间吸水管深度与间距组合的试验和分析，为田间暗管排水工程设计提供依据；针对各类暗管结构性能进行检测，测试不同管型、管材和外包裹滤料排水性能及使用寿命，为选择符合当地条件、经济适用的管型、管材与外包裹滤料提供依据。

（3）鼠道排水试验。探讨鼠道不同规格布局的排水效果，为鼠道排水规划设计提供依据；通过适宜修建鼠道的土质、不同鼠道施工土壤含水率、施工季节及鼠道出口衔接形式等试验，选定适于当地条件的鼠道结构类型及施工技术。

（4）井排井灌试验。探求适宜于当地水文地质条件和防治旱、涝、碱要求的井型和井群的平面布置形式。

（5）组合排水试验。研究田间不同类型排水措施相结合的组合排水工程规格布局及其排水作用与效果，为田间组合排水工程设计提供依据。

（三）田间排水水管理试验

（1）旱作排水水管理试验。主要进行防治渍害地区控制排水和盐碱地区沟（管）排水水管理试验，田间排、灌两用排水系统管理试验。

（2）稻田排水水管理试验。主要进行稻田控制排水期、晒田期及黄熟落干期排水水管理试验。

（3）井排井灌区水管理试验。通过不同水文年井排井灌方案试验，探索防治土壤盐碱化、合理利用地下水资源的井排井灌水管理模式。

（4）排水再利用试验。研究田间排出水重新用于灌溉的可行性、实用性及其适应条件，为排水再利用的规划设计和水管理提供科学依据。

（5）控制排水试验。研究控制排水的出口调控准则，寻求有效利用田间水量、减少农业面源污染、提高作物产量的环境友好型农田排水模式。

（6）农田排水对承泄区水质影响试验。监测和分析农田排出水进入承泄区（河、湖、库等）的水量水质变化及承泄区对排出水质的响应，为农田排水承泄区的水环境保护提供依据。

第五节 灌溉工程管理

灌溉工程管理主要是渠系工程的检查、观测、养护、维修、改建、扩建和防汛、抢险等。只有做好工程管理，使渠系工程配套完善，不断提高工程质量，才能保证工程安全运行，才能实行科学用水、排水管理。

一、灌溉渠系的检查工作

（1）常规性检查。常规性检查包括平时检查和灌溉前检查。常规性检查着重检查干渠、支渠渠道险工、险段和渠堤上有无雨淋沟、洞穴、裂缝、滑坡、塌岸淤积等影响渠系正常灌水的情况。灌溉前期检查主要检查思想、组织、物资及工程等方面的准备落实情况及其措施。

（2）临时性检查。临时性检查主要包括每次渠道加大流量及恶劣天气后的检查。着重检查有无沉陷、裂缝、崩塌及渗漏等情况。

（3）定期检查。定期检查包括汛前、汛后、封冻前、解冻后进行全面细致的检查，如发现弱点和问题，应及时采取措施，加以修复解决。

（4）灌溉期间检查。渠道过水期间应检查观测各渠段流态，有无阻水、冲刷淤积和渗漏损坏等现象，有无较大漂浮物冲击渠坡及风浪影响，渠顶超高是否足够等。

二、输水渠（管）道工程管理

输水渠（管）道应进行定期检查、维护输水渠（管）道，保持渠道完好、输水畅通，达到工程设计要求，发现隐患或险情及时处理；管理人员按制度规定填写渠道检查维护、检修和事故处理记录；做好工程的日常检查、定期检查和特殊检查工作。

（1）土质渠道。各级渠道应按规定的水位、流量运行，未经批准不得随意抬高水位和增加流量；骨干渠道的填方段、险工段，在放水初期3~5d内应设专人昼夜看护，并配备必要的抢险工具和物资，发现险情立即处理；设置沉沙池的引水渠道，应根据规定程序连续或定期冲沙，停水后及时清理未冲净的淤泥沙石、杂物；当新建渠道输水出现沉陷时，应立即停水，并按原设计要求修复；运用多年的渠道出现沉陷或深坑时，应立即停水并进行锥探，查清隐患深度及范围，灌浆堵塞或重新翻修夯实；当渠堤出现滑坡时，应清除滑坡土体，按施工要求回填夯实；当渠道出现裂缝时，应查明裂缝类型并采取相应的处理措施；当渠道出现严重渗漏时，应及时采取防渗措施。

（2）混凝土衬砌渠道。出现预制混凝土板接缝失效、塌陷、松动、损坏、变形、裂缝等情况时，应及时修补；现浇混凝土衬砌板出现裂缝时，应查明原因，根据裂缝程度采取有效措施及时修复；渠道输水期间，混凝土护面与土质渠槽结合部位产生淘刷时，应及时填筑修复；渠道停水后，应对混凝土护面进行检查，对出现的问题及时修复处理；寒冷地区，现浇混凝土表面受冻融剥蚀破坏轻微的部位，宜采用涂刷抗冻材料的方式进行处理，冻融剥蚀破坏严重的部位，应清除受损混凝土，重新浇筑；表面受冻融剥蚀破坏的预制混凝土板块，应予以更换。

（3）砌石衬砌渠道。砌石渠道出现裂缝、空洞、塌陷、松动、隆起、勾缝脱落等问题时，应针对问题类型，采取有效措施及时修复；停水期间，应对非全断面砌石衬砌渠道砌体与土质渠床结合部位的淘刷情况进行检查，及时填筑修复缺陷；压顶护面应保持完整，损坏后及时修复。

三、排水沟（管）工程管理

（1）明沟排水工程。每年应对主要排水沟进行汛前检查、汛中巡查和汛后复查。汛前应消除沟道内的杂草、淤积物、障碍物和废弃物，对于存在安全隐患的沟堤和沟道断面应维修达到设计要求；汛中应及时疏通阻水障碍物，出现险工、险段应及时抢修；汛后应复查排水沟险工险段及汛期毁损沟段，及时编制修复计划，按原设计断面修复；根据淤积情况，对排水干沟2~3年清淤一次、支沟1~2年清淤一次、斗农沟每年清淤一次；应定期检查排水系统出口的出流条件，排水承泄区应具有稳定的河槽或湖床、安全的堤防和足够的承泄能力。

（2）暗管排水工程。新建工程运行初期，应对管线进行经常性巡查，发现凹坑及时填平，发现流量明显减少时，应及时查明原因并处理；每年灌溉前和暴雨后，应对暗管出口及出口控制装置进行检查；暗管出口段管壁或接缝处出现水流渗出时，应及时整修，填土夯实加固；暗管出口应设置防止小动物进入的格栅；应定期检查管道淤堵状况，当排水管道内淤积深度大于管径的1/4时，应进行冲洗清淤；当检查井底部沉积的淤泥厚度超过20cm时，应进行清除；检查井破损或井盖丢失时，应及时修复。

（3）鼠道排水工程。在灌溉和降雨后，发现出流量明显减少或断流时，应及时进行处理或全部更新；应定期检查鼠道出口，并及时清淤除草；发现出口损坏应及时处理。

（4）竖井排水工程。竖井排水工程的运行维护按相关规定进行管理。

四、渠（沟、管）系建筑物管理

应定期对圬工建筑物稳定性进行观测，发现表面塌陷、隆起、开裂等现象时，应查明原因及时采取措施；按照有关规定对混凝土建筑物表面及其运行状况进行观测、检查，发现裂缝、渗漏等问题应及时采取措施。

（1）渡槽。通水前后，应清除杂物并对渡槽各部位进行全面检查；入口处应设置最高水位标记，不得超过最高水位运行；通水期间，应保持水流均匀平稳，及时清除杂物；灌溉期结束退水后，对通水期间发现的问题要查明原因，进行修复或加固处理。

（2）倒虹吸。定期检查倒虹吸进、出口建筑物伸缩缝止水情况；通水期间，应保持倒虹吸上下游水位不高于设计水位，并检查倒虹吸管道运行状况；停水后，应立即关闭进、出口闸门，严寒地区，冬季应排除倒虹吸内积水。

（3）涵洞。涵洞顶部不得堆放超过设计荷载的重物或修建其他建筑物；通水前，应及时清除涵洞内及涵洞口的泥沙、杂物，对有隐患和损坏的部分及时修复；砌石涵洞放水时，当发现涵洞振动、流水浑浊或其他异常现象时，应立即停水，查明原因及时处理。

（4）机耕桥、人行桥。保持桥身完整，及时修补损坏部位；定期对钢筋混凝土桥或砌石桥桥面进行养护；定期对木桥涂刷防腐剂，检查各部件，发现损坏时应及时维修更新；桥孔上下游护坡出现淘空、塌坡、砌面松动或勾缝脱落时，应及时修复。

（5）跌水和陡坡。应及时清除进口处的杂物；严寒地区冬季停水期间，应对下游消力设施进行全面检查，排除积水。

第六节 灌溉组织管理

一、灌区管理体制

1. 灌区管理组织体系

我国灌区管理一般实行以专业管理为主，专业管理、群众管理和民主管理相结合的管理组织体系。专业管理组织是指专门从事灌区管理工作的特设机构；群众管理组织是指由农民组成的灌区基层管理组织；民主管理组织是指由灌区用水户代表组建的对于灌溉管理重大问题进行决策和监督的机构。大中型灌区支渠以上工程，应由专管机构负责管理。灌区对支渠的管理，可由灌区专管机构设站管理，也可成立支渠管理委员会由群众管理组织管理，专管机构派人参加领导。支渠以下的斗渠、农渠由受益乡、村群众管理组织负责管理。小型灌区一般不设专管机构。为推行灌区民主管理，国家和集体管理的大中型灌区，应成立由灌区专管机构和受益地区有关负责人组成的灌区管理委员会（主任委员由上级行政领导兼任），灌区管理委员会应定期组织召开有用水单位和受益农户代表参加的灌区代表会。灌区代表会是灌溉管理工作的最高权力组织。灌区代表会闭会期间由灌区管理委员会代行其一切职权。支渠、斗渠相应成立灌区管理分会，以便多方吸收和反映用水户意见和要求。

2. 民主、专业、群众管理组织之间的关系

灌区管理委员会是灌区的决策机构，对灌区管理和建设中的重大问题定期协商并做出相应决策；专业管理组织是灌区的执行机构，受灌区管理委员会的领导，负责管委会所作决策的执行，并处理灌区日常工作；县或县以上所属灌区内的乡镇水利站，应服从灌区管理机构的业务指导，负责本乡镇范围内的灌溉、排水、防洪等水利工程的建设和管理；群众管水队、管水组，行政上属村，业务上由乡镇水利站领导，灌区专管机构间接管理。农民用水户协会接受水行政主管部门的政策指导和灌区专管机构的业务技术指导，同时监督灌区的建设和管理工作，并参与有关水事活动。农民用水户协会与灌区其他管理机构在水利工程设施的建设与管理中是相互合作关系，在水的交易中是买卖关系。

3. 与其他公共组织的关系

灌区专管机构由批准建立的该级政府水利行政主管部门领导。灌区管理工作涉及的问题很多，需要司法、土地、农林、水产、银行、通信、水文、堤防和受益区内各级政府的配合与支持，遇到问题要和有关部门联系或请主管部门及各级政府出面协调解决。

二、灌区专业管理机构

1. 专业管理机构设置

（1）凡受益或影响范围在一县、一市（地区）、一省之内的灌区，由县、市（地区）、省负责管理。跨越两个行政区划的灌区，应由上一级或上级委托一个主要受益的行政管理单位负责管理。

（2）国家管理的灌区，属哪一级行政单位领导，即由哪一级人民政府负责建立专管机构，根据灌区规模，分别设管理局、处或所。集体管理的灌区，由乡村设专管机构或专人管理。

（3）专管机构一般按两级设置，即灌区管理处（局、所）之下，设立管理站（所）。

（4）灌区职能科室的建立，应本着精干、实用、高效的原则，避免人浮于事。

（5）大型灌区可根据工作需要设立渠首枢纽站、灌溉试验站、配水站等。附属于灌区的工程队、修配厂（队）等应实行企业经营，由灌区综合经营部门管理。

2. 专业管理机构的职责

（1）灌区管理处（所）。

1）贯彻执行国家有关方针政策、上级有关部门的指示、灌区代表大会和管理委员会的决定，建立和健全灌区各级专管机构和群众性管理组织。

2）加强工程的检查、监测、维修养护和运行管理，保证灌区灌排工程设施安全运行，并发挥应有的效益，依法保护灌区内水利工程设施和用地范围，并按有关规定对违法、违纪事件追究、处罚。

3）编制和执行灌区的用水和配水计划，负责灌区输水渠道间的水量调度、计量工作，协调用水矛盾。

4) 指导灌区用水单位科学用水、节约用水，改进灌排技术，推广科技成果，开展灌排试验。

5) 组织水费收缴，开展多种经营，健全财务制度，加强经营管理。

6) 制定灌区发展和维修养护规则。

(2) 基层管理站。

1) 编制管辖渠道的用水计划，按管理处（所）批准的配水计划，定时定量向所辖渠道供水。

2) 负责管理范围内渠系、建筑物的日常管理和维修，维护和使用好渠系量水设备。

3) 协助乡村落实好群管队伍。指导群管队伍和受益群众搞好田间工程、土地平整和田间供排水工作。

(3) 乡镇水利站。

1) 统一管理本乡范围内的水资源和农田水利工程设施，负责灌排渠系、建筑物、机电设备的运行、养护、管理和本乡范围内的防汛抢险、维修加固工作。

2) 建立健全村、组群众性管水服务体系，具体落实工程设施管理责任制，定期检查，认真考核，严明奖惩制度。

3) 负责编制本乡镇年度用水计划，并按审批计划，组织群管队伍领水配水，指导本乡村管理人员，实行计划用水，解决用水纠纷。

4) 搞好灌排工程的规划和工程计划安排工作，负责编报本乡镇水利工程年度建设岁修计划，并按主管部门和灌区管理所的审批意见组织实施。

5) 按有关规定及时收缴水费。

三、灌区群众管理组织——农民用水户协会

群众管理组织形式一般以村为单位组成群众管理网，村设管水段长，每个村民小组设一名兼职管水员，以行政区划或按渠系服务；以村为单位组成常年专业服务队，灌溉季节参加用水管理，非灌溉季节从事综合经营；以个人或家庭为单位，承包某一片或某一工程的管理；以一条或几条斗渠（也可以支渠）为单位设立农民用水户协会。其中农民用水户协会是20世纪末发展起来的一种新型群众管理组织，得到了群众的认可，提高了灌区用水管理水平，其产生的背景、优势和职责如下。

1. 农民用水户协会产生的背景

20世纪80年代农村实行家庭承包责任制后，农村末级渠系管理出现了缺位问题，致使有效灌溉面积缩减、灌溉效率降低。基于对我国灌区管理存在问题的深刻认识，吸收国外参与式灌溉管理实践精髓，形成了有中国特色的"参与式灌溉管理"模式——农民用水户协会。

农民用水户协会是按灌溉渠系的水文边界划分区域（一般以支渠或斗渠为单位），同一渠道控制区内的用水户共同参与组成有法人地位的自我管理、自我服务，实行自主经营、独立核算、非营利的群众性灌溉管理组织。通过政府授权将工程设施的维护与管理职能部分或全部交给用水户自己进行民主管理。减少政府行政干预，政府所属的灌溉专管机构对用水户协会给予技术、设备等方面的指导和帮助。与我国实行的灌区管委会最大的不同点在于，用水户协会具有法人地位，是一个经济实体。

2. 农民用水户协会的优势

与传统的灌区群众管理组织相比,农民用水户协会具有以下优势:①农民用水户协会的组建,提高了农民的责任心,把灌溉工程变成了自己的工程,把发展灌溉当成自己的事,加强了支渠、斗渠以下灌区工程的管理;②用水户参与灌溉管理,推行水务公开,按量收费,减少了征收水费的中间环节,杜绝了水费"搭车"现象,减轻了农民的负担;③用水户参与灌溉管理,有利于节约用水,提高了水的利用率;④用水户参与灌溉管理,减少了灌溉用水纠纷,有利于农村安定团结。

3. 农民用水户协会的职责

农民用水户协会的主要职责是:组织用水户建设、改造和维护好所管理的灌排工程;积极开展农田水利基本建设;与供水管理单位签订供用水合同;调节农户之间的用水纠纷,协调用水户与水管单位之间的矛盾;及时收取水费;维持灌溉秩序、保障工程安全,不断提高灌溉管理水平。

四、灌区民主管理组织

1. 灌区代表会

灌区代表会是灌区的最高权力组织,代表人员从用水户、管理单位、地方政府和其他部门民主协商选举产生,每届任期3~5年。灌区代表大会一般每年召开一次(特殊情况可以临时增加次数),其主要职责如下:

(1) 反映受益地区有关单位和用水户的意见与要求。

(2) 向受益地区群众宣传党的水利方针政策,宣传灌区规章制度,协助灌区管理单位维持用水秩序。

(3) 协商推选灌区管理委员会主任、副主任和管委会人员人选。

(4) 研究审查灌区管理委员会和专管组织提交的重大问题与事项。

2. 灌区管理委员会

灌区设管理委员会,由政府或水行政主管部门负责组建。管理委员会由用水户代表、受益地区地方政府、灌区资产所有者、水行政主管部门、灌区专业管理机构法人代表和熟悉灌区管理的专家等方面人员组成。委员人数视灌区规模决定,一般不少于15人。灌区管理委员会在代表会闭会期间,代为行使灌区代表会职权,灌区管理委员会的职责如下:

(1) 研究有关灌区发展、改革和建设、管理中的重大问题,审定灌区管理制度。

(2) 审议专业管理机构工作报告及供水方案。

(3) 协调灌区内外工作关系和用水矛盾,监督灌区专业管理机构工作。

第七节 智慧灌区建设

随着人工智能、物联网、大数据、云计算等新兴信息技术的迅速发展和深入应用,我国水利信息化建设逐步进入了全方位、多层次发展的新阶段,为智慧灌区建设奠定了基础。开展智慧灌区建设,有助于加快实现灌区管理由依靠人工经验智慧化管理的转变,实现灌区管理科学决策和优化运行调度。

智慧灌区遵循人、水、灌区和谐发展的客观规律,在灌区信息化的基础上,融合人工智能和灌区用水全过程模拟仿真技术，依据以水定需、量水而行、因水制宜原则，实现灌区智慧预警、智慧调控及智慧决策，推动灌区发展与水资源和水环境承载力相协调，发展完整的灌区水生态系统，全面提升灌区管理技术水平与服务能力。

一、建设原则

（1）需求牵引、应用至上。以灌区业务管理需求为导向，因地制宜开展基础设施和平台体系建设，强化业务应用，支撑灌区管理。

（2）统筹谋划、分步实施。加强顶层设计，明确建设目标和建设内容，急用先建、分步实施。

（3）整合共享、集约建设。按照"整合已建、统筹在建、规范新建"要求，注重信息化资源整合与共建共用，充分挖掘和利用现有信息采集、网络通信、计算存储及互联网云平台等基础设施，避免重复建设。

（4）融合创新、先进实用。紧密围绕灌区业务和功能需求与新一代信息技术融合创新，强化云计算、大数据、数字孪生、物联网、人工智能、5G、区块链等信息技术应用，赋能灌区水资源配置与供用水调度、水旱灾害防御等主要业务。

（5）整体防护、安全可靠。按照相关法律法规和标准规范要求，构建安全可靠的网络安全体系，保障网络基础设施、数据和信息系统的安全，应优先采用自主可控软硬件产品。

二、建设定位及任务

（1）建设定位。智慧灌区建设以实现"人-灌区-环境"三者协调可持续发展为目标，以信息化灌区和生态灌区建设为两翼，统筹农业用水与生态用水，将人工智能技术和模拟仿真技术有机融入灌区管理工作之中，着力提高灌区防洪排涝安全、工程设施安全和信息化设备安全，着力提高灌区水资源配置效率和农业水资源利用效率，实现从以需定供到以供定需的转变，为灌区提供有理有据、直观可视的智慧决策方案。

（2）建设任务。在灌区信息化建设基础上，充分利用智慧水利、数字孪生流域、数字孪生水利工程和数字孪生水网建设等相关成果，强化信息感知、资源共享、决策支持、泛在服务等体系构建；以数字化场景、智能化模拟、精准化决策为路径，推进灌区数字化、监控自动化、调度智能化建设，提高灌区预报、预警、预演、预案能力，动态优化灌区水资源调度，充分发挥灌区综合效益。

三、总体架构

智慧灌区建设包括信息化基础设施、数字孪生平台、业务应用平台、网络安全体系、运行维护体系等。智慧灌区总体架构如图10-11所示。

四、实施途径

（一）信息化基础设施

（1）灌区水情监测。在灌区内主要取（引）水口、配水口、分水口、排（退）水口、用水管理分界点等用水计量断面设置量水监测站，观测引水、配水和排水流量；在灌区范围内的机井和地下水监测点安装监测仪器设备，观测机井抽水流量和地下水位变化情况。为灌区的防汛预警、配水调度、运行管理及水资源智慧运行调度提供水位、流量数据支撑。

第七节 智慧灌区建设

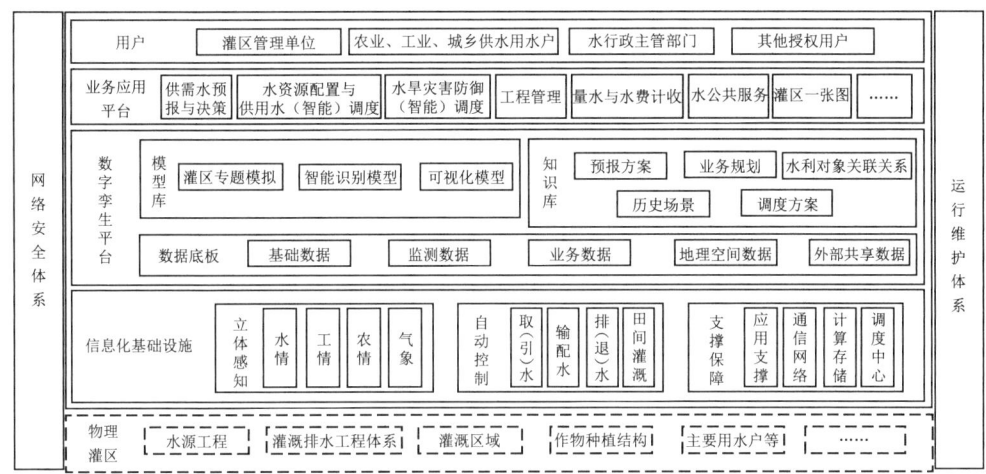

图 10-11 智慧灌区总体架构图

为准确掌握灌区水源水质,有必要加强灌区地表水水质的监测,实现全方位的采集、监测水源安全指标,及时了解水质的动态变化,为制订灌区水资源的开发利用保护及水害预警提供科学依据。

(2) 灌区工情监测。工情监测包括水源工程,取(引)水工程,泵站工程,输配水渠(管)道、田间灌溉渠系、排(退)水沟(渠)及其建筑物、机电设备、金属结构设备、管理设施等。工情信息可采用仪器设备监测、视频监视、无人机巡航、人工巡查等方式进行采集。工程运行信息监测包括闸(阀)门开度、荷载、过流量、启闭时间,泵站运行工况、泵站流量、实时负荷、启停时间等。工程安全信息监测包括水库大坝、水闸、渡槽、渠道及渠系建筑物(重点监测高边坡、高填方段)、堤防工程等的变形、渗流、应力应变等。监测点位、布置、频次等应符合相关标准、规范等的规定。

(3) 灌区农情监测。农情信息监测信息包括种植结构、作物需耗水、灌溉面积、土壤墒情或田间水层、作物长势等。在充分共享相关部门农情信息基础上,可补充布设农情信息监测点。根据灌区实际需求,可采用卫星遥感、无人机监测等方式开展种植结构、作物需耗水、灌溉面积、作物长势与产量以及墒情等信息监测。

(4) 气象监测。在充分共享相关部门气象信息的基础上,可在灌区布设气象站或雨量站。气象站监测参数包括降雨量、温度、相对湿度、大气压强、风向风速和太阳辐射等。

(5) 自动控制系统。包括取(引)水、输配水、排(退)水自动控制系统和田间灌溉自动控制系统。

(6) 支撑保障体系。包括应用支撑平台、通信网络、计算存储、调度中心等。

1) 应用支撑平台。配置的基础软件包括地理信息、数据库、中间件等。灌区应建设支持多网络多协议接入的物联网平台,提供从设备接入到数据推送全流程能力。

2) 通信网络。灌区宜构建覆盖全灌区取水口、分水口、排水口的闸、阀、泵监控站点的通信网络,实现传感信息和控制指令的自动传输。

3) 计算存储。灌区应建立统一编码、高效属性识别的数据库,计算存储应根据应用场景需求选配建设基础计算与存储、人工智能计算和边缘计算。根据数字孪生灌区的智能识别模型训练、知识学习推理等计算需求，配备必要的人工智能计算资源。

4) 调度中心。调度中心包括会商中心、数据机房、安全设施等。根据水资源配置与供用水调度、水旱灾害防御和工程管理等多级业务需要，建设多级联动的视频会商系统。

(二) 数字孪生平台

(1) 数据底板。按照基础数据、监测数据、业务管理数据、地理空间数据、外部共享数据的分类方式，建设灌区数据底板。按照已有水利对象编码标准，按照统一数据标准，汇聚多源异构数据，实现数据融合。

(2) 模型库。包括灌区专题模型、智能识别模型和可视化模型。

1) 灌区专题模型。包括来水预报、需水预测、水资源配置、输配水联合调度、田间灌排及水旱灾害防御等模型。

2) 智能识别模型。包括遥感识别、视频识别、音频识别等模型。在充分共享数字孪生流域和数字孪生水利工程智能识别模型的基础上，结合灌区业务应用实际需要补充构建智能识别模型库。

3) 可视化模型。可视化模型构建对象包括蓄水工程、取（引）水工程、灌区输配水、排水工程和地理背景。可视化模型宜在满足仿真模拟、综合展示、业务管理等的前提下，建立多细节层次模型。

(3) 知识库。知识库构建包括灌区预报方案、业务规则、水利对象关联关系、历史场景和调度方案等知识。

1) 预报方案。包括来水和需水预测、暴雨和洪水预报、干旱预报等模型优选及参数集。

2) 业务规则。包括水资源调配、灌溉制度拟定、水旱灾害防御、安全运行监控等业务的风险预警研判和调度规则。

3) 水利对象关联关系。用于描述物理灌区中的水利工程和水利对象治理管理活动等实体、概念及其关系，包括空间关系、管理关系、水流关系等。

4) 历史场景。包括水资源配置与供用水调度、水旱灾害防御、应急事件等历史场景，包括场景特征、处置过程及效果、处置经验等内容，支撑相似场景的快速查找匹配，支撑预案预演模拟。

5) 调度方案。宜聚焦多目标综合调度要求，结合灌区供用水调度相关制度、规程、手册及专家经验等，利用模拟预演优化等手段，构建灌区多业务联合的调度处置预案、方案。

(三) 业务应用平台

灌区业务应用平台建设包括供需水预报与决策、水资源配置与供用水（智能）调度、水旱灾害防御（智能）调度、工程管理、量水与水费计收、水公共服务及灌区一张图等主要业务模块。

根据灌区管理需求，可建设数字沙盘应用模块，开发水资源配置与供用水调度、水旱灾害防御等智能业务模块等。

(1) 主要业务应用：①供需水预报与决策模块，包括供需水感知、供需水预报等子模块；②水资源配置与供用水（智能）调度模块，包括水资源配置、水资源调度等子模块；③水旱灾害防御（智能）调度模块，包括旱灾防御、灌区防汛等子模块；④量水与水费计收模块，包括灌溉用水管理、城乡用水管理以及用水效果评估等子模块；⑤灌区一张图模块。

（2）典型智能业务应用。灌区应在数字孪生水利工程建设基础上，完善数据底板、模型库、知识库，建设具有数字映射、智能模拟、前瞻预演功能的孪生引擎，开展水资源配置与供用水调度、水旱灾害防御等关键业务的智能化应用。

（四）网络安全体系

根据国家、水利及相关行业标准规范，确定数字灌区建设系统安全保护等级，构建完善的网络安全组织管理体系、安全技术体系、安全运营体系和监督检查体系，加强数据安全保护，全面保障数字孪生灌区系统安全和数据安全。应充分利用国产软硬件、商用密码以及网络安全新技术，不断提升数字孪生灌区安全防护水平。

（五）运行维护体系

（1）围绕灌区业务应用，衔接实体工程、信息化基础设施、数字孪生平台、业务应用平台、网络安全体系的相关组织机构、人员，建立数据、设施、运维、应用等方面的管理制度。

（2）围绕信息化基础设施、数字孪生平台、业务应用平台等运维管理需求，利用移动互联、可视化、大数据等新技术，构建一体化综合智慧运维系统，实现运维对象、运维人员、运维流程全覆盖。

（3）遵循国家、水利及相关行业标准规范，制定硬件集成、数据集成、软件集成、门户集成等标准规范，实现规划、设计、建设、运行管理等各阶段的协调统一。

参考文献

安徽省水利厅,1993. 淮北地区中低产田综合治理 [M]. 北京:水利电力出版社.
曹剑锋,迟宝明,王文科,等,2006. 专门水文地质学 [M]. 3版. 北京:科学出版社.
蔡焕杰,胡笑涛,2020. 灌溉排水工程学 [M]. 3版. 北京:中国农业出版社.
蔡守华,2012. 旱作物地面灌溉节水技术 [M]. 郑州:黄河水利出版社.
蔡守华,2012. 农村水利规划 [M]. 南京:河海大学出版社.
蔡守华,2010. 水生态工程学 [M]. 北京:中国水利水电出版社.
陈玉民,郭国双,王广兴,等,1995. 中国主要作物需水量与灌溉 [M]. 北京:中国水利水电出版社.
陈英心,2021. 水稻旱种旱管直播技术的探索与应用 [J]. 农业科技与装备(6):71-72,75.
陈凤,蔡焕杰,王健,2004. 秸秆覆盖条件下玉米需水量及作物系数的试验研究 [J]. 灌溉排水学报(01):41-43.
程维新,1985. 作物生物学特性对耗水量的影响 [J]. 地理研究(3):24-31.
迟道才,2009. 节水灌溉理论与技术 [M]. 北京:中国水利水电出版社.
迟道才,2010. 灌溉排水工程学(英文版)[M]. 北京:中国水利水电出版社.
戴玮,李益农,章少辉,等,2018. 智慧灌区建设发展思考 [J]. 中国水利(7):48-49.
董安建,李现社,2014. 水工设计手册(第9卷)[M]. 北京:中国水利水电出版社.
D·希勒尔,1981. 土壤和水:物理原理和过程 [M]. 华孟,叶和才,译. 北京:农业出版社.
樊惠芳,2010. 灌溉排水工程技术 [M]. 郑州:黄河水利出版社.
樊惠芳,2003. 农田水利学 [M]. 郑州:黄河水利出版社.
房宽厚,1993. 农田灌溉与排水 [M]. 北京:水利电力出版社.
方锐,2013. 南方地区农田暗管排水工程建设模式与标准 [D]. 扬州:扬州大学.
傅琳,董文楚,郑耀泉,1988. 微灌工程技术指南 [M]. 北京:水利电力出版社.
郭元裕,1997. 农田水利学 [M]. 3版. 北京:中国水利水电出版社.
国际土地开垦和改良研究所,1983. 排水原理和应用 [M]. 朱厚生,等,译. 北京:农业出版社.
韩振中,2020. 我国灌溉发展历程与新时代发展对策 [J]. 中国农村水利水电(3):1-3.
何军,崔远来,2012. 生态灌区农田排水沟塘湿地系统的构建和运行管理 [J]. 中国农村水利水电(6):1-3.
江苏省水利厅,2021. 江苏农田水利 [M]. 南京:江苏科学技术出版社.
江苏省水利厅农水处,江苏省常熟市农田水利试验站,1983. 鼠道排水防治麦田渍害 [J]. 灌溉排水(3):7-18,48.
江苏省革命委员会水利局,1978. 圩区的规划和治理 [M]. 北京:水利电力出版社.
晋成龙,桂宗能,万鑫怡,2021. 大型数字灌区总体架构设计研究 [J]. 软件,42(8):24-26.
康绍忠,熊运章,1990. 干旱缺水条件下麦田蒸散量的计算方法 [J]. 地理学报,45(4):9.
康绍忠,2019. 贯彻落实国家节水行动方案 推动农业适水发展与绿色高效节水 [J]. 中国水利(13):1-6.
康绍忠,2022. 藏粮与水 藏粮于技:发展高水效农业 保障国家粮食安全 [J]. 中国水利(13):1-5.
康绍忠,2020. 加快推进灌区现代化改造 补齐国家粮食安全短板 [J]. 中国水利(9):1-5.
康权,1993. 农田水利学(中国北方地区适用)[M]. 北京:水利电力出版社.
雷彩秀,熊卫红,姜忠,等,2017. 基于随机降雨的水稻优化灌溉制度 [J]. 灌溉排水学报,36(5):

66-72.

李玉庆,王康,2018. 农田水利学 [M]. 北京:中国水利水电出版社.

李益农,张宝忠,白美健,等,2020. 数字灌区建设理念与实施路径 [J]. 水利发展研究,20 (12):5-8.

李艳杰,郑秀君,李贵勤,2001. 松嫩平原漫岗湿地工程整治模式的研究 [J]. 黑龙江水利科技,2 (5):8-10.

李永善,陈珍平,1985. 农田水利 [M]. 北京:水利电力出版社.

李宗尧,2004. 节水灌溉技术 [M]. 北京:中国水利水电出版社.

粟宗嵩,1990. 灌溉原理与应用 [M]. 北京:科学普及出版社.

林性粹,赵乐诗,1999. 旱作物地面灌溉技术 [M]. 北京:中国水利水电出版社.

林大仪,谢英荷,2011. 土壤学 [M]. 2版. 北京:中国林业出版社.

刘百合,1982. 地下排灌施工机具 [J]. 粮油加工与食品机械 (9):1-9.

闵九康,2014. 土壤水态势与植物生长 [M]. 北京:中国农业科学技术出版社.

齐泓玮,尚松浩,李江,2020. 中国水资源空间不均匀性定量评价 [J]. 水力发电学报 (6):28-38.

乔玉成,1994. 南方地区改造渍害田排水技术指南 [M]. 武汉:湖北科学技术出版社.

曲达良,1985. 农田水利学 [M]. 北京:水利电力出版社.

施堌林,2007. 节水灌溉新技术 [M]. 北京:中国农业出版社.

水利部农村水利司,1994. 灌区管理工作手册 [M]. 北京:中国水利水电出版社.

史海滨,田军仓,刘庆华,2006. 灌溉排水工程学 [M]. 北京:中国水利水电出版社.

史良胜,查元源,胡小龙,等,2020. 智慧灌区的架构、理论和方法之初探 [J]. 水利学报,51 (10):1212-1222.

汤杭森,蒋元中,金浪滨,2022. 基于智慧水利建设路线的数字孪生灌区建设 [C]. 2022(第十届)中国水利信息化技术论坛论文集:606-631.

王春堂,2014. 农田水利学 [M]. 北京:中国水利水电出版社.

王洪义,王智慧,2012. 暗管排盐关键技术研究进展 [J]. 农黑龙江八一农垦大学学报,24 (5):1-4,20.

王庆河,2006. 农田水利 [M]. 北京:中国水利水电出版社.

王铁生,1984. 长藤结瓜灌溉系统的水利计算 [M]. 北京:水利电力出版社.

王仰仁,2014. 灌溉排水工程学 [M]. 北京:中国水利水电出版社.

王永林,1991. 鼠道排水是治理渍害的有效途径 [J]. 农田水利与小水电 (10):18-19.

汪志农,2010. 灌溉排水工程学 [M]. 2版. 北京:中国农业出版社.

魏永曜,林性粹,1992. 农业供水工程 [M]. 北京:水利电力出版社.

武汉水利电力学院农田水利教研组,1961. 农田水利学(上、下册)[M]. 北京:中国工业出版社.

武汉水利电力学院《农田水利》编写组,1978. 农田水利(下册)[M]. 北京:人民教育出版社.

武汉水利电力学院,1984. 农田水利学 [M]. 新1版. 北京:水利电力出版社.

张茂松,1982. 深鼠道排水系统的布置、结构及其效果 [J]. 浙江水利科技 (4):38-39.

张静,2020. 一种新型鼠道犁的研制 [J]. 农机使用与维修 (10):21-23.

周世峰,2004. 喷灌工程学 [M]. 北京:北京工业大学出版社.

周志远,1993. 农田水利学 [M]. 北京:水利电力出版社.

朱庭芸,1998. 水稻灌溉的理论与技术 [M]. 北京:中国水利水电出版社.

朱文珊,王坚,1996. 地表覆盖种植与节水增产 [J]. 水土保持研究 (3):141-145.

祝新建,王新红,张红卫,等,2009. 河南省获嘉县农田水分供需特征及秸秆覆盖效果分析 [J]. 气象,35 (09):98-103.

ALLEN R G,PEREIRA L S,RAES D,et al.,1998. Crop Evapotranspiration:Guidelines for Computing Crop Water Requirements [J/OL]. Irrigation and Drainage Paper No 56. Food and Agriculture Organization of the United Nations (FAO), Rome, Italy.

JENSEN M E, ROBB D C N, FRANZOY C E, 1970. Scheduling Irrigations Using Climate – Crop – Soil Data [J]. Journal of the Irrigation and Drainage Division, 96 (1): 25-38.

KADAM U S, THOKAL R T, GORANTIWAR S D, et al., 2008. Agriculture drainage principles and practices [M]. New Delhi: Westville Publishing House.

MOLEN W, BELTRÁN J, OCHS W, 2007. Guidelines and Computer Programs for the Planning and Design of Land Drainage System [M]. Food and Agriculture Organization of the United Nations, Rome.

WALKER W R, SKOGERBOE G V, 1987. Surface Irrigation: Theory and Practice [M/OL]. Englewood Cliffs: Prentice – Hall.